CONFECTIONERY & BAKING

전 문 파 티 시 에 가 되 기 위 한 첫 걸 음

알기 쉬운 제과제빵학

조병동·김동균·김해룡·이재진
이준열·정양식·정현철·최익준

ⓑ (주)백산출판사

이 책은 대학의 제과제빵 실기 교육을 위한 지식과 기술적인 측면을 우선시하고 빵과 과자를 제조하기 위한 마음가짐과 태도에 중점을 두어 교육한 후 직업전선에서 현장 실무와 어울릴 수 있는 이론적 뒷받침이 될 수 있도록 저자의 오랜 현장 실무에 중점을 둔 제과제빵에 대한 지식, 기술, 태도를 바탕으로 기술하였다.

제과제빵은 실무에 맞추어진 교육과정이므로 이론의 연결을 실무적인 작업 순서에 따라 전체적으로 적용하기 어렵더라도 그 내용에 있어서는 핵심적인 부분을 이해하면서 학습하였으면 한다.

앞으로도 많은 연구를 하여 제과제빵의 행동지표와 핵심기술에 맞는 이론을 보충할 것을 다짐해 본다.

제과·제빵 이론을 알아야 올바른 파티시에가 될 수 있다는 것은 모두가 공감할 것이다. 이 책이 전문 파티시에가 되기 위한 첫걸음에 보탬이 되었으면 하는 마음 간절하다.

아울러 이 책이 나올 수 있도록 도움을 주신 모든 분들께 진심으로 감사드린다.

저자

제4장 제빵능력 ——————————— 179

제5장 위생안전관리 ——————————— 281

제6장 공통능력 ──────────────── 341

제7장 제과 · 제빵 도움장 ──────────── 379

부 록 기출문제 ──────────────── 403

제1장

제과제빵 입문

제과제빵 입문

서문: 제과제빵 입문 시의 마음가짐

1. 철저한 시간 관리와 근무 준비를 완료하자

시간 관념을 갖고 근무시간을 지키는 것은 다른 업종에 종사하는 분에게도 중요한 일이지만 특히 제과 일을 하는 사람에게는 더욱 중요하다 하겠다. 제빵의 공정상 반죽하고 발효하는 시간이 반드시 필요한데 시간을 어기게 되면 시간을 맞출 수 없게 되어 때에 따라서는 어려운 일이 생길 수 있으므로 제시간에 출근하여 근무 준비를 철저히 해야겠다.

2. 긍지와 동료애를 가지자

제과를 하는 사람으로서 강한 자부심과 긍지를 가져야 한다. 제과인은 건축·디자인·미술 그리고 음악 등 다방면에 재질이 있어야 한다는 것을 긍지로 생각하고 공부하고 준비하면 반드시 좋은 결과가 있을 것이다. 아울러 제과인으로서 언제 어디서 만나 같이 일하게 될지 모르므로 동료애에 신경을 쓰는 것이 자기를 위한 길임을 명심해야 할 것이다.

3. 뚜렷한 목표(objective, 업젝티브)를 갖자

- 목표가 뚜렷하면 목표를 향한 직선 질주를 하게 되어 시간을 절약할 수 있는 기회를 갖게 된다.
- 목표가 있다는 것은 내가 간절히 원하는 것이 있다는 뜻이므로 생활에 활력

을 준다.

- '피그말리온 효과(pygmalion effect)' : 간절히 원하는 것은 반드시 이루어진다 는 효과이다.

- 뚜렷한 목표를 항상 생각하며 시간을 보낼 수 있다는 데 자부심도 생기며 또 한 시간을 헛되이 쓰지 않아 시간의 아까움을 알게 해준다.

- 지식이 성공하는 것이 아니라 경험이 성공한다는 말이 있는데 뚜렷한 목표가 있으면 망설임 없이 행동할 수 있으므로 경험을 쌓게 되고 결국 목표를 더 빨 리 이루게 되며 그 시간을 단축하는 효과도 보게 된다.

4. 열정을 가지고 자기를 개발하라

- why? '왜일까?' 하는 의문을 항상 가지고 작업에 임하다 보면 이유 없는 행동 이 없다는 것을 깨닫게 되고 의문이 가는 것을 찾고 공부하다 보면 어느 사이 나의 기술이 부쩍 늘었다는 것을 느끼게 되므로 항상 의문의 시각으로 주어 진 일을 해 나간다면 그렇지 않은 사람보다 훨씬 빨리 발전을 이루게 될 것이 다.

- 목표를 향한 단기, 장기 계획의 필요성을 느껴라.

- 계획의 연속성을 가져야 발전이 이어진다는 것을 명심하자.

- 자신과 타협하여 '적당히'라는 의식을 가지게 되면 결코 기술자로서의 성공은 어렵다는 것을 명심하자.

- '연구개발(research and development)'에 투자하라.
  - 돈이든 시간이든 무엇이든지 자신을 위한 R&D 비율은 10% 이상으로 하 라.
  - 제과 세미나 등에 참석, 책 구입, 취미생활(운동) 등 찾아 다니면서 맛보는 것도 연구개발이다.

- 시각을 넓히자.
  - 남의 윗자리에서 일한다는 것은 곧 남보다 나의 보는 시각이 넓다는 것을 뜻하므로 시각이 넓어지면 나의 위치가 높아진다는 생각을 이시저으로 하 고 시각을 키우기 위한 주변의 변화와 상황을 예의 주시하면서 일하는 습 관을 들이면 좋다.

- 기록하는 습관을 가져라.
  - 블로그나 카페를 이용하여 제 과에 관한 모든 것을 자신을 위해 정리하는 습관을 가지면 언젠가 자기만의 노하우가 생

    기게 되고 보기에 편리한 정리방법 또한 알게 될 것이다.
  - 인명 수첩 만들기 : 세상은 인과관계로 이루어졌다는 것을 명심하자. 나와 인사 나눈 사람을 기억하는 습관을 가지면 언젠가 큰 도움이 될 것이며 그 러기 위해서는 기록하는 습관을 들여야 한다.

1-1. 제빵의 정의와 어원

1. 빵의 정의

빵은 밀가루와 물을 섞어 발효시킨 뒤 오븐에서 구운 것이다. 즉 밀가루, 이스트, 소 금, 물을 주원료로 하여 당류, 유제품, 난제품, 과일, 너트류, 기타 식품첨가물과 그 밖 의 여러 식품 재료들을 필요에 따라 배합하여 섞은 반죽을 발효시켜 구운 것을 빵이라 한다.

2. 빵의 어원

1) 인류가 불을 이용하면서부터 빵의 역사가 시작되었다 해도 틀린 말은 아닐 것이다. 아주 오래전부터 인간이 빵을 만들어 먹었다는 것은 분명하다.
2) 빵의 어원은 포르투갈어인 팡(pao)이 일본을 거쳐 우리나라로 오면서 빵으로 되었 다. 빵은 여러 나라에서 다음의 표와 같이 표기한다.

❖ 빵의 어원

구 분	자국표기	한글표기	어원
영국	Bread	브레드	고대 튜튼어(Braudz)
프랑스	Pain	팽	그리스어(Pa), 라틴어(Panis)
에스파니아	Pan	팡	그리스어(Pa), 라틴어(Panis)
독일	Brot	브로트	고대 튜튼어(Braudz)
포르투갈	Pao	팡	그리스어(Pa), 라틴어(Panis)
중국	麵麭	면포	그리스어(Pa), 라틴어(Panis)
네덜란드	Brood	브로트	고대 튜튼어(Braudz)

3) 빵은 여러 가지 재료들을 가지고 복잡한 과정을 거쳐서 만들어진다. 밀가루는 특이성분인 글루테닌과 글리아딘이라는 밀가루 단백질이 있어 이것과 물이 결합하여 글루텐이라는 물질을 만들고 또한 여기에 이스트라는 효모가 전분 등의 탄수화물을 먹이로 발효라는 과정을 거쳐서 열에 의해 단백질의 변성을 이루어 빵이 되는 것이다.

4) 빵을 만드는 방법은 다양하지만 전체적으로 어떤 빵의 반죽법이든지 기본적으로는 거의 같은 방법에서 파생된 것이기 때문에 어느 한 가지 방법이라도 완전히 이해하는 것이 빵을 잘 만들 수 있는 비결이다.

5) 오늘날 이러한 빵 제품을 만드는 기법은 다양한 자동생산기계의 발달과 산화, 환원제와 같은 화학적인 제빵개량제의 개발을 통해 제과, 제빵의 발전을 촉진하고 있다. 아울러 빵은 인간의 생존과 직결되는 문제이므로 인간이 존재하는 한 꾸준히 발전해 나갈 것이다.

1-2. 제빵의 역사

1. 제빵의 역사와 발전단계

1) 빵의 기원과 밀의 역사

(1) 인류 역사는 음식의 시작과 함께 시작됐을 것이다. 특히 지금도 서양에서 주식의 개념으로 사용되고 있는 빵은 6000년 전 성경에 "사람은 빵으로만 살 수 없다"라는 문구를 보면 빵은 성서가 쓰여지기 전부터 전해졌음을 알 수 있다.

(2) 밀의 원산지는 아프가니스탄에서 코카서스에 이르는 지역, 특히 코카서스 남부인 아르메니아 지역으로 추정하고 있다. 원산지로부터 우리나라에는 중국, 몽골을 경유해서 전해진 것으로 보인다.

2) 시대에 따른 빵의 역사

(1) 기원전의 빵의 역사
   ① 석기시대(BC 7000년경)
   - 스위스 호숫가 거주민들이 비스킷형 빵을 제조하였다. 이것은 무발효빵의 시조가 되었으며 오븐은 불에 달군 돌을 오븐으로 이용한 형태이다.
   ② 메소포타미아시대(BC 4000년경)
   - 인류 최초의 소맥재배 지역이다. 이들은 거친 가루를 이용한 납작한 무발효빵을 제조하였다. 또한 동방으로 곡물 제조법 및 빵 제조법을 전파하기도 하였다.
   ③ 고대 이집트시대(BC 4000~1500년경)
   - 납작한 빵을 토기로 만든 오븐에서 제조한 것으로 야생효모균에 의해 발효된 빵을 제조하였으며 제분법에 따라 여러 종류의 빵을 제조하였다.
   - 빵을 굽는 오븐이 발달하기 시작하였다. 오븐의 안쪽에 반죽을 붙여 직접 구웠으며 간접열을 이용한 굽기의 방법을 사용하였다.

④ 히브리시대(BC 1400~1200년경)
- 종교의식에 빵을 사용하였고 대개의 빵은 무발효빵이었다.

⑤ 그리스시대(BC 1000년경)
- 이들은 유럽으로 제빵법을 전파하였으며 주식이 아닌 기호식품으로 변하였다. 또한 풍부한 과실류, 우유, 꿀, 올리브유 등을 이용한 제과기술의 발전이 있었으며 규정에 따른 균일제품의 생산이 이루어졌다.
- 도정의 발달로 도정수율이 높은 고운 밀가루로 빵을 만들기 시작하여 흰빵과 흑빵으로 구분되었다.

⑥ 로마시대(BC 200년경)
- 도시인구의 급증 및 빵의 소비 증가로 본격적인 제빵업이 상업화되기 시작하였다.
- 최초의 제빵 길드(guild)가 설립되었고 또한 새로운 제분업과 반죽법의 활용으로 대규모 생산체제가 확립되었다.

(2) 중세시대(AD 1600~1800년경)
- 제분업과 제빵업이 분리되기 시작했다.
- 지역공동체생활을 위해 공동오븐을 설치하여 빵을 굽기 시작하였고, 라이맥이 제빵의 주원료가 되었다.
- 효모산업이 번창하여 다양한 효모를 이용한 제빵산업의 획기적인 전환점이 되었다.
- 아메리카대륙으로 제빵산업이 이전되어 흰빵과 더불어 옥수수빵, 비스킷 제조의 성행 등 자유경쟁시대가 도래하였다.

(3) 근대시대(AD 1800~1940년경)
- 기계식 반죽기의 출현과 간접가열식 오븐이 탄생하여 대량생산이 이루어지기 시작하였다. 또한 1918년에 속도 조절이 가능한 반죽기가 개발되었으며 그 후 석유나 가스를 원료로 하는 오븐이 사용되어 현대에 이른다.
- 압착효모의 출현으로 200가지가 넘는 다양한 빵을 생산하기 시작하여 모든 작업을 기계를 사용하여 자동으로 생산할 수도 있으며 다양한 종류의 빵과 과자들이 발달하게 되었다.

2. 한국제과업의 발달사

1) 태동기(구한말~1910년)

(1) 우리나라는 쌀과 찹쌀을 주재료로 꿀이나 엿과 같은 감미재료와 결합하여 전통적으로 만들어 온 강정, 산자 등의 유과류가 있었다.

(2) 최초의 빵은 구한말 선교사들에 의해 본격적으로 소개되었고 가마에 숯불을 피운 다음 시루를 덮고 그 위에 빵 반죽을 올려 놓고 다시 오이 자배기로 뚜껑을 덮고 빵을 구워냈다고 전해진다.

(3) 카스텔라는 백설과 같이 희다고 하여 '설고'라 하며 처음으로 선보인 것을 시작으로 고급 과자류가 수입·판매되었다.

(4) 구한말에는 개방의 물결이 밀려와서 1884년에는 한러 통상조약이 체결되고, 1890년에는 러시아공관을 세웠는데 당시 베베르 러시아 공사의 처제인 손탁 부인이 공관 앞에 '정동구락부'를 만들고 그곳을 찾는 손님에게 커피 등의 차류와 양식의 일종인 빵·과자를 제공하였는데 이것이 우리나라 빵·과자의 역사라 할 수 있다.

(5) 그 후 크리스마스에는 선교사들이 빵과 케이크를 선물로 교환하였으며 점차로 서울의 상류층 인사들 사이에서 연말연시에 빵이 선물로 교환되었다고 전해지는데 이것이 오늘날 크리스마스에 선물로 케이크를 주고받는 계기가 되었다.

2) 유년기(1910~1945년)

(1) 1910~1925년 : 도입기
  - 한일병합 이후 일본을 통해 그들의 화과자와 양과자가 유입되기 시작하여 과자업자들이 차츰 남대문시장에 모여 도매상을 열었고 소매상들은 주로 종로에 운집해 있었다.
  - 당시의 대표적인 과자로는 접과자, 생과자, 알사탕 등이 있었으며 도매상들이 만들어 소규모 구멍가게나 지방업자들에게 공급하였다.

(2) 1925~1935년 : 성숙기

- 서울 인구의 증가와 제과업자의 진출로 빵, 과자 소비가 증가했던 때라 할 수 있다.
- 과자류 취급업소는 빵을 제조하는 업소까지 합하여 모두 150개가 넘었고 한국인이 직접 경영하는 업소도 30개소가 되었다.
- 1925년 초에는 우리나라 기술자와 자영업소가 다소 생겨나기 시작했고 판매 형태도 소량판매와 방문판매가 대부분이었다.
- 빵의 형태는 일본의 영향을 받은 생과자와 카스텔라 등 고급 빵류와 함께 다양한 빵들이 선보였다.

(3) 1936~1945년 : 쇠약기

- 태평양전쟁 후 일제가 통제경제를 실시함에 따라 재료가 부족하여 모든 재료를 배급을 통해서만 입수할 수 있었기 때문에 베이커리 주원료인 밀가루가 부족하여 빵 과자점의 폐업이 속출하였다.
- 제과기술은 일본인들의 도제형식에 그쳤으나 전쟁으로 일본기술자들이 징용되어 인력이 부족해지자 한국인이 그 기술을 전수받을 수 있었다.
- 1930년대 중반을 전후하여 제과점의 수와 종업원의 수는 대폭적으로 증가하였고 대개의 제과점들이 도소매업으로 분류된 전문점 형태로 운영되었다.

3) 소년기(1945~1960년)

(1) 8·15광복 전의 판매형태는 지금과 달리 단일점포가 있기도 하였으나, 대체로 도소매가 확실히 구분되어 도매업자는 생산시설을 갖추고 소매점에 제품을 제공하였다.

(2) 광복과 더불어 자가제조, 자가판매의 형태로 판매구조가 변화되었다. 그 주된 이유는 다음과 같다.

- 광복 전 대부분의 제과들은 일본인들의 양산공장에서 생산되었는데 패전으로 일인들의 업소가 폐쇄되었다.
- 해방을 맞아 미국으로부터 다량의 원호물자가 유입되어, 밀가루와 설탕도 쉽게 입수되었다.

- 제2차 세계대전 중에 감미식품에 굶주렸던 대중의 소비성이 급증되어 빵, 양과자의 공급이 요구되었을 뿐 아니라, 생산원가에 비하여 부가가치가 대단히 높았다.
- 장작오븐이 처음 등장하였고 그 다음이 숯을 쓰는 오븐, 연탄오븐, 가스오븐, 전기오븐의 순으로 발전해 왔다.

4) 청년기(1961~1970년)

(1) 해방되면서 자가제조, 자가판매로 구조가 급속히 변화되어 전국의 제과점 수는 500여 개소에 이르렀다. 1960년대에 들어서면서부터는 지금까지의 제과점이 단일점포체제이던 것에서 벗어나 양산체제로 변화하게 되었다. 당시 식생활 개선의 일환으로 분식을 장려하게 되었는바, 이는 제과점이 국가 정책에 순응하는 성격이 되어 양산업체 태동의 사회적 여건이 성숙되었기 때문이다.

(2) 6·25전쟁 후 원·부재료 모두 외제품에만 의존했던 것과는 달리 1950년대 말로 접어들면서 점차 국산품을 사용하여 빵과자를 만들게 되었다.

5) 성년기(1971~1980년)

(1) 제3차 5개년 계획이 시작되었던 1972년부터 1980년까지를 빵·양과자업계의 성년기라 볼 수 있다. 미국의 원호물자는 1970년대 초를 정점으로 해마다 감소되었고 정부에서는 백미 소비억제책으로 국제시장 가격이 저렴한 소맥을 수입, 적극적인 분식장려를 하기에 이르렀다.

(2) 급속한 빵류의 소비증가는 빵·양과자업계 발전의 기폭제가 되기도 하였다. 종전에 빵·양과자점에서만 팔던 빵이 식생활 개선이란 바람을 타고 급증하는 소비추세에 따라 1969년에 삼립식품공업주식회사가 발족되었고 계속하여 부산, 대구 등의 지방에서는 양산 공장이 속출하였다.

(3) 1979년부터 호텔이 과자류 제조업 허가를 취득함에 따라 신라, 프라자, 워커힐 호텔 등이 1년 동안 20여 개소의 업소를 오픈하면서 이 중 일부 호텔은 별도 법인으로 독립하여 신라명과나 프라자 제과의 전신이 되기도 하였다.

6) 정착기(1981~2010년)

(1) 1990년대 들어 제과업계의 큰 변화라면 아무래도 수도권에서 포화상태에 이른 각 프랜차이즈업체들의 지방 진출과 그에 따른 지방공장 준공을 들 수 있다. 또 대기업의 베이커리업체에 대한 진출도 이미 1980년대 초부터 예상되어 왔지만 최근에 더욱 적극적인 모색과 진출이 이루어지고 있다.

(2) 1980년대 초반까지만 해도 식빵과 단과자류가 주종을 이루었으며, 케이크의 경우도 버터크림 케이크의 선호도가 높았다. 그러던 것이 1980년대 중반부터는 보리빵, 옥수수빵, 건강빵 등과 케이크에 있어서도 당도가 낮고 크림양이 적은 제품을 찾게 되었다.

(3) 1980년대 후반기에는 수입 자유화로 유럽 명품제품이 국내에 보급되면서 한층 고급화되었다. 특히 다이어트식의 확대로 건강빵류를 비롯, 바게트 등 프랑스(불란서) 빵과 페이스트리 제품의 신장세가 두드러졌다.

(4) 진출업계의 대부분이 외국 제과업체와의 기술합작 형태여서 차츰 대형화, 고급화되는 추세가 가속화되었다.

7) 융성기(2010~현재)

(1) 경제발전과 더불어 1990년대에 많은 제과인들이 프랑스나 일본 등 세계 제과 선진국으로 유학을 다녀왔고 그들이 돌아와 선진기술을 전파하였다.

(2) 우리의 손재주는 제과제빵 분야에서도 어김없이 발휘되어 지금은 세계 어느 곳에 내놓아도 손색없는 제과기술을 가지게 되었으며 맛있는 제품을 만들어 세계진출을 꾀하고 있다.

Memo

제2장

재료와 도구 관리

제2장 재료와 도구 관리

2-1. 제과제빵 재료의 특성

1. 밀가루(wheat flour, 윗 플라워)

1) 밀알의 구조

(1) 배아(germ, 점)

① 전체 밀의 2~3%를 차지하며 단백질의 함량이 8%이다.

② 밀의 눈부분으로 상당량의 지방을 함유하고 있어 저장성이 나쁘다.

③ 단백질, 지방 외에도 비타민 등이 많이 포함되어 있다.

④ 배아의 기름은 식용과 약용으로 상용되고 있다.

(2) 껍질(bran layers, 브랜 레이어스)

① 전체 밀의 14%를 차지하며 단백질의 함량은 19%이다.

② 과피와 종피로 구분되고 과피는 색깔을 띠지 않는 표피세포를 말하며 종피란 그 속에 있는 플라빈(flavin)계 색소로 인해 황갈색을 띠며 제분 시 밀기울로 분리되어 동물의 사료로 주로 사용되고 있다.

(3) 내배유(endosperm, 엔더우스템)

① 전체 밀의 83%를 차지하며 단백질의 함량은 73%이다.

② 내배유부는 밀가루가 되는 부분인데 내배유에 들어 있는 단백질의 양은 호

분층(내배유 중 껍질에 가까운 쪽)에 가까울수록 단백질의 양은 많으나 질은 떨어지고 중심부로 갈수록 단백질의 양은 적으나 품질이 좋다.

(4) 밀알의 부위별 특징

항목	껍질	배아	내배유
중량구성비	14%	2~3%	83%
단백질	19%	8%	73%
회분량	많다	많다	적다
지방량	중간	많다	적다
무질소물	적다	적다	많다

2) 밀(소맥)의 종류와 밀가루

(1) 경질소맥 – 강력분 – 흡수율 높다 – 입자 거칠다 – 회분 : 0.40~0.50%

① 경질소맥은 제빵용으로 사용되는 강력분을 만든다.

② 낟알의 크기가 작고 배유의 조직이 조밀하다.

③ 단백질의 함량이 높으며 수분함량이 적어 반죽 속에서 흡수율이 높고 글루텐의 질이 높다.

(2) 연질소맥 – 박력분 – 흡수율 낮다 – 입자 곱다 – 회분 : 0.40% 이하

① 연질소맥은 제과용으로 사용되는 박력분을 만든다.

② 낟알이 크고 배유조직이 조밀하지 못하다.

③ 단백질의 함량이 낮고 전분과 수분함량이 높으며 글루텐의 질이 낮아 빵에 사용하지 않고 보통 과자를 만드는 데 사용된다.

(3) 밀과 밀가루

① 밀가루는 제분에 따라 밀가루의 종류가 정해지는 것이 아니라 밀의 종류에 따라 이미 밀가루의 질이 정해지는 것이다.

② 박력분이 강력분에 비하여서 입자가 곱고 부드러워서 손으로 잡았을 때 촉촉하고 흐트러지지 않아서 조금만 관심을 갖는다면 쉽게 구분할 수 있다.

③ 박력분은 강력분에 비하여 반죽과 발효에 대한 내구성이 작아서 이스트 발

효에 의한 제빵에 사용하기보다 제과에 사용된다.

3) 밀의 제분(milling of wheat, 밀링 오브 윗)

(1) 제분율
① 밀에 대한 밀가루의 백분율로 표시한 것을 말한다.
② 전밀가루 100%, 전시용 밀가루 80%, 일반용 밀가루 72%

(2) 분리율
① 밀을 분리했을 때 보통 밀가루를 100으로 하여 특정 밀가루의 백분율을 말한다.
② 낮을수록 입자가 곱고 내배유의 중심부위가 많은 밀가루이다.
③ 제분율과 분리율이 낮을수록 껍질부위가 작다.

(3) 밀 제분의 목적
① 밀의 껍질 부위와 배아 부위를 내배유 부분과 분리한다.
② 밀 내배유의 전분을 손상시키지 않고 가능한 한 고운 밀가루를 생산하는 데 있다.

(4) 밀의 제분공정
① 원료 : 밀 저장소에서 공장으로 원료의 이동
② 분리기 : 이물질을 제거한다.
③ 흡출기 : 공기를 불어넣어 날려서 불순물을 제거한다.
④ 원반분리기 : 돌아가는 원반에 밀알만 들어가게 하여 다른 물질과 분리한다.
⑤ 스카울러 : 밀에 묻은 불순물과 불균형물질을 털어낸다.
⑥ 자석분리기 : 자석으로 철 등을 분리해 낸다.
⑦ 세척공정 : 고속으로 물속에서 밀을 일어 돌을 골라낸다.
⑧ 템퍼링 : 밀의 과피가 잘 분리되도록 한다.
⑨ 혼합과정 : 용도에 맞도록 밀을 조합한다.
⑩ 엔톨레터 : 파쇄기에 밀을 주입하여 부실한 밀을 제거한다.
⑪ 1차 파쇄 : 밀을 거친 입자로 파쇄한다.

⑫ 1차 체질하기 : 체의 그물눈을 단계적으로 곱게 하여 밀가루를 만들며 피 부분을 분리한다.

⑬ 정선기 : 공기와 체 그물로 과피부분을 분리하고 굵은 입자를 마쇄하여 저급 밀가루와 사료를 분리한다.

⑭ 거류싱롤 : 밀가루를 다시 마쇄하여 작은 입자로 만든다.

⑮ 2차 체질하기−정선−저장−숙성−영양강화−포장
  - 거친 입자는 정선기를 거쳐 배아롤에 다시 마쇄하면 배아와 밀가루가 분리된다.
  - 마쇄와 체질을 한번 더 하여 제품이 완성되면 숙성과정을 거친다.

4) 밀가루의 표백, 숙성과 개선제

(1) 표백

① 밀가루의 황색색소(1.5~4ppm 함유 : 카로틴)를 제거하는 데는 콩이나 옥수수로부터 얻어지는 리폭시다아제(lipoxidase)라는 것이 있다.

② 제분할 때 이산화염소 혹은 과산화질소가스를 첨가하여 표백할 수 있으나 위생상의 문제로 사용하지 않고 있다.

(2) 숙성

① 황산화그룹(-SH)을 산화시켜 제빵적성을 좋게 하는 것을 말한다.

② 밀가루는 제분 후 24~27℃의 통풍이 잘 되는 곳에서 3~4주간 저장하여 숙성시키면 제빵적성이 좋아지고 공기 중의 산소에 의해 환원성 물질이 자연 산화되어 색깔이 하얘진다.

③ 내배유에 천연상태로 존재하는 카로틴이라는 색소물질은 표백제에 의해 탈색된다.

(3) 밀가루의 색

① 밀가루의 색을 지배하는 요소는 입자의 크기, 껍질입자, 카로틴 색소 등이다.

② 입자가 작을수록 밝은색, 껍질입자가 많이 포함될수록 밀가루는 어두운 색이 된다.

(4) 밀가루의 개선제

① 브롬산칼륨, 아조디카본아마이드, 비타민 C : 숙성제로 사용된다.

② 과산화아세톤 : 20~40ppm 수준으로 처리한 밀가루는 반죽의 신장성, 부피 증가, 브레이크와 슈레드, 기공, 조직, 속색을 개선한다.

③ 비타민 C는 자신이 환원제이지만 반죽과정에서 산화제로 작용한다. 그러나 산소공급이 제한되면 산화를 방지하여 환원제의 역할을 한다.

5) 밀가루의 종류와 품질특성

(1) **강력분**(strong=hard flour, 스트롱=하드 플라워)

① 경질 밀을 제분하여 단백질의 함량이 11% 이상 되는 밀가루를 말한다.

② 대부분의 빵을 만드는 데 사용되며 부피와 조직이 양호한 제품을 만들 수 있다.

(2) **중력분**(medium=low flour, 미디엄=로 플라워)

① 중질 밀에서 얻은 밀가루로서 단백질이 9~10% 함유되어 있다.

② 국수, 스파게티 등의 면류 제품에 사용한다.

(3) **박력분**(weak=soft flour, 윅=소프트 플라워)

① 연질 밀에서 얻은 밀가루로 단백질의 함량이 9% 이하인 것을 말한다.

② 케이크 등의 글루텐 형성을 적게 하는 제과제품에 사용된다.

(4) 밀가루의 종류와 품질특성

종류	단백질	품질특성
강력분	11~13.5%	• 반죽혼합 시 흡수율이 높고 반죽의 강도가 강하다. • 빵의 부피가 잘 형성되며 제빵에 적합하다. • 밀가루 입자가 가장 크다.
중력분	9~10%	• 부드럽고 반죽 형성시간이 빠르다. • 면 또는 데니시 페이스트리용 및 다목적으로 사용되며 삶거나 튀김 시 퍼짐성이 적고 쫄깃한 식감을 나타낸다. • 강력분보다 입자가 작다.

| 박력분 | 7~9% | • 가장 부드럽고 부피변화가 적다.
• 튀김 시에는 부품성이 좋다.
• 스펀지 케이크 제조 시 내면이 부드러워 식감이 좋으며, 쿠키 등에 사용된다.
• 밀가루 입자는 가장 작다. |

6) 밀가루의 성분

(1) 단백질

① 글리아딘(gliadin)과 글루테닌(glutenin)이 물과 결합하여 글루텐(gluten)을 만든다.

② 메소닌(mesonin), 알부민(albumin), 글로불린(globulin) 등도 밀가루의 단백질이다.

③ 배아 속에는 주로 수용성인 알부민과 염수용성인 글로불린이 있으며 글루텐을 만들지 못한다.

④ 내배유에 함유된 단백질은 전체 밀 단백질의 75%이며 글루텐 형성 단백질인 글리아딘과 글루테닌 등은 전체 단백질의 각각 40% 정도를 차지한다.

❖ 밀가루 단백질의 분류

구분		비율	분류	단백질	특징
밀 가 루 단 백 질	비글루텐 단백질	15%	수용성 단백질	알부민(60%)	leucosin : 알부민에 속하는 단백질
			염에 녹는 단백질	글로불린(40%)	edestin : 글로불린에 속하는 단백질. 분자량 약 31만 개
	글루텐 단백질	85%	알코올에 녹는 단백질	프롤라민(prolamin) 글리아딘(gliadin)	분자량 25,000~100,000개의 저분자량 단백질로 반죽 시 신장성이 높으며, 탄성은 낮다.
			알칼리에 녹는 단백질	글루텔린(glutelin) 글루테닌(glutenin)	분자량 100,000개 이상의 고분자량의 단백질로 신장성이 낮으며, 상대적으로 탄성은 높다. 지방질과 복합체를 형성

〈출처 : 윤성준 외(2011), 제빵기술사실무〉

(2) 전분(탄수화물)

① 밀가루 함량의 70%가 전분의 형태로 존재하며 그중 아밀로오스(amylose) 함량이 약 25%이다.

② 전분분자는 포도당이 여러 개 축합되어 이루어진 중합체로 아밀로오스와 아밀로펙틴(amylopectin)으로 구성되어 있다. 대개의 곡물은 아밀로오스가 17~28%이며 나머지가 아밀로펙틴이다.

③ 전분은 굽기 중 호화(gelatinization)과정으로 인해 빵의 구조에 중요한 역할을 하게 된다. 단백질(gluten)은 열에 의해 변성이 시작되고 수분을 방출하게 된다. 거의 동일한 시점에 전분은 방출되는 수분을 흡수하여(60~80℃) 호화되기 시작하고 전분의 형태가 붕괴되면서 표면적이 커져 반투명한 점조성이 있는 풀이 된다. 이러한 현상을 전분의 호화(α화)라 한다.

④ 전분의 가열온도가 높을수록, 전분 입자 크기가 작을수록, 가열 시 첨가하는 물의 양이 많을수록, 가열하기 전 물에 담그는 시간이 길수록, 도정률이 높을수록, 물의 pH가 높을수록 전분의 호화가 잘 일어난다.

⑤ 적은 양으로 설탕(sucrose), 포도당(glucose), 과당(fructose), 삼당류인 라피노오스(raffinose) 등의 당류와 셀룰로오스(cellulose), 펜토산(pentosan) 등으로 존재한다.

(3) 손상된 전분

① 밀가루 전분 속의 손상된 전분이란 제분 시 전분의 분자가 흐트러진 것을 말한다.

② 밀가루 속의 손상된 전분의 함량은 보통 4.5~8%(보통 5%) 정도이다.

③ 흡수율을 높이고 굽기 과정 중 적정 수준의 덱스트린을 형성한다.

④ 밀가루의 흡수율 및 점도에 영향을 주는 박력분보다 단백질 함량이 높은 강력분이 제분을 할 때 손상되기 쉬우므로 많이 생성된다.

⑤ 손상전분이 과하면 알파, 베타 아밀라아제(α, β-amylase) 두 가지 효소에 의해 동시에 가수분해되어 발효성 당으로의 전환이 빨라져 물이 방출되어 반죽이 질어지고 빵의 최종제품의 조직이 나빠지는 원인이 되기도 한다.

(4) 펜토산

① 5탄당(pentose)의 중합체(다당류)이며 밀가루에 약 2% 정도 함유되어 있다.

② 이 중 0.8~1.5%가 물에 녹는 수용성 펜토산이며, 나머지는 불용성 펜토산이라고 한다.

③ 제빵에서 펜토산은 자기무게의 약 15배 정도의 흡수율을 가지고 있으며 제빵에서 손상전분과 함께 반죽의 물성에 중요한 역할을 한다. 수용성 펜토산은 빵의 부피를 증가시키고 노화를 억제하는 효과가 있다.

(5) 지방

① 제분 전의 밀에는 2~4%, 배아에는 8~15%, 껍질에는 6% 정도의 지방이 존재하며 제분된 밀가루에는 약 1~2%의 지방이 있다.

② 유리지방: 에스테르(Ester), 사염화탄소와 같은 용매로 추출되는 지방을 말하며 밀가루 지방의 60~80%가 유리지방이다.

③ 결합지방: 용매로 추출되지 않고 글루테닌 등의 단백질과 결합하여 지단백질을 형성하는 지방을 말한다.

(6) 광물질

① 밀은 회분을 내배유에 0.28%, 껍질에 5.5~8.0% 정도 보유하는데 밀가루에는 회분이 3.5% 정도 함유되어 있으며 껍질이 많이 포함된 밀가루일수록 회분함량이 높다.

② 밀가루의 회분은 밀의 정제도를 나타내며 제분율에 정비례하고 강력분일수록 회분함량이 높으며 제빵적성과는 무관하다.

③ 밀가루에는 펜토산이 2%, 적은 양의 비타민 B_1, B_2, E 등이 존재한다.

(7) 효소

① 밀의 효소로 아밀라아제(amylase), 포스파타아제(phosphatase), 리파아제(lipase), 프로테아제(protease) 등이 있다.

② 티로시나아제(tyrosinase)는 티로신(tyrosine)을 산화시켜 밀가루의 색을 나쁘게 한다.

❖ 밀가루 반죽의 물성에 영향을 주는 재료

구분	성 분	단백질에 미치는 영향	반죽의 상태	사용 예
경화(硬化)	소금	글루텐의 탄성을 강하게 한다.	반죽탄성이 강해진다.	빵 반죽, 면류
	비타민 C	글루텐의 형성을 촉진한다.		빵 반죽
	칼슘염, 마그네슘염	글루텐의 탄성을 강하게 한다.		빵 반죽
연화(軟化)	레몬즙, 식초	글루테닌과 글리아딘을 녹이기 쉽다.	글루텐이 부드러워지고 반죽이 늘어나기 쉬워진다. (신전성이 향상됨)	밀어펴고 접는 파이반죽
	알코올류	글리아딘을 녹이기 쉽다.		
	샐러드유(액상유)	글루텐의 신전성을 좋게 한다.		
약화(弱化)	버터, 마가린 쇼트닝(가소성 유지)	글루텐의 망상구조를 방해한다.	반죽의 탄성이 약해지고 부서지기 쉽다.	

〈출처 : 윤성준 외(2011), 제빵기술사실무〉

밀가루에 대해 알고 갑시다

✲ 밀의 껍질은 14%이고 내배유는 83%이며 배아는 3%이다.

✲ 밀의 단백질은 밀가루의 1등급당 1%의 단백질이 감소한다.

✲ 밀의 회분함량은 밀가루의 1급분에서는 1/4~1/5로 감소하며 회분함량이 많을수록 밀기울이 많다는 뜻으로 밀가루의 등급은 낮아진다.

✲ 전밀가루의 제분율은 100%이며 일반용 밀가루는 72%이다.

✲ 제빵용 밀가루의 특성

① 경질소맥으로 제분한 단백질 함량이 높은 강력분이다.

② 흡수율이 높다.

③ 믹싱 및 발효 내구성이 크다.

✲ 강력분, 박력분으로 나눌 수 있는 결정적 요인은 제분율이 아니라 소맥의 종류이다.

✲ 글루텐 형성 단백질로 탄력성을 지배하는 것은 글루테닌(glutenin)이며 점성, 유동성을 나타내는 단백질은 글리아딘(gliadin)이다.

✲ 손상된 전분이란 제분할 때 입자가 흐트러진 전분을 말하며 제빵용 밀가루의 손상된 전분의 함량은 4.5~8%가 적정하고 흡수율에 큰 영향을 미친다.

✲ 회분함량의 의미는?

① 정제도 표시

② 제분공정의 점검기준

③ 경질소맥이 연질소맥보다 높다.

④ 제빵 적성과 관계가 없다.

✽ 밀가루의 표백과 숙성을 같이할 수 있는 물질은?

① 산소

② 이산화염소

③ 과산화염소

✽ 밀가루의 숙성에 대하여

① 반죽의 기계적 적성을 개선

② 숙성기간은 온도와 습도 등의 조건에 따라 다르다.

③ 제빵 적성을 개선한다.

✽ 비타민 C는 밀가루를 숙성시키지만 표백시키지는 못하며 산소가 없는 곳에서는 환원제이지만 반죽과정 중에 산화제로 변화된다.

✽ 밀가루의 색에 대하여

① 입자가 작을수록 밝은색이다.

② 껍질입자가 많을수록 어두운 색이다.

③ 내배유의 색소물질은 표백제에 의해 탈색된다.

④ 껍질의 색소물질은 표백제로도 탈색할 수 없다.

✽ 포장한 밀가루의 권장 숙성기간은 3~4주이다.

✽ 밀가루가 호흡기간을 지내기 전에 반죽을 하면 발한현상이 일어난다.

✽ 밀가루의 적정수분 함량은 10~14%이다.

✽ 소맥분의 전분함량은 70%이다.

✽ 제분공정 중 물을 첨가하여 내배유를 부드럽게 하는 공정을 템퍼링(조질)공정이라 한다.

✽ 밀가루에 천연적으로 들어 있는 색소물질은 카로틴(carotene)이다.

✽ 알파 아밀라아제가 결핍된 밀가루로 만든 빵의 특성

① 부피가 작다.

② 기공이 거칠다.

③ 빵 속이 건조하다.

④ 껍질색이 약하다.

2. 기타 가루(miscellaneous flour, 미셀레이니어스 플라워)

1) 호밀가루(rye flour, 라이 플라워)

    (1) 글루텐 형성 단백질이 밀가루보다 적다.

    (2) 펜토산의 함량이 높아 반죽을 끈적거리게 하고 글루텐의 형성을 방해한다.

    (3) 사워(sour) 반죽에 의한 호밀빵이라야 우수한 품질을 생산할 수 있다.

    (4) 호밀가루에는 지방이 0.65~2.25% 정도 들어 있어 함량이 높을수록 저장성이 떨어진다.

    (5) 호밀은 당질이 70%, 단백질이 11%, 지방질 2%, 섬유소 1%, 비타민 B군도 풍부하다.

    (6) 단백질은 프롤라민(prolamin)과 글루텔린(glutelin)이 각각 40%를 차지하고 있으나 밀가루 단백질과 달라서 글루텐이 형성되지 않아 빵이 덜 부풀고 색도 검어서 흑빵이라고 한다.

2) 대두분(soybean flour, 소이빈 플라워)

    (1) 필수아미노산인 라이신(lysine), 루신(leucine)이 많아 밀가루 영양의 보강제로 쓰인다.

    (2) 밀가루 단백질과는 화학적 구성과 물리적 특성이 다르며, 신장성이 결여된다.

    (3) 제과에 쓰이는 이유는 영양을 높이고 물리적 특성에 영향을 주기 때문이다.

    (4) 빵 속의 수분증발속도를 감소시키며 전분의 겔과 글루텐 사이의 물의 상호변화를 늦추어 빵의 저장성을 증가시킨다.

    (5) 빵 속의 조직을 개선한다.

    (6) 토스트할 때 황금갈색을 띤 고운 조직의 빵이 된다.

    (7) 대두분은 단백질 함량이 52~60% 정도로 밀가루 단백질보다 4배 정도 높은 함량을 가지고 있다. 대두 단백질은 밀 글루텐과 달리 탄력성이 결핍되어 있으나 반죽에서 강한 단백질 결합작용을 발휘한다. 단백질의 영양적 가치는 전밀 빵 수준 이상이다.

    (8) 실제 대두분의 사용을 꺼리는 것은 제빵의 기능성이 나쁘기 때문이다.

    (9) 대두분은 빵에서 수분 증발 속도를 감소시켜 전분의 겔과 글루텐 사이에 있는

수분의 상호변화를 늦추어 제품의 품질을 개선한다.

3) 감자가루

(1) 향료제, 노화지연제, 이스트의 영양제로 사용된다.

(2) 엿, 떡 등 가공식품으로 이용되기도 하고 특히 감자전분으로 많이 이용된다.

(3) 제과·제빵에서 감자가루를 사용하여 얻어지는 중요한 이점은 최종제품에 부여하는 독특한 맛의 생성, 밀가루의 풍미 증가, 수분보유능력을 통한 식감 개선 및 저장성 개선 등이 있다.

(4) 감자가루는 단백질, 지방, 무기질 성분을 함유하고 있어 감자전분과 다르며 감자전분은 밀가루와 함께 섞어 체에 치거나 반죽혼합물의 일부분에 분산시켜 혼합 또는 스펀지 단계의 빵 반죽에 첨가할 수 있다.

4) 땅콩가루

(1) 단백질의 함량이 높고 필수아미노산의 함량도 높은 영양강화 식품이다.

5) 면실분

(1) 단백질이 높은 생물가를 가지고 있으며 광물질과 비타민이 풍부하다.

(2) 영양강화재료로 사용되며 밀가루 대비 5% 이하로 사용된다.

6) 옥수수가루

(1) 과자, 빵, 엿, 묵으로 이용된다.

(2) 전분, 포도당, 풀, 소주 등으로도 많이 이용한다.

7) 활성 밀 글루텐(vital wheat flour, 바이탈 윗 플라워)

(1) 제조
  ① 밀가루에 물을 넣어 밀가루 반죽을 만든다.
  ② 반죽 중의 전분과 수용성 물질을 세척하여 젖은 글루텐을 만든다.

③ 글루텐은 다른 단백질과 마찬가지로 수분 존재 시 열에 의하여 쉽게 변성되기 때문에 활성을 보존하기 위해서는 저온에서 진공으로 분무 건조하여 분말로 만들거나, 지나치게 열을 가하지 않고 빠르게 수분을 제거하는 순간건조(flash drying)법을 사용하고 있다.

(2) 이용

① 반죽의 믹싱 내구성을 개선하고, 발효 · 성형, 최종 발효의 안정성을 높인다.

② 사용량에 대하여 1.25~1.75%의 가수량을 증가시킨다.

③ 제품의 부피, 기공, 조직, 저장성을 개선한다.

④ 프랑스 브레드(French bread), 비엔나 브레드(Vienna bread), 이탈리안 브레드(Italian bread) 등 하스 브레드(Hearth bread) 형태의 빵에 널리 사용된다.

⑤ 일반적으로 밀가루를 기준으로 밀 활성글루텐을 1% 첨가하면 0.6%의 단백질 증가효과가 있으며 흡수율은 1.5% 정도 증가된다. 사용의 예는 다음과 같다.

- 식빵의 복원성과 탄성의 식감 강화 : 0~2%

- 곡물 빵의 체적 개선 : 2~5%

- 고식이섬유 빵 또는 저칼로리 빵 : 5~12%

 기타 가루에 대해 알고 갑시다

✻ 호밀가루의 색이 어두울수록 회분과 단백질의 함량이 높다.

✻ 활성글루텐의 주성분은 단백질이다.

✻ 밀 활성글루텐의 질소함량이 14%일 때 단백질의 함량은 80%이다(질소×5.7 = 단백질).

✻ 땅콩가루에 가장 많은 성분은 단백질이다.

✻ 제빵에서 감자가루를 첨가할 때의 특성

① 흡수율이 증가한다.

② 부피가 증가한다.

③ 기공과 조직을 개선한다.

④ 이스트의 영양으로 발효를 촉진한다.

✻ 대두가루에는 필수아미노산이 많아 빵의 영양을 개선할 목적으로 사용된다.

3. 달걀

1) 달걀의 구성

❖ 달걀의 구성

구분	껍질(%)	전란(%)	노른자(%)	흰자(%)
구성비율	10		30	60
고 형 분		25	50	12
수 분		75	50	88

2) 달걀의 종류

(1) 생달걀 : 가장 흔히 사용되며 보관에 주의해야 한다.

(2) 냉동달걀 : 외국에서 많이 사용하고 있으나 기포성에 유의해야 한다.

(3) 분말달걀 : 보관과 운반에 용이하며 영양적 의미로 제과에 쓰인다.

(4) 강화란 : 전란에 달걀의 노른자를 더 함유시킨 것을 말한다.

3) 달걀의 성분

(1) 단백질

① 오브알부민(ovalbumin)은 흰자의 가장 중요한 단백질로 전체 고형분의 54%를 차지한다. 오브알부민은 쉽게 변성되는 특성을 갖고 있어 조리할 때 음식의 구조를 형성해 주는 역할을 한다.

② 오보뮤코이드(ovomucoid)는 흰자 고형물의 11%를 차지하고 있으며 열변성에 적합하고 단백질 분해효소인 트립신의 활성을 방해한다.

③ 오보뮤신(ovomucin)은 다른 단백질보다 함량이 적지만(3.5%) 거품을 안정시키고 오래된 달걀의 변성과 흰자가 묽어지는 데 관여한다.

(2) 지방질

① 달걀의 지방질은 글리세라이드(glyceride)와 인, 질소, 당 등이 결합한 복합지질 및 스테롤로 구성된다.

② 인지질은 레시틴(lecithin)과 세팔린(cephalin)으로 구성되며 레시틴(lecithin)은 천연 유화제로 중요한 역할을 한다. 달걀의 지방은 대부분 난황에 함유되어 있으며 난황 지방은 대부분 단백질과 결합되어 있다.

(3) 탄수화물

① 달걀에 존재하는 탄수화물은 포도당(glucose), 갈락토오스(galactose) 등의 형태로 적은 양이 들어 있지만 중요한 성분이다.

② 포도당과 갈락토오스는 단백질과 작용하여 마이야르(메일라드)반응을 일으켜 달걀 흰자 분말이나 완숙된 달걀 흰자를 갈변화시킨다.

4) 달걀의 기능

(1) 구조 형성 : 제품에서 달걀의 단백질이 밀가루의 단백질을 보완하여 뼈대를 형성한다.

(2) 결합제 역할 : 커스터드크림(custard cream)과 같이 달걀의 단백질이 열 변성에 의해 다른 재료와 엉기게 한다.

(3) 팽창작용 : 스펀지 케이크(sponge cake)에서와 같이 믹싱 중의 공기 혼입은 굽기 중에 팽창을 일으킨다.

(4) 쇼트닝 효과 : 달걀 속 노른자의 지방이 제품을 부드럽게 한다.

(5) 유화제 역할 : 노른자의 레시틴(lecithin)이 유화작용을 한다.

(6) 색 : 달걀 노른자의 황색이 제품에 영향을 미친다.

(7) 영양가 : 달걀 속의 많은 영양가는 제품의 영양적 가치에 영향을 미친다.

(8) 달걀은 신선도에 따라 기포를 생성하는 시간과 기포의 안정성이 달라지는데, 신선한 달걀은 기포형성 시간이 길고 기포가 안정적인 반면 신선도가 떨어지는 달걀은 기포형성 시간은 짧고 기포형성이 불안정하다.

5) 달걀을 선택할 때의 유의점

(1) 생산일자를 확인한 후에 고른다. 아직은 국내에서 유통기한의 표시에 관한 제도적 장치가 없다.

(2) 상온진열이 아닌 냉장 진열된 달걀을 선택한다.

(3) 유통과정에서도 냉장 유통된 달걀을 고른다.

(4) 달걀 껍질에 오물이 묻어 있지 않고 표면이 매끈하며 윤기가 나고 단단한 것을 선택해야 한다.

(5) 달걀을 깼을 때 흰자의 높이가 높고 탱글하게 탄력이 살아 있고 노른자의 윤기가 살아 있고 봉긋하게 솟아 있으며 알끈이 온전하게 보이는 것을 선택한다.

(6) 달걀을 삶았을 때 기실이 작고 잘 까지지 않는 달걀이 신선란이다.

(7) 날달걀을 식염수에 넣었을 때 옆으로 누워 가라앉는 것이 신선란이다.

달걀에 대해 알고 갑시다

✻ 신선한 달걀 흰자의 pH는 9.0으로 강알칼리성을 띤다.
✻ 달걀 단백질의 결합력을 이용한 제품으로 커스터드크림이 있다.
✻ 달걀의 팽창기능을 이용한 대표적인 제품은 스펀지 케이크이다.
✻ 냉동달걀은 출고 시까지 −18∼−21℃를 유지해야 한다.
✻ 노른자의 유화성분은 레시틴에 의한 것이다.
✻ 영양강화빵은 일반빵에 비타민과 무기질 등을 강화시킨 것이다.

4. 감미제(sweetening agents, 스위트닝 에이전츠)

1) 감미제의 기능

(1) 제빵에서의 기능
  ① 이스트에 발효성 탄수화물을 공급한다.
  ② 마이야르(Maillard) 반응 : 잔당이 아미노산과 환원당으로 반응하여 껍질색을 낸다.
  ③ 휘발성 산과 알데히드 같은 화합물의 생성으로 향이 나게 한다.
  ④ 속결·기공을 부드럽게 한다.
  ⑤ 수분 보유력이 있어 노화를 지연시키고 저장수명을 연장한다.

(2) 제과에서의 기능
  ① 감미제이다.

② 수분보유제로 노화를 지연시키고 신선도를 오래 유지시킨다.

③ 밀가루 단백질을 부드럽게 하는 연화작용을 한다.

④ 캐러멜화반응과 갈변반응에 의해 껍질색이 진해진다.

⑤ 감미제의 제품에 따라 독특한 향이 나게 한다.

2) 감미제의 종류

(1) 설탕(sugar, 슈거)

① 정제당(그래뉼러당)

- 크기는 정백당과 비슷하나 정백당에 비해 순도가 높은 설탕, 맑은 광택이 있고 녹기 쉬운 성질을 갖고 있다.
- 주로 콜라를 비롯한 음료용으로 사용돼 '콜라당'이라고도 불린다. 제과, 제빵 전반에 가장 많이 사용된다.

② 정백당(백설탕)

- 입자가 작고 순도가 높으며 담백한 단맛이 난다.
- 제과제빵, 요리, 디저트, 음료 등 다양한 식품 분야에 널리 쓰인다.

③ 세립당

- 일반 백설탕 입자의 1/2 크기로 커피믹스에 주로 사용된다.

④ 미립당

- 가장 작은 입자의 백설탕으로 도넛에 사용된다.

⑤ 쌍백당

- 설탕입자의 결정을 크게 만든 것으로 특수한 용도로 사용되는 설탕이며, 주로 사탕 표면이나 제과용으로 사용한다.

⑥ 정제중백당(갈색 설탕)

- 정제당과 당밀의 혼합물로 색상이 진할수록 불순물의 양이 많아 기본적으로 완전히 정제되지 않는 당이다.
- 정제과정에서 1차로 생산되는 백설탕에 원당에 포함되어 있는 탄수화물과 무기질 성분이 남아 있는 설탕이다.
- 백설탕과 흑설탕의 중간 결정으로 갈색빛이 나며 쿠키 종류에 많이 사용된다.

⑦ 정제삼온당(흑설탕)
- 정제과정 가운데 가장 마지막에 생산되는 설탕으로 갈색 설탕에 캐러멜을 첨가한 것이다.
- 당도는 백설탕, 갈색 설탕에 비해 낮지만 독특한 맛과 향이 있다. 색을 진하게 하는 호두파이 등에 사용된다.

(2) 분당(슈거파우더)
① 백설탕을 밀가루처럼 곱게 분쇄한 설탕으로 슈거파우더라고도 한다.
② 분당의 종류에는 원당의 정제 및 결정화 과정에서 직접 체로 쳐서 분말화시킨 100% 성분의 분당, 정백당을 갈아서 전분(3~5%)을 첨가한 고화방지용 분당, 시간이 지나도 녹거나 뿌옇게 변하지 않도록 작은 입자에 유지를 코팅한 데코스노 등의 종류도 있다.
③ 수분함량이 낮아 바삭한 쿠키 종류나 퐁당, 마지팬, 데커레이션 등에 사용한다.
④ 입자의 크기에 따라 2X에서 12X로 분류하고 6X를 표준으로 분류한다. X의 숫자가 클수록 입자가 작은 당이다.

(3) 올리고당
① 포도당과 갈락토오스, 과당과 같은 단당류가 3~10개 정도 결합한 것으로 설탕과 같은 단맛을 내면서도 칼로리는 설탕의 1/4밖에 안 된다.
② 체내에서 소화되지 않는 저칼로리이다.
③ 장내 유익균인 비피더스균을 증식하는 역할을 하여 장 건강에 도움을 준다.

(4) 요리당
① 물엿과 조청의 장점을 살리고 단점을 보완한 제품으로 원당을 주원료로 포도당, 과당, 설탕, 올리고당 등을 적절히 섞어 만든다.
② 단맛이 강하지만 농도가 묽기 때문에 식었을 때 굳지 않는다.
③ 갈색을 띠기 때문에 색이 진한 조림이나 찜 같은 요리에 넣으면 좋다.

(5) 물엿
① 전분을 삭히고 끓여 농축한 것으로 조금 더 오래 조리면 조청이 된다.

② 색이 투명해서 요리 본래의 색을 해치지 않아 다양한 요리에 널리 사용된다.

③ 제과 및 각종 볶음이나 구이, 무침을 할 때 마지막에 넣으면 음식에 윤기를 낸다.

(6) 전화당과 이성화당

① 자당을 용해시킨 액체에 산을 가하여 높은 온도로 가열하거나 인베르타아제(분해효소)로 설탕을 가수분해하여 생성된 포도당과 과당의 동량혼합물을 전화당이라 한다.

② 수분 보유력이 뛰어나 제품을 신선하고 촉촉하게 하여 저장성을 높여주므로 반죽형 케이크 또는 크림과 같은 아이싱 제품에 사용하면 촉촉하고 신선한 제품을 만들 수 있다.

③ 전화당은 꿀에 다량 함유되어 있으며 흡습성 외에 착색과 제품의 풍미를 개선하는 기능을 가지고 있다.

④ 이성화당은 전분을 액화(α-아밀라아제), 당화(글루코아밀라아제)시킨 포도당액을 글루코스 이성화효소(glucose isomerase)로 처리하여 이성화된 포도당과 과당이 주성분이 되도록 한 액상당으로 과당의 함량이 55% 이상 함유된 것을 고과당(55%-HFCS)이라 하고 과당이 42% 함유된 이성화당을 일반과당(저과당)이라 한다.

⑤ 이성화당의 특징은 상쾌하고 조화된 깨끗한 감미를 가지며 설탕에 비하여 감미의 느낌 및 소실이 빠르며 설탕보다 삼투압이 높아 미생물의 생육억제 효과가 크고 보습성이 강해 설탕과 혼합 사용할 때 제과제빵 제품의 품질을 향상시켜 주는 것이다.

(7) 당밀

① 사탕수수 정제공정의 1차 산물로 정제당과 시럽상태의 당밀이 나오며 당밀은 제과에서 많이 쓰이는 럼주의 원료가 된다.

② 설탕, 전화당, 무기질 및 수분으로 구성되어 있다.

③ 시럽상태 : 30% 전후의 물에 당을 비롯한 고형질이 함유되어 있는 상태이다.

④ 분말상태 : 시럽을 탈수시켜 분말, 입상형, 엷은 조각(flake)형을 만든다.

(8) 기타 감미제품

① 포도당
- 감미도 : 설탕 100에 대해 75 정도의 감미도를 가진다.
- 무수포도당과 함수포도당이 있으나 제과용은 함수포도당이다.
- 14, 48, 200 메시 통과 제품이 있다.
- 일반포도당의 발효성 탄수화물(고형질)은 91% 정도이다.

② 맥아와 맥아시럽
- 맥아제품을 사용하는 이유는 가스생산을 증가시키고 껍질색을 개선하며 제품 내부의 수분을 증가시키고 향을 발생시키기 때문이다.
- 보통 활성시럽을 0.5% 정도 사용한다.

③ 유당
- 우유를 고형질 50%의 농축액으로 만든 후 결정을 유도하여 원심분리, 세척, 재용해, 탈색, 여과, 분무건조 등의 공정을 거쳐 만든다.
- 감미도는 설탕 100에 비해 16으로 낮고, 결정화가 빠르다.
- 환원당으로 단백질의 아미노산 존재하에 갈변반응을 일으켜 껍질색을 진하게 한다.
- 이스트에 의해 발효되지 않으므로 잔류당으로 남는다.
- 조제분유, 유산균음료 등의 유제품에 많이 쓰인다.

④ 아스파탐(aspartame)
- 아스파르트산과 페닐알라닌을 합성해 만든 아미노산계 인공감미료로 감미도는 설탕의 200배이다.

⑤ 꿀(honey) : 감미와 수분보유력이 높고 향이 우수하다.

⑥ 천연감미료 : 스테비오사이드, 글리실리진, 소마틴, 단풍당 등이 있다.

⑦ 사카린 : 안식향산 계열의 인공감미료이다.

⑧ 캐러멜 색소 : 설탕을 가열하여 캐러멜화시킨 색소물질이다.

3) 설탕의 끓이는 온도에 따른 분류

온도(℃)	상태 및 실험방법	만들 수 있는 제품
105	약간 길게 늘어나기 시작한다.	시럽, 젤리
109	끓어서 거품이 진주처럼 뚜렷해지는 단계이다.	마시멜로
114	불어서 부드러운 원을 만들 수 있다.	퐁당, 머랭
118	찬물에서 공모양이 만들어진다.	머랭, 리큐르봉봉
120	단단한 공모양을 만든다.	캐러멜
135	찬물에서 줄기모양이 된다.	누가
144	찬물에서 줄기모양이 바로 된다.	엿
152	굳은 조각이 가볍게 부서진다.	설탕공예, 캐러멜
160 이상	갈색으로 변한다.	설탕공예

감미제에 대해 알고 갑시다

✻ 사탕수수가 원료인 감미제는 설탕(자당)이다.

✻ 분당은 마쇄한 설탕에 전분을 첨가한 것이다.

✻ 분당에 전분을 혼합하는 이유는 고화방지를 위한 것이다.

✻ 전화당이란 포도당에 과당을 50%씩 혼합한 것으로 설탕을 분해하여 만들며 수분이 함유된 것을 전화당시럽이라 한다.

✻ 식품용 포도당을 대량으로 만들 때는 전분을 이용한다.

✻ 일반포도당(함수포도당)의 발효성 고형질 함량은 91%이다.

✻ 제빵에 맥아를 사용하는 이유는
　① 가스생산 증가
　② 제품 내부의 수분 함유 증가
　③ 부가적인 향의 발생
　④ 껍질색을 나게 한다.

✻ 식빵에서 설탕의 기능은
　① 이스트에 영양을 공급한다.
　② 껍질색을 개선한다.
　③ 수분보유제로써의 기능이 있다.

✻ 새로운 감미료인 아스파탐의 주성분은 아미노산이다.

✻ 소위 아이싱슈거는 분당을 말한다.

✱설탕의 성질
  ① 다른 냄새를 흡수한다.
  ② 거품의 안정성을 돕는다.
  ③ 180℃ 이상에서 캐러멜이 된다.
  ④ 식품에 보습성을 부여한다.

5. 유지(fat and oil, 팻 앤드 오일)

1) 유지의 기능

(1) 유지는 크게 상온에서 액체상태인 기름(oil)과, 상온에서도 고체상태인 지방(fat)으로 나뉜다.

(2) 상온에서 액체상태인 기름은 주로 식물성이며(예외: 팜유) 단일불포화지방산과 다가불포화지방산이 있으며 같은 수의 탄소일 때에는 포화지방산보다 융점이 낮다.

(3) 상온에서 고체상태인 지방은 주로 동물성이며(예외: 오리기름, 어유 등) 탄화수소의 사슬이 단일결합으로 되어 있고 구조가 안정적이다.

(4) 탄소 수가 증가함에 따라 융점과 비점이 높아지며 팔미트산, 스테아르산 등이 있다.

2) 유지의 특성

(1) 가소성

  ① 점토와 같이 모양을 변화시킬 수 있는 성질이다. 고형 유지의 딱딱함이 온도에 따라 자유롭게 변화하는 성질을 말한다.

  ② 유지의 종류에 따라 강도를 유지하는 온도 범위에 차이가 있고 그 범위를 가연성 범위라 한다.

  ③ 쇼트닝은 가소성 범위가 넓고 온도가 조금 변해도 강도는 변하지 않는다. 이러한 성질은 밀어서 접어 펴는 반죽에 적합하다.

  ④ 코코아버터는 온도 변화에 민감하고 가소성 범위가 좁은 성질을 가지고 있다.

(2) 쇼트닝성

① 반죽에 유지를 넣으면 쇼트닝성 있는 유지는 반죽 중에 얇은 막으로 펼쳐져 밀가루의 글루텐이 엉기는 것을 억제해 제품이 바삭하게 부서지기 쉽게 한다.

② 파이반죽에서 반죽의 밀가루층과 유지층을 차례로 얇은 종이를 쌓은 듯이 만들어 굽는 방법도 유지의 쇼트닝성을 이용하여 바삭하게 만드는 것이다.

(3) 크림성

① 버터크림처럼 유지 반죽의 혼합과정에서 유지의 기포를 포집하는 성질을 유지의 크림성이라 한다.

② 유지의 크림성을 이용한 제품은 반죽형 반죽법으로 만드는 거의 대부분의 것이라 할 수 있다.

(4) 안정화

① 반죽 시 형성된 공기세포가 오븐 열에 의해 글루텐의 구조가 응결되어 튼튼해질 때까지 주저앉는 것을 방지한다.

② 쿠키 등의 저장성이 큰 제품이 산패에 견디는 힘을 말한다.

(5) 식감과 저장성

① 재료 자체보다는 완제품에 의한 미각, 후각, 촉각 등의 식감이 좋다.

② 유지 자체의 저장성이 제품에 영향을 미친다.

(6) 신전성(伸展性)

① 외부의 힘에 의해 고체성질을 그대로 유지시키면서 밀어 펴지는 성질을 말한다.

② 파이 제조 시 반죽 사이에서 밀어 펴지는 현상을 말한다.

3) 제빵에서 유지의 기능

(1) 반죽팽창을 위한 윤활작용으로 가장 중요한 기능이다.

(2) 수분 보유력으로 제품의 노화를 지연시킨다.

(3) 페이스트리에서 유지의 수분이 굽기 중 증발되어 부피를 형성한다.

(4) 구운 후의 제품에 윤활성을 제공하여 식감을 좋게 한다.

(5) 내상이 개선되고 광택이 나게 한다.

(6) 제빵에서 액체유는 전분과 단백질로 이루어진 반죽에서 막을 형성하지 못하고 액체상태로 분산되어 존재하기 때문에 쇼트닝성이 없어 특수한 경우를 제외하고는 거의 사용하지 않는다.

4) 제과에서 유지의 기능

(1) 쇼트닝성

- 유지가 얇은 막을 형성하여 전분과 단백질이 믹싱 중에 단단해지는 것을 막아 제품을 무르고 부드럽게 해준다.
- 제과에서 액체유는 반죽에 피막을 형성하지 못하므로 쇼트닝성이 거의 없다.

(2) 공기혼입 기능

- 믹싱 중 유지가 포집하는 공기는 작은 공기세포와 공기방울 형태로 굽기 중 팽창하여 적정한 부피, 기공, 조직을 만든다.
- 고체로 가소성이 높은 유지인 파이용 유지는 액체유에 비하여 표면적이 크기 때문에 많은 공기를 포집할 수 있어 굽기 중 증기압에 의한 팽창으로 제품의 부피를 크게 한다.
- 유화제를 첨가하면 단위면적당 유지 입자 수가 증가되어 부피를 크게 한다.

(3) 크림화 기능

- 지방이 믹싱에 의해 공기를 혼입하여 크림이 되는 기능이다.
- 설탕 : 지방=3 : 2로 믹싱하고 달걀을 서서히 혼입하면 275~300%까지 공기가 혼입된다.

(4) 안정화 기능

- 파운드 케이크의 반죽 등에서 수용성 성분과 유지성분과의 유화 안정성을 주는 기능을 말한다.

5) 유지의 보관방법

(1) 유지의 변패를 일으키는 요인으로 열, 빛, 금속(특히 동), 산소가 있다.

(2) 뚜껑 있는 용기에 담아 21℃ 이하의 건조한 암냉소에 보관한다.

(3) 가수분해를 방지하기 위해 물에 적시지 않고 산이나 알칼리를 혼입하지 않는다.

6) 유지의 종류

(1) 버터(butter)

① 우유 중의 지방을 분리하여 크림을 만들고, 이것을 세게 휘저어 엉기게 한 다음 응고시켜 만든 유제품이다.

② 버터는 유지에 물이 분산되어 있는 유탁액으로 향미가 우수하다.

③ 버터는 젖산균을 넣어 발효시킨 발효버터(sour butter)와 젖산균을 넣지 않고 숙성시킨 감성버터(sweet butter)가 있다. 미국, 유럽에는 발효버터가 많고 한국, 일본에는 감성버터가 대부분이다. 또 소금 첨가 여부에 따라 가염 버터, 무염버터로 나눈다.

④ 비교적 융점이 낮고 가소성(plasticity) 범위가 좁다.

⑤ 버터는 지방질이 많아 장기간 방치하면 지방이 산화되어 산패를 일으키며, 빛, 공기, 온도, 습도에 민감하기 때문에 냉장온도(0~5%)에 보관한다. 장기 간 보관할 경우에는 냉동하는 것이 좋다.

⑥ 우유는 지방 80~85%, 수분 14~17%, 소금 1~3%, 카세인(카제인) · 단백질 · 유당 1% 로 구성되어 있다.

(2) 마가린(margarine)

① 버터 대용품으로 동물성이나 식물성 지방으로 만든다.

② 버터와 비슷한 맛을 내기 위해 소금과 색소, 비타민 A와 D를 첨가한다.

③ 마가린은 액체인 식물성 기름을 수소화하는 과정에서 트랜스 지방이 생성 될 수 있다는 단점이 있다.

④ 마가린의 유지함량(동 · 식물성 유지 또는 경화유)은 보통 80% 내외이고 우 유 16~18%, 소금 0~3%, 그 외 착색료, 향료, 유화제, 보존료, 산화방지제, 비 타민류 등으로 구성되어 있다.

⑤ 마가린은 크림성, 유화성이 좋은 것이 특징이다. 특히 파이 마가린은 융점이 높고 가소성과 신장성이 좋아 밀어 펴기 쉽고 갈라짐이 적다.

(3) 쇼트닝(shortening)

① 정제한 동·식물성 유지로 만들며 반고체상태로 유지가 99.5% 이상이다. 수소첨가에 의해 경화되어 보통 경화유라고도 불린다.

② 제과제빵 등의 식품가공용 원료로 사용되는 반고체상태의 가소성 유지제품이다. 식물성 기름뿐만 아니라 동물성 기름을 포함한 여러 가지 경화유가 사용된다.

③ 돼지기름으로 만든 라드의 대용품으로 20세기 초경 미국에서 개발되어 발달시킨 것으로 현재는 사용목적에 맞춘 우수한 제품이 만들어지고 있어 제과 원료로써 중요한 역할을 하고 있다.

④ 액체 쇼트닝(fluid shortening)은 상온에서의 작업 중 또는 저장 중에 고체성분이 석출되지 않고 유동성을 가지며 쇼트닝으로서의 가공 특성도 발휘하는 유분 100%의 식용유지이다. 케이크반죽의 유동성, 기공과 조직, 부피, 저장성을 개선한다.

⑤ 분말 쇼트닝은 유지에 단백질 등을 배합하여 분말화한 제품으로 가소성 지방과 비교 시 안정성의 향상, 풍미의 향상, 취급의 간편화, 생산가공의 합리화, 일정한 품질이 연간 얻어지는 등의 특징이 있다.

⑥ 제과·제빵에서 사용하는 유지는 버터, 마가린과 쇼트닝 등 용도에 따라 다양하게 사용하고 있으나 일반적으로 가소성을 가진 유지를 총칭하여 쇼트닝이라 한다.

(4) 롤인용 유지

① 롤인용 유지는 가소성 범위가 넓고 외부 압력에 견디는 힘이 있어 원래의 형태를 유지할 수 있어야 하며 온도변화에 따른 경도 즉 되기의 변화가 크지 않아야 한다.

② 롤인용 마가린은 오븐 속에서 반죽층 사이에 존재하는 수분이 갑작스럽게 팽창하여 부피가 늘어나기 때문에 반죽을 밀어 펼 때 반죽 속에서 변하지 않고 고르게 밀어 펴질 수 있도록 가소성이 높은 제품이어야 한다.

(5) 튀김기름(flying fat, 플라잉 팻)

① 튀김물이 구조형성할 수 있게 열 전달을 잘 해야 한다.

② 불쾌한 냄새가 없어야 한다.

③ 설탕의 탈색, 지방의 침투가 없게 식으면서 충분히 응결되어야 한다.

④ 튀김온도 : 180~194℃

⑤ 유리지방산이 0.1% 이상 되면 발연현상이 일어난다.

⑥ 튀김기름의 4대 적 : 온도 또는 열, 수분 또는 물, 공기 또는 산소, 이물질

(6) 라드(lard)

① 돼지의 지방조직을 분리해서 정제한 지방이다.

② 쇼트닝가를 높이기 위해 빵, 파이, 쿠키, 크래커 등에 사용된다.

(7) 계면활성제

① 액체의 표면장력을 수정시키는 물체로 부피와 조직을 개선하고 노화를 지연시킨다.

② 친수성(폴리소르베이트 : polysorbate)과 친유성(모노글리세라이드 : mono-glyceride)이 있으며 균형이 11 이하이면 친유성이고 11 이상이면 친수성이다.

③ 주요 계면활성제

㉮ 레시틴(lecithin)

- 옥수수유와 대두유로부터 얻으며 친유성이다.

- 난황·콩기름·간·뇌 등에 다량 존재한다.

- 빵 반죽에 0.25%, 제과에서 쇼트닝의 1~5%가 사용된다.

㉯ 모노글리세라이드(monoglyceride)

- 유지가 가수분해될 때의 중간산물로 유지의 6~8%, 빵에 0.375~0.5%를 사용한다.

- 지방산과 글리세롤을 가열하여 얻는다.

유지에 대해 알고 갑시다

✱ 유화쇼트닝에는 모노글라세이드를 6~8% 첨가한다.
✱ 버터와 마가린의 근본적인 구별의 성분은 지방이다.
✱ 마가린에는 80% 이상의 지방이 함유되어 있다.
✱ 쇼트닝에는 100%의 지방이 함유되어 있다.
✱ 라드는 돼지의 지방에서 분리해 정제한다.
✱ 튀김기름의 4대 적은 온도, 수분, 공기, 이물질이다.
✱ 튀김기름의 가수분해 속도는 열, 산소, 이물질에 영향을 받는다.
✱ 튀김기름의 유리지방산 함량이 0.5%일 때 양질의 도넛을 만들 수 있다.
✱ 쇼트미터(shortmeter)는 유지의 부드러움을 측정하는 기구이다.
✱ 튀김기름의 산가는 3 이하여야 한다.
✱ 버터의 항물질은 뷰티린산, 디아세틸, 유산 등이다.
✱ 가장 높은 융점을 필요로 하는 마가린의 용도는 퍼프 페이스트리용이다.

6. 이스트(yeast)

1) 이스트에 있는 효소

(1) 프로테아제(protease) : 단백질에 작용하여 펩티드(peptide, 또는 펩타이드)와 아미노산을 생성한다.

(2) 리파아제(lipase) : 지방에 작용하여 지방산과 글리세린을 생성한다.

(3) 인베르타아제(invertase) : 자당에 작용하여 포도당과 과당을 생성한다.

(4) 말타아제(maltase) : 맥아당에 작용하여 포도당과 포도당을 생성한다.

(5) 치마아제(zymase) : 포도당, 과당 등의 단당류에 작용하여 CO_2+ 알코올을 생성한다.

(6) 락타아제(lactase) : 유당에 작용하는 효소이나 제과용 이스트에는 없다.

2) 이스트 제품

(1) 생이스트(fresh yeast, 프레시 이스트)

① 압착이스트(compressed yeast)라고도 하며 약 70%의 수분을 함유하고 있어 0.5~7℃의 온도 변화가 적은 냉장고에 저장한다.

② 벌크이스트(bulk yeast)는 압착하는 대신 미립자 상태로 부수어 만드는데 압착이스트와 수분함량이 동일하므로 같은 조건에서 저장하며 압착이스트와 동일한 중량비율로 상호 교환하여 사용 가능하다.

(2) **활성 건조 이스트**(active dry yeast, 액티브 드라이 이스트)

① 반죽을 혼합하기 전에 이스트를 4배의 물(35~43℃)에 담가 5~15분 동안 수화시켜 사용한다.

② 생이스트의 45~50% 수준으로 사용한다.

③ 인스턴트 건조 이스트(instant dry yeast)

- 다른 건조재료와 첨가하거나 혼합하는 동안에 첨가한다. 물과 직접적으로 접촉하면 이스트의 성능이 떨어지며, 생이스트의 33~40% 수준으로 사용한다.

(3) **불활성 건조효모**(inactive dry yeast, 인액티브 드라이 이스트)

① 과자제품의 영양제로 사용된다.

② 우유와 달걀의 단백질과 같은 영양가가 있으며 라이신이 풍부하다.

③ 환원제인 글루타티온이 침출되지 않도록 처리해야 한다.

이스트에 대해 알고 갑시다

✳ 발효의 최종산물은 이산화탄소와 에틸알코올이다.

✳ 이산화탄소는 팽창에 작용하고 에틸알코올은 pH를 낮추어 글루텐의 숙성과 향을 발달시킨다.

✳ 이스트는 글루텐을 조절하는 기능이 있다.

✳ 온도 30~38℃, pH 4.5~4.9에서 발효력이 최대이다.

✳ 48℃에서 이스트의 세포가 파괴되기 시작한다.

✳ 설탕, 우유, 소금의 양이 많은 반죽에서 다소 많은 양의 이스트를 사용한다.

✳ 제빵용 이스트의 일반적인 생식방법은 출아법이다.

✳ 생이스트 100 대신에 활성 건조효모 35~40을 사용한다.

✳ 이스트의 생세포는 63℃에서 사멸한다.

✳ 이스트의 포자는 69℃에서 사멸한다.

✳ 일반적인 압착 생이스트의 고형질 함량은 30%이다.

✳ 이스트의 적정한 배양온도는 28~32℃이다.

✳ 활성 건조효모를 수화시킬 때 침출되어 제빵성을 악화시키는 물질이 글루타티온이다.

✳ 제빵용 이스트의 학명은 Saccharomyces serevisiae이다.

7. 제빵개량제

1) 이스트푸드와 제빵개량제

(1) 이스트푸드(yeast food)

① 이스트푸드는 빵의 제조공정에서 물속 무기질 특히 칼슘의 양을 조절하여 물을 아경수로 만들어 제빵 물성이 좋게 하는 목적으로 개발되어 사용되었다.

② 제빵에서 이스트푸드는 발효시간을 단축시키고 글루텐의 숙성이 촉진되어 반죽을 팽창하는 데 이용되는 유효가스의 포집력을 증가시켜 빵의 품질과 부피에 큰 영향을 주었다.

❖ 이스트푸드의 성분

성분	함량(%)
황산칼슘	25
염화암모늄	10
식염	0.3~0.5
전분	40

(2) 제빵개량제

① 이스트푸드의 한정된 목적 외에 제과제빵에 사용하는 다양한 원료와 대형 생산체제로의 전환 및 프랜차이즈의 발달로 품질의 유동성을 개선하여 일정한 품질의 제품을 생산할 수 있도록 여러 가지 복합적인 제제를 첨가하여 사용하게 된 것이 요즈음 사용하는 제빵개량제이다.

② 제빵개량의 성분은 크게 발효조정제와 반죽개량제로 분류할 수 있다. 여러 성분이 복합적으로 작용하기 때문에 제빵개량제는 제품의 제조공정에서 반죽의 물리화학적 특성을 가능한 한 표준화시킬 수 있는 화합물로 구성되는데 이러한 여러 가지 화합물은 반죽 속에서 질소공급원, 물경도조절제, 효소제, pH 조절제, 산화제, 환원제, 유화제 등으로 작용하여 반죽이 잘 되도록 반죽을 개량하고 이스트에 영양을 주며 빵의 색을 좋게 하고 빵의 부피를 키우며 전분이 변하는 것을 막는 역할과 함께 발효시간을 보충하기 위한

질소(N), 인(P) 등의 화학성분 및 맛과 향을 보완하기 위한 인공첨가제의 역할도 한다.

③ 제빵개량제에는 스테아릴젖산칼슘(calcium stearyl lactylate), 염화암모늄(ammonium chloride), 황산암모늄(ammonium sulfate), 과산화칼륨(potassium superoxide), 요오드화칼륨(potassium iodide), 아스코르브산(ascorbic acid), 아조다이카본아마이드(Azodicarbonamide=ADCA), 인산암모늄(ammonium phosphate), 브롬산칼륨(potassium bromate), 인산칼슘(potassium phosphate), 황산칼슘(calcium sulfate), 과산화칼슘(calcium peroxide), 효소(enzyme)제제 등 많은 성분이 포함되어 있다.

④ 제빵개량제는 위의 성분을 필요에 의하여 선택·조합하여 무기질 제빵개량제, 유기질 제빵개량제, 복합형 제빵개량제로 구분하여 생산되고 있고 그 필요에 따라 선택적으로 사용하는 것이 바람직하다.

❖ 제빵개량제의 성분과 기능

기능분류	성 분	설 명
반죽물조절제	황산칼슘, 인산칼슘, 과산화칼슘	연수를 제빵 물성이 좋은 아경수로 바꾸어 반죽의 탄력성을 주어 제빵 적성을 좋게 한다.
반죽조절제	칼슘염, 마그네슘염, 칼륨염	반죽은 pH 4~6 정도일 때 가스 발생력과 가스 보유력이 좋으므로 약산성으로 만들어 반죽의 물성을 좋게 한다.
	스테아릴젖산칼슘	반죽의 저항성을 개선하여 발효시간, 온도 등의 오차의 영향을 적게 하여 양질의 빵을 만든다.
효소제	아밀라아제(amylase)	아밀라아제는 맥아당과 전분을 분해하여 포도당을 만들게 하여 이스트의 가스 발생력을 돕는다.
	프로테아제(protease)	프로테아제는 밀가루의 단백질을 분해하여 반죽의 신장성을 좋게 한다.
질소원	염화암모늄, 황산암모늄, 인산암모늄	이스트의 생장에 영향을 주어 발효에 도움을 준다.
산화제	브롬산칼륨	반죽의 글루텐을 강화하여 가스 포집력을 좋게 하여 제품의 부피를 크게 한다(지효성).
	요오드화칼륨	반죽의 글루텐을 강화하여 가스 포집력을 좋게 하여 제품의 부피를 크게 한다(속효성).
	과산화칼륨	글루텐을 강하게 하고 반죽을 되게 만든다.

아조다이카본아마이드	밀가루 단백질의 -SH그룹을 산화하여 글루텐을 강화한다.
아스코르브산(비타민 C)	무산소에서는 환원제이지만 산소와 만나면 산화제가 된다.

제빵개량제에 대해 알고 갑시다

✽ 이스트푸드 성분 중 반죽조절제의 역할을 하는 것은?
  ① 산성 인산칼슘
  ② 염화암모늄
  ③ 염화나트륨

✽ 이스트푸드의 성분 중 이스트의 영양이 되는 것은 염화암모늄이다.

✽ 이스트푸드 성분 중 물조절제, 반죽조절제의 기능을 가지는 것은 칼슘염이다.

✽ 이스트푸드의 제1기능은 물과 반죽의 조절제이다.

✽ 이스트푸드의 기능
  ① 칼슘염 : 물조절제
  ② 암모늄염 : 이스트의 영양
  ③ 산화제 : 반죽조절기능

8. 팽창제(leavening agent, 레버닝 에이전트)

1) 중조(NaHCO, baking soda, 베이킹소다)

(1) 탄산수소나트륨이라고도 불리며 가열하여 약 20℃ 이상이 되면 분해되어 이산화탄소가 발생한다.

(2) 2개의 분자로 이루어진 중조는 열에 의해 분해되어 1개의 분자는 이산화탄소를 발생시켜 날아가고 나머지 1개의 분자는 탄산나트륨으로 반죽에 남아 알칼리성 물질로 색소에 영향을 미친다.

(3) 가열 시 반죽의 착색작용을 촉진시켜 제품의 색상을 선명하고 진하게 만든다.

2) 베이킹파우더(baking powder)

(1) 베이킹파우더는 식품공전상에 중조와 산제의 혼합물로 중조를 중화시켜 이산화탄소가스의 발생과 속도를 조절하도록 한 팽창제로 유효 이산화탄소를 12%

이상 방출해야 한다.

(2) 베이킹파우더는 제품적성에 맞도록 사용하는데 지효성, 속효성, 산성 팽창제, 알칼리성 팽창제 등이 있다.

9. 유화제(emulsifier, 에멀시파이어)

1) 유화제는 물과 기름처럼 서로 잘 혼합되지 않는 두 물질을 안정시켜 혼합하는 성질을 갖는 물질로 식품용 계면활성제이다.

2) 유화제의 종류에 따라 기름이 물속에 분산되는 경우(O/W)와, 물이 기름 속에 분산되는 경우(W/O)가 있다. 대체로 O/W을 만드는 데는 친수성이 강한, 즉 수용성의 유화제가 적합하고, W/O에 대해서는 친유성이 강한, 즉 유용성의 유화제가 적합하다.

3) 「식품위생법」에 인정되어 있는 식품용 유화제로는 지방산 모노글리세라이드류, 소르비탄지방산에스테르류, 자당의 지방산에스테르 등의 비이온 활성제 및 레시틴, 아라비아고무, 알긴산, 난황, 젤라틴 등의 천연물이 있다.

10. 소금(salt, 솔트)

1) 제빵에서 소금은 맛과 풍미를 향상시키고 이스트의 활성을 조절하며 제과에서는 다른 재료의 맛을 나게 하고 설탕의 단맛을 순화시키며 설탕의 열에 의한 캐러멜화 온도를 낮춘다.

2) 소금을 반죽에 첨가하면 삼투압에 의해 흡수율이 감소하고 반죽의 저항성이 증가되는 특성이 있으므로 가장 중요한 원재료 중 하나이다.

3) 소금을 효과적으로 사용하면 반죽에서 발생하기 쉬운 이취(off-flavor)를 제거하고 스펀지법에서는 제조시간을 단축할 수 있다.

4) 소금은 주위의 냄새를 흡수하는 경향이 있기 때문에 적합한 조건에서 저장해야 하고 상대습도의 변화에 매우 민감하며 임계점은 70~75%이다.

5) 습도가 높으면 소금은 수분을 흡수하는 반면 습도가 낮으면 수분을 방출한다. 지나칠 정도의 습도 변화는 소금 덩어리를 형성시켜 나중에 분리하기 어렵게 만든다.

6) 소금의 종류는 입자의 크기에 따라 미세한 입자, 중간 입자, 거친 입자로 나눌 수 있

으며 정제도에 따라 호염과 정제염으로 구분된다.

11. 유가공품(milk products, 밀크 프로덕츠)

1) 우유

(1) 우유는 수분이 약 88.1%, 단백질 3.4%, 지방질 3.4%, 당질 4.4%, 무기질과 비타민이 약 0.7% 정도로 구성되어 있다.

(2) 우유의 단백질은 카세인(casein)과 훼이(유청)단백질(whey protein)로 구분되고 있으며, 카세인은 우유단백질의 약 80%를 차지하고 있으며 황(S)과 인(P)을 많이 포함하고 미셀(micelle)형태로 존재한다.

(3) 카세인은 등전점인 pH 4.6 부근에서 분자 간의 음이온에 의한 반발력이 없어져 서로 결합하여 침전하게 되며, 레닌에 의해 카세인의 펩타이드(펩티드) 결합이 분해된다.

2) 농축유(concentrated milk, 칸슨트레이티드 밀크)

(1) 우유의 보관이 용이하도록 수분을 증발시켜 만든 것이 농축유이다. 대표적인 제품으로는 연유가 있다.

(2) 가당연유(sweetened condensed milk, 스위튼드 컨덴스드 밀크)
① 수분을 제거하여 농축시킨 후 원유에 약 16~18%의 설탕을 첨가하여 유고형분 30% 이상, 유지방 8% 이상이 되도록 40%의 질량으로 농축한 것이다.
② 최종제품에서 40~50% 정도의 설탕을 함유하여 보존력이 향상된다.
③ 열량은 높지만 단맛이 강하므로 사용에 유의해야 한다.

(3) 증발유 또는 무당연유(evaporated milk, 이배퍼레이티드 밀크)
① 우유에 설탕을 첨가하지 않고 우유를 데운 후 진공상태에서 수분을 증발·균질화시킨 다음 통에 담고 116℃의 고온에서 15분간 살균하여 40~50%로 농축한 것이다.
② 유고형분은 22% 이상, 유지방 6% 이상의 밀크 크림상태이며, 설탕이 첨가

되지 않기 때문에 보존력이 낮아 통조림 상태로는 실온에 장기간 보존할 수 있으나 일단 개봉하면 냉장 보관해야 한다.

3) 분유

(1) 분유의 제조법
① 롤러법
- 우유를 가열된 금속 실린더 표면에 뿌려서 급속하게 건조시켜 제조하는 방법이다.

② 스프레이법
- 우유를 가열된 더운 공기 속으로 뿌려서 급속하게 건조시켜 제조하는 방법이다.
- 스프레이법에 의해 제조된 분유는 단백질이 가열에 의해 변성되지 않았기 때문에 롤러법에 의한 것보다 물에 더 쉽게 풀리고 비타민의 함량은 적다.

(2) 분유의 종류
① 전지분유(whole milk powder, 허울 밀크 파우더)
- 살균 처리한 전지유를 진공하에서 수분의 2/3가량을 증발시킨 후 80~130℃로 가열된 열풍 속에서 안개모양으로 분무시켜 순간적으로 건조시킨 것으로 12%의 수용액을 만들면 우유가 된다.
- 전지분유를 물에 풀어 액체유로 만들었을 경우 비타민 C가 손실된 것 이외에는 생우유보다 영양가의 손실은 거의 없다.
- 분유를 만들기 위해 우유를 건조시키는 과정에서 병균이 모두 살균되지 않으므로 우유를 건조시키기 전에 먼저 저온 살균해야 한다.
- 전지분유는 흡습성이 강하므로 공기 중의 습기를 흡수하여 빨리 부패하기 때문에 뚜껑을 꼭 닫아 공기와 차단해서 보관해야 한다.
- 전지분유가 공기 중에 노출되면 전지분유에 존재하는 지방이 쉽게 산화되어 동물성 지방의 누린내를 낼 뿐만 아니라 물에 풀 때 덩어리가 져 잘 풀리지 않으며 보존성이 짧다.

② 탈지분유(nonfat dry milk, 논 팻 드라이 밀크)

- 살균 처리한 탈지유를 진공하에서 수분의 2/3를 증발시킨 후 뜨거운 공기 속에서 분무하여 건조시킨 것이다.
- 빵에 분유를 첨가하면 풍미를 향상시키고, 노화를 방지한다. 그러나 빵의 부피는 증가하거나 감소하게 한다.
- 탈지분유는 UHT살균(초고속순간살균)과 감압 농축에 의해 제조되며 비타민의 손실이나 단백질의 열변성이 최소화되도록 제조된다. 그러나 불충분하게 가열되어 단백질의 열변성률이 적으면 빵 제품의 부피가 감소하게 된다.
- 탈지분유는 약 8%의 회분과 34%의 단백질을 함유하고 있기 때문에 pH 변화에 대한 완충역할을 한다.

③ 조제분유(modified milk powder, 모디파이드 밀크파우더)

- 유청 분말(sweet whey powder) : 우유 또는 탈지유에 레닛(rennet)이나 산을 가하여 생기는 커드(curd)를 제거한 후에 배출되는 황록색의 액체 부분으로 대표적인 유가공 부산물이다. 훼이(whey)는 부피에 있어서는 우유의 85~90%를 차지하고 우유가 가지는 영양소의 50~70%를 차지하여 영양적으로 우수하다. 제과제빵에서는 연화제로 작용하며 유당의 함량이 커서 굽는 동안 겉껍질 색상을 빠르게 촉진하므로 주의한다.

4) 유크림

(1) 우유의 지방층을 원심분리기로 분리하여 얻은 제품으로 진하거나 된 크림은 지방함량이 36% 이상이며, 조금 덜 진하거나 미디엄 크림(medium cream)은 30~36%이고, 묽은 커피크림은 18~30%의 유지방을 함유한다.

(2) 신맛 크림은 젖산에 의하여 신맛을 내는 것이며 최소 18%의 유지방이 요구된다.

(3) 하프앤하프(half and half)는 살균된 우유와 10.5~18%의 지방을 함유한 크림의 혼합물이다.

(4) 크림은 단독식품으로 이용되기보다는 조리할 때 부재료로 사용되어 다른 음식의 맛과 영양가를 증진시키는 데 이용된다.

(5) 우유에서 크림을 분리하는 방법으로 정치법과 원심분리법이 있으며 유제품 공

장에서는 크림분리기를 이용하여 분리시킨다.

5) 발효유

(1) 우유, 양유, 마유 등 여러 가지 유즙을 살균처리하여 여기에 스타터(starter=유산균)를 넣고 발효시킨 것으로 유산(lactic acid)이 약 0.3%가량 함유되도록 조절한 것이다.

(2) 발효기간 동안 우유성분에 화학적인 변화가 일어나는데 유당은 20~30% 감소하여 락트산(lactic acid)으로 되고, 우유 중의 또 다른 당으로부터 아세트산(acetic acid, 초산)들이 적은 양 생성된다.

(3) 생성된 락트산은 제품의 보존성을 증진하고 신맛과 청량감을 주며 해로운 미생물을 억제하고, 단백질·지방·무기질의 이용을 증진하며 소화액 분비를 촉진한다.

(4) 발효유에는 여러 가지 종류가 있으나, 그 제조과정은 거의 비슷하고 제품들 간의 차이는 우유의 지방함량의 차이, 스타터로 사용한 균의 종류, 발효온도의 차이 등에서 생긴다.

① 컬처드 버터밀크(cultured buttermilk)
- 버터를 제조할 때 부산물로 얻을 수 있는 탈지유를 사용하여 만든다.
- 컬처드 버터밀크의 제조과정 중에는 스타터를 섞은 다음 20~34℃로 보온하는 것이 중요하다. 즉 향기성분을 형성하는 세균의 최적온도는 20℃이고 유산을 형성하는 세균의 최적온도는 30℃여서 20℃ 이하에서는 산이 충분히 형성되지 않고 34℃ 이상에서는 지나치게 많은 산이 형성되어 맛이 나빠진다.

② 요구르트(yoghurt)
- 오랜 역사를 지닌 발효유의 일종으로 요구르트를 만드는 원료유는 완전 또는 부분적으로 탈지한 탈지유나 전유를 사용한다.
- 제조에 쓰이는 스타터로 일본에서는 락토바실루스 불가리쿠스(lactobacillus bulgaricus)를 쓰는 경우가 가장 많고, 구미에서는 락토바실루스 불가리쿠스와 스트렙토코커스 서모필러스(streptococcus thermophilus)를

병용하는 경우가 많다.

- 식품으로서의 요구르트의 가치는 유산에 의한 장내 이상 발효의 억제작용, 정상적인 장내 유산균에 의한 자극작용을 들 수 있다. 또한 영양가가 좋으며 단백질은 유산균이 생산하는 효소에 의해 분해되므로 산화흡수도 좋다.
- 요구르트는 유산으로 약 0.9%의 산도를 가지며 pH는 4.6 정도이다. 따라서 신맛을 가지고 있으며 묽은 커스터드 정도의 부드러운 질감을 가지고 있다.
- 우리나라에서는 스푼으로 떠먹는 형태의 호상 요구르트와 마시는 형태의 농후 드링크 요구르트가 시판되고 있다.

6) 아이스크림

(1) 주재료
① 우유, 크림, 연유, 분유 등 대개의 유제품이 쓰이나 크림을 사용한 것이 가장 품질이 좋으며 감미료, 향료, 안정제를 넣어 교반하면서 동결시킨다.
② 감미료로는 보통 약 15%의 설탕을 사용하나 포도당을 대용하는 경우도 있다.
③ 포도당 사용은 감미제로도 쓰이지만 아이스크림의 고형분을 많게 하여 조직을 매끄럽게 한다.

(2) 아이스크림 유화제
① 폴리옥시에틸렌(polyoxyethylene) 유도체와 모노글리세라이드가 있다.
② 모노글리세라이드(monoglyceride)는 지방의 분산과 거품이 이는 성질을 개선하며, 아이스크림의 굳기 및 녹는 속도에는 크게 영향을 미치지 않는다.

(3) 아이스크림 안정제
① 안정제는 지방구를 고정시켜 아이스크림을 단단하게 해주는 역할을 한다.
② 젤라틴, 펙틴, CMC, 달걀, 전분풀 등이 있다.
③ 젤라틴은 가장 많이 쓰이는 안정제로 물을 흡수해서 결정체가 형성되는 것을 막기 때문에 부드러운 질감을 가진 제품이 되게 하며 아이스크림이 녹을

때 형태가 허물어지는 것을 막는 작용도 한다.

④ 사용하는 젤라틴의 양은 0.5%인데 지나치게 많은 양을 넣으면 끈적거리는 아이스크림이 되고 녹은 후에도 젤라틴의 모양이 접시에 남아 있는 경우가 있다.

7) 치즈(cheese)

(1) 치즈의 분류에는 원재료, 숙성여부, 수분함량, 발효 스타터 등에 의해 구분된다.

(2) 치즈는 어떤 동물의 유즙을 이용하여 만들었느냐에 의하여 분류하는데 프랑스의 로크포르(Roquefort) 치즈는 양의 젖을, 노르웨이의 오제토스트(Ojetost)는 산양의 젖을, 이탈리아의 모차렐라(Mozzarella)는 버펄로의 젖을 이용해서 만든 것이다.

(3) 수분함량에 의해 분류하면 반경질 치즈는 수분함량이 34~55%이며 경질 치즈는 수분함량이 13~34%이다.

(4) 자연치즈와 가공치즈

① 자연치즈(natural cheese, 내추럴 치즈)

- 송아지 위의 추출물로 레닌이 들어 있는 물질인 레닛(rennet)이나 산에 의하여 우유단백질을 응고시켜 덩어리로 만든 후 그 고형물을 우유에 있던 효소와 미생물에 있는 효소에 의해 숙성시켜 만든다.
- 지방, 유당, 단백질 같은 응고물에 함유되어 있던 성분들이 숙성하는 동안에 치즈의 독특한 냄새, 맛, 색, 질 등이 특성을 이룬다.
- 숙성과정 중 유당이 유산균에 의해 유산으로 변하기 때문에 유당은 치즈에 거의 존재하지 않는다.
- 숙성 중 단백질의 가수분해는 치즈의 맛과 질에 크게 영향을 주는데, 단백질이 가수분해되면 말랑말랑한 질감을 갖게 된다.
- 우유지방은 숙성 중에 분해되어 향기성분을 생성한다.

② 가공치즈(processed cheese, 프로세스드 치즈)

- 한 가지 또는 두 가지 이상의 자연치즈에 유화제를 첨가하여 가열한 것으로 더 이상 미생물에 의한 발효가 일어나지 않고 더 가열해도 분리되지

않게 균질화시킨 다음 일정한 틀에 넣어 식혀 굳힌 것이다.

- 가공치즈는 자연치즈보다 얇게 잘 썰어지고 덩어리지거나 들러붙지 않고 잘 녹는다.
- 가공치즈는 치즈의 휘발성 향기성분을 휘발시키고 또 어떤 화학변화를 일으키므로 자연치즈보다 맛이 덜하다.

12. 안정제

1) 안정제의 사용목적

(1) 아이싱의 끈적거림 방지

(2) 아이싱이 부서지는 것을 방지

(3) 머랭의 수분배출 억제

(4) 크림토핑의 거품 안정

(5) 젤리 제조

(6) 무스 케이크 제조

(7) 파이 충전물의 농후화제

(8) 흡수제로 노화지연 효과

(9) 포장성 개선

2) 안정제의 종류

(1) **한천**(agar-agar, 아가르-아가르)

① 한천은 해초류에서 추출한 천연물질로 우뭇가사리, 꼬시래기, 비단풀 등의 홍조류를 수산화나트륨용액과 혼합하여 알칼리 처리한 후 황산수용액에 넣어 끓인 뒤 이것을 여과, 응고, 동결시킨 후 수분을 제거하면 한천이 완성된다.

② 한천은 아가로스(agarose) 및 아가로펙틴(agaro pectin)을 주성분으로 하는 식이성 다당류로 구성되어 있다. 칼로리가 거의 없기 때문에 다이어트식품으로 각광받고 있다.

③ 설탕과 혼합하면 투명도가 높아지므로 선명한 색을 낼 필요가 있는 젤리나 화과자의 광택제로도 많이 활용된다.

④ 무향, 무색의 한천은 젤라틴보다 점도가 8배나 강하고 응고점이 평균 30℃이며 녹는점은 80~85℃로 고온에서 사용할 수 있는 장점이 있다.

⑤ 실한천과 가루한천이 있으며 물에 대해 1~1.5% 사용한다.

(2) 젤라틴(gelatin)

① 소, 돼지 연골가죽, 생선 부레 등의 콜라겐 단백질에서 얻는다.

② 특성은 알레르기는 없으며 섭취 음식의 소화를 돕고 칼로리(338kcal)가 있다.

③ 판젤라틴 1장은 2g, 물은 중량의 6~7배, 50~60℃에서 잘 녹으며 보통 1~2% 사용한다.

④ 과일에 사용 시 과일의 단백질 분해효소에 주의한다.

⑤ 산용액에서 가열하면 화학적 분해가 일어나 젤 능력이 줄어들거나 없어진다.

(3) 펙틴(pectin)

① 과일과 식물의 조직에 있는 일종의 다당류이다.

② 설탕농도 50% 이상, pH 2.8~3.4에서 젤리를 형성한다.

③ 메톡실(methoxyl)기(CH_3 $O-$)가 7% 이하에서 당과 산의 영향을 받지 않는다.

(4) 카라기난(carrageenan)

① 카라기난은 한천과 마찬가지로 홍조류에서 추출한 성분으로 만들어진다. 홍조류를 뜨거운 물이나 알칼리성 수용액으로 추출한 후 정제하여 만들며 분말형태이다.

② 무색, 무미, 무취의 특성을 가지고 있기 때문에 색이나 향을 첨가할 수 있다. 응고온도는 30~45℃이며, 당도가 높을수록 높은 온도에서 굳는다.

③ 한번 겔화된 카라기난은 냉동시킨 후 해동해도 다시 젤리상태로 돌아오며, 여름철에 실온에 방치해도 탄력을 유지할 정도로 강한 성질을 나타내므로 여름 젤리를 만드는 데 유용하다.

④ 카라기난은 물에 굳는 타입과 우유에 굳는 타입으로 나뉜다. 물에 굳는 타입은 젤리에, 우유에 굳는 타입은 밀크 푸딩이나 냉동용 제과, 컵 젤리에 사용한다.

(5) 알긴산(alginate=alginic acid, 앨지네이트=앨지닉 애시드)

　① 큰 해초로부터 추출된다.

　② 온수, 냉수 모두에서 용해된다.

　③ 1% 사용으로 단단한 교질을 형성한다.

　④ 산에 강하고 칼슘(우유)에 약하다.

(6) 씨엠씨(C.M.C)

　① 셀룰로오스로 만든다.

　② 냉수에서 쉽게 팽윤되지만 산에서는 저항성이 약하다.

(7) 로커스트콩검(locust bean gum, 러우커스트 빈 검)

　① 로커스트빈 나무의 수지(樹脂)

　② 냉수에서 용해되지만 뜨거워야 완전 용해된다.

　③ 0.5%에서 진한 용액, 5%에서 진한 페이스트

　④ 산에 대한 저항성이 크다.

안정제에 대해 알고 갑시다

✻ 안정제 중 동물성인 것은 젤라틴이다.

✻ 펙틴은 메톡실기 7% 이상에서 상당한 양의 당과 산이 존재해야 교질이 형성된다.

✻ C.M.C는 냉수에도 잘 녹는다.

✻ 한천은 해조류를 원료로 만든다.

✻ 펙틴은 과일의 껍질에 많이 들어 있다.

✻ 젤라틴은 동물의 결체조직으로 만든다.

---

13. 향료(perfume: 퍼퓸, flavoring: 플레이버링, herbs and spices: 허브스 앤드 스파이시스)와 향신료(spice, 스파이스)

1) 향료

　(1) 제과, 제빵의 향의 공급원

　　① 발효는 생화학적 변화를 동반하여 향 물질을 생성시킨다.

② 굽기과정의 캐러멜화반응과 갈변반응은 특유의 향을 발생시킨다.

③ 재료에서 우러나는 자연의 특별한 향이 있다.

④ 굽기 중 특별히 열을 받아 향을 내는 물질이 있다.

(2) 향료

① 천연향 : 꿀, 당밀, 코코아, 초콜릿, 분말과일, 감귤류, 바닐라 등

② 합성향 : 천연향에 들어 있는 향물질을 합성시킨 것

③ 인조향 : 화학성분을 조작하여 천연향과 같은 맛이 나게 한 것

(3) 향료의 분류

① 비알코올성 향료

- 굽기과정에 휘발하지 않는 것으로 글리세린, 프로필렌 글리콜(propylene glycol), 식물성유에 향물질을 용해하여 만든다.

② 알코올성 향료

- 굽기 중 휘발성이 크므로 아이싱과 충전물 제조에 적당하며 에틸알코올에 녹는 향을 용해시켜 만든다.

③ 유지

- 수지액에 향료를 분산시켜 만드는 것으로 반죽에 분산이 잘 되고 굽기 중 휘발이 적다.

④ 분말

- 수지액에 유화제를 넣고 향물질을 넣어 용해시킨 후 분무 건조하여 만드는 것으로 굽는 제품에 적당하고 취급이 용이하다.

2) 향신료

(1) 향신료의 정의

① 음식에 풍미를 주어 식욕을 촉진시키는 식물성 물질

② 어원은 후기 라틴어로 '약품'이라는 뜻인데, 한국어의 '양념'에 해당된다.

③ 겨자, 고추, 후추, 생강, 파, 마늘 등

④ 식물의 뿌리, 줄기, 잎, 열매 등을 원료로 한다.

(2) 향신료의 종류

① 계피(cinnamon) : 녹나무과에 속하는 상록교목인 생달나무(天竹桂)의 나무 껍질로 만든다.

② 너트메그(nutmeg) : 육두구과 열매의 배아를 말린 것이 너트메그(nutmeg) 이고 씨를 둘러싼 빨간 반종피를 건조하여 말린 것이 메이스(mace)이다. 단 맛과 약간의 쓴맛이 난다.

③ 생강(ginger) : 열대성 다년초의 다육질 뿌리로 양념재료로 이용하는 뿌리 채소다. 김치를 담글 때 조금 넣어 젓갈의 비린내를 없애는 데 큰 역할을 한다.

④ 정향(clove) : 상록수 꼭대기의 열매, 증류에 의해 정향유를 만든다.

⑤ 올스파이스(allspice) : 복숭아과 식물, 계피, 너트메그의 혼합 향을 낸다.

⑥ 카다멈(cardamom) : 생강과의 다년초 열매깍지 속의 작은 씨를 이용하는 것으로 통째로 혹은 가루로 만들어 사용한다.

⑦ 박하(peppermint) : 꿀풀과에 속하는 다년생 초본식물로 고려 때는 방하, 조 선시대에는 영생으로 불렀다.

⑧ 양귀비씨(poppy seed) : 양귀비 열매 속에는 3만 2천여 개의 씨앗이 들어 있다고 한다. 모르핀을 함유하고 있는 양귀비는 아편의 원료이다.

⑨ 후추(black pepper) : 성숙하기 전의 열매를 건조시킨 것을 검은 후추라 하 고, 성숙한 열매의 껍질을 벗겨서 건조시킨 것을 흰 후추라 한다. 주로 가루 내어 이용하며 통으로 이용하기도 한다.

⑩ 나도고수열매(aniseed) : 아니시드라고도 하며 씨는 작고 단단하며 녹갈색 의 풍미를 내는 데 이용된다. 기름은 휘발성이 강하여 밀봉 저장해야 한다.

⑪ 코리앤더(coriander) : 고수풀, 중국 파슬리라고도 하고 코리앤더의 잎과 줄 기만을 가리켜 실란트로(cilantro)라 칭하기도 한다. 잎과 씨앗이 향신채와 향신료로 두루 쓰인다. 중국, 베트남 특히 태국음식에 많이 사용한다.

⑫ 캐러웨이(caraway) : 캐러웨이 씨는 필요할 때마다 빻아서 사용한다. 미리 가루로 만들어 놓으면 향이 날아가서 못 쓰게 되는 특징이 있다.

(3) 향의 궁합

① 초콜릿에 바닐라, 박하, 아몬드, 계피

② 과실에 레몬

③ 생강과 계피에 올스파이스

④ 당밀에 생강

 향료에 대해 알고 갑시다

✽ 굽기 제품에서 효율이 떨어지는 향료는 알코올성 향료이다.

✽ 피자에 오레가노 향료는 거의 필수적이다.

✽ 버터향을 내는 물질은 디아세틸이다.

14. 리큐르(liqueur)

1) 제과와 리큐르

(1) 제과에 술을 쓰는 이유

① 원료가 가지고 있는 불쾌한 냄새를 술의 알코올 성분이 휘발하면서 같이 날아가 좋은 냄새를 만들기 때문이다.

② 원재료의 향기를 돋보이게 하거나 향을 잘 낼 수 있는 효과도 있다.

③ 알코올 성분이 세균의 번식을 막아 제품의 보존성이 높아지며, 지방분을 중화하여 제품의 풍미를 높여준다.

(2) 제과용 술을 사용하는 방법

① 재료가 가지고 있는 향미, 특히 향기를 돋보이게 할 경우 증류주가 중심이 되게 한다.

② 양과자의 향기를 높이는 데에는 양조주, 혼성주를 쓴다.

2) 리큐르의 종류

(1) 럼(rum)

① 사탕수수로 만드는 당밀을 발효시켜 증류한 증류주이다.

② 향이 높고 열에 강한 성질 때문에 각종 과자를 만들 때 널리 사용된다.

③ 제과에서 사바랭, 버터크림, 프루트 케이크, 시럽 등에 쓰인다.

④ 쿠바, 자메이카, 서인도제도의 프랑스어권에서 많이 생산된다.

(2) 브랜디(brandy)

① 와인을 증류한 술을 말한다.

② 원료이름에 의하여 포도브랜디(grape brandy), 사과브랜디(apple brandy), 체리브랜디(cherry brandy) 등이 있다.

③ 제과에서 크레페소스, 수제트(Suzette), 사바랭, 과일플람베 등에 쓰인다.

④ 브랜디로 유명한 상표에는 쿠르부아지에(Courvoisier), 마르텔(Martell), 레미마르탱(Remy Martin) 등이 있다.

(3) 코냑(cognac)

① 정식명칭은 오드비드 코냑(eau-de-vie de cognac)이고 프랑스의 코냐크 지방에서 생산되는 증류주이다.

② 코냑의 종류에는 헤네시(Hennessy), 카뮈(Camus), 레미 마르탱(Remy Martin), 마르텔(Martell), 비스키(Bisquit) 등이 있다.

③ 제과에서 가나슈, 바바루아, 무스 등의 크림류에 향을 낼 때와 과일 플람베, 프루트 케이크의 시럽에 사용된다.

(4) 진(gin)

① 주니퍼 베리(juniper berry)로 향을 내는 무색투명한 증류주이다.

② 영국에서 주니퍼는 폴란드산을 말하고, 영국산 진(gin)은 런던 진이라 부른다.

③ 제과용으로는 레몬 시럽(lemon syrup), 사바랭(savarin) 등에 쓰인다.

(5) 위스키(whisky)

① 영국 스코틀랜드 위스키의 총칭이다.

② 아이리시위스키(Irish Whisky), 버번위스키(Bourbon Whisky), 콘위스키(Corn Whisky), 산토리위스키(Santory Whisky) 등이 있다.

③ 과일 푸딩, 초콜릿, 시럽 등에 사용된다.

(6) 샴페인(champagne)

① 프랑스 샹파뉴 지방에서 만들어진 천연 발효포도주이다.

② 포도를 발효시키고 당분을 첨가하여 병조림한 후 2~3년간 지하창고에 비스

듬하게 거꾸로 세워 저장한다.

③ 셔벗(sherbet)과 무스 케이크에 이용된다.

(7) 그랑 마니에르(grand marnier)

① 최고급 화주에 오렌지향을 넣은 리큐르로서 오렌지 껍질을 코냑[그랑
(grand), 샹파뉴(champagne)]에 담근다는 점이 쿠앵트로와 다르다.

② 새콤달콤한 향이 초콜릿과 잘 어울려 폭넓게 사용된다.

③ 가나슈, 사바랭, 시럽의 향과 커스터드크림, 초콜릿을 사용한 케이크, 커스
터드 푸딩, 냉수플레, 크레페소스 등에 널리 쓰인다.

(8) 쿠앵트로(Cointreau)

① 프랑스 쿠앵트로사에서 생산한 오렌지 술로 화주에 오렌지 잎과 꽃의 엑기
스를 배합하여 만든 술이다.

② 40도의 높은 도수 때문에 톡 쏘는 맛이 강하다.

③ 오렌지를 주재료로 하는 생과자나 양과자, 생크림에 이용된다.

(9) 트리플 섹(Triple Sec)

① 화이트 오렌지와 오렌지 큐라소를 혼합·증류하여 만든 것으로 이름 그대
로 '세 번(triple) 더 쓰다(sec)'의 뜻이 있다.

② 오렌지 껍질을 사용하여 신맛과 쓴맛이 강한 것이 특징이며 천연오렌지의
감미와 향취가 일품이다.

③ 생크림, 무스, 시트반죽에 널리 이용되고 있다.

(10) 오렌지 큐라소(orange curacao)

① 주재료가 오렌지, 레몬으로 알코올 도수가 30도로 쿠앵트로 제품보다 조금
낮다.

② 크레페, 오믈렛, 사바랭, 수플레, 오렌지 소스용으로 사용되고 있다.

(11) 만다린(mandarin)

① 오렌지 껍질의 엑기스를 화주에 넣어 만든 리큐르로 알코올 성분은 27~37%
로 오렌지 큐라소와 비슷하다.

② 버터크림, 시럽, 바바루아, 수플레소스 등을 만들 때 이용된다.

(12) 키르슈(Kirsch)

① 버찌(체리)의 독일어명으로 잘 익은 체리의 과즙을 발효, 증류시켜 만든 술이다.

② 독일이 원산지인 알코올 42도의 키르슈바서(Kirschwasser)와 이탈리아산으로 알코올 32도인 마라스캥(marasquin)이 있다.

③ 제과용도로는 바바루아, 아이스크림 케이크, 시럽, 무스 케이크, 셔벗 등에 쓰인다.

(13) 애드보카트(advocaat)

① 달걀 노른자와 양질의 알코올에 네덜란드산 에그브랜디를 섞어 만든 것이다.

② 장기간 저장하면 난유가 분리되어 붉은빛을 띤다.

③ 잘 흔들어 사용하고 케이크, 시럽, 생크림과 혼합하여 많이 사용한다.

(14) 퀴멜(kummel)

① 주정에 캐러웨이시드를 첨가, 성분을 추출하고 코리앤더, 레몬, 아니시드 등 에센스를 첨가한 무색 투명한 술이다.

② 향, 당분, 주정도에 따라 베를린퀴멜, 러시안퀴멜, 아이스퀴멜 등으로 나눈다.

③ 제과용도로는 바바루아 샤롯데, 앙글레이즈소스에 쓰인다.

(15) 마라스키노(maraschino)

① 버찌를 주원료로 하여 알코올과 설탕을 섞어 증류해서 만든 술이다.

② 바바루아, 수플레시럽, 무스 케이크, 버터크림에 사용된다.

(16) 크렘 드 망트(creeme de menthe)

① 백색과 녹색이 있고 페퍼민트향을 넣어 만든 술이다.

② 셔벗, 무스, 소스에 이용된다.

(17) 스위스 초콜릿 아몬드(Swiss chocolate almond)

① 아몬드와 카카오빈이 주원료이며 알코올 도수는 27도이다.

② 초콜릿무스, 페이스트리에 사용된다.

(18) 오드비 푸아르 윌리암(eau de vie poires William)

  ① 포도가 아닌 배를 재료로 하고 통 속에서 숙성시키지 않고 곧바로 출하하는 것이 특징이다.

  ② 페이스트리, 바바루아를 만들 때 사용된다.

(19) 리큐르 갈리아노(liqueur Galliano)

  ① 노란색의 긴 병에 든 것이 유명하고 알코올 도수 35도의 리큐르로 오렌지향과 박하향이 들어 있다.

  ② 마르키즈(marquise), 파르페(parfait) 등에 사용된다.

(20) 포트와인(port wine)

  ① 백포도나 적포도를 탱크에 넣고 비벼 죽을 만든 후 발효하여 원하는 알코올 도수에 도달하면 발효를 중지시킨다.

  ② 소스, 시럽, 젤리 등에 쓰인다.

15. 물(water, 워터)

1) 물의 역할

(1) 물은 건조 재료를 수화(hydration)시켜 모든 재료를 적절히 분산시키는 역할을 한다.

(2) 제빵에서 물을 사용할 때 가장 중요한 것은 식용으로서의 적합성으로 수질기준에 적합해야 하고 수질기준 항목 중 제빵성에 영향을 미치는 것에는 경도와 pH가 있다.

(3) 제빵에서 물의 역할은 반죽의 되기 조절을 하며 효소를 활성화시키고 각 재료를 분산 및 혼합시켜 주며 전분의 팽윤과 호화(60℃)에 관여한다.

(4) 물의 종류는 ppm이라는 단위로 구분할 수 있는데 ppm은 물속에 녹아 있는 탄산칼슘염에 대한 농도를 나타낸다.

2) 연수와 경수

(1) 경도

① 칼슘염과 마그네슘염이 녹아 있는 양에 따라 연수와 경수로 구분된다.

② 칼슘염과 마그네슘염을 탄산칼슘으로 환산한 양을 ppm으로 표시한다.

(2) 물의 종류와 ppm

① 연수 : 60ppm 이하 - 반죽할 경우 축 처짐

② 아연수 : 60~120ppm 미만 - 수돗물

③ 아경수 : 120~180ppm 미만 - 빵 만들기에 적합한 물

④ 경수 : 180ppm 이상 - 광천수

(3) 일시적 경수와 영구적 경수

① 일시적 경수 : 가열에 의해 탄산염이 침전되어 연수가 되는 물을 말한다.

② 영구적 경수 : 가열에 의해 경도가 변하지 않는 경수를 말한다.

3) 물과 제빵

(1) 여과

① 물에 들어 있는 불순물을 제거하는 것을 말한다.

② 활성탄소를 이용하면 바람직하지 못한 맛과 냄새를 내는 유기물을 흡착시킨다.

(2) 물의 처리법

① 양이온 교환법 : 나트륨과 수소를 사용하여 물을 연화시키는 방법을 말한다.

② 음이온 교환법 : 교환수지에 산을 직접 흡착시켜 물을 연화시키는 방법을 말한다.

③ 석회, 소다법 : 중탄산칼슘과 마그네슘을 석회와 소다에 반응시켜 불용성 화합물로 침전시킨다.

(3) 물과 제빵

① 아경수가 제빵에 좋은 것으로 알려져 있다.

② 연수는 글루텐을 약화시켜 연하고 끈적거리는 반죽을 만든다.

③ 경수는 발효를 지연시킨다.

④ 알칼리 물은 효소가 작용하므로 적정한 pH인 4~5에 못 미치게 함으로써 발효에 지장을 준다.

⑤ 경수 사용 시

- 이스트의 사용량을 첨가한다.
- 맥아 첨가로 효소를 공급한다.
- 이스트푸드를 감소시킨다.

⑥ 연수 사용 시

- 반죽이 연하고 끈적거리므로 2% 정도의 흡수율을 낮춘다.
- 가스 보유력이 적으므로 이스트푸드와 소금을 증가시킨다.

물에 대해 알고 갑시다

✳ 물의 경도에서 아경수란 120~180ppm 미만을 말한다.

✳ 제빵에 적당한 물의 경도는 아경수를 말한다.

✳ 경수는 발효를 지연시키므로 다음의 조치를 취한다.
  ① 이스트 사용량을 증가시킨다.
  ② 맥아 첨가로 효소를 공급한다.
  ③ 이스트푸드를 감소시킨다.

✳ 제빵에서 연수의 사용에 대한 설명
  ① 글루텐이 약하게 되어 가스 보유력이 작다.
  ② 광물성 이스트푸드를 증가시켜 사용하는 것이 좋다.
  ③ 소금을 증가시키는 것이 좋다.
  ④ 반죽을 질게 하므로 2% 정도의 수분을 줄인다.

✳ 물의 경도를 나타내는 ppm은 1g/100만을 나타낸다.

✳ 제빵에서 물의 기능은
  ① 글루텐의 발전을 돕는다.
  ② 반죽온도를 조절한다.
  ③ 재료를 용해 · 분산시킨다.

16. 과실류 및 견과류

1) 과일류 분류

(1) 인과류

① 꽃이 붙어 있는 꽃받침이 자라서 식용의 과육부분이 되는 것으로 과육의 내부에 과속이 있고 여기에 씨가 생긴다.

② 사과, 배 등

(2) 핵과류

① 암꽃술의 자방벽이 발달해서 비대한 과피로 주로 중과피를 먹는다.

② 서양앵두, 복숭아, 살구, 대추 등

(3) 준인과류

① 전체를 싼 외곽피 속에 몇 개의 작은 주머니로 나누어졌고 주머니 속의 다즙질로 구성된 과육을 주로 먹는다.

② 감귤류, 자몽, 레몬, 오렌지, 밀감 등

(4) 액과류

① 과육이 다내질로 과즙이 많은 유연한 조직이 많다.

② 포도, 감, 무화과, 석류, 키위 등

(5) 소과류

① 잼을 만들어 사용하기도 하고 제과제빵에서는 빵을 만들기도 하며 케이크, 머핀, 쿠키 등을 만들고 디저트에 퓌레(puree)를 만들어 소스를 만드는 데 이용한다.

② 딸기, 라즈베리, 블루베리, 오디 등

(6) 열대과실류

① 열대지방에서 자라는 과일들로 일반적으로 다육질로 수분이 많다. 케이크를 만들 때 과일로 이용되고 소스를 만들 때 이용된다.

② 바나나, 파인애플, 파파야, 야자, 망고 등

2) 견과류 분류

(1) 아몬드(almond)

① 아몬드의 주산지는 미국의 캘리포니아, 호주, 남아프리카 등이다.

② 아몬드는 통째로 사용하는 브랜치아몬드와 얇게 자른 슬라이스아몬드, 잘게 다진 다이스아몬드, 가루로 만든 파우더아몬드 등 여러 형태로 구분된다.

③ 아몬드는 단백질이 풍부하고 탄수화물, 무기질이 풍부하여 쿠키, 초콜릿, 아이스크림 등을 만들 때 이용된다.

④ 마지팬(mazipan)은 설탕과 아몬드를 갈아 만든 페이스트로 과자반죽 외에 마지팬 꽃, 공예, 동물조형 등을 만들 때 이용된다.

(2) 호두(walnut, 월너트)

① 미국, 프랑스, 인도, 이탈리아 등에서 많이 생산되며 지방, 단백질 함량이 높아 제과에 많이 쓰인다.

② 초콜릿을 만들 때 잘게 부수어 혼합하여 쓰기도 하고 케이크 등을 장식할 때 그대로 이용하기도 한다.

(3) 피칸(pecan)

① 호두과에 속하는 교목의 열매로 주산지는 미국이다.

② 지방함량이 약 70%를 차치하고 단백질은 12%로 호두와 비슷하나 호두보다 달고 고소하며 영양가도 높다.

③ 페이스트리, 피칸파이, 드라이 케이크(dry cake)를 만들 때 이용된다.

(4) 개암(hazelnut, 헤이즐넛)

① 주산지는 터키, 스페인, 이탈리아 등 지중해 연안과 아시아, 유럽, 북아메리카에 널리 분포되어 있다.

② 향긋한 맛과 향이 있어 다져서 반죽에 넣어 쓰거나 통째로 장식하는 데 쓰이기도 하며 페이스트를 만들어 여러 가지 제과에도 사용된다.

(5) 코코넛(coconut)

① 열대지방의 야자나무 열매로 다량의 지방과 단백질, 무기질을 함유하고 있다.

② 과육을 갈아서 설탕, 흰자를 섞어 마카롱을 만들기도 하며 페이스트리, 초콜릿을 만들기도 하고 드라이 케이크(dry cake)를 만들 때 많이 이용된다.

(6) 잣(pine nut, 파인 너트)

① 우리나라를 비롯한 일본, 중국, 아시아에서 주로 생산되며 비타민 b, 철분이 많이 함유되어 있다.

② 제과에서 페이스트리, 드라이 케이크(dry cake) 등의 장식용으로 주로 사용된다.

(7) 피스타치오(pistachio)

① 작은 콩 모양의 피스타치오는 일명 그린(green)아몬드라 하며 아몬드와 같은 향을 지니고 풍미도 좋다.

② 초콜릿을 만들 때 잘게 부수어 혼합하여 사용되며 장식할 때 아몬드와 병용해서 이용되기도 한다.

(8) 캐슈너트(cashew nut)

① 다른 견과류에 비해 당도가 높고 씹는 맛이 부드러운 것이 특징이다.

② 누가(nougat)를 만들 때 다른 너트류와 섞어서 사용하고 잘게 다지거나 얇게 썰어서 쿠키, 아이스크림 등에 쓴다.

2-2. 제과제빵 도구와 장비

1. 제과제빵 도구

사진	설명
	• aluminum pan(알루미늄 팬) 스테인리스 재질과 비교 · 구분하여 사용해야 한다.
	• sugar pot(동냄비) 설탕을 끓일 때 많이 사용하였으나 요즈음은 스테인리스 냄비를 더 선호한다.
	• cake rolling pan(케이크 돌림판) 돌림판도 스테인리스로 되어 묵직하고 밑면의 돌림이 좋아야 하며 알루미늄이나 플라스틱은 잘 긁혀서 좋지 않다.
	• cake spatular(케이크 스패출러) 넓은 면을 고르게 펴 바르기 좋게 만든 스패출러
	• pastry spatular(페이스트리 스패출러) 보통의 케이크용 스패출러
	• pizza spatula(피자 스패출러) 피자를 뜨기 좋게 만든 기구
	• sediment spatula(앙금 스패출러) 앙금이나 기타 소를 싸기 좋게 만든 주걱
	• potato baller double(양면 감자 커터) 파리지앵커터라 불리는 것으로 과일을 볼형으로 만들어 파내기 쉽다.
	• potato baller(감자 커터) 한 면만으로 이루어진 감자 커터

사진	설명
	• apple corer(애플코러) 사과의 속을 파내는 기구
	• potato peeler(감자 필러) — handle type 감자 등의 껍질을 벗기는 작은 손도구
	• fluted chocolate peeler(초콜릿 톱칼) 초콜릿을 긁기 위한 톱날처럼 생긴 도구
	• chocolate peeler(초콜릿 민칼) 초콜릿을 긁기 위한 도구
	• lemon grater(레몬 그레이터) 레몬의 껍질을 긁기 위한 도구
	• egg slicer(에그 슬라이서) 샌드위치 등을 만들기 위해 삶은 달걀을 얇게 자르기 위한 기구
	• fill knife(필 나이프) 껍질을 벗기기 위한 기구
	• can opener(캔 오프너) — table type 캔을 열기 위해 테이블에 장착한 기구
	• wire whisk(와이어 위스크) 거품기는 날이 굵은 것과 가는 것이 있는데 경우에 따라 골라 쓰는 센스가 있어야 한다.
	• sauce sieve(소스 체) 약간 굵은 것을 걸러내기 위한 기구

사진	설명
	• fine mesh sieve(bouillon strainer, 가는 체) 아주 가는 것도 걸러내는 체
	• flour frame & sieve(밀가루 체) 밀가루를 체치기 위한 기구
	• strainer mesh(가는 체) 가는 것도 걸러내는 체
	• skimmer(스키머) 그물로 된 국자, 건져내기 위한 도구
	• potato squeezer(감자 스퀴저) 감자를 짜내는 기구
	• grater(강판) 레몬 껍질, 감자, 오이 등 여러 가지를 갈기 위한 도구
	• orange squeezer(오렌지 스퀴저) 오렌지나 레몬즙을 짜기 위한 도구
	• funnel(퍼넬) 깔때기로 사용
	• measuring cup(계량컵) − graduation 정밀하지 않아도 되는 것을 계량할 때 사용
	• measuring cup(계량컵) 작은 양을 계량할 때 사용

사진	설명
	• measuring spoon set(계량스푼) 아주 작은 양을 계량하기 위한 기구
	• scoop(스쿱) 밀가루 등을 떠내기 위한 기구
	• bread knife(빵칼) 빵을 자르기 위한 톱날 칼
	• garnish knife(장식 칼) 치즈 등의 모양을 낼 때 쓰는 칼
	• dough scraper(도우 스크레이퍼) 반죽을 분할하기 좋은 기구
	• confectionery funnel auto(퍼넬) 묽은 재료를 넣고 일정하게 흘려 내리는 데 사용
	• ice cream scoop(아이스크림 스쿱) 아이스크림을 푸기 위한 기구
	• dough roller(도우 롤러) 반죽을 자르기 위한 롤러
	• pizza cutter(피자 커터) 피자를 자르기 위한 기구
	• fluted pastry wheel(페이스트리 휠) 주름 모양을 내어 자르기 위한 기구
	• decoration mould(데코 몰드) 반죽을 눌러 모양을 내는 기구
	• roller docker(롤러 도커) 한꺼번에 구멍을 내기 위한 기구

사진	설명
	• pie top cutter(파이 톱 커터) 애플파이 등의 윗면을 장식하기 위해 모양을 내는 기구
	• pastry scale(페이스트리 자) 정확한 크기의 페이스트리 재단을 위한 자
	• 5 wheels pastry cutter extendable(페이스트리 커터) 한꺼번에 맞추어서 자를 수 있는 5단 페이스트리 커터
	• cake divider(케이크 분할기) 케이크의 분할을 위한 것으로 여러 쪽의 케이크를 정확한 크기로 나눌 때 사용
	• caramelizer(인두) 여러 가지 모양이나 글자가 들어간 인두로 모양을 내고 싶은 과자에 응용
	• chocolate dipping forks(초콜릿 디핑 포크) 몰딩 초콜릿을 만들 때 사용하는 기구
	• pie crimper(파이 크림퍼) 파이 도우의 모양을 잡기 위한 도구
	• caramel rolling pin(캐러멜 롤링 핀) 설탕공예 등에 사용되는 금속으로 된 롤링핀
	• rolling pin(밀대) 밀어 펴기 위한 기구로 용도에 따라 모양이 다양함
	• rolling pin fluted(모양내기 롤러) 오돌한 모양을 낼 수 있는 롤링 핀
	• cake decoration comb(케이크 콤) 케이크 장식용 빗

사진	설명
	• sculpting tools(조각용 기구) 마지팬 설탕공예용으로 사용 가능한 도구
	• pastry bag(짤주머니) 종이로 짤주머니를 만들어 초콜릿 글씨를 쓸 수도 있고 비닐, 헝겊 등으로 만들어진 짤주머니도 있음
	• star ribbon nozzles(리본 모양깍지) 리본 모양을 내기 위한 모양깍지
	• set of star nozzles(별 모양깍지) 별 모양을 내기 위한 모양깍지
	• set of plain nozzles(둥근 모양깍지) 둥근 모양을 내기 위한 모양깍지
	• decorating nozzles(모양깍지) 위의 모양 이외에도 매우 다양한 모양깍지가 있음
	• scalloped heart cutters(주름형 하트 커터) 주름형 하트 모양을 찍기 위한 틀로 커터의 모양이 다양함
	• plain heart cutters(하트형 모양 내기 커터) 하트형을 찍기 위한 틀로 커터의 모양이 다양함
	• madeleine mould(마들렌 몰드) 조개 모양의 정통 마들렌을 굽기 위한 틀
	• fianc mould(피앙세 몰드) 마들렌을 사각형으로 굽는 틀로 피앙세 틀이라고도 함

사진	설명
	• chiffon cake mould(시퐁 케이크 틀) 시퐁 케이크를 구울 수 있는 틀로 가운데가 비어 있어 열이 가운데까지 고르게 잘 전달되어 질 높은 케이크를 만들 수 있음
	• round cake moulds(라운드 케이크 틀) 둥근 모양의 케이크 틀로 하트형을 포함하여 많은 모양의 케이크 틀이 있음
	• pie pan(파이팬) 피칸, 애플 등의 파이를 구울 수 있는 알루미늄으로 된 팬
	• screen pizza pan(피자팬) 피자팬으로 일반 팬보다 크고 널찍한 것이 특징임
	• cake rings(케이크 링) 무스 등의 케이크를 만들 수 있는 바닥이 없는 틀로 다양한 모양이 있음
	• doughnut cutters(도넛커터) 도넛을 찍는 데 유용하게 사용할 수 있음
	• cutters flower(꽃 찍는 틀) 슈거 크래프트에 유용하게 사용할 수 있는 꽃모양의 틀
	• frame(프레임) 무스 등을 만들 수 있는 틀로 평평한 판 위에 틀을 놓고 무스 등의 크림을 넣어 굳히는 데 사용
	• medicine cup(푸딩 컵) 크림 캐러멜(바닐라 푸딩)을 구울 수 있는 컵
	• savarin mould(사바랭 몰드) 영어로 baba라고 하는 것으로 술이 듬뿍 든 시럽에 적셔 먹는 작은 케이크를 말함

사진	설명
	• gugelhopf mould(구겔호프 몰드) 구겔호프 빵을 만드는 케이크 틀로 가운데가 올라간 이유는 열을 속까지 고르게 받을 수 있게 하기 위해서임
	• toast bread pan(토스트 브레드 팬) 식빵을 구울 수 있는 틀로 뚜껑을 덮어서 구운 식빵은 주로 샌드위치용 식빵으로 쓰임
	• marble cake mould(마블 케이크 몰드) 마블, 파운드 케이크를 구울 수 있는 몰드
	• ledged baking mould(선반이 있는 베이킹 몰드) 바나나 케이크 등 드라이 케이크용
	• tuiles sheet(튀일판) 튀일의 모양을 잡기 위한 틀
	• tray for French loaves(바게트 몰드) 프렌치 브레드를 굽기 위한 몰드
	• muffin mould(머핀 몰드) 머핀을 한꺼번에 여러 개 굽기 위한 몰드
	• round fluted tartlet moulds(원형 타르트 몰드) 주름 잡힌 원형 타르트 몰드
	• baby square mould(베이비 사각 몰드) 사각 모양의 작은 프티 푸르 몰드
	• fluted oval tarte mould(주름타원형 타르트 팬) 작은 프티 푸르 몰드

사진	설명
	• petits fours mould calisson(아몬드 과자용 몰드) 배 모양 프티 푸르의 몰드
	• brioche mould(브리오슈 몰드) 정통적인 브리오슈 빵을 만들기 위한 틀
	• mousse pyramid(피라미드 몰드) 무스를 만들기 위한 틀로 이것 이외에도 다양한 모양의 무스 틀이 있음
	• sugar heating lamp(설탕공예용 램프) 설탕공예용 램프로 설탕공예 시 반드시 있어야 하는 도구 중 하나이며 옆에 보이는 것은 설탕공예 작업 시 설탕 속으로 바람을 넣어 공처럼 만들 수 있는 공기 펌프임
	• imitation wood pattern combs(나무무늬 콤) 나무 나이테의 모양을 낼 수 있는 고무 빗
	• 기능장 가방

2. 제과제빵 장비

사진	설명
	• 반죽기(mixer) 수평형 반죽기, 수직형 반죽기, 나선형 반죽기가 있음
	• 비터(beater) 버터, 치즈 등 비교적 딱딱한 것의 거품을 내기 위한 기구

사진	설명
	• 훅(hook) 빵을 반죽하기 위한 기구
	• 휘퍼(whipper) 가벼운 달걀, 생크림 등의 거품을 올리기 위해 사용하는 기구
	• 회전식 오븐(rotary oven) 카트가 회전하면서 대류식에 의한 열을 받아 구워지는 오븐
	• 전기데크오븐(deck oven) 아래 위 패널의 열에 의한 오븐 사용연료에 따라 : 숯불오븐, 연탄오븐, 기름오븐, 전기오븐, 가스오븐 사용방법에 따라 : 회전식 오븐, 데크오븐, 터널식 오븐
	• 컨벡션오븐(convection oven) 열의 대류방식을 이용하여 만든 오븐
	• 초콜릿 템퍼링기(chocolate melter) 초콜릿을 녹여서 일정한 온도를 유지하는 기계로 용기 밑에 물을 부어 중탕으로 사용
	• 아이스크림 기계(ice cream machine) 원하는 아이스크림 제조방법에 따라 식재료를 계량하여 살균소독탱크에 넣고 냉각시킨 후 회전냉각거품기포장치에 넣고 작동시켜 아이스크림이 제조되는 설비

사진	설명
	• 반죽자동 발효기(dough conditioner) 원하는 시간에 반죽이 발효될 수 있도록 자동으로 조절이 가능하게 만든 기계
	• 반죽분할기(dough divider) 반죽을 분할하여 둥글게 해주는 기계로 소프트롤, 하드롤 등의 롤 종류를 분할 및 둥글리기할 때 사용되며, 100g 미만의 빵 반죽 분할 및 둥글리기에 이용
	• 페이스트리 스프레이(pastry spray) 초콜릿 등을 스프레이할 수 있는 기구
	• 도우 롤러(dough roller) 반죽을 얇게 단계적으로 밀어펼 수 있는 기계
	• 빵 슬라이서(bread slicer) 식빵 등을 썰 수 있는 기계
	• 에어 컴프레서(compressor-hobby-air) 색소를 넣어 스프레이할 수 있는 기계
	• 전자 저울(electronic scale) 요즈음 편리하게 사용되는 전자저울
	• 무등비 저울(weight scale) 추를 올려 사용하는 것으로 아주 정확한 양을 잴 수 있음

사진	설명
	• 발효실(proof box) 건조발효실(dry proof box) : 건조가 필요한 제과, 제빵용 식재료의 건조 및 해동에 이용 습윤발효실 : 반죽을 발효시키는 데 이용
	• 테이블믹서(table mixer) 테이블 위에 올려놓을 수 있는 작은 믹서로 소량의 반죽이나 휘핑크림을 만들 때, 달걀의 기포를 만들 때 사용
	• 휘핑크림기(fresh cream machine) 액체상태의 생크림을 기계에 넣고 작동시키면 자동으로 크림상태가 되어 나오는 기기
	• 살균소독기(sterilization machine) 칼, 도마 등의 소도구를 살균 소독하기 위하여 세척 후 보관하는 기계
	• nut blender(호두 가는 기계) 호두 등의 딱딱한 너트류를 잘게 갈 수 있는 기계
	• 긴빵성형기(French bread moulder) 일정한 양의 반죽을 분할하여 기계에 넣고 조작하면 원하는 길이와 굵기로 말아주는 기계로 길이를 요하는 빵에 사용
	• 와플기(waffle bakers) 밀가루, 달걀, 버터 등을 혼합 반죽하여 와플 케이크를 굽는 기기

2-3. 식재료 구매와 재고 관리

1. 구매계획과 활동

1) 식재료 구매관리

(1) 구매의 정의와 목적
① 제품 생산을 위한 식자재를 구입하기 위해 계약을 체결하고 계약조건에 따라 물품을 인수하고 대금을 지불하는 전체 과정을 말한다.
② 구매의 목적은 제품 생산에 필요한 원재료 등을 필요한 시기에 될수록 유리한 가격으로 적당한 공급자에게 구입하기 위함이다.

(2) 구매관리의 정의
① 경영목적에 부합하는 생산계획을 달성하기 위하여 필요한 특정 물품을 구매할 수 있게 계획하고 행동하고 통제하는 관리활동이다.
② 구매관리는 적절한 품질, 적정한 수량의 상품을 적정한 가격으로 적정한 공급원으로부터 구입하여 적정한 장소에 납품하도록 하는 데 있다.

(3) 구매의 기본조건
① 경영에 적합한 구매계획에 따른 구매량의 결정
② 정보와 시장조사를 통한 공급자와 최적의 식자재 선정
③ 유리한 구매조건의 확보
④ 필요한 시기에 필요량이 원활하게 공급될 수 있는지 확인
⑤ 「식품위생법」상 적합한지의 여부

(4) 구매관리의 목표
① 최고 품질의 제품을 생산하여 최대의 가치를 소비자에게 제공
② 원·부재료의 품질을 결정하고 구매량을 결정
③ 시장조사를 통해 유리한 조건으로 협상 가능한 공급업체를 선정
④ 적절한 시기에 납품되도록 관리

⑤ 검수, 저장, 생산, 원가 관리 등을 통해 지속적인 구매활동으로 이익 창출

2) 구매를 위한 기초조사

(1) 시장조사

① 식자재의 가격과 제품원가를 생각하여 질과 양을 조사한다.

② 우수 식자재를 확보한 납품업체를 알아본다.

③ 경영에 맞는 거래조건으로 구매 가능한지 조사한다.

④ 물가의 동향을 조사하여 선구매를 결정한다.

(2) 업장 내의 보관·운송설비 확인

① 저장설비의 저장능력을 확인한다.

② 냉장·냉동 등 설비의 수용능력을 확인한다.

③ 유통구조, 운반수단, 인력을 확인한다.

(3) 업장 내 식자재 조사

① 구매식자재의 업장 내 재고를 파악한다.

② 구매식자재가 들어가는 생산계획을 조사한다.

③ 구매식자재로 생산한 제품의 판매계획을 조사한다.

3) 구매절차와 활동

(1) 영업방침에 따른 구매계획

① 경영계획

② 상품계획(제품의 결정)

③ 배합표의 결정

(2) 구매식자재의 결정

① 적절한 시기와 필요한 장소에 경제적인 가격으로 공급가능한지 여부 결정

② 적당한 양과 좋은 품질의 식자재 확보가 가능한지 여부 결정

③ 제품원가의 절감방법 결정

(3) 재고량 조사와 발주량 결정

　① 재고량 파악과 적절한 발주량 결정

　② 필요한 식자재의 올바른 선택과 적정량 파악

　③ 낭비와 손실은 영업 손실 발생에 치명적임

(4) 공급처 결정

　① 공급처와의 계약 체결

　② 공급가격 결정 및 계약조건 협상

　③ 경제와 배달조건 계약

(5) 구매명세서 작성

　① 식자재의 필요조건 기술

　② 종류와 형태에 대한 구체적인 식품의 규격 표시

　③ 공급조건 및 기타 계약사항

(6) 구매발주서 작성

　① 필요한 식자재를 주문서에 작성하여 발주한다.

　② 정확한 수량, 용도, 시기, 포장량 등을 기록한다.

(7) 검수 및 수령

　① 발주서와 명세서를 근거로 식자재를 확인한다.

　② 식자재의 상태와 유효기간을 확인한다.

2. 저장과 재고 관리

1) 저장 · 재고 관리의 목적

(1) 구입 시의 원상태 유지를 위하여

(2) 손실과 폐기를 줄이고 안전하게 보관하기 위하여

(3) 적정 재고량을 유지시키기 위하여

(4) 사용 시 원활한 입출고로 업무의 능률을 올리기 위하여

(5) 위생적이고 안전한 식자재의 분류 및 보관을 위하여

(6) 도난 및 부패를 방지하기 위하여

2) 저장 · 재고 관리 방법

(1) 냉장, 냉동, 실온에서 저장할 수 있는 자재를 각각 분리 · 보관하여 적절한 습도, 온도, 통풍, 채광 등 식자재의 조건에 맞게 저장한다.

(2) 외국산 식자재의 경우 한글 표시사항이 있는지 확인한다.

(3) 식자재 표시기준 중 유효기간이 짧은 것을 먼저 쓸 수 있게 저장한다.

(4) 표시사항이 적히지 않은 포장지는 제거한 후 저장하여 교차오염을 적게 한다.

(5) 포장단위를 줄여 소포장을 할 때에는 원포장의 유효기간을 같이 보관한다.

(6) 캔을 오픈하여 다른 그릇에 옮겨 담아 보관할 때에는 유효기간의 라벨을 함께 보관한다.

(7) 자체 생산한 식재료도 유효기간을 표시하여 저장한다.

(8) 식자재의 창고에는 항상 유효기간카드와 재고량 확인카드를 비치하여 입출 시 기록하는 습관을 가진다.

(9) 식자재의 박스를 바닥면에 바로 닿지 않게 한다.

(10) 가벼운 것보다 무거운 것은 낮은 곳에 놓아 입 · 출고를 쉽게 한다.

(11) 시건장치와 위생안전관리에 철저를 기한다.

Memo

제3장 제과능력

제과능력

제3장

3-1. 제과이론

1. 구분기준과 분류

1) 제과, 제빵을 구분하는 기준

    (1) 이스트의 사용 여부 : 이스트를 사용하면 제빵이다.

    (2) 배합비율 : 고배합이면 제과이다.

    (3) 밀가루의 종류 : 강력분을 사용하면 제빵이다.

    (4) 반죽의 상태 : 수분의 양이 많으면 제과이다.

2) 팽창방법의 분류

    (1) 화학적 팽창 : 레이어 케이크(layer cake), 과일 케이크(fruit cake), 케이크도넛
        (cake doughnut)

    (2) 효모발효법 : 모든 이스트를 사용하는 제빵류

    (3) 공기팽창 : 스펀지 케이크(sponge cake), 시퐁 케이크(chiffon cake), 엔젤푸드
        케이크(angel food cake)

    (4) 유지팽창 : 퍼프 페이스트리(puff pastry)

    (5) 무팽창 : 대부분의 쿠키제품(cookies) － 거품형 제외

    (6) 혼합형 : 데니시 페이스트리(Danish pastry), 크루아상(croissant) － 효모발효

와 유지팽창

3) 제과반죽의 분류

(1) 반죽형 반죽(batter type paste, 배터 타입 페이스트)

화학적 팽창에 의한 부피의 증가를 이루며 각종 레이어 케이크, 파운드 케이크, 과일 케이크 등의 반죽이다.

① 크림법(creaming method) : 부피가 큰 케이크를 만들 수 있는 장점이 있다.

② 블렌딩법(blending method) : 제품의 조직을 부드럽게 하고자 할 때 사용한다.

③ 단단계법(single stage method - all in mixing method) : 노동력과 제조시간 절약

④ 설탕물법(sugar/water method) : 완제품의 껍질색이 곱고 반죽 도중 스크래핑(scraping)이 필요 없다.

(2) 거품형 반죽(form type paste, 폼 타입 페이스트)

달걀 단백질의 기포성과 응고성을 이용하여 부피의 증가를 이루는 반죽으로 머랭반죽, 스펀지 반죽이 대표적이다.

① 공립법 : 흰자와 노른자를 섞어 거품내는 방법으로 더운 방법(37~43℃)과 찬 방법이 있다.

② 별립법 : 흰자와 노른자에 따로 설탕을 넣어 거품을 낸 후 다른 재료를 섞는 방법으로 공립법보다 부드러운 제품을 만들 수 있다.

③ 단단계법 : 유화제를 첨가하여 전 재료를 동시에 넣고 반죽한다.

④ 시퐁형 반죽(chiffon type paste) : 별립법처럼 흰자와 노른자를 나누어 노른자는 거품을 내지 않고 흰자 머랭과 화학팽창제로 부풀린 반죽이다.

2. 제과재료의 기능

❖ 재료의 제과반죽에서의 기능

종류	품질특성
밀가루	• 구조 형성 : 밀가루와 달걀 등의 단백질이 제품의 뼈대를 형성한다. • 밀가루 특유의 향이 제품의 향에 영향을 미친다.
설탕	• 감미 : 설탕 고유의 단맛은 전체 제품의 맛을 좌우한다. • 껍질색 : 캐러멜화 또는 갈변반응에 의해 껍질에 색이 난다. • 수분 보유력 : 잼처럼 설탕이 많은 수분을 함유하므로 신선도가 오래 유지된다. • 천연향 : 꿀, 당밀, 단풍당 등의 당은 고유한 향을 함유하므로 제품의 향에 직접적 영향을 미친다. • 연화작용 : 밀가루 단백질을 부드럽게 한다.
유지	• 크림성 : 유지를 교반할 때 공기를 포집하여 크림이 되는 성질 • 쇼트닝성 : 제품을 부드럽게 하는 성질 • 안정성 : 산패에 견디는 성질 • 신장성 : 파이 제조 시 반죽 사이에서 밀어 펴지는 성질 • 가소성 : 고체지방성분의 변화에도 단단한 외형을 갖추는 성질
달걀	• 구조형성 : 달걀의 단백질이 밀가루의 단백질을 보완한다. • 수분공급 : 전란의 75%가 수분이다. • 결합제 : 커스터드크림을 엉기게 한다. • 팽창작용 : 반죽 중 공기를 혼입하므로 굽기 중에 팽창한다. • 유화제 : 노른자의 레시틴이 유화작용을 한다.
우유	• 제품의 구성재료 : 우유 단백질의 열변성에 의해 달걀, 밀가루의 단백질과 함께 제품의 뼈대를 형성한다. • 껍질색 : 유당은 다른 당과 함께 껍질색을 진하게 한다. • 향 : 우유 고유의 향을 제품에 전달한다. • 수분 보유제 : 유당은 다른 당과 마찬가지로 수분을 보유하여 제품을 신선하게 오래 보관할 수 있게 해준다. • 제빵에서 완충제의 역할을 한다.
물	• 제품의 식감을 조절 • 반죽의 되기를 조절 • 글루텐 형성에 필수적이다. • 증기압을 형성하여 팽창에 관계한다.
소금	• 다른 재료들의 맛을 나게 한다. • 감미도 조절 : 설탕의 단맛을 순화시킨다. • 껍질색 : 설탕의 열에 의한 캐러멜화의 온도를 낮춘다.

향료, 향신료	• 강도에 따라 적당량을 사용하면 서로 상승효과가 있어 제품을 차별화한다. • 향미를 개선한다.

3. 과자류 제품 재료혼합

1) 배합표 작성과 재료 계량하기

(1) 필요량에 따른 재료의 양을 계산하여 재료의 특성을 살려주고 제품을 정확하게 만들기 위하여 배합표의 작성이 필요하다.

(2) 배합표에 배합률은 %로 표기하며, 배합량은 g으로 표기한다. 베이커스 퍼센트는 밀가루 비율 100% 기준으로 하여 표기하며, 트루 퍼센트는 전체 사용된 재료의 합을 100%로 표기한다.

(3) 배합량 계산법

① 밀가루의 무게(g) $= \dfrac{\text{밀가루 비율(\%)} \times \text{총 반죽 무게(g)}}{\text{총 배합률(\%)}}$

② 각 재료의 무게(g) $= \dfrac{\text{총 배합률(\%)} \times \text{밀가루 무게(g)}}{\text{밀가루 비율(\%)}}$

③ 총 반죽 무게(g) $= \dfrac{\text{총 배합률(\%)} \times \text{밀가루 무게(g)}}{\text{밀가루 비율(\%)}}$

④ 트루 퍼센트 $= \dfrac{\text{각 재료 중량(g)}}{\text{총 재료 중량(g)}} \times 100$

(4) 배합표의 작성은 생산량에 따라 필요한 양을 조절할 수 있어야 하며 최종제품의 규격서에 따른 배합표를 점검할 수 있어야 한다.

(5) 제과 재료의 정확한 계량은 베이킹파우더나 베이킹소다 등 화학적인 재료의 강한 제품적 효과가 있어 적은 양의 재료라도 계량할 경우 주의해야 함은 물론 사용재료의 손실을 최소화하면서 계량이 이루어져야 한다.

(6) 재료 계량이 이루어지면 다시 정확한 계량이 이루어졌는지 확인하는 습관을 들여 실수가 없게 한다.

❖ 제품별 배합량 조절

제품	배합량 조절공식
옐로 레이어 케이크	• 전란=쇼트닝×1.1 • 우유=설탕+25−전란
화이트 레이어 케이크	• 전란=쇼트닝×1.1 • 흰자=전란×1.3 • 우유=설탕+30−흰자
초콜릿 케이크	• 전란=쇼트닝×1.1 • 우유=설탕+30+(코코아×1.5)−전란 • 초콜릿=코코아 5/8+코코아 버터 3/8
데블스푸드 케이크	• 전란=쇼트닝×1.1 • 우유=설탕+30+(코코아×1.5)−전란 • 중조=천연 코코아×0.07

2) 반죽형 반죽하기

(1) 고율배합과 저율배합

① 고율배합 : 보통의 제과반죽을 말한다.
  • 설탕의 사용량이 밀가루의 양보다 많다.
  • 수분(달걀, 우유)의 양이 설탕량보다 많다.
  • 맛이 달고 부드러운 맛이 오래 유지된다.

② 저율배합 : 보통의 제빵 반죽을 말한다.
  • 설탕, 유지 등의 사용량이 밀가루에 비하여 아주 작다.
  • 전체적인 반죽의 수분량이 적다.

(2) 제과반죽온도

① 반죽의 온도가 너무 낮으면 반죽 중에 형성된 기공이 서로 밀착되어 부피가 작아지고 식감이 나쁘며 온도가 너무 높아도 기공이 열리고 큰 기포가 형성되어 조직이 거칠고 노화되기 쉽다.

② 반죽형 반죽법에서 반죽온도는 유지의 크림화와 관련이 깊은데 유지의 온도가 22~23℃일 때 수분함유량이 가장 크고 크림성이 좋다.

③ 제과에서 반죽의 비중이 아주 중요하지만 온도 또한 반죽의 상태와 밀접한

관계가 있어 무시할 수 없는 것이다.

(3) 반죽온도의 계산법

① 계산된 물 온도 = 희망 반죽온도 × 6 − (실내온도 + 밀가루온도 + 설탕온도 + 쇼트닝온도 + 달걀온도 + 마찰계수)

② 마찰계수 = 결과 반죽온도 × 6 − (실내온도 + 밀가루온도 + 설탕온도 + 쇼트닝온도 + 달걀온도 + 수돗물온도)

③ 얼음 사용량(g) = $\dfrac{\text{물 사용량} \times (\text{수돗물온도} + \text{사용할 물의 온도})}{80 + \text{수돗물온도}}$

(4) 산도 조절

① 초콜릿 케이크, 코코아 케이크의 반죽은 산도 조절이 필요한데 짙은 향과 색을 원하면 알칼리성으로 하고 은은한 향과 색을 원하면 산성 쪽으로 반죽을 조절한다.

② 산도를 낮추려면(산성) 주석산크림, 사과산, 구연산, 주석산을 쓰고 산도를 높이려면(알칼리성) 중조(소다)를 넣으면 된다.

③ 산성제품은 기공이 곱고 여린 껍질색이 나고 신맛을 느낄 수 있으며 부피는 작고 향이 약한 편이다.

④ 알칼리성 제품은 기공이 거칠고 어두운 껍질색을 나타내며 강한 향과 소다맛을 느낄 수 있다.

⑤ 배합 중의 재료(밀가루 : 산성, 달걀 : 알칼리성, 과일주스 : 산성, 베이킹파우더 : 중성) 등을 이용해 적정 pH를 맞춰서 사용한다.

❖ 제품별 적정 산도

제품	산도
화이트레이어 케이크	7.4~7.8
옐로레이어 케이크	7.2~7.6
스펀지 케이크	7.3~7.6
파운드 케이크	6.6~7.1
데블스푸드 케이크	8.5~9.2

초콜릿 케이크	7.8~8.8
엔젤푸드 케이크	5.2~6.0

(5) 반죽의 비중(specific gravity, 스퍼시피크 그래비티)

 ① 비중이 제품에 미치는 영향

  • 같은 무게의 반죽이면서 비중이 높으면 제품의 부피가 작고 비중이 낮으면 부피가 크다.

  • 비중이 낮을수록 제품의 기공이 크고 조직이 거칠며, 높을수록 기공이 조밀하고 조직이 묵직하다.

 ② 비중 측정법

  • 비중을 잴 때의 기준이 되는 표준물질은 4℃의 물이다.

  • 비중은 같은 부피의 반죽 무게에 같은 부피의 물 무게를 나눈 값으로 반드시 그릇 무게를 제외한 무게로 나누어야 한다.

  • 비중 $= \dfrac{\text{반죽의 무게}}{\text{물의 무게}} = \dfrac{(\text{비중컵} + \text{반죽}) - (\text{비중컵무게})}{(\text{비중컵} + \text{물}) - (\text{비중컵무게})}$

❖ 제품별 반죽의 적정 비중

구분	적정 비중	제품명
반죽형 케이크	0.80~0.85	파운드 케이크, 레이어 케이크, 데블스푸드 케이크, 초콜릿 케이크 등
거품형 케이크	0.50~0.60	버터스펀지 케이크
	0.40~0.50	시퐁 케이크, 롤 케이크 등

(6) 반죽법 반죽하기는 크림법(creaming method), 블렌딩법(blending method), 단단계법(single stage method), 설탕물법(sugar/water method), 복합반죽법(combined method) 등으로 구분되며 뒤에서 다루기로 한다.

(7) 반죽형 반죽법의 반죽공정상 주의할 점은 유지에 설탕을 첨가할 때 충분히 반죽하여 공기를 포집시키지 않으면 제품의 결이 좋지 않다는 것과 유지의 온도에 따라 공기의 포집상태가 다르므로 유지의 온도에 유의해야 한다는 것이다.

(8) 달걀을 투입할 때 달걀의 수분에 의해 분리되기 쉬우므로 소량의 밀가루를 투

입하여 달걀의 수분을 흡수해야 크림의 분리를 막을 수 있다. 밀가루를 혼합할 때에는 가볍게 혼합하여 글루텐이 생기지 않게 하고 물이나 우유 등의 수분은 최종적으로 투입하면서 전체적인 반죽의 되기를 조절한다.

3) 거품형 반죽하기

(1) 거품형 반죽하기에도 공립법(sponge of foam method), 별립법(two stage foam method), 시퐁형 반죽(chiffon type paste), 단단계법(single stage method)으로 나눌 수 있으며 이는 뒤에서 다루기로 한다.

(2) 공립법은 달걀의 흰자와 노른자를 섞어 함께 거품을 내는 방법으로 달걀을 중탕하여 거품을 올리는 더운 반죽법과 찬 달걀 그대로 사용하는 찬 반죽법이 있는데 더운 반죽법은 달걀과 설탕을 혼합하여 중탕으로 37~43℃까지 데운 뒤 기포를 올리는 방법으로 주로 고율배합에 많이 사용되며 설탕의 용해도가 좋아 껍질색이 균일하게 된다. 찬 반죽법은 저율배합에 적합한 방법으로 중탕을 하지 않고 그대로 달걀과 설탕을 넣고 기포를 올린 다음 밀가루를 넣고 가볍게 섞어주는 반죽으로 더운 반죽에 비해 좀 더 가벼운 제품을 만들 수 있다.

(3) 별립법은 달걀의 흰자와 노른자를 나눠 각각 설탕을 넣고 거품을 올려 제조하는 방법으로 주로 냉과류(무스, 바바루아)나 쿠키, 부드러운 스펀지를 만들 때 사용되며 만드는 방법은 흰자와 노른자를 분리해서 각각 설탕을 넣고 기포를 올린 후 노른자 거품에 머랭을 혼합하고 마지막으로 체에 내린 밀가루를 넣고 가볍게 섞어준다. 바로 먹을 수 있는 냉과류를 만들 때 주의할 점은 달걀의 살균을 위해 이탈리안 머랭으로 제조하거나 달걀을 살균처리한 후 사용하는 것이 안전하다는 것이다.

(4) 시퐁형 반죽법은 별립법처럼 흰자와 노른자를 나누어서 반죽하는데 노른자는 거품을 내지 않고 흰자의 머랭과 화학팽창제로 부풀린 반죽이다. 별립법과의 차이점은 노른자의 거품을 올리지 않고 제조하여 완제품의 식감을 쫀득하게 만드는 장점이 있다는 것이다. 시퐁형 케이크 만드는 법을 간단하게 적어보면 노른자에 소금, 설탕 등을 넣어 거품이 지나치지 않게 섞어주고 밀가루, 베이킹 파우더 등을 넣어 혼합한 후 식용유, 물 등을 넣으면서 덩어리가 생기지 않도록 매끈하게 섞어주고 달걀 흰자와 설탕으로 머랭을 만들어 반죽에 나누어 넣으

면서 가볍게 혼합하는 것이다.

(5) 단단계법은 건조재료, 액체재료 등 모든 재료를 믹싱볼에 넣고 기포를 올리는 방법으로 반드시 유화제가 필요하며 시간을 절약할 수 있는 장점이 있어 점차 많이 이용되고 있다.

(6) 거품형 반죽의 공정상 주의점은 기름기가 달걀의 기포를 좋지 않게 하므로 사용하는 모든 그릇의 기름기를 깨끗하게 제거한 후 사용하고 달걀을 중탕할 때 50℃ 이상이 되어 달걀이 익으면 결이 좋지 않게 되고 제품이 찌그러지는 원인이 될 수도 있다는 것이다. 밀가루는 덩어리가 생기지 않도록 조금씩 나누어 혼합하고 글루텐이 생기면 결이 딱딱해지므로 지나치게 오랫동안 반죽하지 않도록 주의한다.

4) 퍼프 페이스트리(puff pastry) 반죽하기

(1) 파이 반죽이라고도 불리는 퍼프 페이스트리가 이스트를 사용하지 않아도 부푸는 이유는 구울 때 반죽 사이의 유지가 높은 열에 녹아 생긴 공간을 수분의 증기압으로 부풀려지기 때문이다. 반죽을 유지와 함께 일정한 두께로 밀어 펴서 접기를 반복함으로써 많은 반죽의 층을 만들 수 있으며 매우 바삭바삭한 것이 특징이다. 반죽 제조법에 따라 접이형과 반죽형으로 구분할 수 있다.

(2) 반죽형인 짧은 결의 반죽(short pastry)은 먼저 밀가루에 단단한 유지를 넣고 스크레이퍼를 사용하여 유지를 콩알만 한 크기로 자르고 물과 소금을 넣고 가볍게 반죽한다. 반죽된 생지는 냉장고에서 휴지시킨 후 적당한 두께로 바로 밀어 사용하며 주로 파이껍질 반죽으로 사용한다.

(3) 긴 결의 반죽(quick puff pastry)은 짧은 결의 반죽과 동일하게 반죽한 후 냉장 휴지시킨 뒤 밀어 펴서 접기를 수차례 시행한다. 시간은 약간 많이 걸리지만 짧은 결보다 완제품의 결이 살아 있다.

(4) 접이형의 퍼프 페이스트리 반죽은 먼저 반죽을 한 후 충전용 유지를 반죽 속에 싸서 냉장 휴지 과정을 반복하여 거치면서 밀어 펴서 접기 과정을 3회에 걸쳐 실시한 후 냉동 보관하면서 필요에 따라 사용한다.

(5) 접이형 반죽은 공정이 까다로운 대신 큰 부피와 균일한 결을 얻을 수 있는 반면 파이의 껍질도우로 많이 이용되는 반죽형 반죽은 작업이 간편하나 덧가루를

많이 사용하고 결이 균일하지 않아 단단한 제품이 되기 쉽다.

(6) 퍼프 페이스트리의 기본적인 배합률은 반죽에 사용하는 유지와 충전용 유지를 합해서 강력분 대비 100%의 유지를 사용하며 물이 50%, 소금이 1~3%의 비율로 사용하는 것이 기본이다.

(7) 퍼프 페이스트리에 사용되는 유지는 충전용 유지가 많을수록 결의 형성과 부피가 커지고 반죽에 사용하는 유지가 증가할수록 밀어 펴기가 좋지만 부피가 작아져서 반죽에는 50% 미만으로 사용하는 것이 적당하다. 충전용 유지는 가소성의 범위가 넓은 것이 작업하기에 좋으며 풍미가 뛰어난 파이용 유지를 사용해야 제품이 안전하다.

(8) 가소성 범위가 넓은 충전용 유지의 사용이 어려우면 유지를 미리 반죽 속에 넣어 고르게 밀어 펼 수 있게 유지를 전처리하여 사용한다.

(9) 퍼프 페이스트리 반죽의 온도는 20℃ 정도가 안정적이며 작업장 온도나 유지의 온도도 반죽의 온도와 많은 차이가 나지 않게 관리한다.

5) 충전물 제조하기

(1) 충전물은 파이, 타르트, 슈, 페이스트리, 케이크 등의 제품에 넣어서 굽거나 구운 후 제품의 속에 넣거나 토핑으로 사용하는 것을 말하는데 일반적으로 필링(filling)이라 부른다. 충전물은 과일을 이용하거나 크림을 만들어 충전시키는 것이 대부분인데 크림 충전물은 커스터드크림, 버터크림, 가나슈크림, 아몬드크림 등이 있다. 크림류는 재료의 특성상 세균의 번식이 쉬우므로 냉장고에 보관하면서 안전하게 관리해서 사용해야 한다. 과일 충전물은 신선한 계절과일을 이용해 충전해야 하며 보통은 설탕 절임으로 하여 사용한다.

(2) 커스터드크림은 우유, 설탕, 전분, 달걀, 소금, 버터, 바닐라빈, 리큐르 등을 이용하여 제조하는데 먼저 전처리 과정을 보면 박력분과 전분을 같이 체에 내려 준비하고 바닐라빈은 반으로 갈라 칼끝으로 안의 내용물을 긁어내어 준비하고 달걀은 노른자와 흰자로 분리한다. 제조과정을 보면 냄비에 우유와 바닐라빈 내용물, 바닐라빈 껍질을 넣고 80℃ 정도까지 끓인 후 불에서 내린다. 그릇에 노른자를 넣고 풀어준 후 설탕을 넣고 반죽에 찰기가 생기고 색이 옅어질 때까지 혼합하여 체친 가루를 가볍게 섞어준 후 데운 우유를 조금씩 넣으면서 노른

자가 익지 않고 덩어리가 생기지 않게 섞어야 하며 기호에 따라 버터와 제과용 리큐르를 첨가한다.

(3) 버터크림은 전란을 이용하여 제조하는 방법과 달걀의 흰자로 만든 이탈리안 머랭으로 제조하는 이탈리안 버터크림과 달걀의 노른자를 이용하여 만드는 프렌치 버터크림이 있다. 버터크림은 달걀을 거품내면서 설탕과 물엿 등을 넣어 거품을 충분히 낸 후 버터를 부드럽게 풀어서 섞는 방법으로 제조한다.

(4) 가나슈크림은 초콜릿에 생크림의 양을 조절하면서 넣고 녹여 만든 초콜릿크림으로 부드러움은 생크림의 양에 따라 조절되며 여기에 리큐르를 넣어 사용하기도 하고 다른 크림을 섞어 사용하기도 한다.

(5) 아몬드크림은 아몬드 분말, 달걀, 버터, 설탕, 소금, 리큐르 등을 이용하여 제조하는데 버터를 부드럽게 풀어 소금과 분당을 넣고 잘 섞어준 후 달걀을 나누어 넣고 아몬드 분말과 리큐르를 섞어준다. 커스터드크림, 버터크림, 가나슈크림은 구운 뒤 제품에 충전하고, 아몬드크림은 가열하여 제품에 사용한다.

6) 다양한 반죽하기

(1) 다양한 반죽이란 앞에서 언급한 반죽형 반죽, 거품형 반죽, 퍼프 페이스트리 이외에 다양한 방법으로 혼합하는 모든 반죽과 공예 반죽을 말한다.

(2) 슈 반죽은 물, 유지, 밀가루, 달걀, 소금을 주재료로 하며 여기에 팽창이 잘되게 화학팽창제를 넣고 반죽하여 가열을 통해 전분을 호화시키는데 호화시킬 때 호화가 지나치면 밀가루 속의 글루텐이 변성해서 탄력 없는 반죽이 되고 호화가 불충분한 경우에는 점성이 부족하고 반죽에 수분이 많아 납작해지므로 적당한 호화가 중요하다. 성형 후 반죽을 물에 샤워시켜 오븐에 굽는다. 만드는 방법은 냄비에 버터, 소금, 물을 넣고 끓인 다음 체에 내린 밀가루를 넣고 섞는다. 다시 불에 올려 나무주걱으로 저으면서 반죽이 투명해질 때까지 호화시킨 다음 불에서 내려 김이 빠지도록 식힌 뒤 달걀을 나누어 넣으면서 반죽이 잘 섞이도록 충분히 섞어 반죽을 들어보았을 때 주걱에서 자연스럽게 흘러 역삼각형으로 떨어지면 반죽을 완료한다. 성형은 둥근 슈(Choux), 에클레어(eclairs) 등의 모양에 따라 성형한 후 물로 충분히 샤워한 후 오븐에 넣어 굽는다.

(3) 밤과자(chestnut pastry) 반죽은 재료의 전처리로 달걀의 껍질을 제거하고 밀가

루와 베이킹파우더는 체에 2~3번 내려 준비하며 중탕을 위해 물을 끓여 놓는
다. 만드는 방법으로 달걀을 먼저 풀어준 후 버터, 설탕, 물엿, 소금, 연유를 스
테인리스 그릇에 담아 설탕이 완전히 녹도록 중탕한 후 20℃로 식혀서 가루 재
료를 넣고 나무주걱으로 섞어 반죽을 비닐에 싸서 냉장고에서 20~30분간 휴지
시킨 후 꺼내서 박력분을 첨가하여 손으로 반죽하여 앙금과 같은 되기로 조절
한다.

(4) 그 외에도 캐러멜 푸딩, 치즈 케이크, 타르트, 찹쌀도넛 등 만드는 방법은 다양
한 반죽법에 따라 이루어진다.

(5) 공예반죽을 보면 초콜릿공예, 설탕공예, 마지팬공예 등이 있는데 초콜릿공예에
서 초콜릿을 다루는 법은 스테인리스 그릇에 초콜릿을 담아 중탕으로 모든 성
분이 녹을 수 있도록 45~50℃로 녹이고 녹일 때는 물이나 수증기가 들어가면
블룸현상이 일어나므로 주의한다. 중탕한 초콜릿을 26~27℃로 온도를 내린다.
온도를 내린 초콜릿을 다시 중탕하여 온도를 29~31℃로 맞춘 후 원하는 모양
으로 작업해야 광택도 살고 단단한 초콜릿공예품을 만들 수 있다. 플라스틱 초
콜릿을 제조하는 방법을 살펴보면 스테인리스 그릇에 초콜릿을 담고 중탕하여
40℃ 전후로 녹인 후 비슷한 온도의 물엿을 넣고 섞어 비닐봉지 등에 넣어 실온
에서 24시간 이상 휴지시켜 딱딱하게 굳힌 후 사용하기 전에 치대어 부드럽게
한 후 원하는 모양을 만든다.

(6) 설탕공예 반죽은 먼저 전처리과정을 보면 설탕에 이물질이 들어가지 않았는지
확인하고 동냄비에 소금과 식초를 각각 한 스푼씩 넣고 깨끗이 닦아 준비하고
설탕과 물을 넣은 반죽을 끓이기 전에 냄비 주변에 설탕이 없도록 붓에 물을 묻
혀 깨끗이 정리한다. 설탕공예 제조법은 준비된 동냄비에 설탕과 물을 넣고 중
불에 올려 끓인 후 물엿을 넣고 중불에서 계속 끓이다가 시럽 온도가 130~140℃
가 되면 물에 푼 주석산을 몇 방울 넣고 끓이다가 165~170℃로 시럽이 끓으면
불을 끄고 불에서 내려 온도가 더 이상 올라가지 않도록 동냄비의 밑면을 차가
운 물에 담근다. 식용색소를 넣을 경우 시럽의 온도가 140℃ 이상 되었을 때 넣
어 색을 맞춘다. 온도가 더 이상 올라가지 않을 때쯤 실리콘 페이퍼 또는 실리
콘 몰드에 시럽을 부어 굳힌다. 작업할 때에는 전자레인지를 이용해 녹인 후
설탕공예용 램프를 사용해 굳지 않을 정도의 설탕 반죽을 사용하여 원하는 모

양으로 작업한다. 남은 설탕 반죽은 제습제를 넣고 비닐 또는 밀폐용기에 담아 보관한다.

(7) 마지팬공예 반죽의 전처리과정을 보면 상태가 좋은 아몬드를 골라 물에 2~3시간 담가 불려 놓았다가 물기가 마르기 전에 양손으로 비벼서 껍질을 벗겨 물기가 없게 준비하고 이물질이 없도록 롤러를 깨끗이 닦아 준비하고 분당은 체에 내려 덩어리가 없도록 준비한다. 마지팬 제조과정은 설탕과 물, 물엿을 동냄비에 넣고 115℃로 끓인 다음 여기에 자른 아몬드를 넣고 섞은 후 아몬드를 차가운 철판이나 대리석 작업대 위에 펼쳐놓은 뒤 완전히 식혀 롤러에 조금씩 넣고 롤러의 간격을 좁혀가면서 7~8회 빻으면 결이 곱게 되면서 아몬드에서 나온 기름으로 인해서 페이스트 형태로 된다. 한 덩어리가 된 마지팬에 분당을 반쯤 넣어 주무르듯 치댄 후 나머지 분당을 넣고 섞으면 반죽이 완성된다. 반죽은 건조되지 않게 밀봉하여 사용한다.

4. 과자류 제품 반죽정형

1) 분할 패닝하기

(1) 분할과 동시에 패닝이 이루어지는 제과는 다양한 방법에 따라 작업이 이루어지는데 먼저 밀어 펴기는 일정한 방향성과 두께를 얻을 수 있고 반죽 내부의 조직과 밀도를 균일하게 하여 성형과정을 쉽게 해준다.

(2) 제과의 분할은 짤주머니에 넣어 짜내는 방법, 반죽을 밀어 펴기하여 다양한 형태의 형틀을 이용해 원하는 모양을 찍어내는 방법, 반죽에 유지를 얹어 감싼 뒤 밀어 펴고 접는 과정을 반복하는 접어 밀기 방법, 쿠키 등의 제품에서 원형 또는 사각형으로 만든 후 냉동하여 굳힌 후 칼로 잘라 작업하는 절단하기 방법, 반죽을 일정한 두께로 밀어 편 후 칼이나 파이커터를 이용하여 작업하는 재단하기 방법, 무스 등 틀을 이용하는 제품은 바로 적정량을 틀에 부어 분할하는 방법 등이 있다.

(3) 패닝은 제품에 따라 철판에 바로 하기와 틀을 사용하는 방법이 있는데 어느 것이나 오븐 속에서 열을 고르게 받을 수 있게 적정량을 패닝해야 한다.

(4) 반죽의 비용적

❖ 반죽의 비용적

반죽의 종류	비용적(cm^3/g)
파운드 케이크	2.40
레이어 케이크	2.96
에인절푸드 케이크	4.71
스펀지 케이크	5.08
산형식빵	3.36

(5) 제과의 분할과 성형

① 짜내기 : 짤주머니와 모양깍지를 이용하여 성형하는 쿠키, 슈껍질 등이 있다.

② 찍어내기 : 원하는 모양과 크기로 틀을 이용하여 찍어내는 쿠키, 보루방 등이 있다.

③ 접어 밀기 : 퍼프 페이스트리 반죽 등의 모양내기

2) 쿠키류 성형하기

(1) 쿠키류는 반죽형(batter type) 쿠키와 거품형(foam type) 쿠키로 나눌 수 있다.

(2) 반죽형 쿠키에는 수분함량이 많고 저장 중에 건조가 빠르고 잘 부스러지는 드롭 쿠키(drop cookie), 달걀 함량이 적고 수분함량이 낮아 반죽을 밀어 펴서 정형기를 이용해 원하는 모양을 찍어 성형하는 스냅 쿠키(Snap cookie), 유지 함량이 높고 반죽을 밀어 펴서 정형기로 원하는 모양을 찍어 성형하며 바삭바삭하고 부드러운 것이 특징인 쇼트브레드 쿠키(shortbread cookie)가 있다.

(3) 거품형으로는 달걀 흰자와 설탕을 주재료로 머랭을 이용하여 만들며 낮은 온도에서 건조시키는 것처럼 구워내는 쿠키인 머랭 쿠키(meringue cookie)와 스펀지 케이크 배합률과 비슷하나 밀가루 함량을 높여 짜는 형태로 분할하여 팬에서 모양이 유지되도록 구워내는 스펀지 쿠키(sponge cookie) 등이 있다.

(4) 반죽의 비율이 밀가루 · 설탕 · 유지 = 2 : 1 : 1의 비율로 반죽되는 쿠키는 표준 반죽으로 이탈리아의 밀라노풍 반죽이라 부르며, 밀가루 : 설탕 : 유지 = 3 : 2 : 1의 비율인 반죽은 구운 후에도 딱딱하고 바삭거리는 제품이 된다. 밀가루 : 설탕 : 유지 = 3 : 1 : 2의 비율로 유지가 설탕보다 많으면 부드럽고 구운 후에도 말랑

말랑한 반죽으로 모래와 같이 푸석푸석하게 잘 부스러진다 하여 사블레(Sable)라고 한다.

(5) 쿠키의 제조공정상 유의점을 보면 유지의 믹싱이 부적절하거나 밀가루를 섞을 때 지나치면 글루텐이 형성되어 쿠키가 단단해지며 쿠키의 성형은 제품의 특성을 고려하여 적정한 크기와 두께를 균일하게 유지해야 한다. 철판의 기름칠은 과하면 퍼짐성이 너무 크게 되어 좋지 않으며 열을 고르게 받을 수 있도록 간격을 적당하게 하여 패닝해야 한다. 장식물은 쿠키 표면이 건조되기 전에 올려놓고 비교적 높은 온도에서 단시간에 굽는다.

3) 퍼프 페이스트리 성형하기

(1) 퍼프 페이스트리 정형과정을 보면 먼저 반죽은 마르지 않도록 비닐에 싸서 냉장에서 20~30분간 휴지시킨다. 적정한 휴지과정을 거치면 재료의 수화를 돕고 퍼프 페이스트리 반죽과 충전용 유지의 되기(consistency)를 맞출 수 있다.

(2) 휴지시키면 밀어 펴기가 용이하고 끈적거림을 방지하여 작업성이 향상된다. 휴지과정을 거치지 않아 충전용 유지가 너무 무르면 반죽층 사이로 유지가 새어나와 결을 만들지 못하고, 휴지가 너무 지나치면 딱딱한 유지 덩어리로 인해 반죽을 밀어 펼 때 반죽층이 찢어져 연속적인 층을 파괴하여 균일한 두께의 퍼프 페이스트리를 만들 수 없게 된다.

(3) 다음은 접기과정인데 반죽을 정사각형으로 만들고 충전용 유지를 넣어 밀어 편 후 접는다. 밀어 펴기 후 최초 크기로 3겹을 접는다. 휴지-밀어 펴기-접기를 반복한다. 반죽의 가장자리는 항상 직각이 되도록 한다.

(4) 접기과정이 끝나면 유지를 배합한 반죽을 냉장고(0~4℃)에서 30분 이상 휴지시킨다. 휴지 후 밀어 펴기를 할 때 균일한 두께(1~1.5cm 정도)가 되도록 한다. 수작업인 경우 밀대로, 기계는 파이롤러를 이용한다. 밀어 펴기, 접기는 같은 횟수로 보통 3×3으로 한다. 밀어 펴기 사이의 휴지의 목적은 글루텐 안정, 재료의 수화, 밀어 펴기 용이, 반죽과 유지의 되기로 조절한다.

(5) 제품의 모양을 형성하는 정형을 할 때에는 예리한 기구(칼, 파이롤러, 커터)로 절단해야 하고 파지(자투리)를 최소화한다. 굽기 전에 30~60분간 휴지시키고 굽는 면적이 넓은 경우 또는 충전물이 있는 경우 껍질에는 작은 구멍을 내준다.

(6) 쓰고 남은 반죽은 이스트를 사용하지 않기 때문에 성형한 반죽은 포장하여 냉장고(0~4℃)에서 4~7일까지 보관이 가능하다. 영하 20℃ 이하의 냉동고에서는 수분 증발을 방지하여 장기간 보존할 수 있으나 구울 때 해동해야 한다.

(7) 반죽 접기 시 주의할 점을 살펴보면 반죽의 온도 및 실내 온도 관리가 필요하며 반죽의 접기작업을 하기 전에 반드시 냉장고에 넣어 휴지해 주는 과정이 필요하다. 작업실이 18℃보다 높으면 밀어 펴기가 잘되지 않고 작업성이 떨어진다.

(8) 밀어 펴기 작업 시 바닥이나 밀대에 반죽이 붙지 않도록 덧가루를 사용하는데, 반죽을 접을 때는 꼭 덧가루를 붓으로 털어내야 한다. 그렇지 않으면 제품에 밀가루가 많이 묻어 광택이 없고 팽창력도 떨어져 제품의 품질이 떨어진다.

(9) 밀어 펴기 작업 시 90°씩 방향을 바꿔서 밀어 펴야 하는데, 이것은 반죽이 밀린 방향으로 수축하기 때문으로 미는 방향을 바꾸어 과도한 수축을 방지하기 위한 것이다. 매회마다 냉장 휴지를 주는 것이 필요하다.

(10) 휴지시간에는 꼭 비닐을 덮어두어 반죽이 마르지 않도록 한다. 그렇지 않으면 반죽의 표면이 갈라져 밀어 펴기 어려워진다.

4) 다양한 성형하기

(1) 슈, 타르트, 파이, 도넛, 화과자 등의 제과에는 다양한 성형하기가 있는데 슈(choux)의 성형공정 시 짜놓은 반죽의 크기가 일정하지 않거나 간격을 너무 좁게 짜면 구울 때 서로 퍼지면서 붙게 되며, 작은 모양깍지로 큰 슈를 짜게 되면 크기와 모양이 균일하지 않다. 또한 부피가 정상보다 작은 이유는 표면의 수분이 적정하면 껍질 형성을 지연시켜 부피를 좋게 하지만, 수분이 너무 많으면 과다한 수증기로 인해 부피가 줄어들기 때문이다. 껍질이 불균일하게 터지는 이유는 짜놓은 반죽을 장시간 방치하면 표면이 건조되어 마른 껍질이 만들어져 굽는 동안 팽창압력을 견디는 신장성을 잃게 되기 때문이다. 바닥 껍질에 공간이 생기는 이유는 팬 오일이 과다하면 구울 때 슈 반죽이 팬으로부터 떨어지려하여 바닥 껍질 형성이 느리고 공간이 생기기 때문이다.

(2) 타르트(tarte)의 성형 공정 시 팬에 반죽을 넣을 때 밑바닥에 반죽을 밀착시켜 공기를 빼주어야 하며, 공기가 빠지지 않으면 밑바닥이 뜨는 원인이 되고 반죽

을 밀어 편 후 피케롤러나 포크로 구멍을 내주어야 빈 공간이 생기지 않는다.

(3) 파이(pie)의 성형 공정 시 반죽을 너무 얇게 밀어 펴면 정형 공정 시 또는 구울 때 방출되는 증기에 의해 찢어지기 쉽고, 남은 자투리 반죽을 많이 사용하면 수축되기 쉽고 밀어 펴기가 부적절하거나 고르지 않아도 찢어지기 쉽다. 파이 껍질이 질기거나 수축하는 이유는 성형 시 작업을 너무 많이 하거나 덧가루를 과도하게 사용한 경우로 글루텐 발달에 의해 질긴 반죽이 되기 쉽고 윗 껍질을 너무 과도하게 늘려 파이 껍질 가장자리를 봉합하면 구운 후에 수축된다. 충전물이 끓어 넘치는 이유는 파이 껍질의 둘레를 잘 봉하지 않았거나 윗면에 구멍을 뚫어 놓지 않으면 구울 때 발생하는 수증기가 빠지지 못해 충전물이 흘러나오고 또한 바닥 껍질이 너무 얇으면 충전물이 넘치기 때문이다. 파이 껍질에 물집이 생기는 이유는 껍질에 구멍을 뚫어 놓지 않거나 달걀물칠이 너무 과다하기 때문이다.

(4) 도넛(doughnut)의 성형공정 시 부피가 작은 이유는 강력분이 많이 들어간 케이크도넛 반죽은 단단하여 팽창을 저해하고, 적당한 플로어타임을 주지 않으면 반죽을 단단하게 하여 부피가 적고 반죽 완료 후부터 튀김 시간 전까지의 시간이 지나치게 경과한 경우엔 부피가 작기 때문이다. 도넛에 기름이 많은 이유는 케이크도넛 반죽이 너무 질거나 연하면 튀김 중 반죽의 퍼짐이 커져서 더 넓은 표면적이 기름과 접촉하게 되기 때문이다. 모양과 크기가 균일하지 않은 이유는 밀어 펴기 시 두께가 일정하지 않거나 많은 양의 자투리 반죽을 밀어서 성형한 경우 남은 반죽의 상태에 따라 얇거나 두껍게 되기 때문이다. 튀긴 후 색이 고르지 않은 이유는 밀어 펴기 시 과다한 덧가루가 튀긴 후에도 표피에 밀가루 흔적을 남기기 때문이다. 튀김 중 껍질이 터지는 이유는 튀기기 전에 플로어타임을 주지 않았기 때문이다.

(5) 아이싱(icing)은 설탕을 위주로 한 재료를 제품의 표면에 바르거나 피복하여 설탕 옷을 입혀 모양을 내는 장식이다. 아이싱 재료로는 물, 유지, 설탕, 향료, 식용 색소 등의 혼합물이며 프랑스어로는 글라사주(glacage)에 해당한다.

5. 과자류 제품 반죽익힘

1) 반죽 굽기

(1) 오븐에는 데크 오븐(deck oven), 로터리 래크 오븐(rotery rack oven), 터널 오븐(tunnel oven), 컨벡션 오븐(convection oven) 등의 여러 오븐이 있으며 제품과 제법에 따라 선택해서 사용해야 한다.

(2) 과자류 제품 굽기에 영향을 주는 요인을 보면 가열로 인한 이산화탄소 발생과 팽창이 일어나고 팽창제로 인한 압력으로 인해 기공이 팽창되고 단백질이 변성 응고되며 전분에 호화가 일어나게 된다.

(3) 굽는 온도와 시간은 배합률에 따라 달라지는데 일반적으로 고배합의 반죽은 160~180℃의 낮은 온도에서 오래 굽고, 저배합의 반죽은 그 반대이다.

　① 오버 베이킹(over baking) : 너무 낮은 온도에서 오래 구워서 윗면이 평평하고 조직이 부드러우나 수분 손실이 커서 완제품이 너무 건조하다.

　② 언더 베이킹(under baking) : 너무 높은 온도에서 구워 겉은 타고 속은 설익어 중심부분이 갈라지며 조직이 거칠고 주저앉기 쉽다.

(4) 굽기 중 성분 변화를 보면 열에 의해 당류가 갈색을 내는 캐러멜화 반응과 당류와 아미노산이 결합하여 갈색 색소인 멜라노이딘을 만드는 마이야르 반응이 나타난다.

❖ 오븐 온도에 따른 굽기 제품

오븐 온도	굽기에 적당한 제품
250℃ 이상	피자, 특수목적의 제품
220~240℃	바게트, 피타브레드, 퍼프 페이스트리
190~210℃	빵류, 쿠키류, 젤리롤
180~190℃	스펀지, 파이, 파운드 케이크, 버터 케이크, 카스텔라
160~170℃	마카롱쿠키, 푸딩, 호두파이
120~150℃	머랭, 핑거쿠키

2) 반죽 튀기기

(1) 튀기기 : 튀김기름의 표준 온도는 185~196℃

    ① 튀김기름의 온도가 낮으면 너무 많이 부풀어 껍질이 거칠고 기름이 많이 흡수되어 맛이 좋지 않으므로 알맞게 높은 온도에서 작업이 이루어져야 한다.

    ② 도넛 글레이즈가 부서지는 현상
- 도넛 글레이즈가 수분을 잃으면 갈라지게 된다.
- 설탕의 일부를 포도당이나 전화당으로 대치하거나 안정제로 한천이나 젤라틴을 0.5~1% 정도 글레이즈에 섞어 사용하면 이를 방지할 수 있다.

    ③ 튀김기름 회전율 : 튀기는 동안 줄어드는 기름의 양을 말한다.

    ④ 황화현상(yellowing, 옐로잉), 회화현상(graying, 그레잉)
- 튀김 시 사용된 유지가 도넛에 도포된 설탕을 녹이는데 신선한 유지일 때는 황색으로 산화된 유지일 때는 회색으로 변하는 현상이다.
- 유지 경화제인 스테아린(stearin)을 3~6% 기름에 첨가하여 사용하면 방지할 수 있다.

    ⑤ 발한현상(sweeting, 스위팅)
- 도넛에 도포된 설탕이나 글레이즈가 제품 중의 수분에 녹아 시럽처럼 변하는 현상을 말한다.
- 튀김한 제품에 묻히는 설탕량을 증가시키고 튀김 후 제품의 냉각과 환기를 충분히 하고 튀김시간을 늘리며 설탕에 점착력을 주는 유지를 사용하면 이를 방지할 수 있다.

(2) 반죽을 튀기기 전에 표피를 약간 건조시켜 튀기면 좋다. 적정한 튀김기름의 온도와 시간을 확인하고 튀김기름의 산패여부를 판단하여 기름을 교체하여 튀겨야 한다.

(3) 튀김의 앞뒤 색상을 균일하게 튀겨야 하고 튀김기의 온도조절 방법을 숙지하여야 한다.

3) 반죽 찌기

(1) 물이 수증기로 될 때 537㎈/g의 기화잠열을 갖고 있다. 이 수증기가 식품에 닿으면 액화되어 열을 방출하여 식품이 가열된다.

(2) 식품을 넣기 전에 찜통의 수증기를 충분히 발생시켜 공기를 찜통 밖으로 방출한 뒤 식품을 넣어야 한다. 이때 찜기 내의 온도가 내려가므로 처음에는 강하게 가열하고 목적에 맞추어 온도를 관리한다.

(3) 찜기 내의 온도가 낮으면 수증기가 물방울이 되어 떨어지므로 뚜껑의 안쪽에 행주를 사용한다. 찔 때의 물의 양은 물을 넣는 부분의 70~80% 정도가 적당하다. 찜기 그릇의 재질은 금속보다 열의 전도가 적은 도기가 좋다.

(4) 찌기의 장단점을 보면 온도 관리가 용이하여 물이 있는 한 탈 염려가 없고 모양도 망가지지 않으며 수용성 성분의 손실도 적고 맛이 보존된다는 점이다. 가열 도중 단백질의 열변성과 전분의 α 화가 일어난다. 수분이 적은 식품은 흡수하고 수분이 많은 식품에서는 물의 유출이 일어나며 가열 도중 가미를 할 수 없다는 단점이 있다.

(5) 찜기의 조작기술을 익히고 쪄야 하며 제품별로 주어진 온도와 찌는 시간을 숙지해야 하고 전체적으로 균일하게 쪄질 수 있게 제품을 일정한 간격으로 넣고 찐다.

6. 과자류 제품 포장

1) 과자류 제품 냉각하기

(1) 제품의 냉각의 목적을 보면 구운 제품을 그대로 포장하거나 상자에 넣으면 냉각되면서 수분이 방출되어 포장표면에 응축되었다가 제품 속으로 흡수되어 제품의 수분 활성이 높아져 곰팡이나 기타 균이 발생할 위험이 크므로 이를 방지하기 위한 냉각이 필요하다. 구운 직후의 제품은 내부에 많은 수분을 보유하고 있기에 매우 부드러워 잘 잘라지지 않으므로 냉각 후 모양 보전이 잘되는 상태로 절단과 포장을 하는 것이 좋다.

(2) 냉각방법은 자연 냉각과 냉각기를 이용한 냉각이 있는데 자연 냉각은 제품을

냉각팬에 올려 실온에 두고 3~4시간 냉각시키는 방법이며, 냉각 시에는 지나치게 높은 온도와 습도는 피해야 한다. 냉각기를 이용하는 방법은 냉장고를 이용하여 식품을 냉각 또는 저온에서 보관하도록 하는 기계로, 0~5℃의 온도를 유지하고 제과제품의 보관에 많이 사용된다. 오븐에서 바로 꺼낸 제품의 냉각 시에는 수분이 발생할 수 있으므로 주의해야 한다. 냉동고는 식품을 냉각 또는 얼리는 기능이 있고 완만한 냉동고와 급속 냉동고가 있다. 무스와 같은 냉과류를 빨리 냉각하여 장식하기 위한 목적으로 냉동고를 사용한다. 냉각 컨베이어는 냉각실에 22~25℃의 냉각공기를 불어넣어 냉각시키는 방법으로, 대규모 공장에서 많이 쓰이고 소형 베이커리에서는 많이 사용하지 않는다.

2) 과자류 제품 장식하기

(1) 제품의 멋과 시각적 맛을 돋우고 나아가 제품에 윤기를 주며 보관 중 표면이 마르지 않도록 하는 것이 장식하기의 목적이다.

(2) 장식이란 먹을 수 있는 재료나 먹을 수 없는 재료(「식품위생법」 허용범위)를 사용하여 제품의 가치를 상승시키는 것을 말한다. 장식은 적정하게 했을 때는 제품의 멋과 맛을 돋우고 제품의 완성도를 높이지만, 지나칠 경우 제품의 균형을 해칠 수 있으므로 적절한 장식이 중요하다.

(3) 장식하기의 재료로는 아이싱, 퐁당, 머랭, 글레이즈, 젤리, 크림류, 스트로이젤 등 다양한 방법으로 마무리에 사용된다.

3) 과자류 제품 포장하기

(1) 포장이란 과자류 제품의 유통과정에서 취급상의 위험과 외부환경으로부터 제품의 가치 및 상태를 보호하고 다루기 쉽도록 적합한 재료 또는 용기에 넣는 과정이다.

(2) 포장의 기본은 제품의 특징에 맞는 포장지를 선택해야 한다. 포장한 후 제품의 품질 유지를 위해 표기사항을 표시하여 포장해야 한다.

(3) 포장의 기능을 보면 쿠키, 케이크 등 과자류 제품은 손상되기 쉬우므로 효과적인 베이커리 포장을 통해 물리적, 화학적, 생물적, 인위적인 요인으로부터 내용

물을 보호하고 제품 손상을 방지해야 한다. 또한 취급하고 먹기 편하도록 사용의 편의성을 제공하고 제품을 차별화하고 포장을 통해 제품을 효과적으로 강조되도록 하여 상품성을 높인다.

(4) 속이 보이는 포장을 통해 소비자가 제품을 식별하도록 하며, 속이 보이지 않는 경우 내용물에 관한 상품정보 및 전달표시를 통해 정보력을 높인다.

(5) 적정 포장을 해서 지나친 낭비를 막고 위생 안전 및 환경과의 조화롭고 친화적인 포장을 추구해야 하며 제품의 유통기한을 별도로 표시해 소비자의 신뢰성을 높여야 한다.

3-2. 제과반죽법

1. 반죽형 반죽법(batter type paste method, 배터 타입 페이스트 메소드)

1) 반죽형 반죽법의 종류

(1) 크림법(creaming method, 크리밍 메소드)

① 공립법
- 유지와 설탕으로 먼저 크림을 만들다가 달걀을 투입하면서 크림화시킨 후 마른 재료를 넣어 반죽을 완료한다.
- 달걀을 넣고 반죽할 때 달걀의 수분이 유지를 분리시키면 밀가루를 혼합할 때 시간이 많이 걸리면서 반죽에 글루텐을 형성하여 제품에 나쁜 영향을 미치므로 유지와 물이 분리되지 않게 주의하여 반죽을 한다.
- 유지의 온도를 22~23℃로 유지시키면서 크림화할 때 수분 보유력이 가장 뛰어나다.
- 밀가루의 글루텐을 최소화하면서 공기의 혼입을 최대로 하는 반죽이다.

② 별립법
- 유지를 크림화시키면서 달걀의 노른자는 그냥 넣어 혼합하고 달걀 흰자로는 머랭을 만들어서 혼합하는 방법이다.

• 공립법보다 부피감을 더 가질 수 있다.

(2) 블렌딩법(blending method, 블렌딩 메소드)

① 블렌딩법은 먼저 반죽기를 이용하여 밀가루와 유지를 피복시킨 후 건조재료인 설탕, 탈지분유, 소금 등과 액체재료인 달걀의 일부를 넣고 섞어준다.

② 마지막으로 나머지 액체재료인 달걀과 물을 넣고 기포를 올려 반죽을 마무리한다.

③ 유지가 전 반죽에 고르게 분배되어 양호한 기공과 속결을 얻을 수 있고 제품의 부드러움을 살릴 수 있는 반죽법이다.

(3) 단단계법(single stage method, 싱글 스테이지 메소드)

① 모든 재료들을 한꺼번에 넣고 반죽하는 방법으로 1단계법이라고도 한다.

② 공기의 혼입이 적어 제품의 볼륨감이 작아질 수 있으므로 화학팽창제를 사용하는 제품에 적합하다.

③ 반죽기계 성능이 좋아야 하고 반죽할 때 유화제가 꼭 필요하다.

④ 장점은 노동력과 시간이 절약된다는 것이다.

(4) 설탕물법(sugar/water method, 슈거/워터 메소드)

① 먼저 설탕 100에 물 50의 비율로 섞어 설탕을 녹인 다음, 건조재료를 넣고 나머지 액체재료를 넣는다.

② 공기 혼입이 양호하고 껍질이 부드럽고 색이 균일하게 되는 장점이 있으나 유화가 잘된 유지의 사용이 관건이라 할 수 있다.

③ 설탕물법의 장점은 설탕을 물에 녹여 쓰므로 당분이 반죽 전체에 골고루 퍼져서 껍질색이 잘 나는 것이다.

④ 대량 양산업체에서 많이 사용하는 이 방법은 설탕의 용해를 빨리 이루어지게 해서 반죽시간을 단축할 수 있고 기포의 생성도 좋아 10%의 베이킹파우더를 절약할 수 있다.

(5) 복합반죽법(combined method, 컴바인드 메소드)

① 유지를 크림상태로 만들어 밀가루와 섞은 다음 달걀과 설탕을 따로 혼합하여 기포를 내서 크림상태의 반죽과 섞는 방법이다.

② 다른 방법으로 머랭을 제조하여 유지, 설탕, 노른자를 혼합하여 포마드 상
　태 크림에 1/3 정도 머랭을 섞은 후 밀가루 등 건조재료를 넣은 다음 나머지
　머랭을 넣고 섞어주는 방법이 있다.

2) 반죽형 반죽법의 반죽공정상 주의할 점

(1) 유지에 설탕을 첨가할 때에는 충분히 반죽하여 공기를 포집시키지 않으면 제
　품의 결이 좋지 않다.
(2) 달걀을 투입할 때에는 소량의 밀가루를 투입하여 달걀의 수분을 흡수해야 크
　림의 분리를 막을 수 있다.
(3) 유지의 온도에 따라 공기의 포집상태가 다르므로 유지의 온도에 유의한다.
(4) 밀가루를 혼합할 때에는 최대한 가볍게 혼합하여 글루텐이 생기지 않게 유
　의한다.
(5) 물이나 우유 등의 수분은 최종적으로 투입하면서 전체적인 반죽의 되기를 조
　절한다.

3) 반죽형 케이크 구울 때의 주의점

(1) 반죽이 무겁고 속까지 가열되지 않기 때문에 저온(160~170℃)에서 장시간 굽
　기를 한다.
(2) 윗불이 처음부터 너무 강하면 부풀지 않을 수 있으므로 아랫불로 내부까지 가
　열시켜 서서히 굽고 중앙부에 유지를 발라 고른 모양으로 터지게 할 수 있다.
(3) 장시간 굽기 중 항상 오븐에 신경을 쓰고 윗면의 색이 진하면 덮어주고 바닥의
　색이 진하면 철판을 깔아서 전체적인 색이 잘 날 수 있게 한다.

4) 반죽형 케이크의 실패원인

(1) 배합에 무리가 있고 재료 사용에 균형이 맞지 않으면 완제품이 실패한다.
(2) 덜 구워진 상태에서 충격을 주거나 아랫불이 너무 강하고 수분이 많으면 제품
　이 찌그러지기 쉽다.
(3) 옆면이 찌그러지거나 중앙이 익지 않고 줄무늬가 생기면 수분이 많다는 증거
　이다.

(4) 윗면이 덜 익으면 아랫불이 약하다는 것이다.

(5) 시럽, 과일 등을 사용할 때에는 수분을 충분히 제거하지 않으면 밑으로 제품이 찌그러진다.

(6) 반죽과다는 반죽의 기포를 크고 질게 하여 과일을 밑으로 가라앉게 한다.

(7) 설탕량이 너무 많거나 오븐 온도가 낮을 경우 표면에 흰 반점이 생긴다.

(8) 설탕과 베이킹파우더의 양이 너무 과다해도 제품표면의 중간과 옆면이 안쪽으로 찌그러지는 원인이 될 수 있다.

2. 거품형 반죽법(foam type paste method, 폼 타입 페이스트 메소드)

1) 거품형 반죽법의 종류

(1) 공립법(sponge of foam method, 스펀지 오브 폼 메소드)
　① 더운 반죽
　　㉮ 더운 반죽법의 정리
- 공립법은 달걀의 흰자와 노른자를 섞어 함께 거품을 내는 방법으로 더운 반죽과 찬 반죽이 있다.
- 달걀과 설탕을 혼합하여 중탕으로 37~43℃까지 데운 뒤 기포를 하는 방법으로 주로 고율배합에 많이 사용되며 설탕의 용해도가 좋아 껍질색이 균일하게 된다.
　　㉯ 더운 반죽법으로 만드는 방법
- 중탕으로 해서 반죽이 간격을 유지하면서 뚝뚝 떨어질 때까지 기포를 올린 다음 밀가루를 체질하여 넣고 덩어리가 생기지 않도록 주의하여 혼합한다.
- 유지를 첨가할 경우 미리 중탕하여 용해시킨 후 온도에 주의하여 투입한 뒤 골고루 혼합한다.
- 이 방법은 온도가 높기 때문에 기포성이 양호하지만 달걀 사용량이 밀가루 사용량보다 적어서는 안 되며 주로 고율배합에 사용되므로 설탕의 용해도를 높이고 껍질색을 균일하게 해주는 장점이 있다.

② 찬 반죽

㉮ 찬 반죽법의 정리

- 저율배합에 적합한 방법으로 달걀을 중탕하지 않고 그대로 기포를 올린 다음 밀가루를 넣고 가볍게 섞어주는 반죽이다.

㉯ 찬 반죽법으로 만드는 방법

- 달걀을 넣어 풀어준 다음 설탕, 소금을 넣고 믹싱한다.
- 반죽을 찍어서 떨어뜨릴 때 떨어진 반죽의 무늬형태가 잠시 유지된 정도에서 밀가루를 넣고 빠르게 혼합한다.
- 유지를 첨가할 경우 미리 중탕으로 용해시킨 후 투입하고 골고루 혼합하여 반죽제조를 완료한다.
- 더운 반죽에 비해 좀 더 가벼운 제품을 만들 수 있다.

(2) **별립법**(two stage foam method, 투 스테이지 폼 메소드)

① 별립법의 정리

- 달걀의 흰자와 노른자를 나눠 각각 설탕을 넣고 제조하는 방법으로 주로 냉과류(무스, 바바루아)나 쿠키, 부드러운 스펀지를 만들 때 사용된다.

② 별립법으로 만드는 방법

- 달걀의 흰자와 노른자를 분리한다.
- 믹싱볼에 노른자와 설탕 1/2을 넣고 소금과 함께 믹싱하여 하얗게 될 때까지 믹싱을 계속한다.
- 다른 볼에 흰자와 설탕으로 머랭을 제조한다.
- 반죽에 머랭의 1/3가량을 먼저 혼합한 후 밀가루와 마른 재료를 체질하여 반죽에 넣고 가볍게 혼합한다.
- 나머지 머랭을 넣고 기포가 없어지지 않도록 가볍게 혼합한다.
- 유지를 사용할 경우 녹인 후 뜨겁지 않게 하여 마지막 단계에 투입하여 가볍게 섞어준다.

(3) **단단계법**(single stage method, 싱글 스테이지 메소드)

- 건조재료, 액체재료 등 모든 재료를 믹싱볼에 넣고 기포를 올리는 방법으로 반드시 유화제가 필요하다.
- 시간을 절약할 수 있는 장점이 있어 점차 많이 이용되고 있다.

(4) 시퐁형 반죽법(chiffon type method, 시퐁 타입 메소드)

　① 시퐁형 반죽법의 정리

　　　• 별립법처럼 흰자와 노른자를 나누어서 반죽한다.

　　　• 노른자는 거품을 내지 않고 흰자의 머랭과 화학팽창제로 부풀린 반죽이다.

　　　• 반죽형과 거품형의 조합형으로 제품은 거품형과 비슷하다.

　② 시퐁형 케이크를 만드는 법

　　　• 노른자에 소금, 설탕 등을 넣어 혼합한다.

　　　• 밀가루, 베이킹파우더 등을 달걀과 함께 살짝 혼합한다.

　　　• 식용유, 물 등을 넣으면서 덩어리가 생기지 않도록 매끈하게 반죽한다.

　　　• 달걀 흰자와 설탕으로 머랭을 만들어 반죽에 나누어 넣으면서 가볍게 혼합한다.

❖ 시퐁형 케이크가 찌그러지는 이유

결과	원인
머랭의 힘이 충분치 않은 경우	• 흰자는 되도록 차갑게 하여 100% 휘핑한다. • 설탕은 처음부터 넣지 않고 어느 정도 거품이 오른 후 나누어서 넣어야 기포가 잘 오르며 필요에 따라 주석산이나 레몬주스를 이용한다.
가루재료보다 머랭을 먼저 넣는 경우	• 머랭을 섞은 상태에서 무거운 재료인 코코아파우더나 밀가루 등을 넣으면 기포가 가라앉아 충분히 부풀지 못한다. • 머랭은 반드시 반죽의 마지막 단계에 2~3회로 나누어 아주 가볍게 섞어주어야 한다.
틀을 뒤집지 않고 그대로 식힌 경우	• 조그마한 충격도 조심해야 한다. • 틀을 뒤집지 않고 그대로 식히면 제품의 무게를 견디지 못해서 급격히 주저앉는다. • 제품과 틀 사이의 급격한 온도변화로 더욱 쭈그러질 수 있다. • 오븐에서 꺼낸 즉시 틀과 함께 뒤집어서 10분 정도 완전히 식힌 후 제품을 빼낸다.
충분히 식히지 않은 상태에서 틀을 떼어낸 경우	• 뜨거운 상태에서 제품을 틀에서 꺼내면 차가운 공기의 급격한 온도변화로 쭈글쭈글해진다. • 틀과 함께 뒤집어서 완전히 식힌 후에 분리한다.

(5) 제누아즈법(genoise method, 제누아즈 메소드)

    ① 스펀지 케이크의 반죽에 버터를 넣어 만든 방법으로 이탈리아 제노아라는 지명에서 유래되었다.

    ② 버터를 녹여 넣을 때에는 온도에 주의해서 넣어야 하며 버터를 넣고 혼합할 때도 가볍게 섞어주어야 한다.

❖ 제누아즈 스펀지의 배합비

구분	100% 스펀지	75% 스펀지	50% 스펀지
달걀	100%	100%	100%
설탕	100%	75%	50%
박력분	100%	75%	50%
버터	• 온제법 – 설탕량의 80%까지 • 냉제법 – 설탕량의 50%까지		
특징	달걀과 설탕을 최대한 믹싱하여 반죽	중간형으로 롤 형태의 스펀지에 사용	적게 믹싱하는 반죽으로 많이 사용
이해	밀가루의 양이 많으면 달걀의 믹싱을 충분히 하여야 하며 버터가 들어가는 반죽도 믹싱을 충분히 하여야 한다.		

2) 거품형 반죽의 공정상 주의점

    ① 기름기는 달걀의 기포를 좋지 않게 하므로 사용하는 모든 그릇은 기름기를 깨끗하게 제거한다.

    ② 달걀을 중탕할 때 50℃ 이상이 되어 달걀이 익으면 결이 좋지 않게 되고 제품이 찌그러지는 원인이 될 수도 있다.

    ③ 달걀 믹싱의 한계점은 반죽의 색, 용적, 기포의 상태로 판단한다.

    ④ 밀가루의 혼합은 덩어리가 생기지 않도록 조금씩 나누어 혼합하고 글루텐이 생기면 결이 딱딱해지므로 지나치게 오랫동안 반죽하지 않도록 주의한다.

3) 거품형 반죽의 굽기 시 주의점

    ① 유지함량이 많은 제품은 약간 낮은 온도에서 굽는다.

② 표면을 눌러 자국이 남으면 단백질이 완전히 응고되지 않았다는 증거이며 잘 구워지지 않았다는 것이다.

③ 롤 케이크의 반죽은 얇아서 강한 윗불로 짧은 시간에 구워야 수분도 억제되고 윗면의 색상도 좋게 만들 수 있다.

④ 롤 케이크의 반죽을 아랫불이 강하게 구우면 말기를 할 때 터지기 쉽다.

⑤ 별립법으로 반죽한 케이크는 윗불을 다소 약하게 하여 속까지 열이 통하도록 한다.

4) 거품형 반죽 시 부재료 배합의 주의점

(1) 코코아(cocoa)
① 전체 밀가루의 중량에서 코코아의 양만큼 밀가루를 줄인다.

② 시럽이나 우유에 용해하여 혼합하는 방법과 밀가루와 체로 쳐서 섞은 뒤에 혼합하는 방법이 있다.

③ 코코아는 흡수성이 강하므로 반죽의 기포가 없어지기 쉽고 딱딱한 스펀지가 되기 쉽다.

(2) 초콜릿(chocolate)
① 초콜릿은 우유나 시럽을 혼합하여 되기를 맞춘 뒤 혼합하는 것이 좋다.

② 지나친 열을 가하지 않는 것이 좋다.

(3) 커피(coffee)
① 소량의 커피는 더운물에 녹여 반죽무게의 2~3%만 사용한다.

② 캐러멜을 소량 첨가하여 착색에 도움을 줄 수 있지만 너무 많이 넣으면 풍미가 변한다.

(4) 마지팬(marzipan), 너트 페이스트(nut paste)
① 별립법으로 반죽할 때에는 달걀 노른자와 함께 혼합한다.

② 덩어리를 잘 풀어준 후 가라앉지 않게 혼합한다.

(5) 견과류(nuts, 너츠)
① 분말로 된 것은 밀가루와 함께 체로 쳐서 혼합한다.

② 분말이 아닌 것은 밀가루보다 먼저 반죽에 첨가한다.

5) 거품형 반죽과 머랭(meringue)

(1) 머랭의 종류

① 찬 머랭(cold meringue, 콜드 머랭)
- 달걀 흰자를 믹싱하면서 설탕을 조금씩 투여하며 제조한다.
- 목적에 따라 흰자와 설탕의 비율을 변화시킬 수 있다.

② 더운 머랭(hot meringue, 핫 머랭)
- 흰자와 설탕을 미리 중탕하여 설탕을 녹이고 살균시킨 후에 제조한다.
- 결이 조밀하고 강한 머랭이 된다.
- 세공품을 만들기 좋은 특징을 가진 머랭이다.

③ 이탈리안 머랭(Italian meringue)
- 흰자에 약간의 설탕을 넣으면서 찬 머랭을 만들다가 나머지 설탕으로 118℃의 설탕시럽을 만들어 투입해서 머랭을 제조한다.
- 볼륨이 지나치고 거친 감이 있어 세공에나 굽기하는 데에는 부적합하다.
- 머랭꽃이나 앙트르메의 장식용으로 쓰이며 착색에 좋고 버터크림, 커스터드크림 등에 섞어 쓰기도 한다.

④ 스위스 머랭(Swiss meringue)
- 흰자의 1/3과 설탕의 2/3로 머랭을 만들다가 레몬주스 등을 첨가하여 머랭을 제조하고, 나머지 흰자와 설탕으로 찬 머랭을 만들어 두 가지를 섞은 것을 말한다.
- 수분 증발로 하루쯤 두었다가 쓸 수 있으며 구우면 광택이 나는 머랭이다.

(2) 머랭 사용 반죽

① 제누아 블랑슈(genoise blanche, 프랑스)
- 더운 머랭에 체로 친 마른 재료를 혼합하여 약한 불로 구워낸다.

② 엔젤 케이크/화이트 케이크(angel cake/white cake, 영국)
- 찬 머랭에 가루를 첨가하고 과즙을 첨가하여 150~160℃로 구워낸다.

③ 야포나이스 마세(Japonais Masse, 독일)
- 찬 머랭에 아몬드 가루를 섞어 160℃에서 빠르게 구워낸다.

(3) 머랭을 반죽할 때 주의할 점

　① 흰자를 분리할 때 노른자가 들어가지 않게 한다.

　② 믹싱기구에 기름기가 없어야 한다.

　③ 반죽할 때, 처음에는 빠른 속도로 하고 나중에 속도를 줄여 기포를 작고 고르게 하여야 머랭이 단단해진다.

❖ 스펀지의 여러 가지 이름

구분	일반명	공립법	별립법	버터 함유	별립법, 짜는 반죽
영국	sponge mixture	hot sponge mixture	cold sponge mixture	butter sponge mixture	othello mixture
프랑스	pate a biscuit	pate a biscuit	pate a biscuit	genoise	biscuit a la cuillere
독일	Biskuit Masse	Warme Biskuit Masse	Kalte Biskuit Masse	Wiener Masse	Loffel Biskuit Masse

3-3. 제과실기이론

1. 케이크 제조

1) 무스 케이크

(1) 무스 케이크는 과일퓌레, 치즈, 초콜릿 등의 재료에 이탈리안 머랭 등을 섞고 젤라틴, 초콜릿 등을 넣어 냉장에서 굳힌 케이크를 말한다.

(2) 무스 케이크와 비슷하게 만들어 냉동고에 얼리면 파르페가 된다.

(3) 무스 케이크 제조법

　① 달걀 노른자를 거품 낸 다음 설탕을 섞어 충분한 거품을 만든다.

　② 뜨겁게 데운 우유를 부어 섞어준다. 이때 달걀이 익으면 안 된다.

　③ 찬물에 불려 중탕으로 녹인 젤라틴을 넣고 완전히 섞는다.

　④ 그릇을 얼음물에 담그고 내용물을 저어가며 약간 식힌다.

　⑤ 거품 낸 생크림을 섞어 부드러운 무스를 만든다.

　⑥ 과일즙이나 초콜릿을 첨가할 수도 있다.

⑦ 얇게 자른 스펀지 케이크를 무스틀 바닥에 놓는다.

⑧ 스펀지 케이크 위에 과일 · 초콜릿 · 치즈 등의 재료를 넣는다.

⑨ 그 위에 무스를 전체 분량의 1/2 정도 올린다. 다시 스펀지 케이크를 얹고 가볍게 눌러준다.

⑩ 남은 무스를 틀에 맞추어 올리고 표면을 고르게 한다.

⑪ 2~3시간 정도 냉장고에 넣어 굳힌다.

⑫ 케이크가 굳어지면 틀을 빼낸다.

⑬ 케이크 위에 과일 · 생크림 · 초콜릿 · 코코아가루 등으로 장식한다.

2) 수플레 치즈 케이크

(1) 수플레는 불어로 '부풀리다'라는 뜻이 있으며 기본적으로 밀가루, 노른자 등으로 크림을 만들어 과일퓌레, 치즈, 초콜릿 등과 부드럽게 풀어 달걀 흰자 머랭을 섞어 구워서 부풀린 케이크이다.

(2) 핫수플레는 고급디저트에 이용된다.

(3) 찬수플레는 무스 케이크로 틀보다 높게 제조한 케이크에 붙여진 이름이다.

(4) 수플레 치즈 케이크 제조법

① 배합표

재료명	무게(g)
버터	17
우유	62
노른자	25
설탕A	8
전분	4
밀가루	2
흰자	19
설탕B	17

② 전처리 과정

• 크림치즈는 크림화시키기 좋게 말랑한 상태로 실온에 둔다.

• 전분과 밀가루는 체에 두 번 내려 준비한다.

- 치즈 케이크 틀에는 유산지를 깔고 슬라이스한 제누아즈를 깔아 준비한다.
- 오븐 예열 시 뜨거운 물을 담은 팬을 넣어서 중탕으로 구울 준비를 한다.

③ 제조과정
- 노른자에 설탕A를 넣고 거품기로 섞어 약간 흰색이 되게 거품을 올린다.
- 미리 체에 내려 준비한 전분과 밀가루를 넣고 거품기로 가볍게 섞는다.
- 다른 그릇에 우유와 버터를 넣고 약불에 올려 버터가 녹고 냄비 가장자리가 살짝 끓는 정도로 데운다.
- 데운 버터우유를 노른자 반죽에 부으면서 노른자가 익지 않게 거품기로 빠르게 저어주면서 붓는다.
- 다시 냄비로 옮겨 약불에 올린 후 거품기로 저어주며 커스터드크림을 만든다.
- 크림치즈와 커스터드크림을 섞는다.
- 마무리 단계로 달걀 흰자와 설탕B로 70%의 머랭을 만들어 반죽에 섞는다.
- 준비된 팬에 패닝하여 160℃로 예열된 오븐에 중탕으로 60분 정도 굽는다.

④ key point(키 포인트)
- 머랭을 섞을 때는 충분히 섞어서 약간은 줄줄 흐를 정도로 하여야 굽고 난 후 기포가 고르게 되어 모양이 좋다.
- 처음에는 오븐 문을 닫고 굽다가 오븐 공기구멍을 열어 놓고 구우면 수분이 빠져서 구운 후 주저앉지 않는다.

2. 퍼프 페이스트리(puff pastry)

1) 퍼프 페이스트리 이론

(1) 분류와 제법
① 짧은 결의 반죽(short pastry, 쇼트 페이스트리)
- 밀가루에 유지를 넣고 스크레이퍼(scraper)를 사용하여 유지가 콩알 크기로 되었을 때 소금, 물을 넣고 가볍게 반죽한다.

- 반죽된 생지는 냉장고에서 휴지시킨 후 적당한 두께로 바로 밀어서 사용한다.
- 보통 파이 껍질반죽에 사용한다.

② 긴 결의 반죽(quick puff pastry, 퀵 퍼프 페이스트리)

- 짧은 결의 반죽처럼 한 후 냉장휴지시켰다가 수회에 걸쳐 밀어 펴서 접기한 반죽을 말한다.
- 시간이 약간 많이 걸리지만 짧은 결보다는 완제품의 결이 살아 있다.

③ 접는 파이 반죽(puff pastry)

- 충전용 유지를 사용하는 파이 반죽이다.
- 밀어 펴기를 보통 3겹 접기 3회에 걸쳐 실시한 후 필요에 따라 사용한다.

④ 템포타이크(Tempoteig : 독)

- 도우 반죽은 짧은 결의 반죽처럼하고 다시 반죽 시 들어간 유지만큼의 유지를 충전용 유지로 사용하여 밀어 펴기를 수회한 반죽이다.
- 독일식 퍼프 페이스트리로 결이 최대로 살아 있고 고소한 맛이 강한 반죽이다.

(2) 굽는 과정

① 오븐 열에 의해 유지가 녹아 액체로 변함과 동시에 반죽의 전분입자가 조금씩 열 팽창을 한다.

② 글루텐과 전분입자가 80℃가 되면 고화되어 수분의 방출과 함께 제품이 바삭바삭하게 된다.

③ 방출된 수분은 액상으로 된 유지층에 옮겨지고 이 수분은 100℃에서 증기로 변하여 유지층을 밀어 올려 부피가 커지게 된다.

(3) 실패의 원인

① 결이 잘 형성되지 않은 이유

- 충전용 유지가 적거나 연한 경우
- 지나치게 많이 접은 경우
- 반죽을 지나치게 얇게 밀어 펴기한 경우
- 오븐 온도가 낮은 경우

- 반죽에 수분이 적은 경우
- 오븐에 증기가 너무 많을 경우

② 한쪽만 팽창하는 경우
- 밀어 펴기한 것이 균일하지 않을 경우
- 충전용 유지가 골고루 접어지지 않을 경우

③ 제품이 부서지고 푸실푸실한 경우
- 접는 횟수가 적을 경우
- 두껍게 밀었을 경우

④ 구웠을 때 찌그러지는 경우
- 반죽을 휴지하지 않은 경우
- 덧가루를 너무 많이 사용한 경우
- 사용하는 철판에 기름이 많은 경우

⑤ 잘 구워지지 않는 경우
- 오븐 온도가 너무 높은 경우
- 굽는 시간이 짧은 경우

2) 접이형 퍼프 페이스트리

(1) 배합표

재료	비율(%)	무게(g)
강력분	100	1,100
달걀	15	165
마가린	10	110
소금	1	11
찬물	50	550
충전용 유지	90	990

(2) 반죽하기

① 마가린과 충전용 마가린을 제외한 전 재료를 믹싱볼에 넣고 믹싱한다.

② 클린업 단계에서 마가린을 넣는다.

③ 발전단계 후반까지 믹싱한다.

④ 반죽온도는 20℃가 적당하다.

⑤ 완성된 반죽은 냉장고에서 1시간 이상 휴지시킨다.

(3) 밀어 펴기와 3겹 접기

① 충전용 유지는 밀어 펴는 반죽에 싸기 좋은 적당한 크기와 두께로 밀어 편다.

② 냉장고에서 꺼낸 휴지된 반죽은 일정한 두께가 되도록 밀어 펴주고 모서리 부분이 직각이 되도록 밀어 펴준다.

③ 일정한 두께로 밀어 편 반죽에 충전용 유지를 올리고 이음매를 잘 봉한다.

④ 충전용 유지를 감싼 반죽은 두께가 고르고, 원래 크기의 3배 정도의 길이로 밀어 펴준다.

⑤ 밀어 편 반죽은 3겹 접기를 실시한 후, 냉장고에서 20~30분간 휴지시킨다.

⑥ 위 공정의 반죽 접어 밀기와 냉장 휴지과정을 3~4회 실시한다.

(4) Tips!(팁스)

① 반죽은 준비된 충전용 유지를 반죽 위에 올려 놓았을 때 감쌀 수 있는 크기로 밀어야 한다.

② 충전용 유지는 너무 단단할 경우 반죽 속에서 밀려 나가거나, 밀어 펴기 작업 시 부드럽게 밀리지 않고 끊어지게 되므로, 미리 실온에 꺼내두어 반죽의 되기와 비슷하게 준비해 둔다.

③ 충전용 유지가 단단하면 반죽과 유지가 동일하게 밀릴 수 있도록 밀대로 두드려 부드럽게 해준다.

④ 밀어 펴기 시 작업대에 반죽이 붙지 않도록 덧가루를 적당히 뿌려주며 작업한다.

⑤ 접이형 퍼프 페이스트리는 팔미예(palmier), 나비 모양 파이 등 제품에 사용된다.

3) 반죽형 퍼프 페이스트리

(1) 배합표

재료	비율(%)	무게(g)
중력분	100	400
노른자	10	40

소금	1.5	6
설탕	3	12
생크림	12	48
버터	40	160
찬물	25	100

(2) 반죽하기

① 건조재료는 섞어서 체질해 둔다.

② 가루를 작업대 위에 펼치고 버터를 넣고 콩알만 한 크기로 자른다.

③ 물에 설탕, 노른자를 넣고 풀어준다.

④ 가운데 부분을 우물 모양으로 만들어 액체재료(물, 노른자, 생크림)를 넣고 자르듯이 혼합한다.

⑤ 파이 반죽이 한 덩어리가 되도록 혼합한다.

⑥ 반죽을 비닐에 넣고 사각으로 모양을 잡은 뒤 20~30분간 냉장 휴지시켜 준다.

(3) Tips!(팁스)

① 반죽 속에 유지의 층이 있어야 하므로 반죽할 때 버터가 반죽 속에 스며들지 않고 덩어리로 남아 있어야 한다.

② 파이 껍질 반죽에 사용하기 위해 밀어 펼 때에도 반죽 속에 있는 콩알 크기의 유지가 살아서 밀어 펴질 수 있게 가볍게 작업을 한다.

3. 쿠키류 제조

1) 쿠키의 개념

(1) 쿠키란?

① 비스킷은 유지 함량이 적고 평형이고 대형인 데 비하여 쿠키는 유지 함량이 많고 소형의 고율배합제품이다.

② 유지 함량이 많은 반죽(short paste)=pate sable(3 : 1 : 2)

- 배합 시 부드럽고 구운 후에도 말랑말랑한 반죽이다.
- 모래와 같이 잘 부스러진다 하여 사블레(sable)라고도 한다.

③ 설탕 함량이 많은 반죽(sweet paste)=pate sucre(3 : 2 : 1)
- 구운 후에도 딱딱하다.
- 바삭거리는 제품이 된다.

④ 함량이 같은 반죽(pate de milan)(밀가루 : 설탕 : 유지=2 : 1 : 1)
- 이탈리아 밀라노풍의 반죽이라 부르며 쿠키의 기본 반죽이다.

(2) 쿠키의 재료와 역할

① 밀가루
- 달걀과 함께 쿠키의 형태를 유지시키는 구성재료이다.
- 지방의 함량에 견딜 수 있고 구운 후 일정한 형태를 유지하기 위해 적당한 양이 필요하다.
- 필요에 따라 표백하지 않은 밀가루도 양호하다.

② 설탕
- 감미를 주고 밀가루의 단백질을 연하게 한다.
- 설탕의 종류, 입자의 크기, 사용량에 따라 쿠키의 퍼짐(spread)에 중요한 영향을 준다.
- 쿠키 반죽에 녹지 않고 남아 있는 설탕의 결정체는 오븐의 열에 의해 녹아서 쿠키의 표면을 크게 한다.
- 너무 고운 입자의 설탕을 쓰면 조밀하고 밀집된 형태의 쿠키가 된다.
- 설탕 자체의 입자의 크기, 반죽의 정도에 따라 퍼짐률이 변화한다.
- 퍼짐률은 쿠키의 직경에 쿠키의 두께를 나눈 값으로 퍼짐률이 클수록 표면의 크기가 증가한다.
- 향, 수분 보유력 증대, 껍질색 개선에 영향을 미친다.

③ 유지
- 짜는 형태의 쿠키는 유지가 밀가루 대비 60~70%나 함유되어 있다.
- 맛, 부드러움, 저장성에 중요한 영향을 준다.
- 저장수명이 길기 때문에 유지의 안정성이 아주 중요하다.

④ 달걀

- 쿠키의 모양을 유지시키고 구조를 형성한다.
- 스펀지 쿠키와 머랭 쿠키의 주재료이다.
- 머랭 또는 전란의 거품 일으키기는 온도가 아주 중요한 역할을 한다.
- 머랭은 중간 피크상태가 되어야 나머지 재료를 혼합할 때 오버 믹싱을 막을 수 있다.

⑤ 팽창제

㉮ 사용 목적

- 쿠키의 퍼짐과 크기를 조절한다.
- 쿠키의 부피와 부드러움을 조절한다.
- 쿠키의 색과 향을 조절한다.

㉯ 베이킹파우더(baking powder)=탄산수소나트륨(중조) + 산염 + 부형제(전분)

- 중조 과다 : 어두운 색, 소다 맛, 비누 맛
- 산염 과다 : 여린 색, 여린 향, 조밀한 속

㉰ 암모늄염(소다) : 탄산수소암모늄, 탄산암모늄

- 쿠키의 퍼짐에 유용한 작용을 한다.
- 작용 후 가스의 형태로 증발하여 잔류물이 없다.

2) 쿠키의 분류

(1) 반죽형태에 의한 분류

① 밀어 펴기 반죽

② 짜는 반죽

③ 냉동반죽

④ 손형반죽

⑤ 액종반죽[Hippen Masse(독), 히펜 마세 − oublie(프), 우블리]

- 연한 액상의 반죽이다.
- 구우면 대단히 얇아서 바삭바삭한 과자가 된다.
- 당분이 많고 흡수성이 높으므로 보존에 주의하지 않으면 본래의 바삭한 특징이 없어진다.

㉮ 액종반죽 배합표

설탕	달걀	아몬드파우더	박력분	우유
300g	100g	200g	60	20g

㉯ 액종반죽법

- 그릇에 아몬드 분말, 설탕, 달걀 흰자를 넣고 골고루 혼합한다.
- 밀가루를 넣고 부드러워질 때까지 혼합한다.
- 우유를 조금 넣고 1시간 이상 냉장 휴지시킨다.
- 우유를 조금 더 넣고 바르기 좋게 하여 작업한다.
- 180℃에서 굽다가 뒤집어서 다시 굽는다.
- 굽기가 끝나면 식기 전에 필요한 성형을 한다.

⑥ 마카롱(macaroons, 매커룬스)

- 이탈리아에서 보급된 과자이다.
- 흰자의 머랭을 이용하여 꿀, 아몬드, 헤이즐넛, 코코넛, 코코아, 초콜릿, 계피, 레몬 등을 첨가하여 오븐에서 말리듯이 구워낸 쿠키의 일종이다.

(2) 반죽의 특성에 따른 분류

① 반죽형 쿠키

㉮ 드롭 쿠키(짜는 형태)

- 반죽형 쿠키 중 최대의 수분을 함유한 제품으로 '소프트 쿠키'라고 한다.
- 모양깍지를 짤주머니에 넣어 반죽을 담아 짜는 형태의 쿠키이다.

㉯ 스냅 쿠키(밀어 펴는 형태)

- 드롭 쿠키보다 적은 액체재료(달걀 등)를 사용하며 굽기 중에 더 많이 건조시킨 쿠키이다.
- 바삭바삭한 상태로 포장·저장되며 '슈거 쿠키'라고 한다.

㉰ 쇼트 브레드 쿠키(밀어 펴는 형태)

- 스냅 쿠키보다 많은 유지를 사용하는 쿠키이다.
- 반죽 후 길고 둥글게 말아서 냉동 저장하였다가 필요에 의하여 꺼내어

일정한 모양으로 잘라서 패닝 후 굽는 형태의 쿠키이다.

② 거품형 쿠키

    ㉮ 머랭 쿠키

- 달걀 흰자와 설탕을 반죽하여 얻는 머랭을 이용하여 쿠키를 만드는 것이다.
- 비교적 낮은 온도에서 과한 색이 나지 않게 굽는 것이 요령이다.

    ㉯ 스펀지 쿠키

- 스펀지 케이크 배합률보다 더 높은 밀가루 비율의 짜는 쿠키이다.

(3) 제조 특성에 따른 분류

① 밀어 펴기 형태의 쿠키 : 스냅 쿠키, 쇼트 브레드 쿠키

- 덧가루를 뿌린 면포 위에서 밀어 펴기를 한다.
- 밀어 펼 때 과도한 덧가루를 사용하지 않는다.
- 모양찍기를 할 경우 남은 반죽은 새 반죽에 조금씩 섞어서 사용한다.
- 전체의 두께가 균일해야 한다.

② 짜는 형태의 쿠키: 드롭 쿠키, 거품형 쿠키

- 크기와 모양을 균일하게 짠다.
- 패닝을 할 때 철판 위의 간격은 구운 후 퍼질 것을 생각하여 떼어놓는다.
- 장식물은 껍질이 마르기 전에 올려놓는다.
- 젤리나 잼 등에는 소량 사용한다.

③ 아이스 박스 쿠키

- 밀어 펴기 형태의 쿠키지만 냉장고에 넣는 공정을 거친다.
- 모양 내기 전에 냉장고에 넣었다가 사용한다.
- 너무 진한 색상을 피하고 반죽 전체에 고르게 분배시킨다.
- 썰기 전에 냉동시키고 예리한 칼을 사용하여 무양을 흐트러지지 않게 한다.
- 굽기 전에 실내 온도로 해동한 후 굽는다.
- 쿠키의 껍질색이 얼룩지지 않도록 오븐 윗불의 조정에 신경 쓴다.

(4) 제조공정상 유의사항

① 믹싱이 부적절하면 쿠키가 단단해진다.

- 글루텐의 발달을 최소화해야 한다.
- 유지의 양이 부족하거나 지나치게 크림화되면 밀가루의 혼합을 길게 하여 글루텐을 발전시킬 수 있다.

② 같은 철판에 구울 쿠키는 일정한 모양과 두께 그리고 간격도 균일하게 해야 고르게 구워진다.

③ 철판에 기름칠이 과도하면 쿠키의 퍼짐이 심해진다.

④ 장식물은 쿠키의 표피가 건조되기 전에 올려놓아야 구운 후에 떨어지지 않는다.

⑤ 200~210℃에서 굽고 위아래의 껍질색으로 굽기의 완료를 구분한다.

⑥ 오버 베이킹을 하면 껍질에 금이 가거나 부서지기 쉽다.

⑦ 쿠키의 부속 마무리는 맛을 보강하면서 시각적 효과를 높인다.

(5) 반죽형 쿠키의 결점

① 퍼짐의 결핍
- 너무 고운 입자의 설탕 사용
- 한꺼번에 전체 설탕을 넣고 믹싱
- 과도한 믹싱
- 반죽이 너무 산성
- 높은 온도의 오븐

② 과도한 퍼짐
- 과량의 설탕 사용
- 반죽의 되기가 묽다.
- 팬에 과도한 기름을 칠했다.
- 낮은 온도의 오븐에서 구우면 발생할 수 있다.
- 반죽의 알칼리성
- 유지가 지나치게 많거나 부족한 경우

③ 딱딱한 쿠키
- 유지 부족
- 글루텐을 지나치게 발전시킨 반죽
- 너무 강한 밀가루

④ 팬에 눌어붙음

- 너무 약한 밀가루
- 달걀 사용량 과다
- 너무 묽은 반죽
- 불결한 팬
- 반죽 내의 설탕 반점
- 팬이 부적당한 금속재질

⑤ 표피가 갈라짐
- 오버 베이킹
- 급속 냉각
- 수분보유제의 빈약
- 부적당한 저장

4. 튀김, 찜과자류 제조

1) 케이크도넛(제과기능사 시험을 위주로)

(1) 공립법 반죽제조
① 계량하기 : 제한시간 내에 재료를 계량하여 재료별로 진열하며, 중량이 정
확해야 하고 제한시간이 지나거나 재료 손실이 있으면 감점이다.

② 반죽하기
- 용기나 믹싱볼에 달걀, 소금, 설탕, 바닐라향을 넣어 거품기로 점성이 생
길 때까지 믹싱한다.
- 버터를 중탕으로 녹여 섞는다(용해유지온도 35~40℃).
- 중력분, 탈지분유, 베이킹파우더, 너트메그를 체로 쳐 넣고 글루텐이 형
성되지 않도록 가볍게 섞어 한 덩어리로 만든다.

③ 반죽비중 : 0.6~0.7

④ 반죽온도 : 24℃

⑤ 휴지 : 반죽의 표면이 마르지 않게 비닐로 싸서 실온에서 10분 정도 휴지시
킨다(휴지 완료점 : 손가락으로 눌러 자국이 수축되지 않고 남아 있는 시점).

⑥ 밀어 펴기 : 한 번에 밀어 펴기 좋은 양으로 분할하여 두께 0.8~1cm로 밀어 편 후 10~15분간 비닐이나 면포를 덮어 휴지시킨다.

⑦ 찍어내기 : 도넛 정형기로 남는 반죽이 최소가 되도록 찍어내고 과도한 덧가루는 제거하여 팬에 놓는다(개당 50g 정도).

⑧ 중간발효 : 반죽이 튀김 중에 수축되는 것을 방지하기 위하여 10~15분간 휴지시킨다.

⑨ 튀기기
- 튀김 온도 : 180℃
- 튀김 시간 : 3분, 각 면을 1분 30초간 튀긴다.

⑩ 마무리 : 계피와 설탕을 1 : 10의 비율로 섞어 계피설탕을 만든 후 튀긴 도넛을 약간 냉각시킨 후 고루 묻힌다.

(2) 튀김 Tips!(팁스)

① 달걀, 설탕 휘핑 시 과도하게 하지 않는다.

② 반죽을 뭉쳐 다룰 때 글루텐이 너무 많이 발전되지 않도록 한다.

③ 과도한 덧가루 사용을 피한다.

④ 밀어 펴기 전후, 튀기기 전에 꼭 휴지시킨다(수축방지).

⑤ 튀긴 후 바로 계피설탕을 묻히면 설탕이 녹으므로 조금 식힌 후에 묻힌다.

⑥ 튀김 시 자주 뒤집지 않는다.

2) 생도넛

(1) 배합표

재료	무게(g)
달걀	100
설탕	100
버터	25
중력분	250
베이킹파우더	5
흰 앙금	560
튀김용 기름	적당량

(2) 만드는 법

① 달걀을 풀어 설탕을 넣고 녹여준다.

② 중탕으로 녹인 버터를 넣고 섞어준다.

③ 중력분과 베이킹파우더를 혼합하여 체에 내린 후 덩어리지지 않게 섞어준다.

④ 글루텐이 생기지 않게 잘 섞은 반죽을 30g씩 분할한다.

⑤ 가볍게 둥글리기하여 표면이 마르지 않게 덮어 휴지시킨다.

⑥ 흰 앙금을 35g씩 분할하여 반죽에 싸서 타원형이 되게 바닥에 놓고 살짝 눌러준다.

⑦ 휴지를 15분 정도 시킨 후 180℃로 미리 예열시킨 기름에 앞뒷면을 뒤집어가며 튀긴다.

⑧ 튀긴 후 채반에 올려 여분의 기름을 빼준다.

3) 두부스낵

(1) 배합표

재료	무게(g)
두부	200
브로콜리	(100)
생강즙	20
달걀	80
올리브유	5
설탕	60
소금	2
박력분	200
검은깨	약간

(2) 만드는 법

① 두부는 헝겊에 싸서 물기를 꼭 짜서 으깨준다.

② 브로콜리는 잘게 썰어 기름 없는 팬에 볶아 물기를 제거한다.

③ 스텐볼에 생강즙, 달걀, 올리브유, 설탕, 소금을 넣고 설탕이 녹을 수 있게 저어준다.

④ 체에 내린 박력분, 두부, 브로콜리를 검은깨와 함께 넣고 주걱으로 자르듯 이 반죽해 준다.

⑤ 흰 가루가 보이지 않을 정도로만 반죽을 하여 비닐팩에 싸서 1시간 이상 냉장 휴지시킨다.

⑥ 덧가루를 최소화하여 반죽을 밀대로 밀어 펴기하여 1cm 정도의 두께를 만든다.

⑦ 포크로 구멍을 낸 후 20분 정도 냉장 휴지시킨다.

⑧ 적당한 직사각형 모양으로 자르거나 모양틀을 이용하여 찍는다.

⑨ 붙지 않고 마르지 않게 조치하여 냉장 휴지시킨다.

⑩ 180℃로 예열된 튀김기름에 노릇하게 튀긴다.

4) 추로스(Churros)

(1) 배합표

재료	무게(g)
박력분	100
계핏가루	0.5
우유	100
물	70
무염버터	75
황설탕	10
소금	1
달걀	150
튀김용 기름	적당량
토핑용 계피설탕	계피 : 설탕 = 1 : 10

(2) 만드는 법

① 스텐볼에 우유, 버터, 물, 소금, 설탕을 넣고 한소끔 끓인다.

② 박력분을 체에 내려 덩어리지지 않게 섞는다.

③ 약불 위에 올려 눌어붙지 않게 저어주면서 밀가루를 호화시킨다.

④ 약간 식힌 후 반죽을 믹싱볼에 넣어 달걀을 하나씩 나누어 넣고 섞는다.

⑤ 반죽의 되기에 따라 달걀의 양을 조절하는데 추로스 반죽은 슈 반죽에 비하여 약간 되게 한다.

⑥ 별모양깍지를 끼운 짤주머니에 반죽을 담는다.

⑦ 180℃로 예열된 튀김기름 위에 반죽을 짜서 5cm 정도일 때 가위로 잘라 기름에 튀긴다.

⑧ 다 튀겨진 추로스는 약간 식힌 후 계피설탕에 묻힌다.

(3) 튀김 Tips!(팁스)

① 낮지 않은 적당한 온도에 튀겨야 반죽 속에 기름이 적게 흡수된다.

② 너무 높은 온도에서 추로스를 튀기면 추로스 표면에 공기방울 기포가 생겨 모양이 좋지 않게 된다.

5) 찜 카스텔라

(1) 배합표

재료	무게(g)
박력분	165
설탕	190
달걀(전란)	150
달걀 노른자	80
베이킹파우더	3
소금	3
정종	25

(2) 만드는 법

① 달걀의 흰자와 노른자를 분리한다. 이때 흰자에 노른자가 섞이면 노른자의 기름성분이 거품화를 방해하여 머랭이 쉽게 되지 않으므로 주의한다.

② 거품기로 노른자를 풀어준 후 설탕, 소금을 넣고 색깔이 변하면서 걸쭉해질 때까지 휘핑을 한다.

③ 흰자를 휘핑하여 60% 정도 거품이 오르면 설탕을 2~3번에 나누어 넣으면서 휘핑하여 100%의 머랭을 만든다.

④ 노른자 반죽에 머랭 1/2을 넣고 혼합한 후 밀가루와 베이킹파우더를 고르게 섞어 체로 쳐서 가볍게 혼합한다.

⑤ 정종을 넣고 혼합한다.

⑥ 나머지 머랭을 넣고 혼합하여 찜 그릇에 반죽의 70%를 넣고 찜통에서 찐다.

(3) 찜 Tips!(팁스)

- 찜기의 밑물을 미리 끓여 놓고 반죽을 넣어 찐다.
- 쪄진 제품은 불을 끈 상태에서 옮겨 증기에 주의하여 꺼낸다.
- 찜 케이크의 반죽 속에 강낭콩이나 팥을 넣을 때에는 삶아 넣어서 식감을 부드럽게 하는 것이 좋다.

5. 디저트류 제조

1) 핫 디저트(hot dessert, entremets chauds, 앙트르메 쇼)

(1) 핫수플레(hot souffle)

① 배합표

재료명	무게(g)
중력분	60
버터	60
우유	300
달걀 노른자	70(4개분)
달걀 흰자	140(4개분)
설탕	60
그랑 마니에르	10
계	700
슈거파우더	5

② 제조과정

㉮ 팬에 버터를 녹인 후 밀가루를 넣고 낮은 온도에서 2분 정도 황금색이 나도록 볶는다.

㉯ 우유를 2~3회 나누어 넣으면서 밀가루 반죽이 끓어 오를 때까지 젓기를 반복한다.

ⓓ 불을 낮추고 달걀 노른자를 넣으면서 저어서 반죽이 부드러워지면 불에서 내린다.

ⓔ 달걀 흰자를 거품 내어 설탕을 넣고 85% 정도의 머랭을 만들어 반죽과 혼합한다.

ⓕ 그랑 마니에르(Grand marnier)를 섞어준다.

ⓖ 전 재료가 균일하게 혼합된 적당한 반죽이 되어야 하고 매끈하며 윤기가 있는 반죽이 되어야 한다.

ⓗ 비중은 0.40 ± 0.05 정도가 되게 한다.

ⓘ 핫수플레용 그릇에 버터를 고르게 칠하고 설탕을 묻혀 준비한다.

ⓙ 팬의 70% 정도씩 나누어 패닝한다.

ⓚ 오븐에 넣기 전에 윗면에 생긴 기포를 제거한다.

ⓐ 오븐 온도 : 윗불 160℃, 아랫불 160℃

ⓑ 중탕으로 30분 정도 굽기

ⓒ 구워져 나온 수플레에 슈거파우더를 뿌려 바로 사용한다.

③ key point(키 포인트)

- 핫수플레는 구워져 나오는 순간부터 가라앉기 시작하는 제품으로 소스 등의 서빙 준비를 철저히 하였다가 오븐에서 나오면 바로 서빙한다.
- 우유 대신에 과일 퓌레를 이용할 수도 있고 초콜릿을 갈아서 넣거나 하여 맛을 가미할 수 있다.
- 머랭은 미리 반죽하여 준비해 두었다가 필요한 때 섞어서 구우면 좋은 제품을 만들 수 있다.
- 수플레 중 정통적인 핫수플레 그랑 마니에르는 그랑 마니에르 술의 오렌지 향과 어울리는 더운 디저트 중 고급에 속하는 디저트이다.
- 초콜릿 핫수플레를 만들려면 초콜릿을 지나치게 뜨겁지 않게 하여 반죽에 가볍게 섞어주고 초콜릿을 긁어서 넣어주기도 한다.

(2) 플람베(flambee)

① 얇게 캐러멜화시킨 설탕에 약간의 버터를 넣고 과일주스와 술을 넣어 과일을 살짝 볶아주는 더운 앙트르메(entremets)이다.

② 손님에게 제공할 때 술을 붓고 불을 붙여 환상적으로 나가기도 하는 고급

디저트이다.

③ 체리 주빌레(cherries jubilee) : 버터와 체리주스, 오렌지주스, 키르슈바서 (Kirsch Wasser) 등을 이용한 플람베 디저트이다.

(3) 그라탱(gratin)

① 보통 과일을 플람베하여 접시에 놓은 후 위에 사바용소스(sabayon sauce)를 올려서 샐러맨더 오븐에서 윗면이 구운 색이 나게 하는 것을 말한다.

② 그 위에 아이스크림이나 셔벗을 올려주기도 한다.

(4) 크레페 수제트(crepes suzette)

① 크레페(crepes)와 과일 또는 아이스크림을 싸서 내는 찬 디저트에도 크레페 가 사용된다.

② 과일 특히 오렌지주스에 설탕, 술, 기타 향으로 쓰이는 여러 가지를 넣고 끓 이다가 크레페를 넣고 조려서 나가는 더운 디저트이다.

③ 크레페 배합표(crepes recipe, 크레페 레시피)

박력분	분당	버터	달걀	소금	우유
350g	10g	60g	15ea	5g	1,000g

④ 크레페(crepes) 만들기

- 곱게 내린 달걀에 박력분을 덩어리가 지지 않게 혼합한다.
- 소금, 분당, 우유를 혼합한 후 버터를 녹여 섞는다.
- 프라이팬에 열을 알맞게 하여 얇게 부쳐낸다.

(5) 베네(beignets)

① 얇게 자른 과일에 튀김용 밀가루 반죽을 싸서 튀겨내는 디저트를 말한다.

② 200℃의 튀김기름에서 가볍게 튀겨낸다.

2) 찬 디저트(cold dessert: 콜드 디저트, entremets froids: 앙트르메 프루아)

(1) 바바루아(bavarois)

① 우유, 설탕, 달걀 노른자, 젤라틴, 생크림을 이용하여 만든 냉과의 기본이다.

② 바바루아즈(bavaroise)는 홍차, 시럽, 우유 등을 이용하여 만든 것이다.

③ 바바루아즈는 달걀 노른자를 사용한다는 것이 무스와 다르지만 요즘은 달걀의 사용 여부도 구분하지 않고 쓰므로 바바루아즈와 거의 동일한 의미로 쓴다.

④ 일반적으로 pudding이라 하며 찐 것과 구운 것은 겨울에 더운 소스와 함께 먹고, 찬 것은 여름에 찬 소스와 함께 먹으면 어울린다.

(2) 무스(mousse)

① 양과자의 기본이 되는 것으로 달걀 흰자의 거품과 과일즙 그리고 생크림, 술 등을 이용한 냉과로 케이크, 페이스트리 등으로 많이 이용된다.

② 특히 초콜릿무스, 딸기무스는 대표적인 상품이라 할 수 있다.

(3) 젤리(jelly)

① 과일과 설탕을 조려서 만든 보존품이다.

② 과즙에 함유된 펙틴이 설탕과 산에 의해 응고된다.

(4) 샤를로트(charlotte)

① 바바루아나 무스로 만든 양과자에 핑거쿠키(lady finger) 등의 건과자를 붙이거나 올려서 만드는 고급 양과자이다.

(5) 몽블랑(montblanc)

① 흰 산이라는 뜻의 케이크로 밤을 갈아서 국수처럼 흘려서 위에 분당과 건포도 등으로 장식한 과자이다.

② 밤은 갈아서 럼주와 생크림 혹은 버터크림과 혼합하여 사용하기도 한다.

(6) 과일 샐러드(fruits salad, 프루츠 샐러드)

① 각종 과일에 양주와 설탕시럽을 곁들여 내는 것으로 아이스크림을 곁들이기도 한다.

(7) 과일 콩포트(fruits compote, 프루츠 콩포트)

① 수정과와 비슷한 종류의 디저트로 과일이 너무 익으면 힘이 없어 오히려 좋지 않다.

(8) 크림 캐러멜(cream caramel)

① 커스터드푸딩(custard pudding)이라고 하는 것으로 설탕의 캐러멜소스와 달걀이 조화된 디저트이다.

(9) 생과일(fresh fruits, 프레시 프루츠)

① 계절적으로 신선한 과일을 후식으로 제공한다.

② 아이스크림이나 서벗을 함께 제공하기도 한다.

3) 냉동디저트

(1) 아이스크림(ice cream, glace: 글라스)

① 유제품에 설탕, 달걀, 엿물, 과즙, 너트류, 초콜릿, 커피, 코코아 등과 각종 향료를 넣어 만드는 것으로 사용하는 재료에 따라 이름이 달라진다.

② 무스 글라스(mousse glace) : 과일 퓌레와 이탈리안 머랭, 생크림 등을 혼합하여 만든 아이스크림을 말한다.

③ 수플레 글라스(souffle glace) : 핫수플레(hot souffle)와 모양만 비슷하게 아이스크림을 사용하여 만든 것을 말한다.

• 수플레 글라스 아 라 크렘(souffle glace a la creme) : 파르페(parfait)로 만들었을 경우

• 수플레 글라스 오 프루트(souffle glace aux fruits) : 과일이 든 무스로 만들었을 경우

• 사바용 글라스(sabayon glace) : 흰 포도주로 거품을 일으켜 만든 경우

(2) 서벗(sherbet, 서벗 ; sorbet, 소르베)

① 서벗이 아이스크림과 다른 점은 달걀과 유지방을 사용하지 않는 것이다.

② 주된 재료는 과즙, 설탕, 물, 술 등이고 맛을 위해 우유와 달걀의 흰자를 조금씩 사용하기도 한다.

③ 저칼로리에 시원하고 깨끗하며 상쾌한 맛의 특징이 있어 양식 코스요리 중 생선요리 다음에 나가는데 이는 소화를 돕고 입맛을 상쾌하게 한다.

④ 서벗에는 모든 과일을 사용할 수 있으며 과일의 이름에 따라 서벗의 이름이 정해지는 것이 보통이다.

(3) 파르페(parfait)

① 아이스크림이나 셔벗과 달리 달걀과 설탕의 머랭과 생크림을 혼합하고 과일과 술 등을 섞어 무스처럼 만들어 얼린 것을 말한다.

② 너트(nuts)류와 과일을 잘게 썰어 넣어 만들기도 한다.

(4) 아이스 수플레(ice souffle)

① 크렘 앙글레즈와 생크림을 섞어 얼린 것, 이탈리안 머랭에 과즙과 생크림을 섞어 얼린 두 종류의 수플레가 있다.

4) 디저트 소스(dessert sauce)

(1) 소스의 정의

① 소스(sauce)는 라틴어의 소금(salt)에서 전래된 것으로 고대 로마시대부터 생선요리에 사용되었다고 한다.

② 현재의 양과자 특히 디저트에서 소스는 제품의 고급화에 따른 고객의 기호 변화, 맛의 균형, 그리고 환상적인 멋을 내기 위해서도 그 역할이 커지고 있다.

③ 소스를 만들 때는 과일즙의 단맛, 신맛 그리고 과일의 색감을 이용한 시각적이고 미각적인 효과를 추구하여 새로운 맛을 창조해야 한다.

(2) 소스의 종류

① 하드소스(hard sauce)

• 버터에 분당을 섞어 술과 레몬즙 등으로 맛을 낸 후 뜨거울 때 케이크 위에 뿌려 흘러내리게 한 소스이다.

② 크림소스(cream sauce)

• 우유, 달걀, 설탕, 양주, 향신료, 그리고 밀가루나 전분 등으로 크림형태를 만들어서 사용하는 소스이다.

③ 과일소스(fruit sauce: 프루트 소스, coulies: 쿨리)

• 과일의 즙을 이용한 소스로 전에는 과일즙을 끓여서 전분 등과 함께 죽을 쑤어 많이 사용하였으나 요즈음은 생과일의 수분만 조금 줄인 상태로 갈아서 향과 술을 첨가하여 사용하는데 이것을 쿨리(coulies)라 한다.

④ 사바용 소스(sabayon sauce)
- 달걀의 노른자와 설탕으로 머랭을 만들면서 화이트 와인을 많이 첨가하여 거품을 올린 상태의 소스를 말하며 과일 등의 위에 올려 살짝 구운 것을 그라탱(gratin)이라 한다.
- 사바용은 디저트와 소스로 많이 응용된다.

6. 화과자류 제조

1) 화과자란

(1) 한과(韓菓)가 우리의 전통적인 과자라고 한다면 중국의 것은 중화과자(中華菓子), 서양의 것은 양과자(洋菓子), 일본의 것은 화과자(和菓子)라 한다.
(2) 화과자는 각각의 고유한 이름이 있으며 우리나라에서는 꽃모양으로 된 생과자인 상생과자(上生菓子)만을 화과자라 부르는데 이는 잘못된 것이다.
(3) 화과자는 나마가시(生菓子), 한나마가시(半生菓子), 히가시(乾菓子)를 통칭하여 와가시(和菓子)라고 한다.
(4) 만주와 찹쌀떡(모찌) 그리고 양갱은 나마가시의 일종이고, 모나카와 카스텔라는 한나마가시이며, 센베와 오코시 등은 히가시에 속한다.
(5) 화과자의 대표적인 예로 만주(饅頭 : 만두), 센베(煎餅 : 전병), 요캉(羊羹 : 양갱), 오코시(밥풀과자) 등을 들 수 있다.
(6) 화과자의 화(和)는 일본어로 '와'(わ)로 읽히며 '일본식'이란 뜻인데 외국의 음식문화를 받아들이면서 일본 고유의 영역으로 변화·발전시켰음을 의미한다.
(7) 알록달록한 색상으로 만들어진 과일, 동물, 꽃 등의 앙금과자를 네리키리(練りきり) 과자라고 하는데 자연적인 모양과 색깔이 아름답다.
(8) 네리키리 과자는 나마가시(생과자)의 일종으로 규히(ギュウヒ) 반죽과 네리키리 반죽을 사용하여 화과자 틀에서 찍어내거나 기술자가 수공으로 만드는 예술적 감각이 돋보이는 과자이다.
(9) 일본에서는 다도(茶道)가 성행하여 만주(マンジュウ)나 양갱(ヨウカン), 모찌(モチ) 등 생과자를 차와 곁들여 먹었다.
(10) 네리키리 과자를 만들 때 기술자들은 만들려는 사물의 본래 모습에 충실하고

자 사물을 자세히 관찰하고 만들어보는 노력을 해야 한다.

2) 화과자의 재료

(1) 상백당(上白糖)

① 정제당에는 정제한 정도에 따라 상백당(上白糖)·중백당(中白糖)·삼온당(三溫糖)이 있다.

② 사탕무에서 불순물을 제거하고 이온교환수지에 의하여 탈염·탈색하여 상백당을 만들 수 있다.

③ 결정체가 크며 딱딱하고 백색이다.

④ 당도가 100이며 보통 쓰이는 일반 설탕이다.

⑤ 제과제빵, 양갱, 젤리, 떡 등을 만들 때 많이 쓰인다.

(2) 그래뉼러당(granular sugar, 그래뉼러 슈거)

① 입자를 가장 작게 정제(精製)한 설탕으로 음료수나 통조림, 과자 제조에 쓰인다.

② 결정체가 고우며 무색으로 광택이 나며 작은 모래알 같다.

③ 전화당을 거의 함유하고 있지 않아서 담백한 감미를 갖는다.

④ 순도가 높고 상백당에 비하면 잘 녹는다.

⑤ 각종 앙금이나 양갱, 젤리, 떡, 음료수 등을 만들 때 쓰인다.

(3) 중백당

① 소프트 슈거(soft sugar)에 속하며, 상백당과 같이 촉촉한 느낌이지만, 순도가 약간 낮고 밝은 담황색을 띤다.

② 단맛은 상백당보다 약간 강하며, 고물(팥소)을 만들 때 사용한다.

③ 밝은 황색이고 그래뉼러당보다 수분과 전화당이 많으며 차분한 느낌을 준다.

(4) 삼온당

① 정제도가 낮은 당으로 당도는 90% 정도이며 무기질을 함유하고 있다.

② 흔히 흑설탕이라 부르며 가정에서 사용하는 것은 이와 같은 정제 삼온당이다.

③ 중백당보다 수분이 많고 전분의 양도 많다.

④ 특수한 맛이 있으며 풍미가 있는 만주나 독특한 맛을 내기 위해 제과에서 많이 쓰인다.

(5) 흑설탕(black sugar, 黑雪糖, 블랙 슈거)

① 사탕수수에서 짜낸 즙을 정제하지 않고 만들어 불순물이 많아 개운치 않은 단맛이 있다.

② 삼온당에 비하여 수분이 많으며 독특한 풍미가 있다.

(6) 물엿(starch syrup, 스타치 시럽)

① 물엿의 종류 중 맥아 물엿과 이온 물엿이 있다.

② 물엿은 맥아당 함량이 높아 순한 감미를 낸다.

③ 효소당화물엿은 산당화물엿에 비하여 내열성이나 내흡습성이 우수하다.

④ 물엿류는 예부터 제과, 제빵, 통조림, 해산물조림 등에 널리 이용되고 있다.

(7) 벌꿀

① 주성분은 과당, 포도당이며 꽃의 종류에 따라 맛과 향이 다르다.

② 향과 보습성을 가지고 있으며 굽는 과자에 주로 많이 사용한다.

(8) 커플링 슈거(coupling sugar)

① 설탕 1에 대하여 1 내지 2의 비율로 녹말을 섞은 것에 효소를 더해 만든 당(糖). 충치를 일으킨다든지 하는 설탕의 단점을 보완하기 위해 개발됐다.

② 설탕이 결합된 물엿이며 물엿보다 맛이 없고 열에 색이 변하지 않는다.

③ 가격은 물엿보다 약 30% 정도 비싸다.

(9) 백옥분(白玉粉=찰전분)

① 찹쌀을 물에 씻어 불순물을 제거한 후 24~48시간 물에 담가둔다.

② 물기를 완전히 제거한 후 고운 입자가 되도록 빻는다.

③ 고운 분말을 3~4회 정도 침전시키고 저어서 물갈이작업을 하여 가라앉은 전분가루를 압착하고 물기를 빼어 차진 것은 잘게 떼어서 건조시킨 것이 가루보다는 전분에 가깝다.

④ 주로 규히(ぎゅうひ[求肥]), 네리키리(ねりきり)에 사용한다.

(10) 찹쌀가루(餠粉)

① 찹쌀을 물에 씻어 불순물을 제거하고 물에 약 5~10시간 정도 담가둔다.

② 이것을 탈수하여 약간 건조시켜 수분함량이 15~18% 된 찹쌀을 제분한다.

③ 제분 후에 고운체로 체질하여 건조시킨다.

④ 완제품의 수분함량을 최소화한 가루로 백옥분에 비해 입자가 약간 굵으며 찰기와 풍미가 있다.

⑤ 입자는 70~80메시로 한 것으로 규히, 대복떡 등에 사용한다.

(11) 상신분(上新粉)

① 멥쌀을 물에 씻어 불순물을 제거한 뒤 건조시켜 제분한다.

② 가루로 만들어 체질 후 건조시켜 쓰며 거의 입자가 굵다.

③ 주로 당고, 와라비떡 등 여러 떡 종류에 많이 사용한다.

(12) 상남분(上南粉)

① 쌀을 물에 씻어 불린다.

② 물기를 빼고 찜 틀에 찐 것을 건조시켜 분쇄하여 입자를 일정하게 한 것을 기계에 볶는다.

③ 입자는 약 80메시로 하며 입자가 여러 형태로 되어 있다.

④ 둥근 모양으로 되어 있고 생과자 등에 많이 사용한다.

⑤ 입자가 큰 것은 오코시 등 여러 방향으로 사용된다.

(13) 상용분(上用粉)

① 멥쌀을 물에 불려 빻아 체로 쳐서 말려 전분화한 가루이다.

② 주로 찜만주류에 많이 사용한다.

③ 상신분보다 입자가 고운 것을 체로 걸러서 제품화한 것이 상용분으로 고급 일본과자에 사용되고 있다.

(14) 한매분(寒梅粉)

① 찹쌀을 씻어 불려 물기를 빼서 찐 후에 빻아서 떡으로 만든다.

② 이것을 색이 나지 않도록 주의하면서 볶아 갈아서 분말로 만든 것으로 가볍고 폭신폭신하다.

(15) 부분(浮粉)

① 밀가루의 단백질을 제거한 후 남은 전분을 정제해서 말린 것

② 밀가루보다 입자가 곱고 불에 익히면 투명해진다.

(16) 한천(寒天)

① 우무를 동결·탈수하거나 압착·탈수하여 건조시킨 안정제이다.

② 우무는 보통 우뭇가사리, 개우무, 새발 등 우뭇가사리과의 해초를 사용한다.

③ 찬물에 최소 1시간 이상 충분히 불린 후 중불에 끓여 녹여서 사용한다.

④ 끓여 녹여서 냉각시키면 40℃ 전후에서 젤리화하는데, 일단 젤리화한 것은 80~85℃가 아니면 녹지 않는 특성이 있다. 산성이 되면 젤리화력은 떨어진다.

(17) 젤라틴(gelatin)

① 동물의 가죽·힘줄·연골 등을 구성하는 천연 단백질인 콜라겐을 뜨거운 물로 처리하면 얻어지는 유도 단백질의 일종이다.

② 판젤라틴은 찬물에서 불린 후 더운물 위에서 중탕으로 충분히 녹여서 사용한다.

(18) 중조(重曹, 베이킹소다)

① 알칼리성 결정체로 밀가루 단백질인 글루텐을 부드럽게 한다.

② 가열하면 생기는 이산화탄소는 반죽을 부풀리는 팽창력이 강하다.

③ 만주, 찜만주 등에 사용한다.

(19) 베이킹파우더(baking powder)

① 소다와 산성제를 배합해 만든 합성 팽창제이다.

② 일정하게 반응하는 성질이 있어 소다의 알칼리성과 산성이 물과 열로 인해 화학적 반응을 일으켜 이산화산소를 생성한다.

③ 이 가스가 반죽 속에서 기포를 만들어 반죽을 부풀린다.

(20) 착색료(着色料)

① 색소는 제품이 보기 좋고 예쁘게 변화를 주기 위한 목적으로 사용한다.

② 색의 종류로는 빨간색, 노란색, 녹색, 청색 등이 쓰인다.

③ 착색을 목적으로 하는 것은 천연색을 얻어 사용하는 것이 원칙이다.

④ 적색은 매화에서 노란색은 달걀 노른자, 녹색은 녹차에서와 같이 각 천연재료에서 추출하여 쓰는 것이 좋다.

3) 화과자 필수도구

(1) 주름칼

- 꽃, 과일 등을 나타내는 앙금과자인 상생과자류의 주름 모양을 낼 때 쓰이는 도구

(2) 무늬 삼각봉

- 뾰족한 앞면에 화과자꽃 수술 모양이 있어 화과자꽃 수술 모양을 만들 때 쓰인다.
- 옆면은 학, 국화, 수선화 등의 모양을 잡는 데 쓰인다.

(3) 헤라(앙금 싸는 도구)

- 대나무로 만든 것도 있으나 요즈음은 스테인리스로 만든 것을 사용한다.

(4) 나뭇잎 줄무늬판

- 나무판을 자세히 들여다보면 가는 줄무늬가 보인다. 나무 위에 정교하게 세공되어 있는 줄무늬를 이용해 대나무 잎 또는 나뭇잎을 만들 때 쓴다.

(5) 마지팬 공예용 도구

- 제과에서 마지팬 공예용 도구로 쓰이는데 화과자에서도 둥근 모양, 누른 모양, 자르는 과정 등에 쓰인다.

(6) 오다마키

- 구멍이 세 개로 세 줄을 짜는 제품에 쓰이는 도구이다.
- 원통 안에 내용물을 넣고 뒤에 있는 나무판을 눌러 앞에 있는 세 개의 구멍으로 짜낸다.

(7) 모양커터

- 갖가지 모양을 내는 도구. 나뭇잎, 동백잎, 단풍잎, 매화, 국화잎, 별모양, 표

주박 등 다양한 종류가 있다.

(8) 인두

- 불에 달궈 모양을 찍어내는 도구이다.
- 학, 표주박, 수선화, 원국화 등의 모양을 잡는 데 쓰인다.

(9) 삼각대나무 발

- 대나무를 삼각형으로 깎아 발을 엮은 것. 김밥을 마는 데 쓰이는 발과 모양이 흡사하다. 상생과자를 만들 때 쓰인다.

4) 규히 반죽 만들기

(1) 찹쌀가루에 찹쌀가루양의 30% 정도의 물을 넣고 혼합하여 찜솥에 20분 정도 찐다.

(2) 찐 반죽을 40~50℃ 정도로 더울 때 치대어 끈기 있게 해준 후 약한 불 위에서 찹쌀가루양의 200% 분량의 설탕을 나누어 넣으면서 섞어준다.

(3) 반죽에 윤기가 나고 흘러내릴 정도가 되면 완성된 것이다.

(4) 찹쌀떡 반죽과 다른 점은 규히 반죽은 찐다는 것과 설탕량이 많은 것이다.

(5) 규히 반죽은 화과자 속에 넣는 충전물로 사용된다.

5) 네리키리 반죽 만들기

(1) 동냄비에 흰 앙금(200g)을 넣고 약간의 물을 넣고 약한 불 위에서 바닥이 눋지 않게 나무주걱으로 저어주면서 끓인다.

(2) 앙금이 되직해지면 규히(18g)를 넣고 조려준다.

(3) 끈기가 생기면 물엿(12g)을 약간 넣고 계속 저어주어 손으로 늘였을 때 길게 늘어나면 작업대에 붓는다.

(4) 어느 정도 식으면 마르지 않게 반죽을 모아가며 손으로 치대고 색깔이 하얗게 될 때까지 몇 차례 반복하여 작업한다.

(5) 여기에 색(가능하면 천연색)을 더하여 과일이나 꽃의 자연적인 색을 표현할 수 있게 한다.

(6) 네리키리 과자의 세공은 고도의 기술과 도구가 필요하며 가능한 자연과 가깝게 표현한다.

6) 모찌 반죽 만들기

(1) 찹쌀가루(500g)에 따뜻한 물(160g)을 조금씩 넣어 반죽한다.

(2) 적당량을 분할해 둥글게 성형한 다음 도넛 모양으로 가운데를 누른다.

(3) 끓는 물에 넣어 충분히 잘 익힌다.

(4) 볼에서 떡을 건져내어 믹서기에 넣고 저속으로 치댄다.

(5) 떡이 잘 뭉쳐지면 흰자(70g)에 설탕(400g)과 물엿(80g)으로 머랭을 만들어 넣고 조금씩 넣어 치댄다.

(6) 작업대에 광목을 깔고, 그 위에 떡을 얹어 분할한 뒤 앙금을 넣어 찹쌀떡을 만든다.

7) 기미앙 반죽 만들기

(1) 기미앙은 노른자 넣은 반죽을 말한다.

(2) 적당한 그릇에 흰 앙금(500g)과 소량의 물을 넣어 끓인다.

(3) 끓기 시작하면 노른자(80g)를 넣고 눋지 않게 골고루 잘 섞어준다.

(4) 물엿(25g)을 넣고 다시 끓이다가 마지막으로 규히(25g)를 넣고 조린다.

(5) 앙금을 손등으로 두들겨서 묻어나지 않으면 기미앙이 완성된 것이다.

(6) 완성된 제품을 주걱으로 떠서 젖은 헝겊 위에 분할하여 충분히 식힌 다음 뭉쳐서 잘 치대어 랩으로 밀봉해서 냉장고에 보관해 두었다가 쓸 때마다 치대어 쓴다.

8) 화과자용 광택제 만들기

(1) 한천(10g)에 적당량의 찬물을 부어 12시간 이상 충분히 불린다.

(2) 물에 불린 한천에 물(300g)을 붓고 강한 불에서 끓인다.

(3) 한천이 완전히 녹으면 설탕(350g)과 물엿(10g)을 넣고 103℃까지 끓인다.

(4) 제품 윗면이나 옆면 등에 붓으로 발라 광택제로 사용한다.

9) 녹차양갱 만들기

(1) 배합표

재료	무게(g)
흰 앙금	190
물	100
한천	5
설탕	30
꿀	20
녹차가루	3~5
호두, 밤, 잣 등	적당량

(2) 만드는 법

① 호두는 마른 팬에 살짝 볶아 잘게 부숴서 준비한다.

② 밤은 물기를 제거하고 적당한 크기로 준비한다.

③ 한천을 찬물에 1시간 이상 충분히 불려서 중불에 끓여 한천을 녹인다.

④ 한천이 투명하게 완전히 녹으면 설탕과 꿀을 넣고 저어준다.

⑤ 앙금을 넣고 주걱으로 저어 풀어준다.

⑥ 반죽을 조금 담아 녹차가루를 엉기지 않게 풀어준 후 반죽과 혼합한다.

⑦ 약한 불에서 20분 정도 저으면서 조려준다.

⑧ 준비한 호두, 밤, 잣 등을 양갱과 혼합하여 틀에 넣고 굳힌다.

(3) Tips!(팁스)

① 조릴 때 약불에 오래 저으면 더욱 맛이 좋다.

② 한천은 40℃ 정도에서 굳으므로 너무 식지 않게 빠른 동작으로 작업한다.

③ 녹차가루 대신에 여러 가지 다른 재료를 이용하여 만들 수 있다.

10) 팥앙금 월병

(1) 배합표

① 반죽

재료	무게(g)
설탕	100
물	30
버터	50
달걀 노른자	30
식용유	10
참기름	10
흰 팥앙금	40
소다	1
박력분	220

② 속재료

재료	무게(g)
검은 팥앙금	500
잣	20
호두	20
검은깨	20

(2) 만드는 법

① 물에 설탕, 버터를 넣고 중탕으로 녹인다.

② 충분히 녹인 후 달걀 노른자를 넣고 섞어준다.

③ 식용유와 참기름을 넣고 섞어준다.

④ 흰 팥앙금을 넣고 덩어리지지 않게 잘 풀어준다.

⑤ 소다를 소량의 물에 녹여 섞는다.

⑥ 박력분을 체에 내려 잘 혼합한다. 이때 글루텐이 생기지 않게 살짝 섞어준다. 반죽을 마무리한다.

⑦ 속재료는 호두를 살짝 볶아 잣과 깨 그리고 팥앙금을 고르게 섞어 준비한다.

⑧ 반죽 25g에 속재료 25g을 넣고 싼다.

⑨ 모양틀에 넣고 찍어 무늬를 낸다.

⑩ 철판에 고르게 패닝하여 윗면에 달걀물을 발라 180℃ 오븐에 구워낸다.

7. 초콜릿류 제조

1) 초콜릿의 개요

(1) 초콜릿의 어원

① 영어 : chocolate, 불어 : chocola, 독어 : Schokolade

② 카카오의 어원은 마야어 또는 아즈텍어에서 유래한 것으로 cacahuatle-acauatl-acalatl-cacao로 변화됐는데 최종적으로 스페인어인 카카오가 정착되었다.

③ 초콜릿(chocolate) 역시 멕시코의 언어로 chocolatl에서 chocolate로 되었다.

④ 카카오의 나무는 테오브로마(theobroma)로 불리는데 테오브로마는 그리스어로 '신의 음식'[thoes(God) broma(food)]이라는 의미이다.

(2) 카카오에 대하여

① 카카오란 벽오동나무과의 교목으로 학명은 데오브로마 카카오 린(Theobroma cacao lin)으로 theo는 신, broma는 음식을 뜻한다.

② 원산지는 열대아메리카의 아마존강 유역, 베네수엘라의 오리노코강 유역과 인도로 일컬어지며 콜럼버스가 아메리카로 4번째 항해를 하던 중 유카탄반도 연안의 원주민으로부터 빼앗은 카카오빈을 포함한 농산물을 스페인으로 갖고 돌아온 것이 유럽으로의 첫 반입이라 전해진다.

③ 1502년이었던 당시에 카카오빈은 쓸모 없는 물건으로 제쳐두었으나, 1519년 스페인의 웨루디난도 코루디스가 멕시코에 원정 가서야 비로소 그 가치와 사용법을 알게 된 것으로 전해진다.

④ 카카오빈(cacao bean)이란 카카오 열매 속에 있는 30~50개의 종자를 말한다.

⑤ 카카오버터(cacao butter)
   • 카카오빈(cacao bean)에서 뽑은 지방분은 초콜릿의 원료로 사용되며 상

온에서 녹지 않고 입안에서 녹는 특이한 성질이 chocolate을 만들 수 있는 중요한 특성이다.

- 융점 : 32~35℃, 응고점 : 25℃
- 융점과 응고점의 차이가 적어 초콜릿을 만들 수 있다.

⑥ 카카오 페이스트(cacao paste)

- 카카오빈을 볶고 롤러로 갈아서 카카오 배유를 제거한다.
- 계속해서 갈면 카카오버터가 배어나와 페이스트(paste) 상태가 되는데 이것을 카카오마스(cacao masse) 혹은 비터 초콜릿(bitter chocolate)이라고 한다.
- 여기에 설탕, 분유, 유화제 등을 섞으면 초콜릿이 된다.

⑦ 카카오파우더(cacao powder)

- 카카오빈을 볶아서 빻은 뒤 카카오버터를 뺀 가루로 지방을 제거했기 때문에 물에 잘 녹아서 음료로 많이 사용한다.
- 코코아파우더라고도 하며 제과에서 많이 쓰인다.

⑧ 코코닛(coconut)이란 야자열매 속의 말린 과육을 말하며 카카오와는 전혀 별개의 것이다.

2) 초콜릿의 역사

(1) 1660년 프랑스는 서인도제도의 마루디닉섬에서 카카오를 재배했다.

(2) 1679년엔 남아메리카지역에서도 재배, 유럽으로 수출을 시작했고, 암스테르담엔 거래상점이 개설되었으며 영국에서도 다방 등지에서 초콜릿을 판매했고 초콜릿파우더를 선보이기도 했다.

(3) 1819년 알렉산더 가이라가 초콜릿 생산을 위한 혼합기를 처음 제작했다.

(4) 1828년 네덜란드의 반호틴은 카카오버터의 착유방법을 고안함과 동시에 초콜릿파우더(코코아)를 생산했으며 이후 설탕, 카카오버터를 혼합해서 형틀에 넣어 굳힌 판초콜릿을 선보이게 되었다.

(5) 1875년 밀크초콜릿이 스위스의 다이엘버터에 의해 개발되었다.

(6) 1976년 린트에 의해 커버링 초콜릿이 제조돼 소비가 증가하기 시작했다.

(7) 1879년 아프리카의 골드코스트(현재의 가나)에서 카카오 재배에 성공하자 카

메룬, 아이보리코스트, 나이지리아 등으로 확산되었다.

3) 초콜릿의 제조과정

(1) 선별(cleaner) : 질이 좋지 않은 카카오빈이나 이물질을 분리하여 좋은 빈(bean)을 골라서 사용한다.

(2) 볶음(roaster) : 카카오빈 특유의 향을 우려내기 위해 고르게 잘 볶는다.

(3) 분리(separater) : 볶은 카카오빈을 분쇄하여 껍질 등을 골라낸다. 이것을 카카오 니브라 한다.

(4) 배합(blender) : 초콜릿 풍미를 잘 내기 위해 여러 종류의 카카오 니브를 혼합한다.

(5) 갈기(grinder) : 카카오 니브에는 지방분인 카카오버터가 55%나 함유되어 있는데 이것을 갈아 으깨면 걸쭉한 상태의 카카오마스(cacao masse)가 된다.

(6) 혼합(mixer) : 카카오마스에 우유나 설탕, 카카오버터 등을 혼합한다.

(7) 미립화(refiner) : 롤에 넣어 혼합재료를 부드럽게 한다.

(8) 정련(conche) : 콘체라는 기계로 장시간 반죽하면 초콜릿 향이 생긴다.

(9) 온도조절(tempering) : 초콜릿의 온도를 조절하고 카카오버터를 안정시킨 후 결정화한다.

(10) 충진(moulder) : 틀에 붓고 진동시킨 후 기포를 제거하여 매끈한 제품이 되게 한다.

(11) 냉각(cooling tunnel) : 냉각 컨베이어에 올려 냉각시켜 모양을 굳힌다.

(12) 꺼냄(demoulder) : 틀에서 초콜릿을 꺼낸다.

(13) 숙성(ripening) : 제품을 안정시키기 위해 적정한 온도에서 일정기간 숙성시킨다.

4) 초콜릿의 작업성에 따른 분류

(1) **템퍼링 초콜릿**(tempering chocolate)
　① 작업할 때 온도를 반드시 맞추어야 하는 초콜릿으로 초콜릿 과자를 위한 초콜릿에는 반드시 이 초콜릿을 써야 한다.
　② 온도를 맞추지 않고 작업하면 카카오버터가 분리되어 있기 때문에 잘 굳지

않으며 광택이 없고 얼룩무늬현상이 생긴다.

(2) 논템퍼링 초콜릿(non-tempering chocolate)

① 작업의 온도범위가 넓지만 실온에 두면 약간은 부드러워지고 손으로 만지면 끈적거려서 초콜릿을 위한 초콜릿으로는 사용하지 않는다.

② 케이크, 페이스트리의 코팅으로 많이 쓰인다.

5) 초콜릿의 종류

(1) 함유물질에 따른 분류

① 스위트초콜릿(sweet chocolate) : 우유가 전혀 들어가지 않은 초콜릿을 말한다.

② 밀크초콜릿(milk chocolate) : 우유가 함유된 초콜릿을 말한다.

(2) 모양과 쓰임에 따른 분류

① 판초콜릿(solid chocolate) : 초콜릿만으로 만든 판형태의 초콜릿이다.

② 셸초콜릿(shell chocolate) : 초콜릿을 틀에 넣고 겉껍질(shell)을 만들어 그 안에 크림, 잼, 너트류, 과일 등을 넣어 초콜릿으로 뚜껑을 씌운 것이다.

③ 앙로베 초콜릿(enrober chocolate) : 비스킷이나 웨하스 등을 초콜릿으로 씌운(enrobe) 것이다.

④ 홀로 초콜릿(hollow chocolate) : 제품의 속이 비어 있는 초콜릿으로 인형, 동물, 알 등의 형태를 한 것이다.

⑤ 팬워크 초콜릿(pan-work chocolate) : 초콜릿의 가운데 부분에 너트(nut)류나 캔디(candy)류 등을 넣어 만든 알갱이상태의 초콜릿이다. 이와 같은 방법으로 가운데 부분을 초콜릿으로 하여 설탕을 씌운 것도 있다.

6) 초콜릿의 영양

(1) 초콜릿과 비만

① 일반적으로 초콜릿을 먹으면 당분으로 인해 살이 찐다는 인식 때문에 비만을 우려해 기피하는 경향이 많다.

② 초콜릿 중에서 칼로리가 높아 비만이 되는 요소는 당분이 아닌 지방으로서

이는 전체 초콜릿의 20%에 불과하다.

③ 초콜릿의 지방성분인 카카오버터에는 혈액 콜레스테롤 상승작용이 없을 뿐
아니라 흡수되기 어렵기 때문에 그 칼로리도 보통 유지의 60% 정도이다.
그래서 초콜릿을 섭취했다 해도 칼로리 과잉으로 인한 비만을 두려워할 필
요가 없다는 것이 전문가들의 충고이다.

(2) 초콜릿 100g당 성분분석표

에너지 (kcal)	수분 (g)	단백질 (g)	지질 (g)	당질 (g)	섬유소 (g)	회분 (g)	칼슘 (mg)	인 (mg)
393	1.5	8.1	36.9	51	80	1.7	198	234

나트륨 (mg)	칼륨 (mg)	비타민 A (mg)	비타민 B_1 (mg)	비타민 B_2 (mg)	니아신 (mg)	철 (mg)	폐기율 (%)	
90	450	30	0.0	9	0.18	0.4	2.8	

(3) 신비의 폴리페놀(polypenol)

① 동맥경화나 당뇨병, 암 등의 발생원인 중 하나로 활성산소라는 유해물질이
있는데 체내에 흡입된 산소의 1%는 '활성산소'라는 산화력이 강한 맹독성
물질로 변한다.

② 활성산소는 체내의 다른 물질과 결합하는 힘이 매우 강한데 이 힘을 산화력이
라 하며 이것은 체내에 있는 효소들과 결합해 세포의 신진대사를 방해한다.

③ 초콜릿의 원료인 카카오의 원두에는 천연 카카오 폴리페놀이 많이 함유되
어 있어 활성산소의 활동을 억제한다.

(4) 식이섬유

① 초콜릿의 원료인 카카오 원두에는 식이섬유가 20%, 코코아가 되면 34%의
식이섬유가 있는 식품이다.

② 식이섬유(dietary fiber)를 충분히 섭취하면 대장 안에서 식품 찌꺼기의 이동
이 빨라져 변비가 해소된다. 반대로 식이섬유가 적으면 변량이 작아져 변비
에 걸리기 쉽고, 대장암 발생의 위험이 높아진다고 한다.

③ 초콜릿에는 변비를 막아주는 리그닌(lignin)이라는 식이섬유가 들어 있다.
리그닌은 장의 움직임을 도와주어 쾌변을 유도하는 성분이며 장 속의 발암
물질을 흡수·배설하여 장 건강에 도움을 준다.

7) 초콜릿의 신비

(1) 맛이 오래가는 이유
① 초콜릿의 지방성분인 카카오버터는 상온에서는 굳은 결정을 하고 있지만 체온 가까이에서는 급히 녹는 성질이 있기 때문에 먹을 때 독특한 맛이 금방 퍼진다.
② 카카오버터는 일반 유지에 비해 산화되기 어려워 맛이 오래 보존된다. 더욱이 카카오빈은 천연 산화방지제인 비타민 E(토코페롤)를 포함하고 있어 카카오빈 안의 폴리페놀에도 산화를 막는 기능이 있다는 것이 최근 연구결과 확인되었다.

(2) 초콜릿은 에너지와 건강의 근원
① 초콜릿 성분 중에서 50% 이상을 차지하는 당류는 설탕과 유당이 주이며 다른 식품에 비해 체내에서 포도당으로 빨리 변해서 흡수되므로 운동과 뇌의 활동에 필요한 에너지를 신속하게 공급한다.
② 초콜릿에 포함되어 있는 데오브로민이라는 성분은 뇌를 자극하는 기능이 있어 초콜릿은 신체활동에 힘을 주고 건강한 삶에 도움을 준다.

(3) 카카오버터(cacao butter)와 콜레스테롤의 관계
① 포화지방산은 콜레스테롤의 수치를 높이지만 카카오버터 안에 있는 포화지방산인 스테아린산 또는 불포화지방산인 올레인산은 콜레스테롤의 수치를 올리지 않는다.
② 카카오버터는 옥수수기름보다 콜레스테롤의 수치를 내린다고 한다.

(4) 초콜릿과 충치의 관계
① 충치는 치아에 달라붙은 음식물 찌꺼기가 충치균(뮤타스균)에 의해 플라크를 만들고 산을 생성하여 치아의 에나멜질을 녹여서 생기는 것이다.
② 미국의 MIT 연구팀은 코코아의 타닌 중 하나가 충치균의 효소기능을 억제하고 플라크의 축적을 감소시키는 것을 확인하였다.

(5) 초콜릿은 사랑의 화신
① 발렌타인 데이에 사랑하는 이에게 초콜릿을 선물하는 것처럼 초콜릿은 사

랑의 상징이다.

② 이것은 초콜릿에 기분을 상승시키는 성분이 있기 때문으로 초콜릿을 먹으면 기분이 좋아진다는 것은 통계적으로 입증된 사실이기도 하다.

(6) 초콜릿과 젊음

① 초콜릿에는 노화를 방지해 주는 폴리페놀 성분이 풍부하다.

② 폴리페놀은 녹차나 포도주에도 들어 있는 성분으로 초콜릿에 폴리페놀 함유량이 더 많다.

(7) 초콜릿을 먹으면 공부가 잘 된다.

① 초콜릿을 먹으면 시험을 잘 본다는 얘기가 있다. 매년 대학시험 때 초콜릿을 주는 이유도 이 때문이다.

② 초콜릿의 페닐에틸아민이란 성분은 정신을 안정시켜 집중력을 높여주고 우리 몸의 주된 에너지원이 되는 탄수화물의 소화, 흡수 속도를 높여 머리 회전에 도움을 준다.

(8) 초콜릿에 대한 오해와 이해

① 오해

- 초콜릿을 먹으면 뚱뚱해진다?
- 초콜릿을 먹으면 콜레스테롤이 높아진다?
- 초콜릿을 먹으면 충치가 생긴다?
- 초콜릿을 먹으면 변비에 걸린다?

② 이해

- 초콜릿은 애정생활에 도움이 된다.
- 초콜릿을 먹으면 젊어진다.
- 초콜릿을 먹으면 공부가 잘 된다.
- 초콜릿은 피로회복에 좋다.

8) 초콜릿의 온도조절과 블룸현상

(1) 초콜릿의 온도조절요령

① 33℃ 이상으로 녹인 초콜릿은 카카오버터가 완전히 녹기 때문에 유동상태

가 된다. 이 때문에 균질하게 혼합되어 있던 카카오의 고형물질, 설탕, 카카오버터의 결합이 없어지고 분리되어 이대로 두면 굳었을 때 전체에 팻블룸(fat bloom)이 일어난다.

② 2/3의 초콜릿을 마블대 위에서 27℃ 이하로 떨어뜨려 일정한 점도를 가지게 한다.

③ 나머지 1/3의 초콜릿을 가볍게 섞어서 온도를 균일하게 한다.

④ 중탕으로 가볍게 32℃가 되게 다시 온도를 올려서 작업한다.

⑤ 중심의 온도가 실온보다 낮아도 초콜릿의 광택이 죽게 된다.

⑥ 초콜릿 속도 20~27℃가 되게 작업 전에 반드시 온도조절을 해야 한다.

(2) 블룸(bloom)현상에 대하여

① 팻블룸(fat bloom)은 초콜릿의 굳은 표면이 회색이나 반점 등으로 변한 것을 말하는데 온도조절(tempering)의 실패 그리고 부적절한 저장 특히 높은 온도에서의 저장에 의하여 극단적인 온도의 변화가 있을 때 일어난다.

② 슈거블룸(sugar bloom)은 습도가 높은 작업실에서 작업하였거나 보관하였을 경우 습기가 표면에 붙어 초콜릿 속의 설탕이 녹아들고 다시 수분이 증발하여 일어나는데 이는 설탕의 재결정에 의한 것이다.

9) 초콜릿의 응용

(1) 가나슈 크림(ganache cream)

① 초콜릿에 생크림을 끓여 부어 녹여 만든 것으로 버터를 첨가하기도 한다.

② 초콜릿을 잘게 부숴 빨리 녹여야 풍미를 최대한 살릴 수 있다.

③ 양과자와 케이크에 많이 응용된다.

④ 초콜릿과 생크림의 비율은 50 : 50을 기본으로 생크림의 양이 많을수록 부드러운 크림이 된다.

(2) 잔두야 크림(gianduja cream)

① 초콜릿에 아몬드(almond) 혹은 헤이즐넛 크림(hazelnut cream), 분당 등을 넣은 혼합물이다.

② 아몬드가루나 헤이즐넛가루 등을 넣어 트러플 초콜릿(truffle chocolate), 케

이크 등의 재료로 이용한다.

(3) 플라스틱 마세(plastic masse)

① 물엿을 초콜릿과 배합시킨 것으로 공예용 초콜릿으로 많이 쓰인다.

② 물엿의 양을 조절하여 초콜릿 반죽의 되기를 조절하여 작업해야 한다.

3-4. 기타 실기이론

1. 슈크림 = 슈 아 라 크렘(choux a la creme = cream puff, 크림 퍼프)

1) 슈크림의 유래

(1) 밀가루와 달걀 등을 버무려 구워 만든 것으로 부드럽고 얇은 껍질 속에, 생크림 등을 넣은 양과자를 '슈크림'이라 한다.

(2) 프랑스어인 choux a la creme(슈 아 라 크렘)의 뜻은 '슈'는 콜리플라워(cauli-flower)라는 뜻의 작은 양배추이고 '크림'은 영어의 크림(cream)에 해당한다.

(3) 슈는 모양이 양배추와 비슷하다고 해서 붙였으며 서양에서 정식으로 부르는 이름은 '슈 아 라 크렘(choux a la creme)' 또는 '크림 퍼프(cream puff), 파트 아 슈(pate a choux)' 등이다.

(4) 일본사람들이 프랑스어 발음 'choux'(슈)와 영어의 '크림'(cream)을 합성해서 '슈크림'으로 잘못 표기하여 쓰는 것이 한국으로 전해져 그대로 쓰이고 있다.

2) 슈크림 만들기

(1) 배합표

① 슈 껍질

재료	무게(g)
중력(강력 · 박력)분	100
버터	100

물	125
달걀	200~250
소금	1

② 커스터드크림

재료	무게(g)
박력분	60
전분(옥수수전분)	60
설탕	150
우유	600
달걀 노른자	300
버터	20
바닐라향	0.5

(2) 슈 껍질(choux crust, 슈 크러스트) 제조공정

① 반죽하기

- 물, 유지, 소금을 가볍게 끓인 후 불에서 내려, 체로 친 밀가루를 넣고 섞는다.
- 불에 다시 올려 밀가루 반죽이 그릇에 묻지 않을 때까지 저으면서 열을 가한다.
- 완전히 호화되면 불에서 내려 달걀을 조금씩 투여하면서 혼합한다.
- 기름칠한 철판에 짠다.
- 성형이 다 된 것은 물을 분무하여 굽는다.

② 모양 짜기

- 짤주머니에 만들어진 슈 반죽을 담는다. 알뜰주걱을 이용하면 허실을 줄일 수 있다.
- 약간 봉긋하게 짜야 부푼 모양이 먹음직스럽게 된다. 간격은 크기의 2배 정도의 거리를 두고 짠다.

③ 굽는 과정

- 굽기 전에 물 스프레이를 뿌려주면 표면이 마르는 것을 막을 수 있고 슈거 가볍게 부푸는 데도 도움이 된다.

- 예열된 200~220℃의 강한 불로 굽는다.
- 처음은 윗불을 약하게 하여 반죽을 최대로 부풀게 한다.
- 윗불로 표면을 빨리 구워버리면 내부의 수증기가 약해져서 제품 표피가 터지고 제품이 깨끗하게 부풀지 못한다(반죽이 너무 되어도 결과는 같다).
- 색이 나면 아랫불을 낮추고 윗불로 굽는다.
- 오븐을 열면 찬 공기가 들어가 찌그러지고 잘 익지 않는다.
- 옆면 등에 충분히 색이 나고 적당히 말랐을 때 꺼낸다.

④ 슈 반죽을 굽는 의미
- 반죽에 포함된 수분이 수증기로 변해 반죽의 중앙에 모이면 그 힘으로 반죽이 부풀게 된다. 그러므로 수증기를 반죽 속에 함유될 수 있게 반죽에 탄력을 줘야 한다.
- 반죽을 너무 되게 하거나 윗불로 빨리 구워버리면 중심부에 생기는 수증기가 약해지므로 제품 표피가 터지며 제품이 깨끗하게 부풀지 않는다.
- 반죽이 충분히 부푼 후 윗불을 강하게 하여 표면의 색깔이 나게 한다.

⑤ 자르기
- 뜨거울 때 슈에 구멍을 내거나 자르기를 하여 크림 넣을 자리도 만들고 숨구멍도 만들면 부푼 슈가 찌그러지지 않는다.
- 완전히 식으면 물렁물렁해서 자르기가 좋지 않다.
- 슈 속을 제거해야 크림을 넣기 좋으므로 속을 제거하여 준비한다.

(3) 커스터드크림(custard cream) 제조
① 달걀 노른자에 약간의 설탕을 넣고 가볍게 거품을 낸 후 우유를 약간 넣어 박력분, 바닐라향, 전분을 체친 후 덩어리가 지지 않게 섞어서 준비한다.
② 냄비에 남은 우유와 설탕을 넣고 끓인다.
③ 가볍게 저어주면서 준비된 달걀과 가루의 혼합물을 조금씩 넣으면서 섞는다.
④ 밑이 타지 않도록 불에서 내렸다 올렸다 하면서 농도가 되직해지면 불을 끄고 버터를 넣은 후 가볍게 섞는다.
⑤ 식을 때까지 저어주거나 수증기가 생기지 않고 마르지 않게 하기 위해 랩을 밀착시켜 덮어서 냉장고에 넣어 식힌다.

(4) 마무리

① 슈 껍질에 구멍을 내거나 잘라서 크림 넣을 준비를 한다.

② 크림은 생크림과 향, 술, 초콜릿, 너트 등을 섞어서 준비한다.

③ 크림이 밖으로 새지 않게 알맞게 채운다.

④ 윗면에 초콜릿 퐁당이나 글레이즈(glaze)를 발라 광택을 낸다.

⑤ 아몬드 등으로 장식하기도 한다.

3) 슈의 기타 이론

(1) 슈 껍질의 실패원인

① 상수리형, 철판에 붙는다 : 아랫불이 강하고 철판에 기름기가 적다.

② 밑이 뜬다 : 아랫불이 강하고 철판에 기름기가 많다.

③ 옆으로 퍼져 일그러진다 : 반죽이 무르다. 믹싱 과다.

④ 밑면이 작고 공과 같다 : 오븐이 약하고 철판에 기름기가 적다.

⑤ 한쪽이 찌그러지고 구멍이 날 때 : 반죽이 되고 가스가 빠졌다.

⑥ 울퉁불퉁하고 벌어진다 : 반죽이 되다. 윗불이 강하다. 습기가 부족하다.

⑦ 내부가 깨끗하지 못하다 : 반죽의 호화 불충분

(2) 슈크림 100g의 식품분석표

에너지 (kcal)	수분 (g)	단백질 (g)	지질 (g)	당질 (g)	섬유소 (g)	회분 (g)	칼슘 (mg)	인 (mg)	철 (mg)
244	53.1	6.1	3.4	26.3	0.1	1.0	72	181	0.8

나트륨 (mg)	칼륨 (mg)	비타민 A (μg)	비타민 B₁ (mg)	비타민 B₂ (mg)	니아신 (mg)	비타민 C (mg)	폐기율 (%)	비고	
164	81	102	0.05	0.14	0.5	0	0		

2. 푸딩(pudding)

1) 푸딩의 종류

(1) 커스터드 푸딩(custard pudding) : 달걀을 가열, 응고시켜 만드는 푸딩으로 차
갑게 냉장시켜 생크림과 과일, 초콜릿 등으로 장식하여 캐러멜 소스와 함께 제

공된다.

(2) 수플레 푸딩(souffle pudding) : 전분을 가열·응고시켜서 만드는 제품으로 밀가루를 가볍게 반죽하여 감미, 향미를 주고 열을 가해 만든다.

(3) 수이트 푸딩(suet pudding) : 소의 심장과 콩팥 주변에 있는 수이트라는 지방분을 이용하여 만드는데 영국의 전통적인 푸딩으로 풍미가 독특하여 좋아하는 사람과 싫어하는 사람이 분명히 나누어진 제품이다. 영국에서는 크리스마스의 스페셜 메뉴 중 하나인 프람 푸딩이 이 타입의 제품이다. 이 제품은 크리스마스 날 밤 푸딩 위에 술을 붓고 여기에 불을 붙여 방을 밝힌 뒤 파티를 시작한다고 한다.

(4) 그 밖에 푸딩을 따뜻하게 제공하거나 차갑게 제공하는가에 따라 따뜻한 푸딩과 차가운 푸딩으로 분류되기도 하고 배합에 따라 분류되기도 한다.

2) 푸딩의 재료

(1) 달걀 : 푸딩 생지를 굳게 하는 재료로 미각적·영양적으로도 달걀이 가장 우수하다. 또한 푸딩 생지를 가볍게 하기 위해 달걀의 공기 포집(거품) 성질을 이용한다.

(2) 우유 : 풍미가 우수하고 전분과 함께 열 응고성이 있다. 커스터드 푸딩처럼 우유와 달걀, 설탕만으로 만들어지는 푸딩에는 달걀이 우유 속에 고르게 분산되어 부드러운 식감이 만들어지는 것이다.

(3) 당류 : 푸딩에 들어가는 설탕은 뛰어난 감미료로써의 역할 외에도 제품에 수분을 보유하여 오래 저장할 수 있게 하는 등의 여러 가지 기능과 역할을 한다. 그리고 많은 푸딩에 brown sugar 등의 풍미가 좋은 설탕이 사용된다. 또한 설탕 이외의 당류, 즉 꿀이나 맥아 몰트(malt) 등이 사용되기도 한다.

(4) 가루류(粉類) : 밀크 푸딩이나 수이트(suet) 푸딩 등에 사용되는 가루는 주로 열 응고성에 의해 굳히는 역할을 하기 위한 것이다. 따라서 이 가루에는 전분질을 함유한 것이면 어떤 것도 가능하다고 할 수 있다. 주로 사용되는 것은 밀가두, 옥수수가루, 콘스타치이고 그 밖에 타피오카 전분이나 특수 밀가루인 세몰리나도 종종 사용된다. 스펀지 푸딩 또는 수플레 푸딩에는 제품의 보형성을 좋게 하기 위해 글루텐이 필요하므로 밀가루를 사용한다.

(5) 유지류 : 밀크 푸딩에는 우유의 풍미를 끌어내기 위해 버터가 사용되는 경우가 많다. 스펀지 푸딩이나 수플레 푸딩에도 풍미가 중시되므로 버터가 사용되지만 원가를 떨어뜨릴 경우에는 마가린을 사용한다. 푸딩은 쇼트닝성이 필요하지 않으므로 사용되는 유지는 전적으로 풍미용을 쓰며 쇼트닝은 사용되지 않는다. 수이트 푸딩에는 수이트(suet) 지방이 사용되지만 이것은 유지로써 넣는 것보다 너트류나 프루츠(건조과일)처럼 기호용 재료로 사용되는 것이다.

(6) 빵 : 브레드 푸딩도 여러 종류가 있는데 슬라이스한 빵을 틀 안쪽에 붙여 푸딩의 생지를 붓게 되며 생지가 빵에 스며들어 혼합된다. 여기에 사용되는 빵은 어떤 것이든 좋으나 유지를 많이 함유한 크림빵같이 부서지기 쉬운 것은 부적당하다. 슬라이스해서 사용하는 방법 이외에도 빵가루를 사용하는 경우도 있고 빵가루 대신에 케이크 크럼(스펀지)을 사용하기도 한다.

3) 커스터드 푸딩(custard pudding)의 제법

(1) 배합

① 캐러멜 소스 배합표

재료	무게(g)
설탕	500
물	100

② 커스터드 푸딩 배합표

재료	무게(g)
달걀(전란)	7개
달걀(노른자)	10개
설탕	500
우유	180
바닐라 에센스	20
럼주	80

(2) 준비사항

① 푸딩컵 : 커스터드 푸딩컵을 깨끗하게 닦은 후 말려 안쪽에 버터를 바르고 철판에 올려놓는다.

② 캐러멜 소스를 붓는다. 이때 포장용 제품에는 조금 사용하지만 접시를 제공하는 제품을 만들 때는 조금 많이 부어 완제품이 나왔을 때 푸딩 전체에 덮여서 접시에 흘러내릴 정도로 한다. 푸딩 생지의 풍미와 함께 캐러멜 소스의 풍미를 맛볼 수 있다.

(3) 캐러멜 소스의 제법

① 프라이팬 또는 그릇에 설탕과 물을 넣고 직불로 끓인다.

② 설탕이 녹아 조금 끓게 되면 한쪽부터 색이 나기 시작하는데 전체적으로 번져나가기 시작한다.

③ 이때 불을 끄고 따뜻한 물을 넣어 끓인 소스의 고형화를 부드럽게 해준다.

④ 굳기 전에 푸딩컵에 붓는다.

(4) 커스터드 푸딩의 제법

① 그릇에 달걀과 노른자를 넣고 잘 풀어준 뒤 설탕을 넣고 가볍게 섞는다.

② 다른 그릇에 우유가 끓기 직전까지 가열해서 조금씩 ①에 붓고 잘 섞어 풀어준다. 이때 덩어리가 생기지 않도록 처음에 조금 붓고 잘 섞어야 한다.

③ 향료, 럼주를 넣고 고운체에 걸러 달걀의 막이나 불순물을 제거한다(다크 럼은 색을 흐리게 하므로 화이트 럼을 사용한다).

④ 철판 위에 준비해 둔 푸딩컵에 붓는다(80%).

⑤ 미지근한 물을 철판에 붓는다(가능한 많이 붓는 것이 좋다).

⑥ 아랫불을 약하게 해서 익힌다.

⑦ 제품이 완성되면 식힌 후 꺼낸다. 윗부분의 가장자리를 손가락으로 눌러 떼어내거나 칼 또는 이쑤시개를 이용하여 돌려 떼어낸다.

⑧ 제공할 때는 접시에 올려놓는데 따뜻할 때 내놓는 것과 냉과로 제공하는 두 가지 방법이 있다.

(5) Tips!(팁스)

① 아랫불을 약하게 하지 않으면 물이 끓어 제품의 윗부분까지 올라오는 경우

가 있다. 또한 온도가 급격하게 변하기 때문에 달걀만 빨리 강하게 응고되어 표면이 거친 제품을 만드는 원인이 된다.

② 찬물을 사용하면 물의 온도가 올라 생지 전체에 작용하는 온도와의 시간차가 있으므로 수분이 분리되고 달걀만 빨리 응고되게 해서 표면이 거친 제품을 만들기 때문에 미지근한 물을 사용하는 것이 좋다.

③ 고형화의 진행을 확인하려면 손으로 중앙부분을 가볍게 눌러 표면의 막이 손에 달라붙지 않고 탄력성이 있을 때 고형화가 완료되었다고 판단한다. 꺼내서 뉘어 돌려보는 방법도 있는데, 이 경우 생지가 흘러내리지 않아야 한다.

④ 지나치게 구워졌을 때 표면이 거칠게 되고, 제품의 중앙부분이 올라온다.

3. 크림(cream)

1) 버터크림(butter cream)

(1) 버터크림의 분류

① 전란을 사용한 크림

② 노른자를 사용한 크림

③ 흰자를 사용한 크림

④ 퐁당(fondant)을 사용한 크림

(2) 버터크림 만드는 법

① 배합표

버터	설탕	물엿	달걀	술	향
1,000g	300g	60g	400g	약간	약간

② 제조과정

• 설탕을 물엿과 함께 물을 조금 넣어 불 위에서 끓인다.

• 달걀을 살짝 돌려 거품을 올린다.

• 설탕이 105~108℃ 정도까지 청이 잡히면 거품 오른 달걀 속으로 조금씩 투여하면서 계속 휘핑한다. 이때 너무 빨리 설탕을 넣으면 달걀이 익어

덩어리가 생길 위험이 있으므로 서서히 주의하여 투입한다.

- 어느 정도 식으면 미리 준비한 버터를 넣고 크림화한다.
- 마지막으로 술과 향을 넣고 마무리한다.

2) 커스터드크림(custard cream=vanilla cream, 바닐라 크림)

(1) 배합표

우유	달걀 노른자	설탕	밀가루	버터	향
200g	40g	40g	16g	약간	약간

(2) 제조과정

① 우유를 약간의 설탕과 함께 끓기 직전까지 데운다.

② 남은 설탕과 밀가루를 달걀 노른자와 우유 소량과 함께 섞어 체로 거른다.

③ 끓인 우유를 불 위에서 저어가면서 준비한 재료를 넣고 눌어붙지 않게 주의하면서 끈기가 생길 때까지 계속한다.

④ 냉각 시 버터를 바르거나 설탕을 뿌려서 크림의 표면이 뜨지 않게 덮어서 냉장고에서 식히면 막이 생기는 것을 어느 정도 방지할 수 있으며 잘 저어주면서 식히는 방법도 있다.

⑤ 냉각된 크림은 향료와 술을 타서 사용하기도 한다.

3) 생크림(fresh cream, 프레시 크림)과 휘핑크림(whipping cream)

(1) 정의

① 생크림은 우유를 분리한 지방으로 유지방률 18% 이상의 것으로 일반 첨가물이 없어야 한다.

② 휘핑크림은 생크림에 일반적으로 식물성 유지를 첨가하여 작업싱과 휘핑성을 좋게 한 크림이며 요즈음 생산되는 생크림 케이크에는 보통 휘핑크림을 사용한다.

(2) 종류

① 휘핑크림(whipping cream)

- 지방 함유율 : 45~50%
- 40% 이하일 때 : 거품을 일으키는 것은 부드러우나 보형성은 좋지 않다.
- 50% 이상일 때 : 거품을 일으킨 후의 보형성은 좋지만 단단한 크림이 되어 부드러운 맛을 잃는다.
- 휘핑 시 온도는 처음엔 7℃, 끝날 때는 약 13℃

② 커피크림(coffee cream)

- 지방 함유율 : 18~40%
- 좋은 coffee cream의 조건 : 커피 분말의 풍미를 파괴하지 않고 풍미가 좋고 엉기지 않고 분산성이 좋으며 기름이 분리되지 않는 것이 최상의 커피크림이다.

(3) 타 재료와의 관계

① 설탕

- 15% 이상이면 크림의 중심이 약하고 처진다.
- 0~10% 정도를 사용하는데 요즈음 들어 달지 않고 다만 크림의 비린 맛만 제거해 주는 정도이다.

② 젤라틴

- 녹인 젤라틴은 차게 하지 않은 상태에서 넣어야 응어리가 생기지 않는다.

③ 양주

- 첨가량이 지나치면 크림의 유화를 파괴하고 단백질의 변성을 일으킨다.

(4) 크림의 보관

① 이상적 보관온도는 3~5℃이며 10℃ 이상은 보관에 적합하지 않다.

② 적정 온도에서 세균번식을 억제하고 지방구를 경화하여 휘핑을 양호하게 한다.

4) 사워크림(sour cream)

(1) 사워크림이란?

① 지방률 40% 전후의 크림에 특정의 유산균을 첨가하여 순수배양해서 적정한 신맛을 주어 페이스트(paste) 상태로 만든 크림이다.

(2) 특징

① 신맛이 있고 산뜻한 풍미가 있다.

② 유산균이 살아 있어 정장작용이 좋다.

③ 유산균 배양에 curd 상태로 있어 소화 흡수가 좋다.

④ 다른 크림에 비해 보존성이 좋다.

4. 프티 푸르(petit four)

1) petit는 작다는 뜻이고 four는 오븐이란 뜻으로 오븐에서 구운 작은 과자라는 뜻이다.

2) 파티에서 부인들이 입을 크게 벌리지 않고도 먹을 수 있게 작게 만든 것이 프티 푸루의 시초라고 전해진다.

3) 프티 푸르(petit four)의 분류

(1) 프티 푸르 프레(petit four frais)

• 사용되는 반죽의 종류는 슈 반죽, 스펀지, 비스킷이며 이들을 토대로 해서 과일이나 커스터드크림을 주재료로 하여 만드는데 오래가지 못한다.

(2) 프티 푸르 글라스(petit four glace)

• 위의 petit four frais의 반죽에 퐁당이나 초콜릿으로 글라세한 것이다.

(3) 프티 푸르 섹(petit four sec)

• 비스킷 반죽으로 만들어지는 경우가 많으며 머랭, 슈, 마카롱 등에도 사용된다.

• 원칙적으로 크림을 쓰지 않지만 초콜릿이나 그의 가공품을 종종 사용한다.

(4) 프티 푸르 데기제(petit four deguises)

- 마지팬에 양주나 향료를 가하고 착색하여 드라이 프럼이나 커런트 체리 속에 끼워넣든가 해서 만드는 작은 과자이다.

(5) 프티 푸르 살레(petit four sales)

- 살레란 소금을 의미하고 짠맛을 주제로 하여 만든 과자이다.

5. 타르트(tartes: 타트, tartelettes: 타르틀레트)

1) 프랑스의 대표적인 과자 중 하나인 타르트는 타르트형 틀에 비스킷 반죽을 깔고 충전물을 채운 다음 굽거나 접시 모양으로 미리 구워낸 비스킷 속에 충전물을 넣는 방법이 있다.
2) 타르트의 밑반죽 : 슈거 도우(sugar dough), 퍼프 페이스트리 도우(puff pastry dough) 등
3) 타르틀레트란 직경 5~8cm 정도의 작은 타르트 틀에 구운 타르트를 말한다. 타르틀레트 중 배모양의 것을 바게트(barquette) 혹은 바토(bateaux)라고 부른다.
4) 타르트의 속 반죽은 마지팬을 이용한 프랑지판(frangipane)이라는 반죽을 많이 이용한다.
5) 타르트에 밑반죽을 깔 때에는 공기가 들어가지 않게 밑바닥을 밀착시킨다.

6. 퐁당(fondant)

1) fondant(퐁당)의 유래

(1) 불어로 퐁드르(fondre)는 녹기 쉬운 것이란 뜻으로 입에서 잘 녹는 성질 때문에 붙여진 이름이다.

(2) 설낭이 소량의 수분을 함유한 채 미립자로 재결정한 상태를 말한다.

2) fondant(퐁당) 배합의 예

(1) 말랑말랑한 fondant(퐁당)

- sugar : 700g, corn syrup : 300g, water : 300ml

(2) 표준적인 fondant(퐁당)

- sugar : 800g, corn syrup : 200g, water : 300ml

(3) **딱딱한** fondant(퐁당)

- sugar : 900g, corn syrup : 100g, water : 300ml

3) fondant(퐁당)**의 종류**

- 플레인 fondant(퐁당)
- 브라운 슈거 fondant(퐁당)
- 크림 fondant(퐁당)
- 캐러멜 fondant(퐁당)
- 버터 fondant(퐁당)
- 너트 fondant(퐁당)
- 커스터드 fondant(퐁당)

Memo

제4장 제빵능력

제빵능력

4-1. 제빵 반죽법

1. 제빵 반죽이론

1) 직접 반죽법

(1) 스트레이트법(straight dough method, 스트레이트 도우 메소드)

① 스트레이트법의 정의

- 직접법이라고도 하며 모든 재료를 한꺼번에 넣고 믹싱하는 방법이다.
- 소금과 유지는 물과 밀가루의 혼합으로 생기는 글루텐의 형성을 방해하기 때문에 반죽 초기 재료의 결합을 길게 만든다. 따라서 반죽시간을 단축하기 위해 중간에 넣는 방법도 있다.
- 직접 반죽법의 종류는 스트레이트법, 비상스트레이트법, 재반죽법, 노타임반죽법, 후염법 등이 있다. 반죽을 만들기 위해 필요한 모든 재료들을 한번에 반죽기에 넣고 반죽을 완료하는 손쉬운 방법이다.
- 반죽을 마치고 난 후의 반죽온도는 25~28℃를 유지해야 다음 단계인 정형공정에서 반죽을 다루기가 좋고 1차 발효도 적절히 이루어질 수 있다.

② 스트레이트법 반죽요령

- 밀가루, 설탕, 분유, 소금, 제빵개량제 등의 건재료를 살짝 혼합한다.

- 달걀, 우유, 물 등의 수분재료를 재료의 중요도 순으로 넣고 약간의 조절물을 남기고 넣어 저속으로 반죽한다.
- 재료가 충분히 수화되어 클린업 단계가 되면 버터, 마가린, 쇼트닝 등의 유지를 넣고 저속으로 섞어준다.
- 글루텐이 서서히 생기도록 처음에는 저속으로 반죽을 한다.
- 제품의 특성과 성형에 따라 반죽하여 글루텐을 확인한다.
- 식빵류, 과자빵류는 보통 최종단계까지 반죽을 한다.
- 하드계열의 빵은 장시간 발효하고 밀가루 이외의 가루가 들어가는 반죽이 많아 발전단계까지 반죽하는 종류가 대부분이다.
- 데니시 페이스트리류는 성형할 때 밀어 펴고 접기 등의 작업시간이 길고 오래도록 냉장 보관하여 성형작업하는 제품이므로 반죽단계에서 발효손실을 줄이기 위하여 클린업이나 발전단계 초기까지 반죽한다.
- 조리빵류 및 과자빵류는 중력분을 섞어 사용하는 반죽이나 충전물 토핑물이 많은 제품일수록 반죽을 최종단계 이전까지 한다.
- 너트류, 건과류 등은 반죽의 마지막에 넣고 가볍게 혼합한다.

❖ 스트레이트법의 장단점 : 스펀지법과 비교

장점	단점
• 제조공정시간 단축 • 작업 시 제조장 및 설비가 간단 • 노동력 절감 • 발효시간이 짧아 발효 손실 감소 • 반죽의 내구성 증가	• 발효 내구성이 약함 • 반죽 잘못 시 반죽수정 불가능 • 재료비의 증가 • 노화가 빠름 • 빵 속의 기포가 거칠고 기포막이 두꺼움

(2) **비상반죽법**(emergency dough method, 이머전시 도우 메소드)

① 비상반죽법을 사용하는 이유

- 기계 고장 등의 비상상황일 때
- 계획된 작업에 차질이 생겼을 때
- 반죽의 실패나 주문이 늦어서 제조시간을 단축할 때

② 비상반죽법의 원리

- 완성된 제품을 빠른 시간 안에 얻기 위해서는 공정 중 가장 긴 시간인 1차 발효시간을 단축해야 한다.
- 반죽시간을 늘려서 글루텐의 기계적 발달을 돕고 반죽온도를 높여 전체적인 공정시간을 단축시킨다.
- 발효속도의 증가요인을 반죽과정에 적용시킨다.

❖ 비상반죽법의 장단점 비교

장점	단점
• 반죽에 실패하였을 경우 새로운 작업에 들어갈 수 있다. • 갑작스런 주문에 대처할 수 있다. • 공정시간이 짧아 노동력 및 인건비가 절약된다. • 기계고장 및 특별한 여건을 극복할 수 있다.	• 짧은 발효시간으로 노화가 빠르고 오래 보관할 수 없다. • 빵의 부피가 고르지 못하고 외관이 불량하다. • 이스트 냄새가 남을 수 있다.

❖ 비상반죽법 사용 시 조치사항

재료		범위	내용
필수조치	이스트	2배 증가	발효를 빠르게 하여 1차 발효시간을 30분 정도 단축할 수 있다.
	물	1% 감소	물을 감소시키면 반죽할 때 마찰열을 증가시킬 수 있어 반죽온도를 올릴 수 있고 반죽시간을 단축할 수 있다.
	설탕	1% 감소	발효시간이 짧기 때문에 설탕의 양을 줄여 짧은 발효시간에 발효가 충분히 이루어지게 조치한다.
	반죽온도	30℃	물의 온도를 높여서 사용하고 반죽시간을 늘려 반죽온도를 올리면 발효시간을 단축할 수 있다.
선택적조치	이스트푸드	0.75% 증가	이스트의 발효를 촉진한다.
	소금	1.75% 감소	발효속도를 증가시킨다.
	분유	1% 감소	분유는 반죽을 느리게 하고 발효시간을 더디게 한다.
	식초	0.25~0.75% 첨가	산도를 높여 발효를 돕는다.

(3) 재반죽법(remixed straight dough method, 리믹스드 스트레이트 도우 메소드)
① 재반죽법의 정리
- 재반죽법은 스펀지의 장점을 받아들이면서 스펀지법보다 짧은 시간에 공

정을 마칠 수 있는 방법이다.

- 재반죽법의 종류에는 처음에 전 재료를 한꺼번에 넣는 제법과 소금을 클린업 단계 이후에 넣는 후염법 그리고 물 8~10%를 남겨 놓았다가 재반죽에 사용하는 제법 등이 있다.
- 오븐 스프링이 일반빵보다 적기 때문에 충분한 2차 발효가 필요하다.

② 재반죽하는 방법

- 이스트는 2.2~2.4%, 이스트푸드 0.5%, 소금 1.5~2%를 밀가루 등 다른 재료와 함께 넣고 사용할 물의 양에서 7~9%를 제외하고 나머지 물을 넣고 반죽을 한다.
- 반죽온도는 26~28℃로 맞춘다. 발효실 온도는 26~27℃, 습도 80~85%에서 2시간 정도 발효시킨다.
- 발효가 끝난 다음 반죽기에 넣고 나머지 물을 넣고 반죽이 매끄럽게 될 때까지 재반죽을 한다.

③ 재반죽법의 장점

- 공정상 기계내성이 양호하다.
- 스펀지 도우법에 비해 짧은 시간에 생산이 가능하다.
- 제품이 균일하고 식감이 양호하다.
- 배합량 및 제조공정이 양호하다.

(4) 무발효 반죽법(no-time dough method, 노-타임 도우 메소드)

① 무발효 반죽법의 정리

- 무발효 반죽법은 산화제 · 환원제를 넣어 단시간 내에 발효시킨 다음 제조하는 방법으로 비상반죽법 또는 노타임 반죽법이라고 한다.
- 환원제의 사용으로 밀가루 단백질 사이의 S-S결합을 환원시켜 발효시간을 25% 정도 단축시킨다.
- 발효에 의한 글루텐의 숙성을 산화제 사용으로 대신함으로써 발효시간을 단축한다.
- 소르브산(sorbic acid), 비타민 C 등도 환원제로 사용된다.

② 무발효 반죽법의 의미

- 반죽법은 맛과 향이 좋지 않고 노화가 빠르지만 공정시간이 짧기 때문에

비상시에 종종 쓰인다.

- 반죽 시 이스트나 이스트푸드의 양을 늘려주고 산화제나 환원제를 사용하며 스트레이트법의 온도보다 3~4℃ 높게(29~32℃) 하고 발효시간이 짧기 때문에 설탕량을 1% 감소시키며 반죽한다.
- 오븐온도는 보통 스트레이트법보다 높게 하여 빠른 시간에 구워낸다.
- 이스트에 필요한 영양물질과 효소 등을 공급하여 CO_2 가스 생산을 가속화하고 적절한 산화제를 사용하여 글루텐 구조를 조절함으로써 발생된 가스가 최적수준을 보유할 수 있도록 하는 것이다.

❖ 산화제와 환원제의 종류와 역할

분류	종류	작용	설명
산화제	브롬산칼륨 ($KBrO_3$)	지효성 작용	• 믹싱공정 중에 밀가루 단백질을 산화시켜 글루텐의 탄력성과 신장성을 증대시킨다. • 산화제 부족 시 기공이 일정치 않고 부피가 작게 나타난다.
	요오드산칼륨 (KIO_3)	속효성 작용	• 발효에 의한 글루텐 숙성을 산화제의 사용으로 대신함으로써 발효시간을 단축한다. • 발효내구성이 다소 약한 밀가루에 유리하게 적용된다.
환원제	프로테아제 (protease)	단백질을 분해하는 효소	• 믹싱과정 중에는 영향을 미치지 않고 2차 발효 중에 일부 작용을 한다. • 단백질의 펩티드(peptide)결합을 가수분해하는 효소로 믹싱과정 중에는 영향이 없고 발효 중에 일부가 작용한다.
	엘-시스테인 (L-cystein)	S-S결합을 끊는 작용 (환원작용)	• 반죽시간을 25% 정도 줄이고 노타임법의 빵제품에는 10~70ppm을 사용하여 반죽시간을 단축한다. • 단백질의 S-S결합을 절단하는 작용이 빨라 믹싱시간을 단축하며 10~70ppm 정도 사용한다.

③ 무발효 반죽법의 장단점 비교

㉮ 장점 : 기계 내성이 좋고, 반죽이 부드러우며 흡수율이 좋다. 속결이 고르고 치밀하다. 제조시간을 3시간 정도 절약할 수 있다.

㉯ 단점 : 발효 내성이 떨어지고, 맛과 향이 좋지 않다. 짧은 발효로 제품의 질이 고르지 않다. 재료비 상승 및 저장성이 나쁘다.

2) 스펀지 반죽법(sponge dough method, 스펀지 도우 메소드)

(1) 스펀지법의 정리

① 중종반죽법이라고도 하며 믹싱공정을 두 번으로 나누어서 하는 것으로 처음 반죽을 스펀지(sponge), 나중의 반죽을 도우(dough)라고 한다.

② 밀가루(50~100%)에 물, 이스트, 이스트푸드 등을 넣어 스펀지 반죽을 하여 스펀지 발효를 시킨 후 다시 남은 재료를 넣어 본 반죽을 하는 것이다.

③ 중종반죽법은 오래전부터 많이 사용되어 오던 반죽법으로 부드럽고 발효향이 좋은 빵을 만들기 위한 방법이다.

④ 발효를 충분히 하여 좋은 빵을 생산할 수 있는 장점이 있어 고배합의 단과자빵 등에서 자연발효종만으로 효과를 크게 거두지 못하는 빵 반죽에 적당하다.

⑤ 요즈음 많이 사용하는 천연발효종을 이용한 빵은 일종의 스펀지법이다.

⑥ 스펀지법은 다른 방법보다 실패율이 적어 대규모 공장에서 식빵류 제조에 널리 사용되는 방법이다.

⑦ 스펀지법의 종류는 70% 중종법(표준), 100% 중종법, 가당중종법, 4시간 중종법(표준), 단시간중종법(2시간), 장시간중종법(8시간), 실온중종법, 냉장법 등이 있다.

(2) 스펀지법의 제조과정

❖ 스펀지법의 단계별 제조과정

제조단계	설명
재료 계량	• 스펀지용 재료를 먼저 계량하고 도우용 재료를 계량한다.
스펀지 믹싱	• 반죽은 글루텐 형성이 이루어지기 전 단계 즉 저속 4~6분, 중속 2분 정도 믹싱하고, 반죽온도는 22~26℃(평균 24℃)로 스트레이트법보다 낮게 한다. • 중종에 분유나 소금을 쓰면 분유가 완충작용을, 소금이 삼투압작용을 일으켜 발효가 억제되므로 본 반죽에 사용한다. • 중종에 수분배합량을 늘리면 반죽의 숙성속도가 빨라진다.
1차 발효	• 발효실 : 27℃, 습도 : 75~80℃, 2~6시간 발효 • 발효점은 처음 부피의 4~5배가 되었을 때

본 반죽 믹싱	• 중종과 본 반죽 재료를 섞어 반죽하여 반죽온도 : 27℃ • 반죽상태는 부드러우면서 잘 늘어나는 본 반죽 완료점이다. • 본 반죽 재료 투입순서 : ① 스펀지 반죽에 건조재료 투입 ② 물 및 액체 재료 투입 ③ 쇼트닝 투입 ④ 소금 투입
플로어타임	• 스펀지에 도우 밀가루 비율을 감안하여 플로어타임을 조정한다. 온도 27℃, 습도 75~80%에서 20~30분간 발효 • 밀가루양에 반비례하여 플로어타임을 갖는다. 스펀지 반죽의 밀가루양이 많으면 플로어타임을 짧게 하고 적으면 길게 한다.
• 분할 이후의 과정은 동일하다.	

❖ 스펀지법의 장단점 : 스트레이트법과 비교

장점	단점
• 작업공정에 대한 융통성이 있다. • 잘못된 공정을 수정할 기회가 있다. • 제품의 저장성 및 부피를 개선할 수 있다. • 발효에 대한 내구력이 좋아 풍부하게 발효시킬 수 있다. • 빵의 조직과 속결이 좋다. • 발효향이 좋고 노화가 지연된다. • 이스트 사용량이 20% 감소된다. • 오븐에서 착색이 좋다. • 오븐 스프링이 좋다.	• 믹싱 내구력이 약하다. • 기계 설비가 증가된다. • 인력이 증가된다. • 발효손실이 증가된다.

❖ 스펀지법 반죽의 재료 사용범위

스펀지 반죽		본 반죽	
재료	범위(%)	재료	범위(5)
밀가루	60~100	밀가루	0~40
물	스펀지 밀가루의 5~60	물	전체 56~68
이스트	1~3	이스트	0~2
이스트푸드	0~0.5	소금	1.5~2.5
개량제	0~0.5	설탕	3~8
		유지	2~7
		탈지분유	2~4
		산화제	0~75(ppm)

(3) 스펀지법의 종류

① 표준 스펀지법(standard dough method, 스탠더드 도우 메소드)

- 보통 50~70% 스펀지법으로 발효시간은 3시간 이상이다.

- 믹서볼에 물, 이스트용액, 설탕, 달걀, 소맥분 70%, 이스트푸드를 넣고 도우를 만든 다음 27~28℃의 발효실에서 3~4시간 발효시킨 후 본 반죽을 한다.

- 믹싱이 부족하면 탄력이 좋지 않게 되고 반대로 믹싱이 지나치면 빵의 옆면이 구부러진다.

- 된 반죽은 제품의 탄력이 부족하고 연한 반죽은 제품의 표피에 주름이 생기게 한다.

② 100% 스펀지법(100% sponge dough method, 스펀지 도우 메소드)

- 50~70% 스펀지법과 스트레이트법의 장점을 각각 살린 방법으로 밀가루 100%에 대하여 이스트, 유지, 물, 이스트푸드 등을 넣고 반죽한 다음 3~4시간 발효를 한다.

- 발효된 도우(dough)에 설탕, 소금, 분유 등을 넣고 최적상태까지 반죽하여 완료시키는 것이다.

- 100% 스펀지법은 맛과 향이 좋고 기계내성과 빵 부피감이 좋고 저장성이 뛰어난 장점이 있으나 제품의 균일성에서는 표준 스펀지법보다 더 나은 제품을 기대할 수 없다.

③ 단시간 스펀지법(short fermentation dough method, 쇼트 퍼멘테이션 도우 메소드)

- 비상 스펀지법이라 할 수 있으며 1~2.5시간 정도 짧게 끝내는 방법으로 대개 이스트, 이스트푸드의 사용량을 3~5% 증가시키고 반죽온도도 표준 스펀지법의 24℃보다 3~4℃ 높게 하여 반죽을 완료한다.

- 나머지 방법은 표준 스펀지법과 동일하나 제품의 내상, 풍미, 맛, 모양, 저장성 등에서 표준 스펀지 제조 시보다 떨어진다.

④ 장시간 스펀지법(long fermentation dough method, 롱 퍼멘테이션 도우 메소드)

- 스펀지 반죽을 6~8시간 발효시켜 나머지 재료를 넣고 플로어타임 없이 곧바로 분할에 들어간다.

- 스펀지 반죽온도는 표준 스펀지 온도보다 낮게 하며(22℃), 이스트양도

0.5~1.5% 정도 감소, 물의 양은 5~10% 감소시켜 발효시간을 6~8시간 정도로 한다.

- 부피와 식감이 좋으나 색이 연하며 오랜 발효로 인하여 신맛이 날 수 있다.

⑤ 오버나이트 스펀지법(over night dough method, 오버나이트 도우 메소드)

- 장시간 스펀지법보다 훨씬 많은 10~12시간 발효시키는 방법으로 스펀지 반죽은 전체 밀가루에 약 70%를 사용하며 이스트는 약 0.2~0.4% 감소시켜 사용한다.
- 장시간 발효시키므로 효소의 작용이 천천히 진행되어 반죽은 신장성이 아주 좋고 발효향과 맛이 강하며 저장성이 높아진다.
- 여러 제조법 중에서 발효시간이 가장 길어 발효손실(3~5%)이 크다.

⑥ 가당 스펀지법(added sugar dough method, 애디드 슈거 도우 메소드)

- 설탕을 많이 사용하는 과자빵류에 주로 사용하는 방법으로 스펀지 제조 시 전체 설탕량의 14~20%를 첨가하여 이스트를 강하게 하는 방법으로 반죽온도는 24~26℃, 발효시간 2~2.5시간, 2차 발효실 습도는 표준 스펀지 발효실의 60%보다 약간 높은 것이 좋다.
- 오븐 스프링이 표준 스펀지 생지에 비해 약하기 때문에 2차 발효실에서 약 85% 이상 키워 굽고 가능한 플로어타임은 짧게 준다.

(4) 스펀지법에 밀가루 사용량을 증가시키면 나타나는 현상

① 2차 믹싱, 즉 본 반죽의 반죽시간을 단축시킨다.

② 스펀지 발효시간은 길어지고 본 반죽 발효시간은 짧아진다.

③ 반죽의 신장성이 좋아진다.

④ 성형공정이 개선된다.

⑤ 부피 증대, 얇은 세포막, 부드러운 조직 등 품질이 개선된다.

⑥ 풍미가 증가한다.

3) 천연발효종법

(1) 천연발효종의 정리

① 천연발효종은 건포도 등으로 발효하여 발효종을 만든 후 특수빵류 등에 사용하기 위하여 제조한다.

② 발효종을 사워종(스타터, starter)이라고도 한다.

③ 천연발효종은 효모의 생장이 기존의 양산 이스트만큼 강하지 못하여 고당, 고염, 저온에서 발효가 충분히 이루어지지 못한다.

(2) 건포도 효소 만들기

① 500ml 정도의 유리병을 물에 5분 이상 삶아 깨끗하게 살균 처리한다.

② 건포도 100g을 물에 씻어 담고 물 250g과 함께 백설탕 15g 정도를 넣고 흔들어 섞은 뒤 뚜껑을 느슨하게 닫아 25℃ 내외의 일정한 온도에서 보관한다.

③ 하루 한 번씩 병을 흔들어 내용물이 다시 섞여 건포도가 마르거나 곰팡이가 생기지 않게 해준다.

④ 기포, 색깔, 냄새 등의 상태를 확인하면서 4~5일이 되면 대부분의 건포도는 떠오르고 병의 바닥에는 하얀 침전물이 생기는데 건포도의 향과 알코올의 향이 나는 이 침전물과 나머지 액을 남기고 건포도를 걸러내면 건포도 액종 즉 효소가 완성된다.

⑤ 효소를 밀가루와 반죽하여 장시간 발효를 거듭하여 천연효모균이 활성화될 수 있게 조치한 것이 발효원종으로 공장에서 대량으로 양산된 이스트를 대신하여 사용할 수 있다.

(3) 화이트 사워종(스타터) 만들기

① 천연발효종을 생산하는 기본적인 방법으로 강력분에 물과 몰트만 조금 넣고 4~5일 정도 반복하여 발효시켜 종을 키우는 방법이다.

② 화이트 사워종은 가장 많이 사용되는 사워종으로 풍미가 좋고 발효력이 우수하며 제품의 노화에도 건디는 힘이 강하다.

❖ 화이트 사워종

배양차수	재료(무게단위 : g)	제조법
1차	강력분 : 100 물(27℃) : 110 몰트(malt) : 2	재료를 고르게 섞은 후 랩으로 덮어 실온에서 24시간 발효시킨다.
2차	1차 배양반죽 : 200 강력분 : 220 물 : 200	1차 배양반죽과 재료를 고르게 섞은 후 랩으로 덮어 실온에서 24시간 발효시킨다.
3차	2차 배양반죽 : 400 강력분 : 200 물 : 220	2차 배양반죽과 재료를 고르게 섞은 후 저속으로 믹싱하여 랩으로 덮어 실온에서 12시간 이상 발효시킨다.
4차	3차 배양반죽 : 400 강력분 : 600 물 : 400	3차 배양반죽과 재료를 고르게 섞은 후 저속으로 믹싱하여 랩으로 덮어 실온에서 12시간 이상 발효시킨다.
refresh	4차 배양반죽 : 300 강력분 : 600 물(20℃) : 600	4차 반죽과 재료를 고르게 섞은 후 저속으로 믹싱하여 랩으로 덮어 냉장고에 보관하면서 사용한다.

(4) 호밀 천연발효종 만들기

① 화이트종 반죽 1차 배양반죽에 호밀분을 사용하면 호밀 특유의 향을 보존할 뿐 아니라 발효력이 뛰어나 강한 효모균을 만들 수 있다.

② 몰트를 처음에 넣으면 강한 발효균을 얻는 데 도움이 된다.

③ 호밀을 넣어서 반죽하면 호밀 천연효모가 만들어지며 풍미와 발효력이 강해 건강빵 제조에 많이 사용된다.

❖ 호밀 천연발효종

배양차수	재료(무게단위 : g)	제조법
1차	호밀분 : 100 물(27℃) : 100 몰트(malt) : 2	재료를 고르게 섞은 후 랩으로 덮어 실온에서 24시간 발효시킨다.
2차	1차 배양반죽 : 300 강력분 : 300 물 : 150	1차 배양반죽과 재료를 고르게 섞은 후 랩으로 덮어 실온에서 24시간 발효시킨다.

3차	2차 배양반죽 : 400 강력분 : 400 물 : 200	2차 배양반죽과 재료를 고르게 섞은 후 저속으로 믹싱하여 랩으로 덮어 실온에서 24시간 이상 발효시킨다.
4차	3차 배양반죽 : 400 강력분 : 400 물 : 200	3차 배양반죽과 재료를 고르게 섞은 후 저속으로 믹싱하여 랩으로 덮어 실온에서 24시간 이상 발효시킨다.
5차	4차 배양반죽 : 400 강력분 : 400 물 : 200	4차 반죽과 재료를 고르게 섞은 후 저속으로 믹싱하여 랩으로 덮어 실온에서 12시간 발효시킨다.
refresh	5차 배양반죽 : 1000 강력분 : 1000 물 : 500	5차 반죽과 재료를 고르게 섞은 후 저속으로 믹싱하여 랩으로 덮어 냉장온도에 보관하여 사용한다.

(5) 건포도 효소를 이용한 쌀 발효종 만들기

① 빵, 케이크, 쿠키 등 쌀을 이용한 제품이 개발되고 있다.

② 이는 백미분이나 흑미분에 글루텐을 첨가하여 밀가루 없이도 바로 쌀빵이나 케이크를 만들 수 있는 밀가루를 대체할 수 있는 제품이 개발되어 시판되고 있기 때문이다.

③ 밀가루빵보다는 쌀빵이 더 건강식이지 않을까 하는 소비자의 추세에 따라 쌀빵도 자연발효종을 이용하여 보다 부드럽고 발효향이 우수한 제품을 만들기 위한 제빵사들의 노력이 더해지고 있다.

❖ 건포도 효소를 이용한 쌀 발효종

배양차수	재료(무게단위 : g)	제조법
1차	백미분 : 100 건포도 효소액 : 60 꿀 : 20	재료를 고르게 섞은 후 랩으로 덮어 실온에서 24시간 발효시킨다.
2차	1차 배양반죽 : 180 백미분 : 100 건포도 효소액 : 60 꿀 : 20	1차 배양반죽과 재료를 고르게 섞은 후 랩으로 덮어 실온에서 24시간 발효시킨다.
3차	2차 배양반죽 : 300 백미분 : 180 물 : 100	2차 배양반죽과 재료를 고르게 섞은 후 저속으로 믹싱하여 랩으로 덮어 실온에서 24시간 이상 발효시킨다.

4차	3차 배양반죽 : 500 백미분 : 300 물 : 165	3차 배양반죽과 재료를 고르게 섞은 후 저속으로 믹싱하여 랩으로 덮어 실온에서 24시간 이상 발효시킨다.
refresh	4차 배양반죽 : 800 백미분 : 480 물 : 265	4차 반죽과 재료를 고르게 섞은 후 저속으로 믹싱하여 랩으로 덮어 냉장온도에서 보관하여 사용한다.

(6) 과일 르뱅(Levain) 만들기

① 르뱅은 불어로 표기한 천연사워종(natural sour dough)이라 할 수 있다.

② 밀가루와 천연과일즙을 이용하여 5일 이상 발효를 거듭하여 생산한 천연발효종이다.

③ 과일즙은 포도나 오렌지를 갈아 숙성과정 없이 그대로 사용하여 자연의 효소가 활발하게 활동할 수 있게 한다.

④ 강력분은 효소가 첨가된 프랑스(불란서)빵 전용밀가루(T65)를 사용하면 더욱 좋다.

❖ 과일 르뱅(levain)종

배양차수	재료(무게단위 : g)	제조법
1차	강력분 : 100 과일즙 : 60 꿀 : 20	재료를 고르게 섞은 후 랩으로 덮어 실온에서 24시간 둔다.
2차	1차 르뱅반죽 : 180 강력분 : 100 과일즙 : 60 꿀 : 20	1차 반죽과 재료를 고르게 섞은 후 랩으로 덮어 실온에서 24시간 둔다.
3차	2차 르뱅반죽 : 300 강력분 : 180 물 : 100	2차 반죽과 재료를 고르게 섞은 후 저속으로 믹싱하여 랩으로 덮어 실온에서 24시간 둔다.
4차	3차 르뱅반죽 : 300 강력분 : 180 물 : 100	3차 반죽과 재료를 고르게 섞은 후 저속으로 믹싱하여 랩으로 덮어 실온에서 24시간 둔다.
5차	4차 르뱅반죽 : 300 강력분 : 180 물 : 100	4차 반죽과 재료를 고르게 섞은 후 저속으로 믹싱하여 랩으로 덮어 냉장고에서 24시간 발효시킨다.

refresh	5차 르뱅반죽 : 300 강력분 : 600 물 : 330	최종단계의 발효원종으로 재료를 저속으로 반죽하여 랩으로 덮어 냉장보관하였다가 사용할 때 가루양의 50% 정도만 사용한다.

(7) 발효종 만드는 다양한 방법

① 풀리시(poolish)법

- 밀가루 100%, 물 100%, 이스트 0.2%를 고르게 혼합한 후 10~15℃ 내외의 온도에서 24시간 발효시킨 후 사용하는 것으로 중종반죽과 흡사한 반죽 형태를 말한다.

② 비가(biga)법

- 이탈리아에서 사용하는 중종법으로 밀가루 100%, 물 60%, 이스트 0.4%를 고르게 혼합하여 24시간 발효시킨 후 사용하는 방법으로 풀리시 방법보다 된 반죽으로 발효시켜 사용하는 방법이다.

③ 오토리즈(autolyse)법

- 밀가루 100%와 물 60~65%를 먼저 혼합하여 랩으로 덮어 상온에서 2시간 정도 휴지시키면 자기분해가 일어나는데 그 과정을 거친 후 소금, 이스트 등 기타 재료를 넣고 반죽하여 사용하는 방법으로 바게트 등 하드계열의 빵을 만들 때 사용한다.

❖ 효모를 함유한 인스턴트 식자재

제품명	재료 설명
울머 안프리쉬사워 (Ulmer Anfrichsauer – 사워종분말)	• 효모균이 살아 있어 액종을 만들 수 있는 제품 • 하루 전에 만들어 사용하는 사워종 분말 • 항상 일정한 자연발효 맛과 향을 냄 • 발효가 끝나면 냉장보관, 제빵개량제 사용 필요 없음 • 유럽빵 및 저당빵에 적합
울머 폴사워(Ulmer Vollsauer)	• 전통적인 야생효모 자연발효에 의해 숙성된 사워도우를 냉동건조한 분말(호밀로 제조) • 항상 균일한 맛의 유럽빵 및 저당 빵에 적합
제뉴잇(Genuit, 자연발효분말)	• 야생효모분말, 알파 아밀라아제, 비타민 C가 들어 있는 친환경 제빵개량제(화학재료 일체 없음) • 사용량 : 무가당 빵에 3~5% 사용 • 바게트, 치아바타, 포카치아, 그리시니, 피자 등

내추라비(Naturavi–SInactive wild yeast – 파네토네종)	• 불활성 야생효모 함유 • 스펀지법 또는 장기발효법을 이용한 반죽에 사용 • 단과자 빵 등 유지, 설탕함량이 높은 빵에 사용 • 장기간 신선도 유지(파네토네 등은 6~12주) • 10~20% 사용

4) 액종법(brew or liquid fermentation, 브루 오어 리퀴드 퍼멘테이션)

(1) 액종법의 정의

① 액종법(액체발효법)은 본래 미국분유연구소(A.D.M.I.)에서 개발된 것으로 이것은 스펀지 반죽의 결함을 없애기 위하여 스펀지 대신 액종을 만들어 이용한 것이다.

② 분유를 사용하는 목적은 이스트와 설탕의 생성물인 알코올과 탄산가스 외에 젖산, 초산 등 유기산이 생성되어 pH 4~5로 낮아지기 때문이다. 분유는 발효 중 생기는 유기산에 대한 완충제 역할을 수행한다.

③ 생지조절제로서 유산칼슘, 인산칼슘, 브롬산칼륨, 비타민 C 등이 사용되며 강력분 사용 시 반죽시간 단축을 위하여 프로테아제와 같은 효소제를 사용한다.

④ 액종법으로 만든 반죽은 발효시간이 짧아 발효에 따른 글루텐의 숙성과 향(풍미)을 기대할 수 없다. 그러므로 어느 정도 기계적인 힘으로 숙성시켜야 하고 합리적으로 액종을 관리해야 한다.

(2) 액종법의 제조과정

❖ 액종법의 단계별 제조과정

제조단계	설명
재료 계량하기	미리 작성한 배합표대로 전 재료를 정확하게 계량하고 액종용과 본 반죽용으로 재료를 구분한다.
액종 만들기	액종법은 이스트, 설탕, 이스트푸드, 맥아에 물을 넣어 섞고 완충제로서 탈지분유 또는 탄산칼슘을 넣어 30℃에서 약 2~3시간 발효시켜 액종을 만든다.
본 반죽 믹싱	액종을 넣은 도우재료를 믹싱한다. 반죽온도는 30℃ 스펀지 도우보다 25~30% 정도 더 믹싱한다.

플로어타임	발효 15분 정도
분할 이후의 과정은 같다.	

❖ 액종법의 장단점 : 스트레이트법과 비교

장점	단점
• 대형의 발효통(탱크)과 펌프를 이용하여 한 번에 많은 양을 발효시킬 수 있다. • 중종법에 비해 발효시간이 2시간으로 짧다. • 하나의 액종을 대량생산하여 같은 품질의 완제품을 대량으로 생산할 수 있다. • 발효손실에 따른 생산손실을 줄일 수 있다. • 단백질함량이 적어 발효내구력이 약한 밀가루로 빵을 생산하는 데 사용할 수 있다.	• 산화제 사용량이 늘어난다. • 기계적 발전이 떨어지므로 반죽을 숙성시키기 위해 환원제가 필요하다. • 연화제가 필요하다.

(3) 액종법의 종류

① 아드미법(ADMI법)

• 아드미(ADMI : 미국분유협회)가 개발한 액종법을 말하며 이때 쓰는 액종을 퍼먼트(ferment)라 한다.

② 브루법(brew법)

• 완충제로 탄산칼슘을 배합해 넣는 액종법으로 '플라이 슈만법'이라고도 한다. 이때 쓰는 액종을 브루(brew)라 한다.

③ 플라워 브루법(AMF법)

• 밀가루를 완충제로 사용하며 밀가루 사용으로 직접법에 가까운 풍미가 있다. 발효에 의해 부피가 증가하므로 큰 발효통이 필요하다.

5) **연속식 제빵법**(continuous dough mixing system, 컨티뉴어스 도우 믹싱 시스템)

(1) **연속식 제빵법의 정리**

① 연속식 제빵법은 대규모 공장에서 단일품목을 대량으로 생산하기에 알맞은 방법이다. 액종법을 더욱 진전시킨 방법으로 각각의 공정이 자동기계의 움직임에 따라 연속 진행된다.

② 액체발효법으로 발효시킨 액종과 본 반죽용 재료를 예비혼합기에 모아서 고루 섞은 후 반죽기 분할기로 보내면 연속해서 반죽, 분할, 패닝이 이루어진다.

③ 발효 손실은 일반 공정에서 1.2%인데 연속식 제빵공정에서는 0.8%이다.

(2) 연속식 제빵법의 공정순서

① 재료의 배합량 계량
- 배합표에 나타난 대로 숫자를 누르면 자동으로 계량되며 필요한 재료가 각 공정마다 자동으로 들어간다.

② 액체발효기
- 액종용 재료를 넣어 섞고 온도를 30℃로 맞춘다.

③ 열교환기
- 액체발효기에서 발효한 액종을 통과시켜 온도를 30℃로 조절한 후 예비혼합기로 보낸다.

④ 산화제 용액기
- 브롬산칼륨, 인산칼슘, 이스트푸드 등 산화제를 녹여 예비혼합기로 보낸다.

⑤ 쇼트닝 온도조절기
- 쇼트닝을 적당히 녹여 예비혼합기로 보낸다.

⑥ 밀가루 급송장치
- 액체발효종에 들어가고 남은 밀가루를 예비혼합기로 보낸다.

⑦ 예비혼합기
- 액체발효종, 산화제용액, 쇼트닝, 밀가루를 받아 고르게 섞은 뒤 반죽기로 보낸다.

⑧ 반죽기(디벨로퍼)
- 3~4기압에서 고속으로 회전하면서 반죽에 글루텐을 형성한 뒤 즉시 분할기로 보낸다.

⑨ 분할기
- 분할기로 분할한 다음 팬 넣기를 한다.

⑩ 2차 발효

⑪ 굽기 → 냉각 → 포장

❖ 연속식 제빵법의 장단점

장점	• 전체적인 설비를 단일 설비로 감소시킬 수 있다. • 공장면적을 일반 공장보다 작게 잡아도 된다. • 적은 인력을 사용해도 큰 효과를 볼 수 있다. • 발효 손실을 감소시켜 원가를 줄일 수 있다.
단점	• 초기 투자비용이 많이 든다. • 제품을 대량생산해야만 투자비용을 뽑을 수 있다.

6) 기타 제빵법

(1) 촐리우드법(Chorleywood dough method, 촐리우드 도우 메소드)

- 1961년 영국 촐리우드 지방에 위치한 빵공업연구협회의 연구결과 개발된 방법으로 발효를 하지 않고 산화제와 강한 기계적 초고속반죽으로 만드는 단시간제법이라 할 수 있다.
- 단시간에 반죽하기 때문에 공정시간이 줄어드는 반면 제품의 풍미가 떨어지는 단점이 있고 초고속 믹싱으로 손상전분의 수분흡수율이 증가한다.

(2) 중면법

- 스펀지에 이스트를 넣지 않고 밀가루 일부와 소금, 설탕, 물, 우유 등을 넣고 연한 스펀지를 만들어 4~8시간 발효시키면 밀가루 중 미생물의 작용으로 발효가 된다.
- 여기에 이스트와 나머지 밀가루, 물을 가하여 본 반죽을 만드는 방법이다. 이것을 일명 '침지법'이라고 한다.

(3) 사워종법

- 호밀가루를 사용하는 빵을 만드는 데 사용되는 제빵법으로 독일에서 많이 이용된다.
- 사워종은 젖산균과 초산균의 발효에 의해 반죽의 pH는 3.9가 되고 향이 좋은 것이 고급품이다. 주로 호밀빵 제조 시 많이 이용되고 있으며 그 밖에 프랑스빵에 이용된다.

(4) 주종법(酒種法)

- 빵 누룩을 사용하여 발효시킨 것과 이스트를 혼합하여 만드는 제빵법으로 장점은 껍질이 얇고 유연하며 은은한 향이 있고 노화가 늦다.

(5) 호프종법

- 호프의 발효력을 이용한 제빵법으로 쓴맛이 있고 맛이 담백한 특징이 있다.
- 빵 특유의 향이 나며 이스트 냄새가 없다.
- 단점은 종을 만드는 데 시간이 많이 소요되며 공정시간이 길다는 것이다.

4-2. 공정별 작업과정

1. 기본 제빵공정

제빵법 결정→ 배합표 작성 → 재료 계량하기 → 재료의 전처리 → 반죽하기 → 1차 발효하기 → 분할하기 → 둥글리기 → 중간발효하기 → 정형하기 → 패닝하기 → 2차 발효하기 → 굽기 → 냉각하기 → 포장하기

1) 제빵법 결정

(1) 제빵법을 결정하는 기준은 제조량, 기계설비, 노동력, 판매형태, 제조량, 소비자의 기호 등이다.

(2) 일반적으로 윈도우 베이커리의 경우 스트레이트법을 많이 사용하였지만 요즈음 천연발효종 빵이 인기를 얻고 있고 또한 소비자의 건강에 대한 인식이 미디어의 영향으로 높아짐에 따라 발효종을 이용해서 장시간 발효하는 빵을 선호함에 따라 윈도우 베이커리에서도 다양한 스펀지 발효 반죽법을 이용한다.

(3) 대형 양산업체의 경우 스펀지법, 액종법 등을 많이 사용한다.

(4) 조리에서는 배합표를 레시피(recipe)라 하지만 제빵에서는 포뮬러(formula)라

고도 한다. 화학식처럼 정확한 양을 사용해야 한다는 의미가 포함된 말이다.

2) 배합표 작성

(1) 배합표 단위

① 베이커스 퍼센트(baker's percentage) : 반죽에 들어가는 밀가루양을 100으로 기준하여 각각의 재료량을 밀가루에 대한 백분율로 표시한 것이다.

② 배합표에 표시하는 숫자의 단위는 퍼센트(%)이며 이것을 응용해서 g 또는 kg으로 바꾸어 생각할 수 있다. 밀가루양을 100%로 보고 각 재료가 차지하는 양을 %로 표시한다.

(2) 배합량 계산법

- 베이커스 퍼센트로 표시한 밀가루 사용량을 알면 나머지 재료의 무게를 구할 수 있다.

① 각 재료의 무게(g) = 밀가루무게(g) × 각 재료의 비율(%)

② 밀가루의 무게(g) = $\dfrac{\text{밀가루 무게(g)} \times \text{총 반죽 무게(g)}}{\text{총 배합률(\%)}}$

③ 총 반죽 무게(g) = $\dfrac{\text{총 배합률(\%)} \times \text{밀가루 무게(g)}}{\text{밀가루 비율(\%)}}$

(3) 배합표 샘플

제품명	우유식빵							
potion	4개		오븐온도	윗불 : 170℃				
재료원가	839원			아랫불 : 190℃				
판매가	5,000원		굽기시간	40분				
재료원가율	16.78%		작성일	년 월 일				
도구/기구	식빵틀, 밀대							
재료명	비율(%)	무게(g)	재료원가	재료명	비율(%)	무게(g)	재료원가	
강력분	100	1200	1140					
우유	72	864	1728					
이스트	3	36	144					
제빵개량제	1	12	82					
소금	2	24	24					

				합 계	187	2244	3356
설탕	5	60	72				
쇼트닝	4	48	166				

〈제조법〉
- 반죽온도 : 27℃
- 1차 발효 : 발효실 온도 : 27℃, 습도 : 75~80%, 발효시간 : 60~80분 정도
- 분할 : 180g×12개 분할하여 매끈하게 둥글리기한다.
- 중간발효 : 10~20분
- 성형 : 3개를 1개조로 하여 완제품 4개 생산
- 2차 발효 : 발효실 온도 : 35~43℃, 습도 : 85% 전후, 발효시간 : 45~50분
- 굽기 : 오븐온도; 윗불 170, 아랫불 200℃, 굽기 시간 : 40분 정도
- 원가재료 : 강력분 20kg : 19000원, 개량제 500g : 3400원, 이스트 500g : 2000원, 소금 5kg : 5000원,
  설탕 15kg : 18000원, 쇼트닝 4.5kg : 15500원, 우유 900ml : 1800원

〈제조 시 주의사항〉
우유의 유당은 이스트의 효소에 의해 분해되지 않고 오븐 속에서 열을 받아 색이 빨리 나고 진하게 되므로 오븐의 윗불에 주의한다.

3) 재료 계량하기

(1) 재료 계량 정리

① 미리 작성한 배합표에 따라 재료의 양을 정확히 재서 사용해야 제대로 된 제품이 나올 수 있다.

② 가루나 덩어리 재료는 저울로 무게를 달고, 액체 재료는 메스실린더 액량계, 메스플라스크(messflask), 피펫(Pipet) 등과 같은 부피 측정기구를 이용한다.

③ 재료의 흘림이나 낭비를 최소화하여 계량해야 한다.

④ 적은 양의 재료일수록 정확하게 계량한다.

(2) 전자저울 사용하기

① 저울을 테이블 위에 놓고 저울 밑의 받침 조절나사를 조절하여 수평을 맞춘다.

② 전원을 켜고 영점이 될 때까지 기다린다.

③ 용기를 올린다.

④ 저울에 영점버튼을 눌러 영점을 맞춘다.

⑤ 재료를 담아 계량한다.

(3) 재료의 전처리

① 밀가루

- 밀가루는 체에 내려 사용하는데 밀가루 속의 이물질과 덩어리진 것을 거르고 재료의 크기를 고르게 분산시킨다.
- 체에 내려 공기를 밀가루에 혼입하여 다른 재료와의 혼합을 쉽게 하고 흡수율을 증가시켜 반죽하는 데 도움을 주며 이스트의 호흡을 위해 필요한 공기를 넣어 발효를 촉진시키기 위함이다.
- 공기의 혼입으로 밀가루의 15%까지 부피를 증가시킬 수 있다.

② 탈지분유

- 분유는 밀가루와 함께 체에 내려 사용해야 수분의 흡수율을 높여주어 좋다.
- 분유로 우유를 대용할 때에는 분유 10%에 물 90%를 사용한다.

③ 유지

- 반죽 속에 넣을 경우 유연성이 있을 때가 좋으므로 유지의 보관온도를 적절히 하여 굳기를 유지시킨다. 지나치게 딱딱한 유지는 잘게 잘라서 사용한다.
- 유지는 23℃ 내외에서 사용하는 것이 가장 적정하다. 특히 제과에서 유지의 거품성을 이용하여 반죽하는 경우에는 기포와 수분을 가장 많이 함유할 수 있는 유지의 온도이다.

④ 이스트

- 생이스트와 인스턴트 이스트는 밀가루에 잘게 부수어 넣고 혼합하여 사용하거나 물에 녹여 사용한다.

- 드라이 이스트의 약 5배 양의 미지근한 물(40℃)과 약 1/5배 양의 설탕을 준비한다. 미지근한 물에 먼저 설탕을 녹이고 드라이 이스트를 넣는다. 가볍게 저으면서 섞은 뒤 10~15분간 발효시키고 다시 한 번 섞어서 사용한다.
- 인스턴트 드라이 이스트는 사용하기도 편리하여 물에 녹여서 사용하기도 하고 밀가루와 섞어서 사용하기도 한다. 무당반죽용, 유당반죽용 등 여러 가지 타입이 있어 모든 빵에 사용할 수 있다.
- 저당용 이스트는 설탕이 적은 배합에서 활발한 활성을 갖는 이스트로 불란서빵이나 식빵에 이용한다.
- 고당용 이스트는 설탕이 많은 배합에서 활발한 활성을 갖는 이스트로 당을 분해하는 속도가 느려 단과자빵에 이용한다.
- 이스트를 녹이는 물은 35~40℃ 정도가 적당하며 고온이나 저온은 적당하지 않다.
- 이스트는 물을 만나면 활성화되므로 20분 내에 사용한다.

⑤ 물

- 반죽 물의 양은 밀가루 단백질의 질과 양에 따라 다소 차이가 있으므로 흡수율 등을 고려하여 사용량을 정한 다음 반죽온도에 맞게 물의 온도를 조절한다.
- 지나친 경수나 연수의 사용을 경계한다.

⑥ 소금 및 개량제

- 소금은 글루텐을 단단하게 하지만 이스트의 발효를 억제하거나 파괴한다. 따라서 가능하면 물에 녹여서 사용한다.
- 개량제는 가루재료에 혼합하여 사용한다.

⑦ 건포도

- 건포도를 전처리하는 목적은 씹는 조직감을 개선하고 반죽 내에서 반죽과 건조과일 간의 수분이동을 방지하며 건조과일 본래의 풍미를 되살아나게 하기 위함이다.
- 일반적인 건포도 전처리방법은 건포도양의 12%에 해당하는 물(27℃)에 4시간 이상 버무려둔 뒤에 사용한다. 시간이 없을 경우 건포도가 잠길 만

큼 물을 부어 10분 정도 담갔다가 체에 물을 내려 물기 없이 사용한다.

⑧ 견과류 및 향신료

- 견과류는 조리 전에 타지 않게 살짝 구워 사용한다. 향신료도 소스나 커스터드 등에 넣기 전에 갈아서 구워준다. 이렇게 1차로 구워주면 견과류나 향신료의 향미가 더해지며 식감이 바삭해진다.
- 굽기 외에 견과류를 전처리하는 또 하나의 방법은 끓는 물에 데치는 것이다. 견과류의 껍질, 특히 아몬드나 헤이즐넛의 껍질은 쓴맛이 나고 그대로 사용하면 보기에 좋지 않다.
- 아몬드는 끓는 물에 3분에서 5분 정도 담갔다가 꺼내서 껍질을 제거한다. 물에 젖은 아몬드는 색이 변할 수 있으므로 신속하게 제거해야 한다.
- 헤이즐넛은 베이킹 시트를 깔고 135℃로 예열된 오븐에 향이 나기 시작할 때까지 12~15분간 둔다. 오븐에서 꺼내 깨끗한 헝겊에 놓고 빠르게 문지르면 껍질이 거의 떨어진다.

4) 반죽하기

(1) 반죽의 정리

① 반죽이란 밀가루, 이스트, 소금 등의 재료에 물을 더해 섞고 치대어 밀가루의 글루텐을 발전시키는 것이다. 글루텐의 역할은 빵 반죽의 뼈대를 이루며 발효 중에 생성되는 가스를 품어 맛과 모양을 유지하는 것이다.

② 일반적으로 믹서를 이용하여 처음에는 저속으로 혼합해 재료를 고르게 수화시켜 재료들이 물을 충분히 흡수케 한 뒤 중속으로 믹싱하여 반죽을 만든다.

(2) 반죽 목적과 반죽 속도

① 반죽의 궁극적인 목적은 글루텐을 만들어 빵을 부풀게 하는 것이다.

② 반죽에 공기를 주입시켜 배합재료를 균일하게 분산, 혼합한다.

③ 밀가루에 물을 충분히 흡수시켜 밀 단백질을 결합시켜 글루텐을 발전시킨다. 이는 글루텐을 발전시켜 반죽의 가소성, 탄력성, 점성을 최적인 상태로 만들기 위함이다.

④ 믹싱 초기에 고속믹싱을 하면 가루와 물의 접촉 면에서 글루텐이 형성되어

내부로 들어가려는 물을 방해하므로 반죽의 물 흡수율(吸收率)을 낮추는 원인이 된다.

❖ 빵 반죽의 특성

특성		설명
물리적 특성	점성 (viscosity)	• 반죽의 끈적끈적한 상태를 말한다. • 밀가루 단백질 중 글리아딘의 작용이다.
	탄성 (elasticity)	• 외부의 힘에 의해 변형되고 있는 물체가 원래의 상태로 되돌아가려는 성질을 말한다. • 밀가루 단백질 중 글루테닌의 작용이다.
	점탄성 (viscoelasticity)	• 탄성변형과 점성유동이 동시에 일어나는 복잡한 반죽의 대표적인 성질을 말한다. • 글루테닌과 글리아딘의 작용이다.
	신장성 (extensibility)	• 반죽이 국수처럼 늘어나는 성질을 말한다. • 글루테닌의 작용이다.
	경점성 (consistency)	• 점탄성을 가지고 있는 반죽의 경도(단단함)를 나타낸다. • 글리아딘의 작용이다.
화학적 특성		• 반죽은 분자수준에서 3차원의 상호결합방식인 단백질 종합체로 고리(chain)의 5가지 유형을 가지고 있는데 여기서 가장 중요한 것은 공유 S–S결합과 수소결합이다.

(3) 반죽단계

① 픽업단계(pick up stage, 픽업 스테이지)

- 밀가루와 그 밖의 재료가 혼합하여 물과 섞이는 단계이다.
- 반죽의 끈기가 없어 끈적거리는 상태이다.

② 클린업 단계(clean up stage, 클린업 스테이지)

- 반죽이 한 덩어리가 되어 볼(bowl)이 깨끗해지는 상태로 밀가루 수화가 끝나고 글루텐이 약간 형성되기 시작한다.
- 이 단계에 유지를 투입하는 것이 가장 바람직하며 후염법을 사용할 경우 소금을 투입한다.
- 글루텐의 결합은 적고 반죽을 펼쳐도 두꺼운 채로 끊어진다.

③ 발전단계(development stage, 디벨러프먼트 스테이지)

- 수화(水化)의 진행과 함께 글루텐의 결합이 이루어지면서 외관상으로는 반죽이 부드럽고 윤기가 난다.
- 끈기가 있는 반죽으로 신전성(伸展性)에 대한 저항력도 강하여 탄력성이 생기기 시작한다.
- 반죽은 훅(hook)과 볼에 얽혀 마르고 둔탁한 소리가 난다.

④ 최종단계(final stage, 파이널 스테이지)

- 반죽이 훅에 붙어 있지만 볼과 부딪칠 때마다 볼에 점착되어 당겨지는 느낌이 든다.
- 볼에 부딪히는 소리는 촉촉하고 날카로운 소리로 바뀐다.
- 반죽을 펼치면 얇고 매끄럽게 펴져 건조되어 있다.
- 탄력성과 신장성이 가장 우수한 단계로 반죽이 반투명하고 부드러워진다.
- 최종단계는 매우 짧기 때문에 이 단계를 잘 포착하는 것이 제빵공정 중 가장 중요한 공정이다.

⑤ 렛다운 단계(let down stage, 렛다운 스테이지)

- 오버믹싱(over mixing)이라 하며 글루텐이 결합함과 동시에 다른 한쪽에서 끊기는 단계를 말한다.
- 펼친 반죽은 저항 없이 얇게 펴져 흐르듯이 밑으로 처진다.
- 반죽이 처지고 탄력성을 잃어 고무줄처럼 늘어지며 점착성이 많아진다.

⑥ 파괴단계(break down stage, 브레이크 다운 스테이지)

- 글루텐이 완전히 파괴되고 탄력성과 신장성이 줄어들어 제빵성을 상실한 상태를 말한다.
- 이러한 반죽을 구우면 오븐 스프링(오븐팽창)이 일어나지 않고 외부와 속결이 거칠고 신맛이 난다.
- 단백질과 전분이 효소 프로테아제(protease)와 아밀라아제(amylase)에 의해 파괴되어 액화되는 상태를 완전파괴상태라고도 한다. 이 단계는 빵 반죽이라 할 수 없다.

(4) 반죽시간에 영향을 미치는 요소

① 반죽기의 회전속도와 반죽양
- 회전속도가 빠르고 반죽양이 적으면 반죽시간이 짧다.

② 소금
- 글루텐을 경화시키는 성질이 있어 믹싱시간의 연장과 동시에 반죽의 탄력성을 키우고 안전성의 향상에도 관여한다.
- 후염법이 널리 사용되고 있는데 클린업 단계 이후 소금을 첨가하여 믹싱 시간을 20%, 약 3분 정도 단축할 수 있다.

③ 설탕
- 설탕 사용량을 증가시키면 반죽에 신장성을 주지만 사용량에 비례해 믹싱시간이 길어진다.
- 설탕은 지나치게 많으면 반죽의 구조가 약해지므로 글루텐의 형성을 늦추는데 당의 입자가 글루텐의 형성을 방해하기 때문이다.

④ 탈지분유
- 분유량이 많으면 단백질구조를 강하게 하지만 물에 쉽게 용해되지 않는 성질로 인해 글루텐의 형성을 늦추게 하여 믹싱의 시간이 길어진다.
- 분유의 수분흡수는 밀가루에 비하여 상대적으로 늦다.

⑤ 밀가루 단백질
- 단백질의 질이 좋고 양이 많을수록 반죽시간이 길어지고 반죽의 기계내성이 커진다.

⑥ 유지의 투입시기
- 유지량이 많고 처음에 넣으면 유지가 글루텐 형성을 방해하여 반죽시간이 길어진다. 그러므로 클린업 단계에 투입한다.

⑦ 흡수율
- 흡수율이 높을수록 반죽시간이 짧아진다.
- 물의 양이 많아지면 반죽시간이 길어진다.

⑧ 스펀지양과 발효시간
- 스펀지의 배합비율이 높고 발효시간이 길수록 본 반죽의 반죽시간이 짧아진다.

⑨ 반죽온도
- 반죽온도가 높을수록 반죽시간이 짧아지고 기계내성도 적어진다.
- 반대로 낮을수록 반죽의 글루텐 연결이 늦어지며 믹싱시간이 길어진다.

⑩ 산도(pH)
- 산도가 낮아지면 믹싱시간이 짧아지고 최종 단계의 허용도도 좁아진다.
- pH 5.0 정도에서 글루텐이 강하고 반죽시간이 길어지며 pH 5.5 이상이 되면 반죽시간이 짧아진다.

⑪ 환원제
- 흔히 사용하는 것이 시스테인(cysteine), 글루타티온(glutathione)인데 두 가지 모두 믹싱시간을 단축시킨다.
- 시스테인을 20~30ppm 첨가하면 시간을 30~50% 단축시킬 수 있다.

⑫ 유화제
- 일반적으로 믹싱 내성을 강하게 하여 반죽시간을 단축시킨다.
- 유지가 반죽에 혼합되는 것을 돕는다.

⑬ 효소제
- 아밀라아제(amylase) 계통은 결합단계까지는 별 차이가 없으나 그 이후 최종단계까지의 시간을 단축한다.
- 프로테아제(protease)는 글루텐을 연화시켜 믹싱을 단축하고, 내성도 약하게 한다.

(5) 반죽과 흡수

① 최적흡수
- 흡수도 여러 제품에 따라 변하는데 특히 사용기계, 기구, 제조방법 등에 따라 작업성에 문제를 일으킬 수 있다.
- 최적흡수란 완제품에 이상이 없는 범위에서 그 방법에 따라 결정되어야 한다.

② 밀가루의 수화(水和)
- 밀가루의 입자가 클수록 수화하는 시간이 오래 걸리기 때문에 발효시간도 길어진다.
- 소금을 넣은 반죽과 설탕을 많이 사용한 반죽은 수화가 늦으므로 물의 사

용에 신중을 기해야 한다.

- 산도가 낮은 물을 사용할수록 수화가 빠르다.
- 연수는 경수에 비해 수화가 순조롭다.
- 프로테아제 등의 효소제와 시스테인 등의 환원제를 반죽에 넣으면 수화는 빨라진다.
- 물을 밀가루 속에 균일하게 분산·혼합시키는 것은 완전한 수화를 얻기 위함이다.

③ 반죽의 흡수에 영향을 주는 요인

㉮ 밀가루 단백질과 회분
- 밀가루 단백질과 회분함량이 높고 양이 많을수록 흡수율이 커진다.
- 회분함량이 같을 경우 단백질 1%에 1.5%의 흡수율이 증가된다.

㉯ 손상전분의 양
- 손상전분이란 밀가루를 제분할 때 최소의 전분입자 자체가 기계적 현상에 의하여 깨지는 것을 말한다.
- 보통 약 4% 정도 함유되어 있으나 과도하게 많으면 흡수가 많아져 발효도중 여분의 물을 뽑아내 끈적거리고 풀어진 반죽이 되기 쉽다.
- 건전한 전분이 손상전분으로 대치되면 흡수율이 약 5배 증가한다.

㉰ 반죽온도
- 반죽온도가 5℃ 높으면 흡수율이 3% 감소된다.
- 반죽온도가 높으면 수분흡수율이 줄어들고, 반죽온도가 낮으면 흡수율은 증가된다.

㉱ 탈지분유
- 일반적으로 같은 비율로 흡수 증가를 가져온다고 하지만 실제로는 탈지분유 사용량 1% 증가에 흡수율은 0.75~1% 증가한다.

㉲ 물의 종류
- 경수일 때는 글루텐이 강해지며 흡수율이 높고, 연수일 때는 글루텐이 약해지며 흡수율이 낮다.
- 제빵에 사용되는 물은 아경수(120~180ppm 미만)가 적당하다.

ⓑ 설탕 사용량

- 기존 사용량보다 5% 증가 사용 시 흡수율이 1% 감소된다.
- 당액을 쓸 경우 수분함량을 계산하여 흡수를 결정해야 한다.

ⓢ 효소제

- 첨가량의 증가, 순도가 높아짐에 따라 흡수가 감소한다.

ⓞ 제법

- 빵을 만드는 제법에 따라 흡수율에 차이가 생긴다.
- 보통 스펀지법(중종법)이 스트레이트법보다 흡수율이 더 낮다.

❖ 반죽 수화 정도에 따른 제빵적성

수화 부족(되다)	수화 과다(질다)
• 제조공정이 어렵다.	• 질어서 덧가루 사용량이 증가되어 품질이 떨어진다.
• 전체량이 적어진다.	• 전체 무게만 증가한다.
• 부피가 작아진다.	• 충분한 부피감을 가지지 못한다.
• 외형 균형이 불량하다.	• 외형 균형이 불량하다.
• 노화가 빠르다.	• 무겁고 축축한 두꺼운 기공이 생긴다.
• 속이 건조하고 딱딱하다.	• 옆면이 들어가기 쉽다.

(6) 반죽속도가 반죽에 미치는 영향

① 흡수율

- 고속으로 반죽을 돌리면 저속보다 마찰열에 의한 수분의 증발이 있어 반죽의 흡수율이 높아진다.

② 전체 반죽시간

- 고속이 저속보다 글루텐 발전속도가 빠르므로 전체적인 반죽시간이 단축된다.
- 공기 혼입이나 글루텐의 질적인 면에서 좋은 것만은 아니다.

③ 발효시간

- 고속으로 친 반죽의 마찰열로 인하여 반죽온도에 영향을 미쳐 저속으로 친 반죽보다는 발효시간이 약간 짧아진다.

④ 부피

- 발효시간이 같을 경우 고속으로 믹싱한 반죽의 부피가 크다.

⑤ 껍질

- 저속으로 반죽하여 만든 빵의 껍질은 다소 딱딱하고 질기다.

⑥ 기공과 속결

- 고속으로 반죽한 제품은 저속으로 반죽한 제품보다 상대적으로 기공이 크고 속결이 거칠다.

(7) 반죽의 끈적거림 방지법

① 반죽이 알맞은 되기를 유지해야 하고 덧가루는 가능한 최저를 사용해야 한다.

② 반죽에 유화제를 사용하면 끈적거림을 어느 정도 방지할 수 있다.

③ 발효가 부족해도 분할할 때 끈적거릴 수 있으므로 최적발효상태를 유지한다.

(8) 글루텐의 결합

① 밀가루 단백질의 주요 구성성분인 글루테닌과 글리아딘에 물을 첨가하면 글루텐이라는 거대한 단백질 분자가 만들어진다.

② 글루텐의 결합형태는 다음과 같다.

㉮ S-S결합

㉯ 이온결합

㉰ 수소결합

㉱ 물분자 사이의 수소결합

③ S-S결합은 가장 중요한 결합으로 SS기와 SH기의 내부 전환에 의한 것이다. 글루테닌과 글리아딘의 일정한 간격마다 유황을 함유하고 있는 시스테인 또는 시스틴이 존재한다. 이 유황은 산화되면 S-S결합의 형태를 갖추지만 환원되면 SH기의 형태를 갖추어 글루텐의 강도와 반죽의 결속력을 변화시키게 된다.

(9) 반죽온도 조절

① 반죽온도 정리

- 반죽온도에 영향을 미치는 변수는 밀가루 온도, 마찰열, 물의 온도, 실내 온도 등 여러 가지가 있는데 이 중 마찰열은 기계의 성능에 따라 다른 것이며 재료의 온도, 실내온도 등은 변환하여 작업하기 어려우므로 물의 온도를 조절하여 반죽의 온도를 관리해야 한다.

- 반죽온도는 발효하는 데 중요한 요소이므로 이스트가 활동하기에 알맞은 온도(27℃)로 맞추는 것이 바람직하다.

② 마찰계수(friction factor, 프릭션 팩터)

- 스트레이트법 마찰계수 = (반죽결과 온도×3) − (밀가루온도＋실내온도＋수돗물온도)
- 스펀지법 마찰계수 = (반죽결과 온도×4) − (밀가루온도＋실내온도＋수돗물온도＋스펀지온도)

③ 계산된 물 온도(calculate temperature, 캘큘레이트 템프러춰) = 사용할 물의 온도

- 스트레이트법으로 계산된 물 온도(사용할 물 온도) = (희망온도×3) − (밀가루온도＋실내온도＋마찰계수)
- 스펀지법으로 계산된 물 온도(사용할 물 온도) = (희망온도×4) − (밀가루온도＋실내온도＋마찰계수＋스펀지 반죽온도)

④ 얼음사용량 계산

$$얼음사용량 = \frac{물사용량 × (수돗물온도＋사용할 물 온도)}{80＋수돗물온도}$$

(10) 최적반죽상태

❖ 반죽 정도에 따른 반죽상태

반죽 정도	반죽상태
최적믹싱	• 제품의 종류, 제법에 따라 다양하여 결국은 최상의 제품을 얻는 믹싱법이 최적의 믹싱이라 할 수 있다. • 가장 좋은 상태의 빵을 만들 수 있는 반죽 정도를 말하며 제품에 따라 반죽의 글루텐 형성 정도를 달리한다. • 대부분의 반죽은 반죽을 늘려보면 반투명하며 균일한 막을 가지며 탄력성과 신장성이 최대이다. • 손에 달라붙지 않는 상태일 때가 작업성이 좋고 제품의 오븐스프링도 좋다.

오버믹싱	• 반죽이 최적의 상태를 벗어나 지친 상태까지 믹싱한 것을 말한다. • 반죽저항력이 없고 끈적거리며 작업성도 떨어진 반죽으로 지친 반죽 혹은 과반죽이라 한다. • 제품을 구웠을 때 껍질의 막도 두꺼워져 부피가 작고 색이 나지 않으며 속결이 거칠다. • 반죽을 들었을 때 위로 수축하지 않고 밑으로 축 처질 때 오버믹싱되었다고 판단할 수 있다. • 오버믹싱되었을 경우 스펀지법으로 바꾸어 밀가루 및 기타 재료를 추가로 넣고 믹싱하여 반죽을 회복시켜 사용할 수 있다. • 햄버거번, 잉글리시 머핀 등 빵의 종류에 따라 약간의 오버믹싱은 플로어타임을 늘려줌으로써 회복이 가능한 경우도 있다.
언더믹싱	• 최적믹싱에 미치지 못한 반죽 부족상태를 말하며 어린 반죽이라고도 한다. • 최종 단계 전의 발전단계, 클린업 단계가 아니라 원재료가 제대로 섞이지 않아 반죽의 작업성이 떨어지고 제품의 부피가 작으며 속결이 연하다.

5) 1차 발효하기

(1) 발효와 부패

① 제빵에서 발효란 반죽 속의 당이 이스트 내에 포함되어 있는 인베르타아제(invertase), 말타아제(maltase), 치마아제(zymase) 같은 효소의 작용으로 알코올과 탄산가스로 분해되어 그 밖의 여러 미생물과 효소의 복잡한 작용에 의해 각종 당, 아미노산, 유기산, 에스테르(ester) 등의 생성이 일어나 풍미가 좋은 반죽을 만드는 것을 말한다.

② 발효와 부패의 유기 생화학적 용어의 뜻은 같으나 인간에게 유익한 것이 발효이고 유익하지 않은 것이 부패이다.

(2) 발효의 정의와 목적

① 발효의 정의

- 발효란 어떤 물질 속에서 효모, 박테리아, 곰팡이 같은 미생물이 당류를 분해하거나 산화 · 환원시켜 탄산가스, 알코올, 산, 케톤을 만드는 생화학적 변화이다.

- $C_6H_{12}O_6$(포도당) → $2CO_2$(탄산가스) + $2C_2H_5OH$(알코올) + 66cal

- 반죽이 가볍고 부드러우며 노화도 지연되는 제품으로 만들어지기 위해서는 이스트에 의한 적절한 발효시간을 갖게 해야만 한다.

- 효모가 빵 반죽 속의 당을 분해하여 알코올과 탄산가스를 만들고 탄산가

스가 글루텐막에 막혀 모이면서 반죽을 부풀게 한다.

- 중요한 분해 생성물의 종류에 따라 알코올발효, 초산발효, 유산발효, 낙산발효로 구분한다.
- 혐기성 발효에는 알코올발효, 유산발효 등이 있고 호기성 발효에는 초산발효, 구연산발효 등이 있다.

② 발효의 목적

- 발효 중 발효성 탄수화물이 이스트에 의하여 탄산가스와 알코올로 전환되고 반죽의 산화를 촉진시켜 가스 보유력을 좋게 하며 반죽을 부풀리기 위함이다.
- 효소가 작용하여 반죽의 글루텐을 숙성시켜 제품을 부드럽게 하기 위함이다.
- 발효에 의해 생성된 아미노산, 유기산, 에스테르 등을 축적하여 상품성 있는 빵으로써의 독특한 맛과 향을 부여하기 위해 발효시킨다.
- 이스트의 가스발생력과 글루텐의 물리성, 탄력성, 점성, 신장성이 가진 가스보유력이 균형 있게 작용하여 충분히 부풀 수 있는 좋은 구조를 형성하여 성형할 때 취급이 용이해진다.

(3) 발효과정

- 발효과정 중 여러 가지 생화학적 변화들이 일어나며 이스트의 발효과정에서 생산되는 이산화탄소의 포집으로 약 3배의 부피증가가 있게 된다.
- 발효의 필수적인 재료는 이스트, 밀가루, 물 등이며 잘 발효된 반죽은 빵 속이 부드럽고 제품의 수명도 연장된다.
- 발효과정은 탄산가스의 생성뿐만 아니라 가스 보유력도 좋아야 하며 오랜 시간 동안 이루어지므로 1% 정도 발효 손실이 있다.
- 정상적인 발효과정에서 1시간 동안 1g의 이스트가 약 0.32g의 포도당을 발효시킨다.

(4) 발효관리

❖ 발효상태 관리

발효상태	상태 관리
적정발효상태	• 가스발생력과 가스 보유력이 균형을 이룬 상태로 반죽이 발효하는 동안 발생하는 가스를 가장 많이 보유한 상태를 말한다. • 반죽은 부드럽고 잘 늘어난다.
발효부족상태	• 발효가 부족하므로 반죽조직이 무겁고 조밀하여 저항력이 약하다. • 중간발효시간을 늘리거나 가스 빼기를 한 뒤 한번 더 중간발효시킨다.
발효과다상태	• 지친 발생상태로 가스가 많이 차고 탄력성이 없어 반죽이 축축하다. • 재반죽하여 사용해야 한다.
발효상태 확인	• 반죽이 부풀고 팽팽해져 처음 부피의 3배 정도 부푼 상태가 되었을 때 • 반죽표면을 손가락으로 눌렀을 때 올라오지 않고 자국이 났을 때 • 섬유질 모양이 선명해질 때

❖ 반죽법에 따른 발효 관리

반죽법	발효 관리
스트레이트법	• 발효시간과 당의 함량에 따라 발효시간이 다르다. • 무가당 빵류는 3시간 정도, 가당 반죽은 2시간 30분 정도 • 발효실 온도는 26~28℃, 습도는 75~80%가 적당하다.
스펀지법	• 스펀지 온도는 23~26℃이다. • 반죽상태에 따라 3~24시간 발효 • 일반적으로 발효실은 온도 27℃, 습도 75~80℃가 적당하지만 상황에 따라 다르다.

① 1차 발효상태 관리하기
- 온도 27℃, 상대습도 75~80%인 발효실에서 1~3시간 정도 발효시킨다.
- 스펀지 발효는 상태와 반죽의 종류에 따라 시간을 충분히 지켜주어야 한다.

② 펀치(punch)의 목적과 방법
- 발효를 시작하여 반죽의 부피가 2.5~3.5배가 되었을 때 1~2회 가스빼기(펀치 punch)를 해준다.
- 반죽 전체의 온도를 고르게 하여 발효속도를 균일하게 한다.
- 산소공급으로 이스트를 활성화하여 반죽의 산화, 숙성 정도를 키워 발효

속도를 증가시킨다.

- 탄산가스를 빼내어 과다한 축적에 따른 나쁜 영향력을 줄인다.

③ 1차 발효 정점을 판단하는 방법

- 볼에서 반죽을 들어 올렸을 때 섬유질 상태를 보이는 경우
- 손가락에 밀가루를 묻혀 반죽을 눌렀을 때 그대로 변화 없는 상태가 좋으며 많이 오므라들면 발효가 덜 된 반죽이고 누른 자국이 꺼지면 지친 상태의 반죽이다.
- 처음 부피의 3~3.5배 정도 부푼 상태

(5) 발효의 변화

① 발효시간의 조절에 미치는 요소

㉠ 반죽온도

- 반죽온도가 높을수록 발효속도가 빠르므로 발효시간이 짧아진다.

㉡ 산도

- 반죽의 산도(pH)가 낮을수록 발효율이 증가하여 발효시간이 짧아진다.

㉢ 이스트양

- 이스트의 양이 많을수록, 그리고 신선도가 높을수록 발효율이 증가하여 발효시간이 짧아진다.

㉣ 소금

- 소금 1%, 설탕 6% 이상은 이스트의 활동을 억제하여 발효시간이 길어진다.

㉤ 단백질함량

- 밀가루의 단백질함량이 많을수록 분해시간이 길어져 발효시간이 길어진다.

㉥ 제빵개량제

- 양이 많을수록 효소의 작용을 활성화하여 발효율이 증가하므로 발효시간이 짧아진다.

② 가스발생에 영향을 미치는 요인

㉠ 이스트의 양

- 이스트의 양이 많으면 발효시간은 짧아지고, 이스트의 양이 적으면 발

효시간은 길어진다.

ⓑ 이스트의 양과 발효시간

- 가스발생량이란 같은 시간에 이스트가 얼마만큼 가스를 만드는가 하는 이스트 능력을 말하며 이스트의 양과 발효시간은 반비례한다.

$$\frac{정상\ 이스트양 \times 정상\ 발효시간}{변경할\ 발효시간} = 변경할\ 이스트의\ 양$$

ⓒ 설탕의 양

- 당의 양과 가스 발생력 사이의 관계는 당량 5%까지 대략 비례적으로 발효시간이 짧아지지만 그 이상이 되면 가스 발생력이 약해져 발효시간이 길어진다.

- 설탕량이 6% 이상이면 발효가 억제된다.

ⓓ 반죽온도

- 이스트가 활동하기에 알맞은 온도는 24~28℃ 이다.

- 이스트는 7℃ 이하에서 휴지상태이고 10℃부터 활동하기 시작하여 35℃까지 온도가 올라감에 따라 이스트활성이 증가한다.

- 반죽온도가 높을수록 가스 발생력이 커지고 발효시간은 짧아진다.

ⓔ 반죽의 산도

- 이스트가 활동하기 좋은 산도범위는 pH 4.5~5.5이며 최적산도는 pH 4.7이고 산도범위 안에서 산도가 낮을수록 가스 발생력이 커진다.

- pH 4 이하로 내려가면 오히려 가스 발생력이 약해진다.

- 굽기 후 완제품의 pH는 5.2 정도이며 이보다 높으면 2차 발효하기에 발효부족(어린 반죽)이며 이보다 낮으면 2차 발효하기 발효과다(지친 반죽)이다.

ⓕ 소금의 양

- 소금이 표준량(1%)보다 많아지면 효소의 작용이 둔화되기 때문에 가스 발생력이 줄어든다.

ⓖ 삼투압

- 삼투압은 발효성 당의 농도가 5% 이상이면 이스트의 활성이 저하된다.

③ 가스 보유력에 영향을 주는 요소

　㉮ 단백질의 양과 질

　　• 단백질의 양이 많고 질이 좋을수록 글루텐의 탄성과 시장성이 증가되
므로 가스 보유력이 커진다.

　㉯ 흡수율

　　• 정상보다 부드러운 반죽은 가스 보유력이 떨어진다.

　㉰ 이스트양

　　• 가스 보유력에 가장 큰 영향을 미치며 양이 많은 만큼 효소력이 커지
므로 보유력도 커야 한다.

　㉱ 유지의 양과 질

　　• 유지 중에서는 쇼트닝의 가스 보유력이 가장 양호하며 샐러드유 등의
액체유는 보유력이 떨어진다.

　㉲ 유화제

　　• 노른자의 레시틴이 유화제 역할을 하므로 가스 보유력이 증대된다.

　㉳ 소금

　　• 소금은 효소의 분해작용을 억제하기 때문에 가스 보유력에 도움이
된다.

　㉴ 반죽온도

　　• 반죽온도가 높을수록 가스 보유력이 떨어지고 적당한 온도(27~29℃)
일 때 가스 보유력이 가장 좋다.

　㉵ 산도

　　• 반죽의 산도가 pH 5.0~5.5 사이일 때 보유력이 좋고 pH 5.0 이하일 때
는 가스 보유력이 떨어진다.

　㉶ 산화제

　　• 산화제 사용량이 적당량일 때 가스 보유력이 높아진다.

(6) 발효 중에 일어나는 반죽 속의 변화

① 이스트의 변화

　• 이스트의 기능을 활성화시키기 위하여 충분한 물, 적당한 온도, 산도, 필
수무기물, 발효성 탄수화물이 필요하다.

- 이스트는 발효성 물질을 소비하여 산도의 저하와 글루텐의 연화 등에 영향을 준다.
- 발효 중의 이스트는 어느 정도 성장하고 증식하지만 사용량이 적을수록 증식률이 높아지고 많을수록 낮아진다. 이는 이스트와 영양물의 섭취경쟁 때문이다.

② 단백질의 변화
  - 밀가루의 단백질에는 글루테닌(glutenin), 글리아딘(gliadin), 글로불린(globulin), 알부민(albumin) 등이 있다.
  - 글루테닌과 글리아딘은 물과 작용하여 글루텐을 만든다.
  - 글루텐은 발효 시 이스트의 작용으로 만들어지는 가스를 최대한 보유할 수 있도록 반죽에 신축성을 준다.
  - 이스트 속의 프로테아제는 단백질을 분해하여 반죽을 부드럽게 하고 신전성을 증대시킨다.
  - 프로테아제의 작용으로 생성된 아미노산과 환원당이 작용하여 멜라노이드(melanoid)를 만드는 반응을 마이야르 반응(Maillard reaction)이라 하는데 이것은 껍질에 황금갈색을 부여하고 빵 특유의 향을 생성한다.
  - 단백질은 이스트의 영양원으로도 이용된다.

③ 전분의 변화
  - 제빵개량제(yeast food)에 알파 아밀라아제(α-Amylase)가 있어 반죽의 신전성, 빵 용적의 증대, 구운 색 등의 역할을 한다.

④ 당의 변화
  - 인베르타아제(invertase)가 자당을 포도당과 과당으로 분해한다.
  - 말타아제(maltase)가 맥아당을 두 분자의 포도당으로 분해한다.
  - 포도당은 치마아제(zymase)에 의해 알코올과 탄산가스로 변화하여 빵의 맛과 외관에 기여한다.
  - 유당은 분해되지 않다가 굽는 과정에서 마이야르 반응(Maillard reaction)과 캐러멜(caramel)화를 일으켜 제품의 색에 영향을 끼친다.
  - 당의 분해는 탄산가스의 발생을 의미하며 반죽 속에 있는 탄산가스의 발생량을 그래프화한 것이 발효곡선이다. 가로축이 시간을, 세로축이 단위

시간에 따른 탄산가스의 발생량을 나타내는 그래프이다.

⑤ 반죽의 팽창

- 이스트에 의해 생기는 탄산가스가 바로 반죽 속의 가스기포를 만드는 것이 아니라 일시적으로 이스트 세포를 둘러싸고 있는 수양성(水樣性) 물질 중에 분산되어 용액상태로 되고 다시 탄산가스가 형성되면 그때 글루텐의 약한 곳에 기포를 형성한다.

⑥ 산도(pH)의 저하

- 지질의 산화에 의한 것
- 알코올의 산화에 의한 것(초산)
- 탄산가스의 용해에 의한 것(탄산)
- 전분에 의한 유산(乳酸)의 생성
- 발효에 의해 생성되는 산류
- 이스트푸드로 첨가되는 염화암모늄(NH_4Cl), 제일인산칼슘 등에 의한 산도의 저하도 있다.

⑦ 산생성반응(酸釀酵)

- 유산발효(혐기성 발효) : 온도가 높고 당이 많을 때 활발하게 발효한다. 포도당이 밀가루, 공기, 이스트에 포함되어 있는 유산균에 의해 유산으로 바뀌어 산미가 난다.
- 초산발효(호기성 발효) : 많은 양의 알코올이 발생되고 높은 온도, 많은 산소가 공급될 때 활발한 반응을 한다. 알코올이 밀가루, 공기 중에 들어 있는 초산균에 의해 초산으로 바뀌어 자극적인 냄새가 난다.
- 낙산발효(혐기성 발효) : 유당이 많고 온도가 높으며, 수분이 많고 시간이 길면 발효가 활발해진다. 유당이 밀가루, 공기, 유제품에 포함되어 있는 낙산균에 의해 낙산으로 바뀌어 이상한 악취를 풍긴다.
- 그 외에도 호박산, 피루브산(pyruvic acid), 구연산과 같은 각종 유기산과 이들의 에스테르(ester)가 전체 풍미에 관계하고 있다. 빵 특유의 풍미는 이들의 복합적인 작용에 의한 것이다.
- 각각의 발효속도는 다르며 빵 특유의 향은 유산, 초산에 의한 것이다.

❖ 발효과정에서 효소의 기능

효소	재료	분해물	생성물
알파 아밀라아제	밀가루	손상된 전분 수용성 전분	덱스트린
베타 아밀라아제	밀가루	덱스트린	맥아당
말타아제	이스트	맥아당	포도당
인베르타아제	이스트	자당	포도당, 과당
치마아제	이스트	포도당, 과당	탄산가스, 알코올, 향

(7) 발효와 후속조치

① 발효 중의 펀치(punch)에 대하여

㉮ 처음 반죽 부피의 2.5~3배가 되었을 때 펀치를 하여 반죽 속의 가스를 빼주는 것을 말한다.

㉯ 반죽의 가스를 빼주는 목적

• 이스트의 활동에 활력을 준다.

• 가스의 과다 축적에 의한 발효지연효과를 감소시키고 새로운 산소를 공급하여 발효를 촉진시켜 반죽의 숙성을 도와준다.

• 반죽온도를 균일하게 해주어 균일하고 고른 온도의 반죽이 되게 한다.

② 발효 손실

㉮ 발효 손실의 정의

• 발효 손실의 장시간 발효 중에 수분이 증발하고 탄수화물이 발효에 의해 탄산가스와 알코올로 전환·증발되어 무게가 줄어드는 현상을 말한다.

• 발효 손실에 관계되는 요인으로는 반죽온도, 발효시간, 배합률, 발효실의 온도 및 습도 등이 있다.

• 발효 손실량은 1차, 2차 발효를 통해 0.5~4%(평균 약 3.5%)의 무게 손실을 나타내는 것이 보통이지만 제품에 따라 약 1~2% 정도로 계산한다.

㉯ 발효 손실에 영향을 미치는 요소

• 반죽온도가 높을수록 손실이 크다.

• 발효시간이 길수록 손실이 크다.

• 발효실의 온도가 높을수록 손실이 크다.

- 발효실의 습도가 낮을수록 손실이 크다.
- 소금과 설탕량이 많을수록 수분보유력이 높아 손실이 작다.

6) 분할하기

(1) 분할의 정리

① 분할(dividing) → 둥글리기(rounding) → 중간발효(intermediate proof) → 성형(make-up) → 패닝(panning)을 정형공정이라 한다.

② 정형공정의 첫 번째 단계인 분할(dividing)하기는 제품의 일정성을 유지하기 위해 미리 정한 무게만큼 정확히 측정하여 분할한다.

(2) 반죽 손상을 줄이는 방법

① 직접 반죽법보다 중종 반죽법의 내성이 강하다.

② 반죽의 결과 온도는 비교적 낮은 것이 좋다.

③ 밀가루의 단백질 함량이 높고 질 좋은 것이 좋다.

④ 반죽은 흡수량이 최적이거나 약간 단단한 것이 좋다.

(3) 분할할 때의 주의점

① 무게를 정확히 분할하여 전체적인 제품의 수를 일정하게 한다.

② 손으로 분할할 때 빠른 동작으로 분할시간을 단축하고 반죽의 온도하강, 건조에 주의한다.

③ 기계분할을 할 때는 특히 반죽이 손상되지 않게 주의한다.

④ 분할과정 동안 발효는 계속되고 분할과정이 길어질수록 반죽의 표면이 마르기 때문에 가능한 빠른 시간 내에 분할해야 한다.

⑤ 분할과정이 길어지면 반죽의 내구성이 나빠지고 불규칙한 무게측정의 원인이 되며, 최종제품에서 속이 끈적거리고 껍질색이 나빠질 수 있다.

⑥ 반죽의 양과 분할무게 등에 차이는 있지만 반죽을 15~20분 이내로 분할완료해야 한다 분할무게가 작은 단과자빵 등은 최대 20분 내에 분할해야 적당하다.

(4) 수동분할과 기계분할

① 수동분할방법
- 기계분할에 비해 부드러운 반죽을 다룰 수 있어 약한 밀가루로 만든 반죽 분할에 유리하다.
- 사람의 손을 이용해 분할하기 때문에 분할속도가 느리고 많은 인력이 필요한 반면 반죽손상 정도는 적다.
- 수동분할 시 지나친 덧가루 사용은 빵 속에 줄무늬를 생기게 한다.

② 기계분할방법
- 대형 양산업체에서 사용되는 분할방법으로 분할속도가 빠르고 노동력과 시간이 절약된다.
- 기계의 압축 정도를 조절하여 글루텐 조직 파괴에 주의한다.
- 반죽이 기계에 달라붙는 것을 막기 위하여 덧가루나 오일을 사용한다.

7) 둥글리기

(1) 둥글리기 정리

① 둥글리기(rounding)는 정형공정의 두 번째 단계로 잘린 면들이 점착성을 띠게 되고 1차 발효를 통해 얻어진 가스들이 분할과정에서 손실되므로 다시 가스포집력을 좋게 하려면 글루텐의 정돈이 필요하다.

② 분할 시 빠져 나간 가스의 회복과 중간발효 시 발생한 가스의 보유를 위해 반죽을 둥글게 공모양으로 만드는 과정이다.

③ 둥글리기 모형은 빵의 모양에 따라 원, 타원형 등 변형된 모양으로 둥글리기를 할 수 있다.

④ 끈적거림을 방지하고 작업을 쉽게 하기 위해 사용되는 덧가루를 과다 사용하면 제품의 질, 맛, 향, 내상에 줄무늬 등이 나타난다.

⑤ 프랑스빵과 같이 틀이 없는 상태에서 굽기를 하는 경우에는 부피의 팽창에 앞서서 덧가루가 묻은 부분이 먼저 터져 가스가 방출되어서 제품형태가 나빠지게 된다.

(2) 둥글리기 요령

① 1차 발효가 지나친 반죽은 느슨하게 둥글려서 중간발효의 시간을 짧게 한다.

② 1차 발효가 덜 된 반죽은 둥글리기를 단단하게 하여 중간발효를 길게 한다.

③ 성형의 모양에 따라 둥글게도 하고 길게도 하여 성형작업을 편리하게 한다.

④ 둥글리기 시 지나친 덧가루는 제품의 맛과 향을 떨어뜨린다.

(3) 둥글리기 목적

① 분할하는 동안 흐트러진 글루텐의 구조를 재정돈한다.

② 가스를 균일하게 분산하여 내상을 균일하게 한다.

③ 반죽표면에 표피를 형성시켜 정형할 때 끈적거리지 않도록 한다.

④ 중간발효 중에 생성되는 가스를 보유할 수 있는 반죽구조를 만들어준다.

⑤ 분할과정을 통해 불균형해진 반죽형태를 일정한 형태로 만들어 다음 작업을 용이하게 한다.

8) 중간발효하기

(1) 중간발효하기 정리

① 정형공정의 세 번째 과정으로 일명 벤치타임(bench time)이라 하는 중간발효(intermediate proof)는 둥글리기를 마친 반죽을 휴지시키고 약간의 발효과정을 거치는 작업을 말한다.

② 중간발효의 완료시점은 손으로 눌러보았을 때 탄력성이 적은 상태여야 하며 제품의 종류, 모양에 따라 적당하게 발효되어 성형하기 좋게 한다.

(2) 중간발효의 목적

① 분할, 둥글리기하는 과정에서 손상된 글루텐 조직의 구조를 재정돈하고 동시에 약간의 가스를 발생시켜 반죽의 유연성을 회복하여 다음 공정인 성형에서의 삽입성을 좋게 한다.

② 흐트러진 탄력성과 신장성을 회복하여 성형공정인 밀어 펴기 과정 중에 반죽이 찢어지는 것을 방지하도록 한다.

③ 성형과정에서 반죽의 신장성을 증가시켜 성형과정을 용이하게 한다.

④ 반죽의 단면은 점착성이 있으므로 이들이 안에 들어가도록 반죽 표면에 엷은 표피를 형성시켜 끈적거림을 제거한다.

(3) 중간발효시키는 방법

① 건조발효실에 넣어 발효시킨다. 습도가 높은 발효실은 반죽을 끈적거리게 만들어 성형을 할 수 없다.

② 작업대 위에 반죽을 올리고 비닐이나 젖은 헝겊을 덮어둔다.

③ 대규모 공장이나 양산업체에서 이용하는 방법으로 오버헤드 프루퍼를 이용한다.

(4) 중간발효의 조건

① 보통 온도는 28~29℃ 정도, 습도는 75% 정도로 하며 15~20분의 시간을 준다.

② 너무 마르지도 습하지도 않게 주의하고 큰 반죽일수록 시간을 길게 잡아준다.

9) 성형하기

(1) 가스 빼기

① 균일한 기공과 원하는 두께를 얻기 위해 중간발효까지의 과정에서 생긴 가스를 빼내는 작업을 말한다.

② 가스를 빼는 이유는 생지 내의 크고 작은 기포를 균일화시켜 제품 내의 기공을 균일하게 하기 위함이다.

③ 가스 빼기에는 수작업과 기계작업이 있다. 수작업의 경우 밀대로 밀어 큰 공기를 빼내고 균일한 두께가 되도록 하며, 기계작업의 경우 반죽이 찢어지지 않도록 주의해야 한다.

④ 가스 빼기는 제품의 특성에 맞게 행해야 하며 프랑스빵의 경우 과도한 가스 빼기는 제품의 특성인 터짐을 부족하게 하므로 적당히 해야 한다.

⑤ 가스 빼기는 속기공을 고르게 하기 위해 완전히 빼고 성형작업에 들어가는 것이 원칙이었으나 요즈음은 제품에 따라 적당하게 가스를 빼는 제품도 있으며 특정제품에 따른 자연스런 가스 빼기를 해야 한다.

(2) 성형하기

① 네 번째 정형공정인 성형(moulding)하기는 중간발효가 끝난 반죽을 밀어 펴서 일정한 모양으로 만드는 과정을 말한다.

② 성형과정에서는 제품의 윤곽이 잡히는 시기이며 성형은 손으로 하는 경우와 성형기로 하는 경우가 있다.

③ 많은 수작업을 필요로 하는 경우에는 반죽의 발효도 감소시켜서 성형과정에서 걸리는 시간을 발효에 이용하기도 한다.

④ 성형기를 사용해서 성형하는 경우 반죽을 충분히 발효시켜서 보통 3단계를 거쳐 이루어지는데 롤러를 사용해 타원으로 밀어 펴 가스를 빼는 과정과 밀어 편 반죽을 다시 말아서 가장자리에 밀착시켜 붙이는 말기과정, 그리고 원하는 모양으로 반죽을 봉해주는 과정이 있다.

⑤ 성형하기에 알맞은 조건은 중간발효를 충분히 거쳐야 반죽의 손상을 막을 수 있고 반죽온도는 24~28℃ 정도가 적당하다.

⑥ 성형과정도 다른 과정과 마찬가지로 덧가루 사용은 필요한 양만 최소한도로 사용해야 좋은 결과를 얻을 수 있다.

(3) 성형작업 순서

① 밀어 펴기(sheeting, 시팅)
- 중간발효 중 반죽 속에 생긴 공기를 밀어 펴기 과정에서 고르게 빼준다.
- 반죽이 찢어지지 않게 주의하여 점차적으로 얇게 밀어준다.
- 성형하고자 하는 모양에 따라 원형 혹은 타원형으로 밀어준다.
- 앙금빵 등은 밀어 펴지 않고 손으로 눌러서 기포를 일부 제거한다.

② 말아서 모양잡기(molding, 몰딩)
- 밀어 편 반죽을 각 제품의 모양에 따라 말아준다.
- 충전물이 있는 것은 충전물이 새지 않게 싸준다.
- 앙금빵 등은 반죽이 앙금을 고른 두께로 감쌀 수 있게 주의하여 정형한다.

③ 이음매 봉하기(sealing, 실링)
- 말아서 모양잡기할 때 새로 생긴 큰 기포를 없애고 이음매를 단단하게 말아준다.

- 충전물이 들어가는 반죽은 특히 주의하여 충전물이 새지 않게 해준다.

(4) 성형하기에 알맞은 반죽조건

① 제빵법
- 스트레이트법보다 스펀지법으로 만든 반죽이 좁혀지는 롤러의 힘을 견디기 쉽다.

② 반죽온도
- 저온, 고온 모두 작업성을 떨어뜨린다. 24~28℃가 적당하다.

③ 반죽한 정도
- 어린 반죽은 잘리기 쉽고, 지친 반죽은 점착성이 나타나 늘어나기 쉽다.

④ 반죽의 굳기
- 부드러운 반죽이 좁은 간격의 롤러를 통과하는 동안 점착성이 나타나기 쉽다.

⑤ 중간발효
- 발효시간이 짧으면 반죽이 잘리기 쉽다. 또 너무 길면 롤러를 통과하면서 반죽이 점착성을 띠기 쉽다.

⑥ 반죽개량제
- 모노 글리세라이드, 레시틴 같은 유화제는 반죽의 점착성을 낮춘다.

⑦ 산화 정도
- 미숙성 반죽은 몰더를 통과하면서 점성을 조금 띤다. 과숙성 반죽은 단단하고 약해서 잘리기 쉽다.

⑧ 효소제
- 맥아, 프로테아제, 아밀라아제 같은 효소제를 너무 많이 쓰면 반죽에 점착성이 생겨 성형하기 좋지 않다.

10) 패닝하기

(1) 패닝의 정리

① 정형공정에서 다섯 번째이자 마지막인 패닝(panning)과정은 독특한 제품을 만들기 위해서 여러 가지 모양으로 만든 제품을 원하는 모양틀이나 철판에 올려놓는 것을 말한다.

② 반죽을 틀에 넣기 전에 기름칠을 할 때는 과도한 팬오일은 피해야 한다. 과도한 오일 사용은 틀의 바닥에서 반죽을 튀기는 효과가 나타나기 때문이다.

③ 팬오일은 발열점이 높은 샐러드오일이나 쇼트닝 등이 적합하다.

④ 성형이 끝나면 반죽을 봉한 부분이 밑바닥을 향하게 하며 틀의 온도는 32℃가 바람직하다. 만약 틀의 온도가 49℃를 넘게 되면 반죽 속 유지 등의 재료가 녹아내려 정상적인 제품을 만들기 어렵게 된다.

(2) 바른 패닝 요령

① 정형한 반죽의 무게와 상태를 점검하여 적당한 팬을 고른다.

② 팬에 기름을 살짝 바른 후 반죽의 이음매가 틀의 바닥에 놓이도록 패닝한다.

③ 틀의 철판 온도를 32℃ 정도로 하여 너무 차갑거나 더운 팬인지 확인 후에 사용한다.

④ 틀의 비용적을 계산하여 틀의 크기와 부피에 알맞은 양의 반죽을 넣는다.

(3) 팬의 비용적

① 팬의 크기는 반죽 1g을 굽는 데 필요한 틀의 부피를 비용적(cm^3/g)으로 나타낸다.

② 반죽의 적정 분할량은 틀의 용적을 계산하여 비용적으로 나눈 값이다.

③ 반죽의 적정 분할량 $= \dfrac{\text{틀의 용적}}{\text{비용적}}$

④ 팬의 부피를 재는 방법

- 팬의 길이로 그 팬의 부피를 계산하는 방법
- 물을 가득 채워서 그 중량을 재는 방법
- 유채씨 등을 가득 채워서 그 용적을 실린더로 재는 방법

❖ 팬의 비용적

능력단위	제품명	비용적
제빵	산형식빵	3.2~3.4cm³/g
	풀먼식빵	3.3~4.0cm³/g

	파운드 케이크	2.40cm³/g
제과	레이어 케이크	2.96cm³/g
	엔젤푸드 케이크	4.71cm³/g
	스펀지 케이크	5.08cm³/g

(4) 팬 오일

① 종류
- 굽기 중 팬에 반죽이 달라붙지 않도록 팬에 이형제를 바르거나 면실유, 땅콩기름, 대두유 등의 식물성 기름을 바른다.

② 조건
- 발연점이 210℃ 이상 되는 기름을 사용한다.
- 산패하기 쉬운 지방산이 없어야 한다.

③ 사용량
- 보통 반죽 무게의 0.1~0.2%를 사용한다.
- 적정량을 넘으면 바닥껍질이 두껍고 색이 어두워지고 굽기 중 옆면이 약해져서 자를 때 찌그러지기 쉽다.

(5) 팬 굽기

① 팬 굽기의 목적
- 팬과 제품의 이형성(離形性)을 좋게 한다.
- 팬의 수명을 길게 한다.
- 열의 흡수를 좋게 하고 제품의 구워진 색을 좋게 한다.

② 팬 굽기의 방법
- 팬을 마른 천으로 닦아 기름기와 더러움을 제거한다.
- 물로 씻으면 안 된다.
- 기름을 바르지 않은 채로 빵틀은 280℃, 철판은 220℃에서 1시간 굽는다.
- 60℃ 이하로 냉각 후 팬기름을 얇게 바른 뒤 다시 굽는다.
- 다시 냉각하여 기름을 바르고 보관한다.

11) 2차 발효하기

(1) 2차 발효의 정리

① 2차 발효는 성형과정에서 부분적으로 가스가 빠진 글루텐 조직을 회복시켜 바람직한 외형과 좋은 식감의 제품을 얻기 위하여 이스트 활성을 촉진시켜 완제품의 모양을 형성해 나가는 과정이다.

② 특수빵을 제외하고 보통 2차 발효실의 온도는 35~40℃, 습도는 85~90%가 이상적이며 2차 발효시간은 제품이나 반죽상태, 발효실 조건 등에 따라 차이는 있으나 50~60분 정도가 적당하다.

③ 2차 발효 완료점은 처음부터의 3~4배 부풀었을 때, 완제품의 70~80%까지 발효되었을 때 적정 발효점이다.

④ 규정온도보다 낮은 경우 발효시간이 길어지고 제품의 겉면이 거칠어지며 높은 경우 발효속도가 빨라진다.

⑤ 발효습도가 높으면 껍질에 수포가 생기고 껍질색이 짙어지며, 발효습도가 낮으면 표피가 말라 외관상 좋지 않은 제품이 나올 수 있다.

⑥ 정상적인 발효손실은 1~2%이나 발효시간, 온도, 습도에 따라 달라질 수 있다.

(2) 2차 발효 목적

① 성형에서 가스 빼기가 된 반죽을 다시 그물구조로 팽창시켜 바람직한 외형과 좋은 식감을 가진다.

② 알코올, 유기산 및 그 외의 방향물질이 생성되어 향이 좋은 제품을 만들 뿐만 아니라 글루텐에 작용하여 글루텐의 신장성과 탄력성을 높여 오븐팽창이 잘 일어나도록 한다.

③ 반죽온도의 상승에 따른 이스트와 효소의 활성화로 원제품의 부피에 가까운 제품이 된다.

(3) 제품에 따른 2차 발효 온도 및 습도

① 고온고습발효(38℃, 85%)

- 식빵을 기준으로 할 때 2차 발효실의 온도 35~38℃, 습도 80~85%
- 단과자빵 등 보통의 빵은 2차 발효실의 온도 32~38℃, 습도 85~90%

② 건조발효(상온, 상습)
- 도넛 등 튀김 빵은 온도 30℃, 습도 65~70%

③ 저온저습발효(32℃, 75%)
- 하스브레드류인 하드계열의 장시간 발효하는 빵은 온도 30~32℃, 습도 75~80%
- 데니시 페이스트리와 냉동 페이스트리 등은 온도 28~31℃, 습도 70%
- 크루아상, 브리오슈 등 유지의 함량이 높은 빵은 온도 26~27℃, 습도 70~75%

④ 고온건조발효(50~60℃)
- 중화만두

(4) 2차 발효시간

① 부피의 대부분이 2차 발효 동안 일어나지만 발효시간이 길다고 무한정 제품이 크고 좋아지는 것은 아니며 정확한 발효시간만이 최적의 제품을 얻을 수 있다.

② 시간이 초과됨에 따라 부피가 감소하며, 여린 껍질색을 띠고 거친 기공이 나타나며 외형상 균형이 나쁘고 향이 떨어진다.

③ 반면에 시간이 짧은 경우 짙은 껍질색, 작은 부피 및 옆면이 터지는 결과가 나타난다.

❖ 2차 발효의 온도 · 습도가 제품에 미치는 영향

구분	높을 때	낮을 때
온도	• 속과 바깥 온도차가 커서 고르지 못하고 빵껍질이 분리되기 쉽다. • 발효속도가 빨라진다. • 반죽이 산성이 되어 세균의 번식이 쉽다.	• 발효가 느리다. • 제품의 겉면이 거칠다. • 풍미의 생성이 충분하지 않다. • 반죽의 막이 두껍고 오븐팽창도 나쁜 빵이 된다.
습도	• 두껍게 구워져 껍질이 딱딱하다. • 반점이나 줄무늬가 생긴다. • 껍질에 기포가 생긴다. • 거친 껍질이 형성된다. • 제품의 윗면이 납작해진다.	• 부피가 크지 않고 표면이 갈라진다. • 껍질의 호화가 일어난다. • 구운 색이 불량하고 얼룩이 생기기 쉬우며 광택이 부족하다. • 제품의 가운데 부분이 올라온다.

(5) 2차 발효 완료점 판단기준

① 처음 부피의 3~4배로 부풀었을 때

② 완제품의 70~80%의 부피로 부풀었을 때

③ 반죽의 탄력성으로 판단한다.

④ 철판에 놓고 굽는 제품들은 형태, 부피감, 투명도, 촉감 등으로 판단한다.

⑤ 틀 용적에 적당한(80% 정도) 부피로 판단한다.

❖ 2차 발효상태가 제품에 미치는 영향

발효상태	제품에 미치는 영향
발효부족	• 글루텐의 신장 불충분으로 용적이 작고 껍질에 균열이 일어나기 쉽다. • 속결은 조밀하고 전분은 가지런하지 않게 되며 껍질의 색은 짙지만 붉은색을 띤다.
발효과다	• 당분 부족으로 색이 나쁘고 결이 거칠며 향기, 보존성도 나쁘고 움푹 들어간다. • 팬에 넘치거나 완제품이 찌그러진다.

12) 반죽 굽기

(1) 굽기의 정리

① 굽기(baking) 과정은 완성제품을 만들어내는 것을 의미하므로 매우 중요한 공정이라 할 수 있다. 굽기 공정은 모든 공정을 마무리하는 것으로 빵의 최종적인 가치를 결정짓는다.

② 제빵 공정에서는 굽기 과정을 통해서 제품의 형태나 알맞은 색을 만들어낼 수 있으며, 이전까지의 과정들에서 약간의 잘못이 있다면 굽기 과정에서 어느 정도는 보완할 수 있다. 빵 볼륨의 20%, 빵 풍미의 70% 이상이 굽기 과정에서 생성된다.

③ 굽기 과정 중에는 물리적인 변화와 화학적인 변화가 반죽 속에서 많이 일어나므로 중요한 과정이라 할 수 있다.

(2) 굽기 목적

① 발효산물인 탄산가스를 열팽창시켜 빵의 모양을 갖추도록 한다.

② 전분을 호화시켜 소화하기 쉬운 제품을 만든다.

③ 껍질색과 향을 내기 위함이다.

(3) 굽는 방법
① 부피가 큰 빵은 낮은 온도에서 장시간 굽기를 하고 부피가 작은 빵은 높은 온도에서 단시간 동안 굽는다.
② 저배합 빵은 높은 온도에서 단시간 굽기를 하고 고배합 빵은 낮은 온도에서 장시간 동안 굽는다.
③ 처음 굽기 시간의 30%는 오븐 팽창시간이고, 다음의 40%는 색을 띠기 시작하고 반죽을 고정하며, 마지막 30%는 껍질을 형성한다.
④ 반죽의 배합정도, 크기, 무게, 정형방법 등에 따라 다르나 일반적으로 190~230℃ 사이에서 굽기를 한다.
⑤ 굽기 전반에는 아랫불을 강하게 하고 중반에는 윗불, 아랫불 모두 강하게 하며 후반에는 윗불, 아랫불 모두 약하게 하는 방법이 주로 쓰인다.
⑥ 오븐에 들어가는 팬에 따라서도 제품에 미치는 영향이 크다. 따라서 오븐에 들어가는 팬들은 일정한 간격을 가져야만 열이 골고루 전달되어 보기 좋은 외형을 지니게 된다.

(4) 오븐의 종류
① 형태에 따른 분류 : 고정(필)오븐, 로터리오븐, 터널오븐, 래크오븐, 스파이럴 오븐, 다단식 오븐, 트레이오븐
② 열급원에 따른 분류 : 석탄오븐, 가스오븐, 전기오븐, 증기오븐, 증류오븐, 고주파 오븐
③ 가열방법에 따른 분류 : 직접 가열오븐, 간접 가열오븐

(5) 굽기 과정 중 변화
① 전분은 70℃ 내외(60~82℃)에서 호화현상을 일으켜 제품의 식감을 좋게 한다.
② 이스트는 사멸될 때까지 계속해서 활동하게 되며 제품이 최종적으로 갖게 되는 수분의 함량과 껍질의 색도 중요한 변화를 나타낸다.
③ 오븐에 반죽이 들어가면 처음 약 5~6분 동안 온도가 높아지면서 이스트 활동으로 탄산가스의 발생과 증기압으로 인한 오븐 스프링이 일어난다.

④ 오븐온도가 200℃가 넘어도 빵 제품의 내부온도는 속으로부터의 수분과 알코올의 증발로 인해서 100℃를 넘을 수 없다. 서서히 온도가 올라가게 됨에 따라 물성의 변화가 일어나게 된다.

⑤ 오븐 속의 열이 제품의 표면을 통해서 반죽의 내부에 전달되며 반죽의 내부에서는 호화현상이 일어나게 된다. 그리고 제품의 수분이 제거되어 굽기가 완료된다.

⑥ 빵은 오븐온도는 140~270℃ 정도 범위에서 구워지게 된다.

⑦ 대체로 높은 온도에서 구우면 제품의 광택이 살아나고 껍질이 너무 건조해지는 것을 방지할 수 있다.

(6) 굽기 중 반죽의 현상

① 오븐 팽창(oven spring, 오븐 스프링)

- 오븐 속의 온도가 49℃에 도달한 반죽이 짧은 시간 동안 급격히 부풀어 원래 반죽부피의 1/3 정도 증가되는데 이것을 오븐 스프링이라 한다. 시간적으로 보면 최초 5~6분 정도 지났을 때 오븐 팽창이 일어난다.

- 오븐 속의 증기가 차가운(32℃) 반죽과 접촉하여 반죽표면에 얇은 물의 막이 생겨서 껍질(crust)의 형성을 늦추고 결과적으로 부풀게 만든다.

- 반죽표면의 물방울은 방사열로 기화하기 시작하는데 기화에 필요한 열을 반죽표면에서 빼앗고 반죽표면의 온도상승을 억제하여 부피를 증대시킨다.

- 반죽표면의 온도상승이 생각보다 완만하여 전체 굽는 시간의 30% 정도이다. 이 시간 동안 반죽 속 이스트의 활동이 계속되고 반죽의 온도상승과 함께 가스 발생이 활발해진다.

- 가스의 열 팽창, 반죽 수분 안의 탄산가스의 유리에 의한 팽창, 반죽 안의 수분과 공기의 팽창이 굽기의 부피 증대에 영향을 미친다.

- 글루텐의 연화와 전분의 호화, 가소성화가 이들의 팽창을 돕는다.

② 오븐라이즈(oven rise)

- 반죽 내부의 온노가 60℃에 이르기까지 이스트가 활동하여 가스가 만들어지므로 반죽의 부피가 조금씩 커진다. 오븐 속에서 이스트가 사멸(65℃)되기 전까지 탄산가스 발생, 발효에서 생긴 가스기공의 팽창 등 활발한 활

동이 일어난다.

③ 전분의 호화(gelatinization, 절래티나이제이션)

- 전분의 호화는 온도에 따라(60℃, 75℃, 85~100℃) 단계적으로 이루어진다.
- 전분의 완전 호화를 위해 2~3배의 물이 필요하다.
- 전분입자는 40℃에서 팽윤하기 시작하고 50~65℃에 이르면 유동성이 크게 떨어진다. 빵 속의 외부층에 있는 전분은 오랜 시간 높은 열을 받아 내부의 전분보다 많이 호화된다.
- 오븐열에 의해 반죽온도가 54℃를 넘으면 이스트가 죽기 시작하면서 전분의 호화현상이 일어난다.
- 단백질은 70℃에서 글루텐이 응고하기 시작하면서 그 속에 있던 물을 풀어놓는데 이때 전분의 호화에 불충분한 물을 보충하게 된다.
- 그러나 열에 오래 노출되어 있는 만큼 수분증발이 일어나 더 이상의 호화가 불가능하다. 그래서 껍질은 빵 속보다 더 딱딱하다.
- 프랑스빵은 내부온도 99℃에 도달하는 시간이 8분이고 이후에 20분간 호화된다.
- 식빵은 내부온도 99℃에 도달하는 시간이 20분이고 이후 6~10분간 호화되며 호화되지 않는 전분이 남는다.

④ 캐러멜화 반응(caramelization, 캐러멜리제이션)

- 비효소적 갈색반응인 캐러멜화 반응과 마이야르 반응은 주로 이스트의 소멸로 인해 남아 있는 잔여 설탕에 의해서 일어나며 반응이 일어나기 위해서는 120~150℃의 높은 열이 필요하다.
- 캐러멜화 반응은 반죽의 pH에도 영향을 받는데 산가가 높을수록 반응도 증가한다.
- 지나치게 발효된 반죽은 산도가 저하되어 잔당량이 부족해서 색상이 잘 나지 않는다.

⑤ 마이야르 반응(Maillard reaction, 마이야르 리액션)

- 아미노 화합물이 환원당(reducing sugar)과 반응해서 갈색색소인 멜라노이딘을 만드는 반응을 말하며, 굽는 시간과 온도 그리고 pH에 의해서 영

향을 받는다.

⑥ 글루텐 응고

- 단백질은 반죽온도 74℃에서 굳기 시작하여 굽기 마지막 단계까지 계속 이루어진다. 빵 속의 온도가 60~70℃에 이르면 전분이 열변성을 일으켜 단백질의 물이 전분으로 이동하면서 구조를 갖추게 된다.

⑦ 효소의 활동

- 전분이 호화하기 시작하면서 효소가 활동한다.
- 아밀라아제가 전분을 분해하여 반죽이 부드러워지고 팽창이 수월해진다.
- α-아밀라아제의 변성은 65~95℃에서 일어난다. 그중에서 68~83℃에서 약 4분 정도 가장 빨리 불활성이 된다.
- β-아밀라아제는 52~72℃에서 2~5분 사이에 이루어진다.

⑧ 향 생성

- 향은 사용재료 이스트에 의한 발효산물인 알코올, 유기산류, 에스테르류, 알데히드류, 케톤류 등이 내는 화학적 변화, 열반응 산물 등이며 주로 껍질 부분에서 생성되어 빵 속으로 침투되고 흡수에 의해 보유된다.

⑨ 수분의 이동

- 적정 시간 굽는 동안 빵 내부의 수분도 거의 균일하고 이는 반죽 안의 수분량과 같다.
- 오븐에서 꺼내면 수분의 급격한 이동이 일어나는데 표면에서의 계속적인 수분 증발은 빵의 냉각 촉진에 도움이 된다.

❖ 굽기 중 생기는 반응

분류	굽기 반응
물리적 반응	• 반죽표면에 얇은 수분막을 형성한다. • 반죽 안의 물에 용해되어 있던 가스가 유리되어 빠져나간다. • 반죽에 포함된 알코올의 증발과 가스의 열팽창 및 물의 증발이 일어난다.

화학적 반응	• 60℃ 정도에서 이스트가 사멸되기 시작한다. • 전분의 1, 2, 3차 호화가 온도에 따라 일어난다. 전분이 호화하면서 글루텐의 수분을 빼앗아오기 때문에 글루텐의 응고도 함께 일어난다. • 160℃가 넘으면 당과 아미노산이 마이야르(Maillard) 반응을 일으켜 멜라노이징을 생산한다. 또한 당은 분해, 중합하여 캐러멜을 형성한다. • 전분은 일부 덱스트린(dextrin)으로 변화한다.
생화학적 반응	• 60℃까지는 효소작용이 활발해지고 휘발성의 유지도 증가되어 반죽이 유연해진다. • 글루텐은 프로테아제(protease)에 의해 연화되고 전분은 아밀라아제(amylase)에 의해 액화ㆍ당화되어 반죽 전체가 부드럽게 되며 오븐 스프링을 돕는다. • 반죽의 골격은 글루텐이 형성되어 이루어지는 것이고 구워낸 빵의 골격은 α화된 전분에 의해서 빵의 모양을 이루게 되는 것이다.

(7) 굽기 손실

　① 굽기 손실은 반죽상태에서 빵의 상태로 구워지는 동안 무게가 줄어드는 현상이다. 그것은 발효산물 중 휘발성 물질을 휘발해서 수분이 증발하였기 때문이다.

　② 굽기 손실 = 반죽무게 − 빵무게

　③ 굽기 손실 비율(%) = $\dfrac{\text{반죽무게} - \text{빵무게} \times 100}{\text{반죽무게}}$

(8) 오버 베이킹과 언더 베이킹

　① 오버 베이킹 : 너무 낮은 온도에서 오래 구워서 윗면이 평평하고 조직이 부드러우나 수분의 손실이 크다.

　② 언더 베이킹 : 너무 높은 온도에서 구워 설익고 중심부분이 갈라지고 조직이 거칠며 주저앉기 쉽다.

(9) 굽기의 원인 및 문제점

　① 불충분한 오븐 열

　　• 빵의 부피가 크고, 기공이 거칠고 두꺼우며, 굽기 손실이 많이 발생한다.

　② 높은 오븐 열

　　• 빵의 부피가 작고, 껍질이 진하고, 옆면이 약해지기 쉽다.

　③ 과다한 섬광열

　　• 굽기 초기단계에서 주로 나타나며, 껍질색이 너무 빨리 나게 되므로 속이

잘 익지 않을 수 있다.

④ 과량의 증기

- 오븐 스프링을 좋게 하며 빵의 부피를 증가시키지만 질긴 껍질과 표피에 수포형성을 초래한다. 높은 온도에서 많은 증기는 바삭바삭한 껍질을 만든다.

⑤ 불충분한 증기

- 표피에 조개껍질 같은 균열이 형성된다. 어린 반죽, 강한 반죽, 강한 2차 발효의 반죽도 이와 유사한 상태가 된다.

⑥ 높은 압력의 증기

- 빵의 부피를 감소시키고 빵의 모양이 나쁘다.

⑦ 부적절한 열의 분배

- 윗 껍질이 완성되는 동안 바닥 열이 불충분하면 바닥과 옆면이 덜 구워진다. 오븐의 위치에 따라 굽기 상태가 달라진다.

⑧ 부적절한 팬 간격

- 반죽무게가 늘어날수록 간격을 넓힌다. 팬 간격을 너무 가깝게 하면 열 흡수량이 적어진다.

(10) 제품별 굽기 시 고려할 사항

① 식빵류, 특수빵류

- 2차 발효된 빵의 충격을 최소화하여 오븐에 넣어야 한다.
- 제품의 특성에 따라 윗불과 아랫불을 맞추어 예열시킨 오븐에서 간격을 유지하여 넣고 균일한 색상으로 구워내야 한다.
- 돌오븐의 사용법을 익혀 특수빵류를 구워내는 법을 숙지한다.
- 구워진 빵의 알맞은 부피와 기공분포, 모양이 일정한지를 확인한다.
- 오븐온도가 높으므로 안전에 특히 유의한다.

② 조리빵류, 과자빵류, 데니시 페이스트리류

- 충선불을 넣거나 노칭하여 표피에 달걀불을 발라 구워낼 수 있다.
- 빵의 크기, 발효상태, 충전물 반죽 농도에 따라 굽는 시간과 온도가 달라질 수 있다.
- 충전물과 토핑이 충분히 익었는지를 확인하고 충전물이 흘러내리지 않게

구워낼 수 있어야 한다.

③ 찐빵류(찌기)

- 찜기의 조작기술을 익히고 찔 때 안전에 유의한다.
- 제품별로 주어진 온도와 찌는 시간을 숙지해야 한다.
- 전체적으로 균일하게 쪄질 수 있게 제품을 일정한 간격으로 넣고 찐다.

13) 반죽 튀기기

(1) 튀김용 유지의 조건

① 특유의 향이나 색이 없이 투명하고 광택이 있고 발연점이 높아야 한다.

② 튀김 전후 불쾌한 냄새가 없고 기름 특유의 원만한 맛을 가져야 한다.

③ 튀김기름은 가열했을 때 냄새가 없고 거품의 생성이나 연기가 나지 않아야 한다.

④ 유리지방산 함량은 보통 0.35~0.5%가 적당하다. 0.1% 이상이 되면 발연현상이 나타난다.

⑤ 설탕이 탈색되거나 지방 침투가 되지 않도록 제품이 냉각되는 동안 충분히 응결되어야 한다.

⑥ 튀김 특유의 향은 기름에 함유되어 있는 리놀레산(linoleic acid)으로부터 발생하고, 튀김유 중의 리놀렌산(linolenic acid)은 산패취를 일으키기 쉬우므로 적은 것이 좋으며 항산화 효과가 있는 토코페롤을 다량 함유하는 기름이 좋다.

(2) 튀김유의 선택

① 튀김기름은 가열함으로써 재료로부터 유출된 성분, 공기와의 접촉, 일광 등에 의해 지질과산화물 수치와 산가가 높아지고 점도가 증가해서 작은 거품이 생기며 색깔도 진해진다.

② 올레산(oleic acid)의 비율이 높은 기름이 좋으며, 리놀레산의 비율이 큰 기름은 튀김이 끈끈하고 바삭하게 튀겨지지 않는다.

③ 리놀레산이 많은 기름으로는 대두유, 면실유, 옥수수유, 홍화유, 해바라기유 등이 있다.

④ 쇼트닝에는 유화제로 모노/디글리세라이드가 첨가되어 있어 발연점이 낮아 적당치 않으며 물과 유화제가 들어 있는 버터나 마가린도 튀김용도로 사용 불가능하다.

⑤ 튀김에 적합한 기름은 정제가 잘된 대두유, 옥수수기름, 면실유 등이다.

(3) 튀김 과정

① 튀김은 180℃ 내외의 고온에서 단시간 조리하므로 튀김재료의 수분이 급격히 증발하고 기름이 흡수되어 바삭바삭한 질감과 함께 휘발성 향기성분이 생성되며 영양소나 맛의 손실이 적다.

② 탈수시켜 튀겨야 하는 재료는 튀김옷을 씌우지 않거나 전분을 약간 발라 튀겨야 한다.

③ 수분의 증발을 원하지 않을 때는 수분이 많은 튀김옷을 입혀 튀김옷의 수분만을 증발되게 하면서 열이 내부로 전달되어 재료가 익도록 해야 한다.

④ 도넛과 같이 팽화를 목적으로 하는 경우는 저온에서 서서히 튀긴다.

⑤ 튀김의 3단계

㉮ 제1단계
- 처음 튀김기름에 제품을 넣으면 표면 수분이 수증기로 달아나며 이로 인해 내부의 수분이 표면으로 이동하게 된다.
- 이때 형성된 표면의 수증기는 고온의 기름 온도에서 식품을 타지 않게 보호하며 기름이 흡수되는 것을 막아주지만 일부의 기름은 이 수분이 달아나는 기공을 통하여 흡수된다.

㉯ 제2단계
- 튀김 열에 의해 마이야르 반응이 일어나 식품의 표면은 갈색이 되며, 수분이 달아나는 기공이 커지고 많아지게 된다.

㉰ 제3단계
- 내부가 익게 되는 단계에서는 튀김기름과의 직접적인 접촉보다 열이 내부로 전달되어 익게 된다.

(4) 튀김에 적당한 온도와 시간

① 튀김의 적당한 온도와 시간은 180℃ 정도에서 2~3분이지만 튀김 종류와 크

기, 모양, 튀김옷의 수분 함량 및 두께에 따라 달라진다.

② 낮은 온도에서 튀기거나 튀기는 시간이 길수록 당과 레시틴 같은 유화제가 함유된 식품의 경우 수분 증발이 일어나지 않아 기름이 재료로 많이 흡수되어 튀긴 제품이 질척해진다.

③ 기름의 온도가 너무 높으면 속이 익기 전에 겉면이 타게 된다.

(5) 튀김기름의 적정 온도 유지를 위한 사항

① 튀김기름의 양과 재료의 양
- 튀김 재료의 10배 이상의 충분한 양의 기름을 사용해야 튀김 시 기름의 온도가 내려가지 않는다.
- 재료를 넣으면 재료에 존재하는 수분이 증발하여 기화열을 빼앗기므로 기름의 온도가 내려간다.
- 수분 함량이 많은 식품은 기름 온도를 저하시키므로 수분을 어느 정도 미리 제거시킨다.
- 튀김 재료의 투입량은 기름 온도가 너무 내려가지 않게 표면을 덮을 정도가 좋다.

② 튀김냄비
- 두꺼운 금속용기로 직경이 작은 팬이 좋다. 기름을 넣어서 튀길 때 기름 온도의 변화가 적기 때문이다.

(6) 기름 흡수에 영향을 주는 조건

① 튀김 온도와 가열 시간
- 낮은 온도에서 튀기는 경우 적당한 갈색이 되도록 하기 위해서 더 많은 시간이 걸릴 수 있다.
- 튀김 시간이 길어질수록 흡유량이 많아진다.

② 제품의 표면적
- 튀기는 식품의 표면적이 클수록 흡유량이 증가한다.

③ 재료의 성분과 성질
- 기름 흡수가 증가되는 것은 재료 중에 당과 지방의 함량이 많을 때, 레시틴의 함량이 많을 때, 수분 함량이 많을 때이다.

- 달걀 노른자에는 인지질이 함유되어 있어 재료에 넣으면 흡유량을 증가시킨다.
- 글루텐이 많은 강력분을 사용하면 흡유량이 감소된다.

(7) 튀김유지의 보관방법

① 직사광선을 피하고 냉암소에 보관한다.
  - 조명과 햇빛은 튀김용 유지를 빨리 변하게 하는 요인이 된다.
  - 온도가 높은 곳에 두지 않아야 변질을 방지할 수 있다.

② 사용한 튀김유지 및 용기는 처리하여 보관한다.
  - 사용한 튀김유지를 용기에 그대로 두면 산패하기 쉽다.
  - 유지는 거름망에 여과하여 보관하고 용기는 깨끗한 천이나 중성세제로 세척하여 보관한다.

③ 반드시 밀폐해서 보관한다.
  - 유지는 산소와 습도, 온도에 매우 민감하기 때문에 사용 후에는 반드시 밀폐하여 보관해야 한다.
  - 파리나 해충 등으로부터 보호할 수 있어야 한다.

④ 유지에 물이나 음식 찌꺼기가 떨어지지 않도록 한다.
  - 공기와 함께 물이나 음식 찌꺼기 또한 유지의 변질을 초래한다.

⑤ 남은 유지 보관방법
  - 밀폐된 용기에 넣고 어두운 곳에 보관한다.
  - 거름막을 사용하여 기름을 거른 뒤 입구가 좁은 용기에 담아 보관한다.

(8) 튀김 시 주의점

① 한번에 너무 많은 식품을 넣으면 온도 상승이 늦어져 흡유량이 늘어난다.
② 튀김 시 가끔씩 flying basket을 사용하여 이물질을 제거한다.
③ 튀긴 뒤 과도하게 흡수된 기름을 제거하기 위하여 반드시 기름종이를 사용한다.
④ 튀김 제품의 크기를 작게 하여 튀김 시 제품 내외부의 온도 차가 크지 않게 한다.

(9) 튀김기름의 가열에 의한 변화

① 열로 인해 가수분해적 산패와 산화적 산패가 촉진되며 유리지방산과 이물의 증가로 발연점이 점점 낮아진다.

② 지방의 중합현상이 일어나 점도가 증가한다.

③ 튀기는 동안 식품에 존재하는 단백질이 열에 의해 분해되어 생긴 아미노산과 당이 마이야르 반응에 의해 갈색색소를 형성하여 색이 짙어진다.

④ 튀김기름의 경우 거품이 형성되는 현상이 나타나는데 처음에는 비교적 큰 거품이 생성되며 쉽게 사라지나 여러 번 사용할수록 작은 거품이 생성되며 쉽게 사라지지 않는다.

(10) 튀김기의 세척방법

① 튀김기는 가성소다액으로 먼저 세척하고 약산성 세제로 중화시켜 세척해야 한다.

② 세척한 후 물기 없이 말려야 하고 튀김기에 소량의 세제가 남아 있을 경우 튀길 때 거품을 일으킬 수 있으므로 주의한다.

③ 튀김기의 세척순서는 다음과 같다.

㉮ 튀김유지가 완전히 식은 후 거름망으로 걸러 어두운 곳에 보관한다.

㉯ 가성용액을 튀김기에 투입한다.

㉰ 부드러운 브러시로 문지른다.

㉱ 세척수가 깨끗해질 때까지 반복해서 헹군다.

㉲ 깨끗한 물을 붓고, 수분 동안 끓인다.

㉳ 물을 따라 내고 마른 헝겊으로 닦으면서 완전히 건조시킨다.

(11) 빵도넛류 튀기기

① 튀기기

㉮ 튀김기름을 온도 180~190℃로 예열한다. 튀김기름은 튀김용기의 절반 이상 담고 기름의 깊이는 최소 10cm 이상 되어야 적당하다. 기름이 너무 많으면 온도를 올리는 데 많은 시간이 걸리고 낭비되는 기름이 많아진다. 반대로 너무 적으면 기름의 온도변화가 심하고 뒤집기가 어렵다.

㉯ 발효된 반죽은 윗부분이 먼저 기름에 들어가게 하여 30초 정도 튀긴 후 나무젓가락으로 뒤집는다.

ⓒ 30초 정도의 간격으로 앞뒤로 두 번씩 튀겨 윗면과 아랫면의 색깔을 황
금 갈색으로 똑같이 튀겨서 꺼낸다. 양쪽 면을 모두 튀기면 튀김의 가운
데 부분에 흰색 띠무늬가 보여야 균형과 발효가 모두 잘된 상태다.

ⓒ 도넛을 꺼낸 후 한꺼번에 겹쳐 놓으면 찌그러지거나 기름이 잘 빠지지
않고 상품성이 떨어지므로 잘 펼쳐놓는다.

ⓒ 어느 정도 식힌 뒤 계피설탕(계피 : 설탕 1 : 9)에 묻혀낸다.

② 튀김 시 주의점
- 튀기기 전에 도넛의 표피를 약간 건조시켜 튀기면 좋다.
- 적정한 튀김기름의 온도와 시간을 확인하여 튀긴다.
- 튀김기름의 산패여부를 판단하여 기름을 교체한다.
- 앞뒤 튀김의 색상을 균일하게 튀긴다.
- 튀김기의 온도조절 방법을 숙지하고 조작기술을 익혀 안전에 유의한다.
- 기름에 튀기는 제품이므로 저온 저습 발효를 실시한다.
- 꽈배기 또는 팔자, 이중팔자 등과 같이 복잡한 성형을 거친 도넛은 일반
도넛에 비해 덧가루의 사용이 많기 때문에 기름에 덧가루가 혼입되는 것
에 유의해야 한다.
- 앙금 도넛은 도넛 반죽 안에 앙금을 포함하여 만들기 때문에 반죽의 온도
가 일반 도넛보다는 약간 낮다. 또한 반죽의 두께가 얇기 때문에 일반 도
넛보다 약간 높은 온도로 껍질 반죽만 익힌다는 기분으로 빠르게 튀겨내
는 것이 좋다.

14) 다양한 익히기

(1) 삶기, 데치기
① 삶기, 데치기
- 식품을 물속에서 익히는 습식조리방법으로 주로 데친 건너기를 건서 이
용하고 데친 물은 버리는 경우가 많다.
- 삶으면 재료의 텍스처는 부드러워지고, 육류는 단백질이 응고되며, 건조
식품은 수분흡수가 촉진되고, 재료의 좋지 않은 맛이 제거되며, 색깔이

좋아진다.

② 데치기의 목적

⑦ 조직의 연화로 맛있는 성분 증가

⑭ 단백질응고(육류, 어패류, 난류)

⑮ 색을 고정시키거나 아름답게 함

㉑ 불미성분 제거

⑯ 지방 제거

㉒ 전분의 호화

③ 베이글 데치기

⑦ 베이글을 데치기 전 냄비에 물을 담고 가열하여 90℃ 정도로 가열한다.

⑭ 베이글 반죽은 2차 발효의 온도와 습도를 일반 제품보다 조금 낮게 한다. 온도는 35℃, 습도는 70~80% 정도 발효가 진행되면 발효실에서 꺼내 비닐이 반죽에 닿지 않게 덮어 말리듯이 발효한다. 반죽을 손으로 다뤄 물에서 데쳐내야 하므로 2차 발효가 지나치게 되면 다루기 어렵고 다루는 과정에서 반죽이 눌려 가스가 빠진다. 따라서 반죽의 표면에 습기가 완전히 제거될 때까지 실온에서 발효를 완료한다.

⑮ 한 면에 10~30초 정도 호화시킨 뒤 뒤집어서 양쪽을 모두 호화시킨다.

㉑ 표면이 호화된 베이글 반죽은 물기가 빠지도록 건지개를 이용하여 철판에 옮겨놓는다.

(2) 찌기

① 찌는 온도

- 찌는 온도는 100℃이지만 푸딩과 같이 조직이 부드러운 제품은 100℃보다 낮은 온도에서 쪄야 기포가 생기지 않고 부드럽다.

- 찌는 온도를 100℃보다 낮은 온도로 조절하려면 물이 조금 끓도록 불을 약하게 하고 뚜껑을 조금 열어 수증기가 달아나게 하면 되는데 이 경우 80℃ 정도까지 낮출 수 있다.

② 찌는 요령

- 먼저 용기의 80%를 넘지 않는 양의 물을 넣는다. 너무 많은 물을 사용하면 물을 끓이는 데 필요 이상의 연료와 시간이 낭비되기 때문이다.

- 다음으로 찜 용기의 물이 끓을 때까지는 불을 강하게 하고 물이 끓은 후에 찌기 시작한다.
- 불을 계속 강하게 유지하다가 수증기가 뚜껑에서 새어나오면 약하게 한다.
- 물이 끓기 전에 식품을 넣으면 식품 표면에 수증기 응축이 일어나 식품이 수분을 흡수하므로 텍스처가 좋지 않다.
- 찌는 도중 뚜껑을 열거나 불을 끄면 온도가 내려가 수증기가 식품 속에서 액화되고 결국 수증기가 잘 이동하지 못하게 되어 잘 쪄지지 않는다.

③ 찐빵 찌기
- 가스레인지에 찜통을 올리고 물을 부은 후 가열한다.
- 물은 찜통의 80% 정도 채운다.
- 물이 끓어 수증기가 올라오면 뚜껑을 열고 김을 빼내 찐빵 표면에 수증기가 액화되는 것을 방지한다.
- 발효된 찐빵을 찜기에 넣는데 부풀어오르는 것을 감안하여 충분한 간격을 준다.
- 뚜껑을 덮고 반죽이 완전히 호화될 때까지 익힌다.
- 다 익은 찐빵은 실온에서 충분히 식힌다.

15) 충전하기

(1) 충전물의 정의
① 제품의 속에 들어가는 식품재료를 충전물이라 하며 굽기 전까지 기본 재료를 혼합한 후 추가로 제품 사이에 들어가는 식재료를 말한다.
② 마무리에서 다루는 충전물은 샌드위치 빵처럼 빵류의 굽기 공정 후에 추가적으로 제품 사이에 넣는 식재료를 말한다.

(2) 충전물의 종류
① 크림류
㉮ 생크림
- 우유로 만들어지며 유지방 함량을 35~50%까지 다양하게 만들 수 있다.
- 생크림은 풍미는 뛰어나지만 취급하기 어려운데 물리적인 충격을 약간이라도 가하면 지방구가 응집되어 구조가 붕괴되고 붕괴된 생크림

은 원래 상태로 돌아가지 않는다.

- 생크림은 자체로 사용하기도 하지만 필요에 따라 빵에서는 다른 충전 물과 섞어서 새로운 크림의 형태로 만들기 위한 원료로 사용된다.

㉴ 커스터드크림

- 물, 설탕, 유지, 달걀, 전분 등을 넣고 가열하여 호화시켜 페이스트 상태로 만든 것이다.
- 커스터드크림의 기본 배합은 우유 100%에 대하여 설탕 30~35%, 밀가루와 옥수수전분 6.5~14%, 난황 3.5%를 기본으로 하는데 난황은 전란으로 대체할 수 있고 옥수수가루나 밀가루 단독으로 사용할 수도 있다. 혼합해서 사용하면 깊은 맛을 낼 수 있다.
- 설탕을 50% 이상 넣으면 전분의 호화가 어려워 끈적이는 상태가 된다.

㉵ 버터크림

- 버터, 액당(끓인 설탕물)을 기본재료로 하여 난백, 난황, 물엿, 양주, 향료 등의 재료가 사용된다.
- 버터크림은 풍미가 좋아야 하며 입안에서 잘 녹고 공기가 충분히 함유되어 가벼운 것이 좋다.

㉶ 요거트 생크림

- 요거트 생크림은 생크림, 플레인 요구르트와 요구르트 페이스트를 각각 1 : 1 : 1로 넣고 휘핑해서 만든다.
- 요구르트의 상큼한 맛과 생크림의 부드러운 맛을 함께 느낄 수 있다.
- 요거트 생크림의 경우 다른 채소류와 함께 샌드위치에 사용할 수 있다.

② 앙금류

㉮ 앙금류의 종류

- 앙금은 전분 함량이 많은 팥, 완두콩 등을 삶아서 물리적 방법으로 분리한 것을 말하며 보통 이 상태의 앙금을 물앙금 또는 생앙금이라 한다.
- 생앙금 자체는 특별한 맛이 없기 때문에 여기에 설탕과 같은 당류를

첨가해 단맛을 내는데 이것을 조림앙금이라 한다.

- 적앙금에 사용되는 원료는 팥이 대표적이고 백앙금의 원료콩으로는 강낭콩이 사용된다.

　ⓝ 조림앙금의 제조

- 단팥빵의 앙금은 생앙금 100(수분 60% 기준)에 대해서 설탕은 65~75 정도 넣고 반죽하여 제조한다.
- 샌드위치나 양갱에 들어가는 앙금은 고배합 조림앙금으로 생앙금 100 에 대하여 설탕 90~100 정도 그리고 물엿을 15 정도 첨가하여 만든다.
- 조림앙금은 생앙금에 40~50%의 물과 설탕을 첨가한 다음 가열하면서 일정한 속도로 저어주면서 농축시킨다.

③ 잼류

　㉮ 잼의 종류

- 딸기잼
- 포도잼

　ⓝ 잼의 제조원리

- 잼류의 가공에는 과일 중에 있는 펙틴, 산, 당분의 세 가지 성분이 일정한 농도로 들어 있어야 적당하게 응고된다.
- 펙틴은 과일이나 채소류의 세포막이나 세포막 사이의 결절물질인 동시에 세포벽을 구성하는 중요한 물질로 식물조직의 유연조직에 많이 존재하는 다당류이다.
- 산은 과일 속에 존재하는 유기산들로 젤리 형성에 직접관계가 있을 뿐 아니라, 맛을 좋게 하는 요소이므로 적당한 양이 있어야 한다.
- 잼을 만들 때 당의 함유량은 60~65%가 적당한데 과일에는 8~15% 정도의 당이 함유되어 있으므로, 젤리 형성에 필요한 당도가 되게 하려면 설탕, 포도당, 물엿 등의 당을 더 넣어야 한다.

　ⓒ 펙틴, 산, 당분의 상호작용

- 펙틴, 산, 당분의 양이 일정한 비율이 되면 젤리화가 일어나는데 이들 상호 간에는 밀접한 관계가 있다.

- 펙틴의 양이 일정할 때 산의 양이 많으면 당분의 양이 적어도 젤리화가 일어나며, 산의 양이 적을 때는 당분이 많이 필요하다.
- 산의 양이 일정할 때 펙틴의 양이 많으면 당분이 적어도 젤리화가 일어난다. 그러므로 산과 펙틴의 양이 많으면 당분을 적게 해도 젤리화가 일어난다.

④ 버터류

   ㉮ 가염버터와 무염버터

   ㉯ 발효버터와 무발효버터

   ㉰ 버터의 종류

- 식용 달팽이 버터(에스카르고 버터)
- 레몬 버터
- 토마토 버터
- 로크포르(Roquefort) 버터
- 앤초비(anchovy) 버터

⑤ 치즈류에는 크림치즈, 피자치즈 등 시중에서 유통되고 있는 다양한 치즈가 이용되고 있다.

⑥ 채소류에는 양상추, 양배추, 치커리, 로메인상추, 셀러리, 토마토, 양파, 파프리카, 오이 등이 사용된다.

⑦ 육가공품으로 햄, 베이컨, 소시지, 기타 고기류 등이 사용된다.

⑧ 소스류에는 발사믹 소스, 발사믹 크림소스, 머스터드 소스, 바질 소스, 갈릭소스 등 여러 가지 소스가 사용되고 있다.

⑨ 허브는 로즈메리, 바질, 오레가노(Oregano), 파슬리, 월계수잎 등이 사용된다.

⑩ 어류는 연어, 새우, 참치 등이 사용된다.

⑪ 견과류에는 호두, 아몬드, 밤, 캐슈너트, 땅콩, 은행, 잣, 헤이즐넛, 피스타치오, 피칸, 마카다미아 등이 있다. 여기서 땅콩은 콩과에 들어가지만 일반적으로 견과류에 포함시켜 유통한다.

16) 토핑하기

(1) 토핑물이란?

① 일반적으로 토핑물이라 하면 굽기 전까지 제품을 성형한 후 제품 위에 얹는 식품을 떠올릴 수 있다.

② 빵류 제품의 마무리에서 다루는 토핑물은 빵류의 굽기 공정 후에 추가적으로 제품 위에 추가하는 식품을 말한다.

③ 토핑물은 충전물의 재료와 상호 보완하여 쓰이고 있으며 같은 재료가 충전물로도 토핑물로도 쓰인다.

(2) 토핑물의 종류

① 견과류로는 아몬드, 캐슈너트, 땅콩, 은행, 헤이즐넛, 잣, 피칸 등이 쓰인다.

② 설탕

• 설탕을 토핑물로 사용할 때는 그대로 사용하는 경우도 있지만 그렇게 하면 상품적 가치가 떨어지기 때문에 일반적으로 설탕을 물리적으로 다른 형태로 만들거나 계피, 유지 등을 추가해서 사용한다.

③ 초콜릿

• 빵류의 토핑류로 널리 사용되는데 특유의 단맛과 쓴맛 그리고 향이 있을 뿐만 아니라 온도를 높이면 액체상태로 존재하고 온도가 낮아지면 다시 고체상태로 돌아가는 특징이 있어 제품의 모양을 만드는 데 매우 좋다.

④ 냉동건과일

• 급속 동결 과일 제품은 신선한 과일이나 냉동과일을 동결건조시킨 것으로 영양성분 파괴가 거의 없고 색과 맛이 그대로 유지되는 것이 특징이다.

• 수분활성도가 3% 이하이므로 수분에 민감한 빵류 제품에 맛과 색을 내는 원료로 다양하게 사용될 수 있다.

• 빵류에 토핑할 때에는 해당 과일만 사용하는 것이 아니라 크림이나 시럽과 같은 것에 혼합한 제품으로 사용하게 된다.

17) 냉각하기

(1) 냉각의 정리

① 구워진 제품을 냉각시키는 목적은 최소한의 제품 손실을 나타내면서 곰팡이 및 기타 균의 피해를 막고 빵을 슬라이스할 때 도움을 얻기 위한 것이다.

② 갓 구워낸 빵은 껍질에 12%, 빵 속에 45%의 수분을 품고 있는데, 대체로 식히는 온도를 35~40℃, 수분함량을 38%로 낮추는 것이다.

③ 빵의 온도가 높을 때 수분은 내부에서 껍질부분으로 빠르게 이동되며 껍질에서 대기 중으로 증발되는 속도는 빵과 대기 중의 수증기압 차이에 영향을 받는다.

④ 냉각방법으로는 실온에서 냉각시키는 자연냉각, 조절한(22~25℃, 습도 85%) 냉각공기를 불어넣는 에어컨디셔너식 냉각, 진공냉각, 터널냉각, 대류냉각 등이 있다.

(2) 빵의 노화

① 빵의 껍질과 속결에서 일어나는 물리적 · 화학적 변화로 빵이 수분을 잃어 딱딱해지고 촉감, 향이 좋지 않은 방향으로 바뀌는 현상을 노화라 한다.

② 노화는 수분의 증발, 수분이동으로 생기며 전분의 결정화에 의해 부드러운 상태의 내부가 단단하고 거칠며 탄력을 잃게 되는 것을 말한다.

③ 껍질의 노화 : 38%의 수분을 가지고 있는 식빵의 경우 껍질에 12%의 수분이 있고 속에는 45%의 수분이 있다. 그러나 4일 후에는 26~28%로 줄어든다.

④ 빵 속의 노화 : 빵은 조직이 거칠고 건조하며 신선한 풍미를 잃고 좋지 않은 냄새를 풍긴다.

⑤ 노화에 영향을 미치는 요인

㉠ 저장시간

• 노화는 오븐에서 꺼낸 직후부터 시작된다고 할 수 있다. 신선한 빵일수록 노화속도는 빠르다.

㉡ 저장온도

• 온도 60℃에 빵을 보관하면 24~48시간 신선도를 유지하며 40~20℃의 중간온도에서는 서서히 노화하고 20℃ 이하 ~2℃의 온도저하에 따라

노화속도는 빨라진다.

- 영하 5~7℃에서 냉동이 시작되면 노화는 급격히 지연되며 영하 18~20℃ 에서 빵 중의 수분 80%가 동결됨에 따라 장기간 노화가 저지된다.

㉰ 높은 온도(43℃ 이상)

- 노화속도가 느려지지만 미생물에 의한 변질이 일어난다.

⑥ 노화를 지연시키는 방법

- 배합률 수분의 함량이 많으면 노화가 지연되고 밀가루 단백질의 양과 질 이 높을수록 노화가 지연된다.
- 수분을 흡수하는 펜토산의 함량이 많을수록 노화가 지연된다.
- 질이 좋은 재료를 사용하고 배합률을 조정하며 제조공정을 정확히 한다.
- 반죽 중의 수분함량을 높이거나 반죽에 α-아밀라아제를 첨가한다.
- 유화제를 사용한다.
- 당의 함량을 높여 사용한다.
- 저장 시 냉동 보관하여 노화속도를 감소시킨다.

⑦ 노화에 영향을 주는 재료

㉮ 밀가루

- 단백질의 양과 질에 따라 껍질과 신선도를 개선시킨다.

㉯ 유화제

- 모노디글리세라이드(Monodiglyceride) 계통의 유화제 사용으로 껍질 의 신선도를 개선시키지만 빵 속의 부드러움은 떨어진다.

㉰ 유지

- 유지 사용으로 껍질의 신선도는 감소시키지만, 빵 속의 질을 개선시킨 다.

㉱ 소금

- 껍질 빵 속의 신선도에 영향을 미치지 않는다.

㉲ 맥아

- 맥아 사용으로 껍질과 빵 속의 신선도를 개선시킨다.

(3) 빵의 부패

① 곰팡이 발생 방지법

- 작업실, 작업기구, 작업자의 위생을 청결히 한다.
- 곰팡이의 발생을 촉진하는 물질을 없앤다.
- 곰팡이가 발생하지 않는 환경에 보관한다.

② 로프균 발생 방지법

- 밀가루에 빙초산을 첨가하여 보존한다.
- 프로피온산나트륨이나 프로피온산칼슘, 젖산(01~0.12%), 아세트산 (0.05%)을 첨가하기도 한다.

18) 포장하기

(1) 슬라이스하기

① 실온에서 식힌 빵을 일정한 두께로 자르거나 번즈 · 롤 등에 칼집을 내는 것을 말한다.

② 보통 슬라이서를 이용하는데 빵이 잘리는 속도는 제품의 유연성과 관계가 깊다. 빵이 부드러울수록 속도가 빠르다. 그 밖에 빵이 칼날을 통과하는 속도, 칼날의 각도 등이 속도의 영향을 받는다.

(2) 장식하기

① 빵도넛류

- 글레이즈의 사용방법을 익혀 온도를 일정하게 유지하면서 제품에 코팅해야 고른 두께의 글레이즈를 입힐 수 있다.
- 제품의 특성에 맞게 충전 및 토핑해야 한다.
- 토핑은 볶은 너트류나 초콜릿 등을 다양하게 이용할 수 있다.

② 조리빵류, 과자빵류, 데니시 페이스트리류

- 빵의 장식은 재료의 특성과 제품의 용도에 맞게 이루어져야 한다.
- 조리빵에는 맛과 모양에 어울리는 토핑의 재료를 선택해서 사용한다.
- 빵을 구운 뒤 장식할 때에는 위생에 신경 써야 한다.

(3) 포장하기

① 포장의 기본

- 포장이란 유통과정에서 제품의 가치와 상태를 보호하기 위해 종이 및 용기, 비닐에 담는 것을 말한다.
- 포장의 목적은 수분 증발방지로 제품의 노화를 지연시키고, 빵이 미생물에 오염되지 않도록 하며, 상품의 가치를 높이는 데 있다.
- 포장한 후 제품의 품질 유지를 위해 표기사항을 표시하여 포장해야 한다.
- 제품에 맞는 포장온도는 빵 내부온도가 35~40℃일 때이다.
- 포장방법에는 낱개포장, 속포장, 겉포장 등이 있고 보관을 생각하며 포장해야 한다.
- 용기 · 포장의 재질로는 합성수지, 금속제, 유리, 도자기, 셀로판, 알루미늄 등이 있으며 제품의 특징에 맞는 포장지를 선택해야 한다.

② 식빵류, 특수빵류, 빵도넛류, 찐빵류

- 완성된 제품의 맛과 형태의 유지, 수분증발을 방지하며 냉각시켜야 한다.
- 제품의 이동 시에도 모양이 흐트러지지 않도록 포장해야 한다.

③ 조리빵류

- 잘라서 필링이나 토핑을 하기 위한 샌드위치용 빵 등은 형태를 유지하고 일정하게 빵을 잘라야 한다.
- 제품에 따라 조리된 빵을 다시 굽거나 그릴에 데칠 수 있다.

④ 과자빵류, 데니시 페이스트리류

- 냉각된 빵을 잘라 짤주머니를 이용하여 충전물을 넣고 포장할 수도 있다.
- 충전물이나 토핑물이 포장지에 묻지 않게 포장해야 한다.

4-3. 냉동빵 가공

1. 냉동반죽하기

(1) 냉동생지 만드는 법

① 냉동제법을 이용해서 제품을 만들 때에는 기본적으로 발효시간이 필요 없다.

② 일반적으로 반죽은 후염법, 후이스트법을 이용한 직접법으로 제품에 따른 차이는 있지만 글루텐을 100%까지 완전하게 반죽한다.

③ 후염법은 반죽혼합 시 글루텐 발전 40~50% 시점에서 소금을 넣고, 후이스트법은 글루텐 발전 60~70% 시점에서 이스트를 넣는 방법을 말한다.

④ 주의할 점은 과도한 반죽은 하지 않는 것이고 또한 반죽온도는 가능한 18~20℃로 낮게 한다.

⑤ 분할해서 5~10분 정도 중간발효를 한 후에 성형을 마친다.

⑥ 냉동반죽 성형은 보다 탄성이 좋게 단단하게 성형하며 발효를 최소한으로 줄여줘야 하므로 최대한 빠르게 작업한다.

⑦ 성형을 마친 반죽은 -35~-40℃의 냉동고에 급속냉동한다.

⑧ 급속냉동의 경우 반죽에 들어 있는 수분은 조직 속에서 작은 결정체를 이루게 되어 조직을 거의 파괴하지 않기 때문에 급속냉동을 한다.

⑨ 장기 보관하여 제품을 만들 때에는 -18~-25℃에서 냉동저장한다.

(2) 냉동반죽법의 주의점

① 물이 많아지면 이스트가 파괴되므로 가능한 한 수분을 줄인다(63~57%).

② 냉장 중 이스트가 줄어 가스발생력이 떨어지므로 이스트 사용량을 늘린다 (보통 2~3% 사용 → 3.5~5.5% 사용).

③ 소금은 반죽의 안정성을 도모한다(1.75~2.5 사용).

④ 냉장 중 이스트가 죽어 환원성 물질이 생성되어 반죽이 퍼지므로 되직하게 만든다.

⑤ 저장 시 -40℃로 급속냉동하여 -18~-25℃에 보관해야 이스트가 살아남을 수 있다.

(3) 냉동생지 사용법

① 냉동된 제품은 해빙과정을 거치는 동안에 이스트의 활성을 서서히 회복하기 때문에 냉동뿐만 아니라 해빙과정에도 매우 중요한 역할을 하게 된다.

② 냉동생지는 냉동고에서 꺼내 우선 냉장고(5~7℃)에서 12~20시간 정도 꺼내 놓았다가 작업대 위에서 성형한 다음 발효시켜 굽기를 한다.

③ 성형이 되어 냉동실에 보관된 것은 냉동실에서 꺼낸 후 바로 패닝을 실시하여 27~29℃, 70~75℃의 발효기에서 2~3시간 장시간 발효하여 굽기를 한다.

(4) 냉동생지 사용 시 주의점

① 발효할 때 과도한 습도는 피한다.

② 냉동저장 시 온도의 편차를 가능한 줄인다.

③ 운송 중에 보관온도는 저장온도와 동일하게 한다(-17~-20℃).

④ 반죽의 표면이 건조되지 않도록 비닐로 싸서 넣는다.

⑤ 냉동과 해빙과정의 반복에서 유리수의 결합을 방지한다.

⑥ 출고 시에는 선입선출을 하여 사용한다.

(5) 냉동제품의 장점

① 일반 반죽법보다 발효시간이 줄어들어 전체적인 제조시간이 짧아진다.

② 운반이 쉬워지며, 다품종 소량생산이 가능해진다.

③ 제품을 취급하기가 용이하고 특정한 날 사용하기 좋아 생산능률을 최대화할 수 있다.

④ 냉동반죽의 대표적인 제품은 식빵류, 데니시, 머핀, 도넛, 쿠키류, 레이어 케이크 등이다.

(6) 냉동저장 시 반죽변화

① 이스트 세포가 일부 사멸되어 가스발생력이 떨어진다.

② 이스트가 죽음으로써 환원성 물질(글루타티온)이 나와 반죽이 퍼진다.

③ 가스보유력이 떨어진다.

(7) 냉동제품의 재료 사용범위

① 밀가루

- 단백질 함량이 12~13% 정도의 질 좋은 강력밀가루를 사용한다. 이것은 반죽에 힘을 주어 발효 시 충분한 가스 보유력을 유지하기 위함이다.
- 냉동저장하는 동안 이스트의 냉동장해로 글루텐 손상이 일어나기 때문에 좋은 품질의 밀가루를 사용해야 하며 이를 보완하기 위해 활성글루텐을 첨가하여 사용할 수 있다.

② 물

- 냉동반죽에서 수분의 양은 평상시의 반죽에 비해서 2~5% 낮추어 적게 넣어야 한다.
- 물의 온도는 5℃ 이하의 차가운 물을 사용하여 반죽의 온도를 18~20℃ 정도로 최대한 낮춘다.
- 반죽의 유동성을 줄이고 냉동 및 해빙과정에서 유리수가 얼게 되는 것을 방지하기 위해서 반죽의 흡수율을 약간 감소시켜야 한다.

③ 이스트

- 보통은 2~3%를 사용하고 냉동생지 빵은 약 3.5~5.5%를 사용한다. 냉장 중 이스트가 죽어 가스 발생력이 떨어지므로 이스트의 사용량을 늘리는 것이다.
- 냉동으로 인해 첨가한 양의 20~30% 정도의 이스트가 사멸하여 발효력이 떨어지므로 냉동 반죽 시 이스트의 사용량은 스트레이트법의 사용량보다 100~150% 증가하여 사용한다.
- 드라이 이스트와 인스턴트 드라이 이스트에는 사멸 이스트가 많이 함유되어 있어 글루텐 조직의 파손을 촉진할 수 있으므로 냉동 내성이 좋은 냉동반죽전용 이스트를 사용하는 것이 좋다.

④ 소금

- 제품에 따라 사용범위에는 차이가 있으나 대략 1~2%의 정제염이나 천일염을 사용한다. 소금의 역할은 반죽의 안정성을 도모하는 데 있다.
- 후염법은 반죽의 산화를 촉진시키고 글루텐 발전시간이 단축되며 빵 속 조직 색깔이 좀 더 밝은 흰색을 띤다.

⑤ 설탕

- 설탕의 흡수성을 이용해서 제품의 보존성을 높이고, 설탕이 경쟁적으로 수분을 흡수하기 때문에 반죽 내의 유리수를 줄이기 위한 방법으로 설탕의 함량을 2~3% 증가시켜 사용한다.
- 감미도 약하고 오븐에서 색이 연하게 나는 물엿을 많이 사용한다.

⑥ 쇼트닝 및 버터

- 1~2% 정도 증가시켜 사용하면 반죽 내에서 수분의 분산을 돕고 수분의 보유력을 증가시켜 냉동제품의 저장수명을 연장시킨다.

⑦ 개량제 및 산화제

- 제빵개량제에는 비타민 C, 브롬산칼륨 등의 산화제가 첨가되어 있어 산화제를 따로 넣을 필요가 없이 보통 사용하는 0.5%보다 약간 더 첨가한다.
- 산화제는 반죽의 기계 내성을 증가시키고 발효내성을 증대시키며 빵 내상을 손상시키지 않으면서 부피를 증대시킨다.

2. 냉동 보관하기

(1) 반죽 급속 동결의 목적

① 빵 반죽은 -5~-7℃에서 얼음결정이 가장 크게 되므로 이 온도대를 빨리 벗어나기 위해 급속 동결이 필요하다.

② 반죽을 급속 동결하는 목적 중 하나는 얼음 결정을 작게 하여 반죽조직에 발생하는 장애를 최소화시키는 데 있다.

③ 반죽을 급속 동결하여 불충분한 동결 시 발생될 수 있는 이스트의 동결장애를 최소화하고 빵 조직의 장애를 예방할 수 있고 장기간 보존에 유리하게 하기 위해서이다.

④ 식은 반죽의 경우 -40℃에서 15~25분간 동결하여 -18~20℃에 저장하는 것이 적당하다고 알려져 있는데 냉각속도가 1.2℃/min 이상이 되면 이스트 균체 내에서 수분이 동결되기 시작하여 세포막의 손상이 일어나며 이스트가 사멸되며 -34℃ 이하의 동결 저장이 계속되면 이스트는 사멸하게 된다.

(2) 반죽의 급속 동결 방법

① 분할 후 둥글리기하여 동결하는 반죽

- 가능한 한 평평하고 작게 하여 냉동시키는 것이 좋다.
- 제품을 넣는 통의 재질과 형태는 빨리 열을 모으는 것이 목적이므로 알루미늄과 같이 열전달속도가 빠른 재질을 선택하며 목재는 좋지 않다.
- 반죽표면의 건조를 방지하기 위해 뚜껑을 덮어 열 전달을 막아야 한다.
- 가능한 한 빠르게 냉동해야 한다.

② 성형하여 동결하는 반죽

- 믹싱이 끝난 직후부터 최종 성형이 끝날 때까지 분할·성형시간을 가능한 한 단축해야 한다.
- 빠르게 냉동처리가 끝난 반죽은 사용량을 생각해 1회 사용분씩 나누어 비닐에 넣고 밀봉·포장한다.

③ 발효 후 동결하는 반죽

- 발효냉동 반죽은 성형과 발효 후 냉동하는 방법으로 2차 발효실에 넣은 후 10~20분 정도 발효하여 약 80% 정도 진행된 후 급속 냉동을 한다.
- 긴 발효시간은 냉동저장 중 이스트 손실과 냉동저장성이 줄어들게 되므로 동결 전 발효를 적당하게 하여 반죽의 안정성을 증가시킨다.

④ 반굽기 후 냉동하는 반죽

- 발효 후 반굽기 공정을 거친 후에 냉동하는 것으로 오븐에서 꺼낸 빵의 중심온도가 25~35℃가 되면 급속 냉동고에 넣는다.
- 냉동고 안에 냉동시키는 물건이 너무 많거나 냉각장치에 성에가 발생하면 냉동능력이 떨어지고, 고장의 원인이 되기도 한다.
- 냉각이 덜 된 빵을 급속 냉동하면 표피가 벗겨질 수 있으므로 주의한다.

(3) 냉동반죽의 보관

① 포장

- 포장 등의 방법으로 냉동저장조건을 좋게 하여 저장하면 품질저하가 거의 일어나지 않아 장기간 저장이 가능하다.
- 포장재질은 보통의 것보다도 공기나 수분의 이동이 없는 재질을 선택하

는 것이 좋다.

② 저장

- 냉동빵의 품질을 최대한으로 유지하기 위한 저장 온도조건은 -18℃ 이하 이다.
- 냉동저장 중 냉동고 내의 이취가 빵에 흡착될 수 있으므로 아무리 저온 에서 저장한다 하더라도 장기간 저장하게 되면 이취의 흡착을 막을 수 없다.
- 동결저장의 조건을 좋게 한다 하더라도 껍질 외에 제품의 전체적 노화촉 진을 막을 수는 없으므로 빠르게 사용해야 한다.
- 냉동 후에는 제품의 건조를 방지할 수 있는 필름으로 포장하여 냉동 저장 해야 하며 냉동고의 저장온도(-18~-20℃)는 변화 폭이 적어야 한다.
- 냉동저장 시 반죽의 유효기간은 제품의 종류에 따라 다르지만 보통 3~6 주 정도이다.
- 냉동저장 및 유통 중 제품 표면의 색이 변하고 건조되는 냉동 건조를 방 지하고 제품의 지방 산화 현상을 억제하기 위해 냉동 공정 후 사용되는 포장재는 제품의 보호를 위하여 내한성, 내습성 및 내기성이 우수한 필름 을 사용해야 한다.
- 냉동고의 습도가 25~30% 정도인 점을 고려해 볼 때 완벽하지 않은 포장 을 하면 제품의 건조현상이 충분히 일어날 수 있다.

(4) 냉동저장고의 종류

① 정지 냉동고

- 정지 냉동고는 냉동고 속에서 바람이 나오지 않는 보통 영업용 냉동고이다.

② 브라스트 냉동고

- 브라스트 냉동고는 강제적으로 바람을 내는 타입으로 매분 100~400m의 바람을 내어 빠르게 열을 내린다.
- 냉동 속도가 빠를수록 이스트는 불안정하게 되므로 냉동반죽을 만들 때 는 브라스트 냉동이 가장 많이 사용되고 있다.

③ 콘택트 냉동고

- 콘택트 냉동고는 컨베이어 자체를 냉각하여 그 위에 직접 반죽을 놓아 동

결한다.

④ 크리오제닉 냉동고

- 크리오제닉 냉동고는 액체 질소를 냉매로 이용하는 방법으로 보통 냉동 반죽에 사용할 때는 -100℃ 정도의 터널을 만들어서 통과시킨다.

⑤ 제트 냉동고

- 제트 냉동고는 노즐로 냉기를 직접 반죽에 불어 냉각시키는 경우이다. 동결 속도가 너무 빠르면 이스트가 사멸하기 쉽다.

(5) 냉동반죽의 입 · 출고관리

① 냉동반죽의 입고관리

- 제품의 입출고를 원활하게 하기 위하여 통로 면에 작업이 용이하게 저장한다.
- 냉동고 용적을 늘리고 안정성과 제품의 손상 방지를 위해 선반을 설치하여 제품을 높이 쌓아 보관한다.
- 입출고의 빈도가 높은 제품과 낮은 제품을 선별하여 입출고가 용이하게 저장한다.
- 동일 제품이나 유사한 제품은 동일 장소에 보관한다.
- 무게가 무거운 것은 하층부에 적재하고 가벼운 것은 상층부에 보관한다.
- 냉동반죽의 형상에 따라 저장방법을 다르게 하여 적재량과 작업의 편의성을 키운다.
- 저장제품의 입 · 출고가 용이하게 제품의 저장위치를 정하여 표시하고 시각적으로도 제품을 쉽게 인식할 수 있도록 한다.

② 냉동반죽의 출고관리

- 지정된 출고 양식에 의하여 명시된 제품의 타입 및 수량에 해당되는 제품을 출고한다.
- 담당자는 청구서 기재 내용을 확인하고 이상이 없으면 선입선출에 의한 출고를 한다.
- 출고할 때는 필히 인수자로 하여금 제품의 수령 확인을 받는다.

(6) 냉동반죽 포장관리

① 포장지의 재질과 사용

- 포장지의 재질은 포장지가 냉장 및 냉동 내성이 좋은 것이어야 하는데 일반적

으로 사용하고 있는 폴리프로필렌(polypropylene=PP)의 경우 가격도 저렴하고 투명성도 있으나 내한성이 부족하여 냉동반죽의 포장지로는 적합하지 않다.

- 냉동내성이 강한 포장지인 폴리에틸렌(polyethylene=PE)의 경우 겨울철이나 냉동반죽에 사용하고 있지만 투명도가 좋지 않고 길게 늘어나는 성질이 있어 자동포장지로 사용하면 손실률이 높다.
- 자동포장지에는 무연신 폴리프로필렌필름(cast polypropylene=CPP)과 가로, 세로 두 방향으로 연신한 이축연신 폴리프로필렌필름(oriented polypropylene=OPP)과 폴리에틸렌 라미네이팅 포장지로 대체하여 사용한다.
- 박스로 포장할 경우에는 단열성이 좋고 내습성이 있는 비닐이나 플라스틱으로 도포된 박스를 사용하면 온도차가 큰 하절기에 찌그러지는 것을 최소화시킬 수 있다.
- 내한성의 테이프로 박스에 외부공기가 들어가지 않게 밀봉 차단해야 차량에 적재, 이송, 하차, 점포 냉동고에 입고할 때와 정전 등에 의한 냉동 반죽의 내부 온도의 변화에 대하여 영향을 최소화할 수 있어 안정된 고품질의 빵을 만들 수 있다.

② 포장실 온도
- 냉동 후 반죽의 내부 온도 상승을 최소화하기 위해서는 포장실의 온도를 가능한 낮출 필요가 있다.
- 작업실의 온도가 지나치게 낮아지면 작업의 효율이 좋지 않기 때문에 급속냉동고 출구부분을 칸으로 막아서 작업실과 분리하면 냉기에 의해 포장에 적합한 온도를 유지할 수 있어 시간과 비용을 모두 절약할 수 있다.

(7) 냉동반죽 유통관리
① 냉동반죽의 수송
- 냉동반죽을 운반할 때 저장고에서 운송 차에 옮기는 사이에 온도 변화가 생길 수 있으며 온도 변화의 폭이 클수록 얼음 결정이 커지고 조직의 파괴가 거신나.
- 냉동반죽의 수송 중에도 수송차는 냉동생지 온도 변화를 최소화하기 위해 냉각능력을 갖추어야 한다.

- 냉동반죽 제품의 분류작업도 신속히 하여 표면부분이 해동되어 이스트가 활성화되지 않게 해야 한다.

② 영업장에서의 보관관리

- 베이커리에서 저장하는 냉동고는 냉동반죽을 생산하는 공장과 비교할 때 소형이고 냉각능력이 낮으므로 적당한 양을 보관하고 단기간에 사용해야 한다.
- 제품 분류나 출·입고 시 작업시간을 단축하여 냉동반죽의 온도 변화를 최소화할 수 있도록 노력해야 한다.
- 냉동반죽은 포장된 상태로 받고 쓰고 남은 반죽은 반드시 포장해서 보관하며 냉동고에서 꺼낸 반죽은 가능한 전량 사용하여 다시 냉동되지 않게 한다.

3. 해동 생산하기

(1) 냉동반죽의 해동방법

① 리타더(Retarder) 해동

- 냉동반죽이 필요할 때 사용 전날 리타더에 넣어 해동해서 다음날 사용하는 것이 보통이며 반죽은 해동하여 5℃까지 유지한다.
- 5℃에서 해동된 반죽은 다음 공정으로 즉시 옮겨가지 못하므로 일반 상온상태까지 온도를 상승시키는 복원과정을 거쳐야 한다.
- 해동 시 주의점은 빙결점 이상의 저온에서도 이스트, 밀가루의 효소가 활동을 시작하므로 빠른 작업과 관리가 중요하다.
- 냉동반죽을 해동 후 바로 2차 발효실에 넣으면 발효실 안과 생지 온도차가 크게 나기 때문에 생지 표면이 과도하게 젖어 최종 제품의 껍질에 반점이 생기기 쉬우므로 비닐을 씌운다.
- 실온에 20~30분간 방치하여 생지온도를 상승시키고 2차 발효실에 넣어도 좋다.

② 도우 컨디셔너 해동

- 내부의 온도 및 습도가 자동적으로 조절 가능한 장치의 기계이므로 냉동반죽의 해동부터 굽기 전까지 자동적으로 진행하는 것이 가능하여 새벽

작업 시간을 크게 단축할 수 있어 제과점에서 많이 사용하고 있다.

- 도우 컨디셔너는 안에서 온도를 천천히 상승시키기 때문에 반죽 표면에 과도한 습도가 생기지 않는다.

③ 실온 해동

- 반죽의 비닐을 덮지 않고 해동하면 실온과 반죽온도의 차이가 커지기 때문에 공기 중의 수분이 반죽표면에 응결되어 반죽이 과도하게 젖게 되어 최종제품에 반점이 발생할 수 있으므로 이를 방지하기 위하여 실온해동 중에 반죽표면을 비닐로 감싸 공기 중의 수분이 반죽에 직접 응결하지 않도록 주의해야 한다.

④ 급속 해동

- 급속 해동은 강제적으로 발효실에 넣어 발효시켜서 반죽표면에 수분이 많이 발생하고 이스트의 활동은 불균일하게 되며 반죽은 축 늘어져 제품의 볼륨이나 형태가 망가지게 된다.
- 온도, 습도, 반죽의 상태 등에 세밀히 주의를 기울여 해동하고 가급적 급속 해동은 하지 않아야 한다.

⑤ 전자레인지 해동

- 전자레인지 해동은 전자레인지에 반죽을 넣고 몇 번에 거쳐 짧은 시간(10초 정도) 작동시킨 후 반복하여 해동하는 방법으로 안정성을 기하는 기술적인 보완이 필요하다.

(2) 해동의 조건과 특징

① 수분

- 해동을 할 때 반죽의 표면에 수분은 매우 중요한데 표면이 과도하게 젖으면 오븐에서 터지게 되며 반대로 건조하면 색깔이 나지 않고 반점이 생긴다.
- 해동 시 표면 수분의 적절한 유지를 위해 리타더로 해동하거나 실온에서 해동할 경우 반죽표면에 비닐을 덮어둔다.
- 실온 해동의 경우 비닐을 덮어 해동하면 공기 중의 수분은 비닐 위에 응결되어 반죽이 과도하여 젖지 않게 된다.
- 해동 후에도 비닐을 덮어 건조를 방지하면서 작업을 해야 한다.

② 온도와 시간
- 냉동반죽 시 반죽 표면과 중심부를 가능한 동시에 해동하는 것이 이상적이나 열전도율이 낮기 때문에 반죽 중심부까지 온도를 올리는 데 시간이 걸린다.
- 지나치게 높은 온도에서 해동하면 표면이 발효되어 버리고 발효된 반죽은 이산화탄소에 의해 만들어진 많은 기포를 함유하고 있기 때문에 단열성이 더욱 커져 중심부에 열이 전도되는 데 시간이 더 걸리게 된다.
- 천천히 시간을 두고 실시하되 표면을 마르지 않게 해동해서 구워야 빵의 표면이 거칠지 않고 매끈하다.

(3) 냉동반죽 제품화하기

① 성형하기
- 제품별로 특성에 따라 성형을 하면 되는데 특히 수분의 분포가 불균일해서 성형이 어려울 수 있으므로 조심해서 하고 형태를 일정하게 하는 것이 중요하다.
- 성형 후 패닝은 깨끗한 철판을 사용하여 보관하며 성형이 끝난 반죽은 가능한 빨리 발효실로 옮겨야 한다.

② 발효하기
- 해동 후의 반죽은 여전히 차가우며 이것을 갑자기 38℃의 2차 발효실에 넣으면 반죽과의 온도차가 너무 크므로 비닐로 덮어 실온에서 방치 후 반죽온도가 20℃ 이상이 되면 발효실에 넣는다.
- 발효실의 온·습도는 보통의 빵보다 약간 낮게 온도 30℃, 습도 80%의 조건으로 한다.
- 2차 발효 시간은 반죽의 저장기간 냉동조건 및 해동상황에 따라 조정하여 발효시킨다.

③ 굽기
- 적절하게 주의하여 제조된 반죽은 보통 반죽으로 만든 빵과 같이 굽기하지만 반죽에 냉동장애가 생긴 경우에는 굽기 온도를 조금 낮추면 겉껍질 색깔 및 부피가 보완된다.
- 굽기는 냉동하지 않은 반죽과 비교해서 10% 정도의 낮은 온도로 굽는다.

• 굽기를 할 때 가능하면 오븐의 문을 열지 않아야 빵의 수축을 막을 수 있다.

(4) 냉동제품의 유통과 작업관리

① 배송

- 배송 시 배송차량 온도는 -18℃에 맞춰져 있는지 확인한다.
- 비닐 포장과 제품 상태를 체크한다.
- 제품 표면의 해동상태를 확인한다.

② 보관

- 점포 도착 즉시 -18℃ 이하에서 냉동 보관해야 한다.
- 선입선출이 쉽게 관리한다.

③ 리타딩 해동

- 2~5℃에서 10~20시간 해동 후 사용한다.
- 건조와 고온 해동 시 주의한다.

④ 실온해동

- 냉동 반죽 중심온도가 18℃ 이상 올라가도록 해야 한다.
- 비닐 커버로 건조를 방지해야 한다.
- 상온 해동 부족 시 발효량 및 볼륨 부족 현상이 나타난다.
- 여름철에는 실내온도가 높으므로 시간을 단축하고 겨울철에는 실내온도가 25℃ 이하면 발효실에 넣어서 해동해야 한다.

⑤ 성형

- 제품의 특성에 따라 커터 사용 시 예리한 커터를 사용한다.
- 충전물 온도는 냉동반죽의 온도와 같은 18℃로 한다.
- 작업의 속도는 빠르고 건조되지 않게 한다.

⑥ 2차 발효

- 빵 도넛류는 온도, 습도가 높으면 발효가 빨라 표면이 약해지고 꺼지는 현상이 발생한다.
- 발효실의 온도, 습도는 일반 제품보다 약간 낮게 설정한다.

⑦ 성형 후 전처리

- 프랑스빵은 예리할 칼로 피케처리한다.
- 페이스트리, 크루아상류는 달걀물칠을 한다.

- 조리빵류는 공정에 맞게 토핑물을 토핑한다.

⑧ 굽기

- 오븐의 특징을 파악해서 소형은 고온에서 단시간, 대형은 저온에서 장시간 굽는다.
- 굽기 시간의 전반에는 오븐 문을 열지 않는다.

⑨ 냉각

- 품온이 32~38℃가 되도록 냉각 후 포장한다.
- 페이스트리류와 프랑스빵 및 도넛류는 6시간 이상 지나면 품질이 저하되므로 1일 2~3회 생산하는 것을 원칙으로 한다.

⑩ 판매

- 판매 시 유통기간을 다시 확인한 후에 판매한다.
- 이물질 혼입 여부를 재확인한다.
- 변질여부 확인 후 판매한다.

4-4. 조리빵과 페이스트리

1. 조리빵

1) 조리빵이란?

(1) 조리빵이란 식사 대용을 할 수 있는 빵으로 여러 종류의 샌드위치, 햄버거, 피자, 소시지빵, 크로켓, 채소빵 등과 같이 충전물을 넣거나 토핑하여 제조하며 요즈음 제과점이나 카페 등에서 생산 판매되는 대부분의 빵을 조리빵이라 할 수 있다.

(2) 조리빵의 충전물은 채소와 고기, 치즈, 감자 등과 여러 가지 소스를 혼합하여 맛에 어울리는 식재료를 사용하여 맛을 즐길 수 있게 한다.

(3) 조리빵의 토핑물은 제품의 특성에 맞고 같이 즐길 수 있는 커피 등과 어울리는 식재료를 균형있게 사용하고 또한 눈으로도 즐길 수 있게 장식에 어울리는 재료를 이용한다.

(4) 조리빵은 여러 식재료와의 균형잡힌 혼합이 중요한 포인트이며 원가, 판매가를 감안하여 창의적으로 제품을 개발하여 고객의 입맛에 맞추어야 한다.

2) 조리빵의 충전물

(1) 조리빵의 충전물은 제품을 굽기 전, 후에 제품의 기본 반죽 이외에 추가로 빵 속에 들어가는 식재료를 말한다.

(2) 충전물에는 크림류, 앙금류, 잼류, 버터류, 치즈류, 채소류, 육가공품류, 어류, 시럽류, 견과류 등의 다양한 식재료가 활용된다.

(3) 충전물 가공은 다양한 재료의 다지기, 볶기, 굽기, 삶기, 혼합하기 등을 적절히 수행하여 활용한다.

(4) 충전물을 가공할 때는 재료의 수분량을 고려하여 작업하고 빵 속에서의 수분이 제빵 자체에 어떤 영향을 미칠 것인지를 생각하여 작업한다.

3) 조리빵의 토핑물

(1) 토핑물은 제품을 굽기 전, 후에 제품의 윗면에 사용되는 식재료이며 제품의 얼굴이라 할 수 있으므로 맛은 물론 시각적인 부분에 신경을 써서 제조하여 사용한다.

(2) 토핑물의 재료도 충전물에서 사용하는 다양한 재료를 조합하여 사용할 수 있다. 다만 시각적이고 포장적인 측면 등을 함께 고려하여 재료를 선택하고 조합해서 활용해야 한다.

(3) 조리빵의 충전물 가공 시 주의해야 할 점은 굽기 전 제품에 토핑을 하는 재료이면 빵을 구울 때 타지 않는 재료를 사용해야 하며 굽기 후의 빵 윗면에 토핑하는 재료라면 오염이나 건조, 부패 되지 않게 재료를 전처리하여 사용해야 한다.

4) 조리빵과 소스

(1) 마요네즈와 케첩 : 마요네즈나 케첩은 재료나 용도에 따라 단독으로 쓰이기도 하고 함께 비율을 맞추어 혼합해서 사용하며 충전물이나 토핑에 고르게 쓰인다.

(2) 타르타르 소스 : 삶은 달걀과 양파, 피클, 파슬리를 다져서 넣고 마요네즈와 레

몬즙, 소금, 후추 등으로 간을 하여 만든 소스로 속필링에 다양하게 사용할 수 있다.

(3) 발사믹 소스 : 발사믹 식초, 올리브오일, 허브, 소금, 다진 마늘, 다진 양파, 후추 등을 적당하게 섞어서 사용한다.

(4) 피자 소스 : 토마토 페이스트, 양파, 마늘, 올리브유, 오레가노, 화이트와인, 소금, 후추 등을 이용하여 만드는 소스로 피자나 다른 피자빵류에 많이 사용되고 있다.

(5) 머스터드 소스 : 마요네즈와 머스터드, 카망베르 치즈, 피클, 양파 등을 잘 섞어 사용하며 필요에 따라서는 꿀을 넣어 허니머스터드 소스로 사용한다.

(6) 데리야끼 소스 : 생선이나 닭고기를 볶아서 사용할 수 있는 소스로 간장, 미림, 술 등을 섞어서 재료와 함께 볶아서 빵 속재료로 사용할 수 있다.

(7) 바질 소스 : 양파, 토마토, 올리브오일, 건조 바질, 바질 페이스트, 발사믹 식초를 섞어서 사용한다.

(8) 갈릭 소스 : 마늘, 마요네즈, 유지류로 버터나 올리브오일을 14g 넣어서 만든다. 허니갈릭 소스는 갈릭 소스에 벌꿀을 추가해서 만들 수 있고, 머스터드를 추가해서 머스터드 갈릭 소스를 만들어서 사용할 수 있다.

5) 조리빵 정형하기

(1) 밀기 : 분할 후 둥글리기를 하여 중간발효가 끝난 반죽을 말거나 늘이기 좋은 상태로 밀어 펴는 것으로 밀대를 사용하여 일정한 힘으로 눌러 밀어 편다. 밀기는 반죽 속에 기포로 형성된 공기를 빼내고 반죽 내의 기포를 재정돈하여 균일하게 하기 위하여 제품의 기포를 고르게 하는 역할을 한다. 밀기는 제품과 작업 환경에 따라 기계를 사용하는 경우가 있는데 수평으로 위아래에 달린 두 개의 롤러 사이의 간격을 조절하고 반죽을 통과시켜 작업한다. 이때 얇게 밀어 펴는 밀기 작업이라면 두께의 조절은 나누어서 여러 번에 걸쳐 작업을 한다.

(2) 말기 혹은 싸기 : 조리빵은 보통 충전물을 속에 넣고 만드는데 충전물의 종류와 전처리의 가공상태에 따라 말기 혹은 싸기를 한다. 얇게 밀어 편 반죽에 적당한 압력을 주면서 고르게 균형을 맞추어 말거나 접기를 할 때는 손바닥이나 손가락 끝을 이용해 단단히 말아서 완성한다. 싸기나 말기를 할 때 충전물은 반

죽의 가운데에 들어가서 고른 두께로 싸지게 하는 것이 포인트이다.

(3) 봉하기 : 말기나 싸기가 끝난 반죽의 마무리 부분을 이어 붙이는 작업으로 잘 붙이기 위해 지나치게 반죽을 당기게 되면 고른 두께로 싸진 반죽의 균형이 무너져서 어느 한 부분이 얇아질 수 있으므로 주의하여 작업한다. 이음매 부분은 팬이나 틀의 바닥 부분으로 놓이게 된다. 2차 발효 시 반죽이 부풀거나 굽기 과정에서 터지는 현상이 발생되지 않도록 이음매 부분을 단단하게 마무리한다. 이음매가 단단하지 못하면 조리빵에서는 속충전물이 새어나올 수 있다.

(4) 토핑 : 조리빵의 토핑과정은 중요한 과정 중의 하나라고 할 수 있는데 2차 발효 이후에 토핑하여 굽는 제품이 대부분이다. 토핑물은 올리기 전 전처리 과정이 필요할 수도 있으며 제품을 굽거나 튀긴 후의 변화되는 여러 가지 변수를 생각해서 토핑을 해야 한다. 특히 포장을 해야 하는 제품이라면 포장상황을 생각해서 결정해야 한다.

6) 조리빵의 익힘관리

(1) 굽기 : 조리빵의 굽기는 충전물의 수분함량 여부에 따라 일반적인 빵과 구분하여 온도를 조절해서 구워야 할 것이며, 윗면에 토핑물이 올라가 있다면 토핑물의 종류에 따라 적당한 굽기온도를 설정해서 구워야 한다.

(2) 튀기기 : 튀김 조리빵은 충전물의 수분함량에 따라 튀김 시간을 충분히 줄 필요가 있으며 튀김 제품의 충전물 제조 시에도 튀김을 고려한 속충전물의 전처리가 필요할 수도 있다.

7) 조리빵 완성하기

(1) 냉각하기 : 빵의 냉각은 유해 미생물에 피해를 입지 않게 하기 위하여 적당한 온도와 습도가 유지되는 상태까지 해야 한다.

(2) 마무리 : 적당하게 냉각된 조리빵은 충전물이나 토핑물을 첨가하여 마무리 작업을 한다. 또한 일정한 온도와 습도가 유지된 상태에서 유해 미생물의 번식을 억제하는 범위에서 포장해야 한다.

2. 페이스트리

1) 페이스트리란?

(1) 페이스트리는 일반적으로 배합비와 성형 방법 등에 따라 데니시 페이스트리와 크루아상으로 분류할 수 있다

(2) 데니시 페이스트리는 덴마크 버터를 충전용 유지로 사용하여 데니시로 불리며 크루아상은 프랑스인들의 아침 식사 메뉴로 많이 이용되던 빵이다.

(3) 페이스트리 반죽에서 층층의 결 형성을 위해 충전용 유지뿐 아니라 배합률, 반죽 방법, 충전용 유지의 가소성, 밀어 펴기 기술 등을 고려해야 하며 충전용 유지의 되기를 고려하여 반죽 온도는 20℃ 정도가 되도록 한다.

(4) 작업실의 온도가 높으면 반죽 온도가 높아지고 연계되는 충전용 유지를 넣고 밀어 펴는 과정에서 작업에 지장을 주므로 작업실의 온도에 주의하여 낮게 설정하고 반죽은 모든 재료를 한번에 혼합하는 직접법을 주로 사용한다.

2) 페이스트리 반죽하기

(1) 밀어 펴기와 접기 과정을 2~3번 반복하여야 하므로 글루텐이 많이 형성되는 것에 주의하여 반죽의 혼합 정도가 지나치지 않도록 클린업 단계 후기나 발전 단계 초기까지 반죽한다.

(2) 저배합의 반죽은 고배합의 반죽에 비하여 혼합 시간을 약간 짧게 하며 반죽 온도를 20℃로 하여 반죽 온도가 높아지면 충전용 유지와의 온도차로 밀어 펴는 작업에 지장을 주지 않도록 해야 하며 혼합이 완료된 반죽은 표면이 건조되지 않도록 하여 휴지, 발효시킨다.

(3) 반죽을 비닐에 싸서 냉장고에서 냉각시키거나 사각형으로 얇게 밀어 펴서 -20℃ 정도의 냉동고에서 적당한 시간 냉각시켜서 충전용 유지의 싸기 작업을 한다.

3) 충전용 유지 넣기

(1) 이스트를 사용하지 않은 과자 반죽인 퍼프 페이스트리는 유지층에 의해서만 팽창되므로 반죽에 대한 충전용 유지를 약 50% 이상 사용하지만 데니시 페이

스트리는 유지층뿐만 아니라 이스트에 의해 팽창되기 때문에 퍼프 페이스트리에 비하여 비교적 적은 양의 충전용 유지를 사용한다.

(2) 일반적으로 데니시 페이스트리의 반죽에 사용하는 충전용 유지는 20~30% 정도인 데 비하여 크루아상은 30~40% 정도로 비교적 충전용 유지의 양이 많으나 제품의 종류와 특성에 따라 다르게 적용할 수 있다.

(3) 냉장 휴지가 완료된 반죽에 적당한 덧가루를 사용하여 사각형으로 반죽의 두께가 일정하도록 밀어 펴야 하며 휴지가 부족한 반죽에 무리하게 밀어 펴기를 하는 경우 반죽에 손상을 주고 작업성이 떨어지므로 충분히 휴지시킨 반죽을 이용한다.

(4) 충전용 유지는 가소성이 높으므로 충전용 유지가 너무 단단하면 밀어 펴기 작업 중 반죽이 손상되거나 유지가 깨어질 수 있고 너무 부드러우면 충전용 유지가 반죽 밖으로 흘러나와 바람직한 결이 형성되지 않으므로 충전용 유지의 되기는 반죽과 비슷하거나 약간 더 되직한 것이 좋다. 따라서 충전용 유지의 되기를 조절해서 사용해야 한다.

(5) 데니시 페이스트리와 크루아상에서 충전용 유지를 감싼 반죽을 밀어 펴서 접는 방법은 3겹 접기가 일반적이다.

(6) 반죽의 3겹 접기가 완성되면 표면이 마르지 않도록 하여 반죽 손상과 신장성 회복을 위해 냉장고로 옮겨 30분 정도 휴지를 준다.

4) 페이스트리 정형하기

(1) 데니시 페이스트리 : 페이스트리 반죽을 밀어 펴기 한 다음 제품의 종류와 특성 및 제품의 크기에 따라 재단하여 다양한 페이스트리 제품의 형태를 만들 수 있는데 마지막 밀어 펴기에서 일정한 두께가 되어야 균일한 제품 생산이 가능하다. 형태에 따라 바람개비형, 포켓형, 턴오버형, 브레첼형, 달팽이형, 빨미까레, 몽블랑, 크러핀, 페이스트리 식빵 등 다양한 형태의 정형이 가능하다.

(2) 크루아상의 반죽은 밀대나 파이 롤러를 이용하여 보통은 0.3cm 정도의 두께로 밀어 펴기를 하고 가로 10cm 내외, 세로 20cm 내외의 이등변 삼각형 모양으로 날카로운 칼을 이용하여 한번에 재단해야 하며 크루아상의 고유 모양으로 정형한다.

5) 페이스트리 충전물과 토핑물

(1) 충전물 : 페이스트리에서 충전물은 성형을 할 때나 굽기 전후에 사용할 수 있으며 페이스트리 정형 공정에 커스터드크림 및 각종 크림과 과일류 및 잼 등이 사용되며 수분이 많은 퓌레 및 잼, 생과일 등의 식재료는 수분이 바삭한 식감을 저해하는 요인이 되므로 사용하지 않도록 한다.

(2) 토핑물 : 페이스트리에서 토핑물은 일반적으로 굽기 전후에 반죽이나 제품의 윗면에 얹거나 뿌리는 것으로 제품의 식감 및 상품성을 돋보이게 하는 슈거파우더, 혼당, 초콜릿, 너트류 등은 사용한다.

6) 페이스트리 2차 발효

(1) 페이스트리를 2차 발효할 때는 상당히 유의해야 하는데 일반적인 빵에 비해 약간 부족한 상태인 완제품 부피의 70~80% 정도까지 팽창시킨다.

(2) 2차 발효가 부족하면 완제품의 부피가 작으며 내부 색이 어둡고 딱딱한 결이 되어 식감을 저해시키며 2차 발효가 과다한 경우에는 부피가 큰 반면 조직이 약하고 부스러지기 쉬우며 거친 조직을 갖게 된다.

7) 페이스트리 굽기

(1) 페이스트리 반죽은 제품의 크기가 작거나 2차 발효가 지나친 경우는 오븐을 190~220℃의 다소 높은 온도에서 굽기를 해야 바삭한 크러스트가 형성되며 오븐의 온도가 지나치게 높으면 팽창이 억제될 수 있고 속이 익지 않은 상태에서 껍질 색만 진하게 될 수 있다.

(2) 오븐의 온도가 지나치게 낮은 경우 과도하게 팽창하고 껍질 형성이 늦어지면서 충전용 유지가 녹아 제품의 결이 없어지면서 부피가 작게 된다.

4-5. 고율배합빵과 저율배합빵

1. 고율배합빵

1) 고율배합빵이란?

(1) 밀가루, 소금, 이스트, 물은 빵의 필수 재료라 할 수 있는데 필수재료 외의 부재료인 버터, 설탕, 달걀 등의 비율이 전체 중량 대비 약 25% 이상 함유된 빵을 말한다.

(2) 고율배합빵은 리치브레드(Rich Bread)라고도 불리며 빵을 주식으로 하는 서양보다는 동양인이 즐겨 먹는 빵이라 할 수 있다.

(3) 부재료의 비율은 단과자빵의 경우 25%, 파네토네, 구겔호프, 슈톨렌, 브리오슈 등의 경우에는 40% 이상 첨가되는 것이 일반적이며 브리오슈는 유지의 단독 함량이 30% 이상 되는 반죽으로 부드러움이 빵과 과자의 중간이라 할 수 있다.

2) 고율배합빵의 반죽 특성

(1) 유지, 달걀, 설탕 등을 많이 사용하는 고율배합빵 반죽은 수분과 유지의 함유량이 많은 식재료가 반죽 속에 포함되므로 필수 재료만으로 반죽을 한 저율배합빵의 반죽에 비하면 상당히 부드러운 성질을 나타낸다.

(2) 반죽에 유지, 달걀 등의 부재료가 많이 들어가면 반죽의 유동성이 좋아지고 부드러워져 저장성이 높아지며 식감을 좋게 한다.

(3) 반죽에서 많은 유지 첨가로 인해 다른 재료와의 혼합 시간이 길어지는 단점이 있지만 다른 재료와 유지의 혼합 자체를 잘 되게 하고 반죽 시간의 단축을 위해 유지를 나누어 넣어서 반죽할 필요가 있다.

(4) 고배합 반죽은 반죽이 진 경우기 많이 반죽 시간이 길어질 수 있으며 반죽 자체가 부드러우므로 글루텐의 형성 여부를 판단하여 반죽 완료 시점에 주의하여 판단하고 반죽 시간도 고려하여 반죽 속도의 조절이 필요할 수도 있다.

3) 고율배합빵의 1차 발효

(1) 고율배합의 1차 발효 시 발효실의 조건은 27℃, 습도 75% 정도가 적당하고, 반죽이 끝난 부피의 2~2.5배 정도 팽창했을 때가 가장 이상적이다.

(2) 항상 발효 시간보다는 발효 상태로 파악할 수 있어야 한다.

(3) 1차 발효를 2시간 이상 하는 경우에는 반죽 속에 이산화탄소가 가득하게 되는 1시간 발효 전후에 펀치를 해야 하는데 그 목적은 이산화탄소를 빼고 신선한 공기를 반죽 속에 넣어 이스트의 활성을 촉진시키고 반죽 온도를 균일하게 유지하여 발효 속도를 균일하게 하기 위함이다.

(4) 브리오슈 등의 유지가 많이 들어가는 고율배합빵은 발효실의 온도와 습도를 다른 빵에 비하여 약간 낮게 설정해서 유지가 녹아 반죽 밖으로 흘러나오지 않게 한다.

4) 고율배합빵의 정형

(1) 분할, 둥글리기, 중간발효, 성형, 패닝의 공정을 거쳐 제품이 모양을 잡아 가는 동안 가장 중요한 것은 저율배합빵에 비하여 손으로 오래 작업하여 유지 등이 흘러나오지 않도록 단시간 내에 작업해야 한다.

(2) 고율배합빵은 반죽 자체가 진 반죽이 많으므로 정형공정 중 덧가루를 많이 사용하게 되는 경우에 조심해야 한다. 덧가루는 전분의 호화와 관계되므로 수분을 충분히 먹지 않은 덧가루가 제품에 많이 남게 되면 식감이 좋지 않아지기 때문이다.

(3) 둥글리기는 둥글리기한 표면이 최종 제품의 겉껍질이므로 지나치게 힘을 가하지 않고 매끈하게 관리해야 하며 특히 유지가 많이 들어가는 제품은 빠르게 손에서 작업이 이루어져야 한다.

(4) 성형하기 전 약간의 휴지 타임을 주는 중간발효 시간에는 마르지 않게 관리하는 것이 중요하다.

(5) 성형은 밀기, 말기, 봉하기 등의 방법을 통해 제품의 특성과 모양에 맞게 작업을 하는데 모양을 잡기 위해 오랫동안 손에서 머물지 않도록 작업하는 것이 중요하다.

(6) 패닝의 경우 고율배합빵은 고유의 틀을 이용하지 않는 철판에서 굽는 빵 종류들은 간격과 크기, 같은 모양으로 고르게 만들어 같은 팬에서 패닝이 이루어져야만 고르게 열을 받아 고르게 익는다.

5) 고율배합빵 2차 발효

(1) 2차 발효는 고온 다습한 곳에서 발효를 진행하는 것이 보통이지만 고율배합빵에서 약간 주의해야 하는 것은 유지가 많이 들어가는 브리오슈 제품은 약간 저온저습으로 발효해야 한다는 것이다.

(2) 발효실의 습도가 너무 낮으면 제품의 면이 거칠어지고 반죽의 껍질막이 두껍게 되어 오븐 스프링이 좋지 않게 되고 최종제품의 겉껍질이 부드럽지 못하여 식감이 좋지 않을 수 있다.

(3) 발효실의 습도가 너무 높으면 지나치게 부풀면서 구웠을 때 겉껍질과 속이 분리될 수 있으므로 습도의 조절을 적당하게 한다.

6) 고율배합빵 굽기

(1) 고율배합빵은 저율배합빵에 비하여 낮은 온도로 굽는다.

(2) 크기가 큰 고율배합빵은 크기가 작은 고율배합빵보다는 낮은 온도로 구워야 한다.

(3) 작은 빵은 윗불이 높고 아랫불을 낮게 하여 굽고 큰 빵이나 틀에 담아 굽는 빵은 윗불이 낮고 아랫불을 높게 하여 굽는다.

(4) 고율배합빵은 잔당의 여부에 따라 캐러멜화 반응이 달라질 수 있으므로 껍질색에 유의하면서 굽는다.

(5) 고율배합빵은 속충전물을 많이 넣고 만드는 제품이 많으므로 필링의 종류에 따라 굽기의 온도와 시간을 조절해야 하며 시간적인 의미보다는 익은 상태로 파악할 필요가 있다.

2. 저율배합빵

1) 저율배합빵이란?

(1) 밀가루, 소금, 이스트, 물은 빵의 필수 재료라 할 수 있는데 필수 재료만으로 만드는 빵을 보통은 저율배합빵, 하드계열빵, 유럽빵으로 부른다.

(2) 저율배합빵은 린브레드(Lean Bread)라고도 불리며 빵을 주식으로 하는 서양인이 즐겨 먹는 빵이라 할 수 있다.

(3) 부재료인 버터, 달걀, 설탕 등이 아주 적게 들어가는 빵도 저율배합빵이라 할 수 있다.

(4) 바게트(Baguette), 호밀빵(Rye Bread), 캄파뉴(Campagne), 치아바타(Ciabatta), 포카치아(Focaccia) 등의 하드계열 유럽빵이 대표적이다.

2) 저율배합빵의 반죽 특성

(1) 유지, 달걀, 설탕 등이 거의 들어가지 않는 저율배합빵 반죽은 유지의 함유량이 많은 고율배합빵 반죽에 비하여 거칠고 끈적거림이 있을 수 있다.

(2) 저율배합빵의 발효종법은 크게 중종법, 발효종법, 액종법, 사워종법, 자연 발효법 등으로 불리는데 발효종법은 주로 저율배합 반죽의 글루텐 강화와 풍미 개선 등을 목적으로 한 반죽법이다.

(3) 발효종법의 경우 발효 시간이 길고 짧음은 설정이 가능하며 발효종의 비율이 높을수록 반죽은 연화되어 부피가 작거나 과도한 산화로 인해 풍미가 약해질 수 있다.

(4) 저율배합빵은 전분의 분해와 호화를 위해 오토리즈(Autolyse) 반죽법을 통해 전분을 충분한 시간 동안 자가분해시킨 후에 반죽하는 법이 있으며 처음 밀가루 반죽에 수분의 양을 많게 해서 미생물의 활동을 증식시켜 효모에 활력을 주는 폴리시(Polish) 반죽법이 사용되기도 한다.

3) 저율배합빵의 1차 발효

(1) 저율배합 1차 발효의 발효실의 조건은 28℃, 습도 80% 정도가 적당하고 2시간

에서 3시간의 고율배합빵에 비하여 장시간 발효하는 것이 필요하다.

(2) 장시간의 발효가 필요한 이유는 설탕 등의 탄수화물이 들어가지 않아 전분을 맥아당으로 분해하여 다음 분해가 원활하게 이루어지는 시간이 필요하기 때문이다.

(3) 저율배합빵 역시 항상 발효 시간보다는 발효 상태로 파악할 수 있어야 한다.

(4) 저율배합빵은 대부분 1차 발효 시에 펀칭을 하게 되는데 그 목적은 이산화탄소를 빼고 신선한 공기를 반죽 속에 넣어 이스트의 활성을 촉진시키고 반죽 온도를 균일하게 유지하여 발효 속도를 균일하게 하기 위함이다.

(5) 저율배합빵을 만들 때 이스트양을 줄이고 묵은 반죽이나 발효종을 사용한 반죽법과 저온으로 장시간 발효하여 저율배합빵을 만드는 것이 보편화되고 있다.

(6) 장시간 발효로 빵을 만들면 전분의 완전한 분해가 이루어져 풍미가 구수하며 위에 부담을 주지 않고 보통의 빵에 비하여 노화도 천천히 진행된다.

4) 저율배합빵의 정형

(1) 분할, 둥글리기, 중간발효, 성형, 패닝의 공정을 거쳐 제품이 모양을 잡아 가는 동안 가장 중요한 것은 고율배합빵에 비하여 손에서 오래 작업할 수 있다는 점이다.

(2) 반죽을 분할할 때 너무 작게 여러 번 잘리면 글루텐이 파괴되고 둥글게 말기 어렵고 반죽이 끊어지기 쉬우므로 되도록 적은 횟수로 분할하며 분할시간이 길어지면 반죽의 온도가 낮아지고 지나치게 발효되므로 주의한다.

(3) 둥글리기는 둥글리기한 표면이 최종 제품의 겉껍질이므로 지나치게 힘을 가하지 않고 매끈하게 관리해야 하며 둥글리기는 반죽의 발효 정도, 반죽의 종류, 크기 등에 따라 둥글리는 방법이 다르므로 둥글리기의 강도도 조절해야 한다.

(3) 벤치타임이라고도 하는 중간발효는 마르지 않게 관리하여 다음 공정인 성형공정을 쉽게 한다.

(4) 성형은 빵의 길이와 형태를 빵의 종류에 따라 다양한 모양으로 만드는 과정으로 반죽과 사용 목적에 따라 성형의 세기를 조절하여 속기공의 크기를 조절하며 대개 저율배합빵은 고율배합빵에 비해 약한 힘으로 성형한다.

(5) 반죽 상태에 따라 성형을 너무 세게 하면 빵 반죽에 무리가 가서 반죽이 찢어지

거나 끊어지고 신장성이 부족하여 빵이 파열되기도 한다.

(6) 저율배합빵은 대부분 오븐에 직접 굽기 때문에 덧가루를 뿌린 광목천 위에 팬 닝하는 경우가 많다. 광목천에 반죽이 달라붙지 않도록 덧가루를 충분히 뿌리고 주름을 잡아서 성형한 반죽을 주름 사이에 패닝한다.

(7) 철판을 사용할 경우 기름이나 유지를 팬 위에 바르고 패닝하며 바네통(발효 바구니)을 사용하여 패닝할 경우에는 덧가루를 넉넉히 뿌리고 이음매가 위로 가도록 한다.

5) 저율배합빵 2차 발효

(1) 정형한 반죽은 그대로 구우면 작은 부피의 기공이 없고 부드럽지 못한 단단한 조직의 빵이 되고 과다하게 발효되면 반죽이 가스를 보존하지 못하여 가스가 새고 주저앉게 된다.

(2) 2차 발효의 조건은 고온 다습한 곳에서 발효를 진행하는 것이 보통이지만 저율 배합빵에서는 약간 주의해야 하는 것이 보통의 제빵 제품보다 약간 저습으로 발효해야 한다는 것이다.

(3) 2차 발효 완료는 보통 반죽이 2배 정도 부풀어오르고 손가락으로 살짝 눌러보아 손가락 자국 상태가 그대로 원형을 유지하는 것으로 구별할 수 있다.

(4) 철판을 사용한 경우 팬을 살짝 쳐서 반죽이 흔들리는지 볼 수 있고, 발효 바구니를 사용할 경우 반죽이 발효 바구니의 90% 정도 부풀면 발효가 완료된다.

6) 저율배합빵 굽기

(1) 저율배합빵은 고율배합빵에 비하여 높은 온도로 굽는다.

(2) 오븐에 넣기 전에 필요한 공정인 쿠프를 넣거나 달걀물 바르기, 토핑하기 등을 하며 오븐에 넣고 스팀을 주어 굽는 것이 대부분이다.

(3) 쿠프를 하는 방법은 쿠프 나이프나 면도칼 등을 이용하여 반죽 표면에 껍질을 벗기듯이 칼을 15도 정도 기울여서 칼집을 넣는데 빵의 종류와 크기에 따라 다양한 모양이 있다.

(4) 쿠프를 넣으면 반죽 전체가 고르게 부풀어올라 완성된 빵의 모양이 좋아지며 먹음직스럽게 된다.

(5) 스팀은 빵을 구울 때 오븐의 열로 반죽이 말라 굳는 것을 늦추고 빵의 볼륨을 만들어주며 빵의 표면이 얇아지며 광택이 나도록 한다.

(6) 저율배합빵은 오븐 안에서 급격한 팽창이 일어나기 위한 유동성이 부족하기 때문에 스팀을 넣어 수분을 공급하면 표면이 마르는 시간을 늦춰 오븐 스프링이 일어나기 쉽게 된다.

(7) 댐퍼는 오븐 속의 증기를 조절하는 장치를 말하며 댐퍼를 열어서 오븐 속의 증기를 빼서 습도와 온도를 조절할 수 있다.

(8) 저율배합빵을 구울 때 굽기 완료 전에 댐퍼를 열어 증기를 빼면 오븐 속이 마르면서 빵의 겉껍질을 단단하게 하여 빵이 처지는 것을 방지해 주고 저율배합빵 특유의 겉은 딱딱하고 속은 부드러운 식감을 만든다.

Memo

제5장 위생안전관리

위생안전관리

제5장

5-1. 개인 위생안전관리

1. 식품위생

1) 「식품위생법」

(1) 제1조(목적)

이 법은 식품으로 인하여 생기는 위생상의 위해(危害)를 방지하고 식품영양의 질적 향상을 도모하며 식품에 관한 올바른 정보를 제공하여 국민보건의 증진에 이바지함을 목적으로 한다.

(2) 제3조(식품 등의 취급)

① 누구든지 판매(판매 외의 불특정 다수인에 대한 제공을 포함한다. 이하 같다)를 목적으로 식품 또는 식품첨가물을 채취·제조·가공·사용·조리·저장·소분·운반 또는 진열을 할 때에는 깨끗하고 위생적으로 하여야 한다. ② 영업에 사용하는 기구 및 용기·포장은 깨끗하고 위생적으로 다루어야 한다. ③ 제1항 및 제2항에 따른 식품, 식품첨가물, 기구 또는 용기·포장(이하 "식품등"이라 한다)의 위생적인 취급에 관한 기준은 총리령으로 정한다. 〈개정 2010.1.18., 2013.3.23.〉

(3) 「식품위생법」 제40조(건강진단)

　① 총리령으로 정하는 영업자 및 그 종업원은 건강 진단을 받아야 한다.

　② 건강 진단을 받은 결과 타인에게 위해를 끼칠 우려가 있는 질병이 있다고 인정된 자는 그 영업에 종사하지 못한다.

　③ 영업자는 제1항을 위반하여 건강 진단을 받지 아니한 자나 제2항에 따른 건강 진단 결과 타인에게 위해를 끼칠 우려가 있는 질병이 있는 자를 그 영업에 종사시키지 못한다.

(4) 시행규칙 제49조(건강진단 대상자)

　① 건강 진단을 받아야 하는 사람은 식품 또는 식품첨가물(화학적 합성품 또는 기구 등의 살균·소독제는 제외한다)을 채취·제조·가공·조리·저장·운반 또는 판매하는 일에 직접 종사하는 영업자 및 종업원으로 한다. 다만, 완전 포장된 식품 또는 식품첨가물을 운반하거나 판매하는 일에 종사하는 사람은 제외한다.

　② 제1항에 따라 건강 진단을 받아야 하는 영업자 및 그 종업원은 영업 시작 전 또는 영업에 종사하기 전에 미리 건강진단을 받아야 한다.

(5) 영업에 종사하지 못하는 질병의 종류

　① 「감염병의 예방 및 관리에 관한 법률」에 따른 제1군 감염병(장티푸스)

　② 「감염병의 예방 및 관리에 관한 법률」에 따른 결핵(비감염성인 경우는 제외)

　③ 피부병 또는 그 밖의 화농성질환

　④ 후천성면역결핍증(성병에 관한 건강 진단을 받아야 하는 영업에 종사하는 사람만 해당)

2) 개인위생안전관리 지침서

(1) 개인위생안전관리란 작업자의 소지품, 수염, 머리카락, 매니큐어와 화장, 손톱, 피부 상처 등으로 인하여 식품에 위해를 일으킬 수 있는 것을 예방하고 위생복, 위생모, 장갑, 앞치마, 마스크 등의 위생 상태를 관리하는 것을 말한다.

(2) 식품을 다루는 이들의 위생관념은 그 어느 때보다 신중하고 비중이 높게 대두되고 있다. 위생을 관리·감독하는 기관도 식약처, 시, 구 위생과를 비롯하여

민간단체에서도 적극적인 단속과 지도 계몽을 하고 있다.

(3) 실제 식품을 다루는 제과사와 요리사는 생각지도 못한 부분에서 오염의 대상이 되는 경우가 많으므로 하나하나 관심을 가지고 살펴야 한다. 대부분의 식중독을 비롯한 식인성 병해는 식품취급자에 의하여 발생하는 경우가 많으므로 개인위생안전관리에 철저를 기해야 한다.

(4) 식품만큼은 어떤 일이 있어도 안전하고 위생적으로 공급해야 한다는 마음가짐 없이는 일하기 어려운 것이 사실이므로 위생과 식품안전에 대하여 끊임없는 노력이 필요하다.

(5) 작업장의 출입구에는 개인위생관리를 위한 세척, 건조, 소독 설비를 하여 개인위생관리 설비를 갖추고 입출입 시 반드시 사용하게 한다.

(6) 청결구역과 일반구역별로 각각 출입기준, 복장기준, 세척 및 소독 기준 등을 포함하는 위생수칙을 정하여 관리한다.

(7) 식품 및 식재료 등의 근처에서 재채기를 하거나, 차를 마시고 껌을 씹는 것, 담배를 피우는 것, 싱크대에서 손 씻기, 장갑을 허리에 차기, 옆 사람과 잡담하기, 면장갑만 착용 후 조리하기, 조리장 바닥에 침 뱉기, 행주로 땀 닦기, 조리 중 껌 씹기 등은 제품에 오염을 일으키는 요소가 될 수 있다.

(8) 맛을 보아야 할 때는 적당량의 음식물을 개별 접시에 덜어내어 깨끗한 스푼을 이용하여 맛을 봐야 한다.

❖ 개인위생안전관리 지침서

개인위생	• 매니큐어, 인조손톱 불가(이물 발생 가능) • 3mm 이상의 손톱 및 손톱 밑에 낀 이물질 확인 • 작업자 수염이 1cm 이상 • 기타 질병자(감기, 눈병) • 휴대폰 사용 후 반드시 손을 세척한 후 작업한다.
위생모, 위생화	• 작업장에서는 누구나 위생모, 위생화를 착용
위생복	• 평상복이 아닌 밝은색의 정해진 복장 • 업체 로고가 박힌 통일된 복장 가능
맨손작업	• 청결 구역 및 작업 특성에 따른 위생마스크 착용 • 집게, 위생장갑 사용 – 빵 포장, 김밥, 초밥, 회, 샌드위치, 도시락 작업 시
손 상처	• 화상, 자상, 골절 등으로 인한 dressing 및 깁스, 이로 인한 손 세척 불가 시

개인용 장신구	• 작업장 내 개인용 장신구 착용불가 – 시계, 팔찌, 귀걸이, 귀찌, 목걸이, 피어싱, 반지, 묵주, 휴대폰, 라이터, 담배 등 • 생물학적 위해 가능 – 귀걸이 염증, 팔찌/시계 등 틈 사이에 이물고정으로 인한 오염 – 더운 작업장에서 목걸이의 이물감에 따른 잦은 손 접촉에 의한 오염
구성원 관리	• 주방 및 판매직 종업원에 대한 건강진단 실시(1년에 1회) • 식품매개 질병 보균자나 전염성 상처나 피부병, 염증, 설사 등의 증상을 가진 종업원은 식품을 직접 제조 · 가공 또는 취급하는 작업 금지
기타	• 작업장 출입자(방문객 포함)는 규정된 복장을 착용하고 정해진 개인위생 수칙과 이동 동선에 따라 출입 • 작업장 내의 지정된 장소 이외에서 음식물 등(식수를 포함)의 섭취 또는 비위생적인 행위 금지 • 작업 중 오염 가능성이 있는 물품 등과 접촉하였을 경우 세척, 소독 등 필요한 조치를 취한 후 작업 실시

❖ 개인위생검사규격 : HACCP 자료 참고

검사방법	항목별로 적당한 면적을 면봉 및 거즈에 멸균 식염을 묻혀 표면을 닦아 일반배지 또는 페트리 필름에 배양				
	일반세균	대장세균	황색포도상구균	주기	기록관리
• 손에 상처 없어야 함 • 손톱이 짧고 깨끗함 • 장갑을 낀 상태에서 청결 • 앞치마, 위생복 착용상태에서 청결하고 이물질 없어야 함	10^4cfu/㎠ 이하	음성	음성	기준수립 시 검증 시	작업자 위생검사 성적서

3) 손 세척

(1) 손 소독기준

① 손 세척은 교차오염의 방지를 위해 주방 종업원이 지켜야 할 가장 중요한 지침 중 하나이다.

② 손 세척 후 손의 물기를 앞치마나 위생복에 문질러 닦지 않는다.

③ 손 세척을 위해 작업자가 잘 보이는 곳에 올바른 손 세척방법 등에 대한 지침이나 기준을 게시해야 한다.

❖ 손 세척 또는 소독 기준 : HACCP 자료 참고

대상	부위	세척 또는 소독방법	도구	주기	담당자
작업자	손	• 온수를 사용하여 비누거품을 내어 30초간 팔, 손, 손가락 사이를 문질러 닦음 • 손톱브러시로 손톱 사이를 문지름 • 흐르는 물에 세척 • 건조(휘발성 소독제의 경우) • 소독제 사용 분무, 소독	비누 손톱브러시 소독수	1회/일	작업자

(2) 손 세척 시 유의사항

① 위생적인 손 세척을 위하여 합리적인 방법의 선택, 적절한 세제, 살균·소독제의 선택 및 사용이 중요하다.

② 고형비누보다는 액상비누가 더욱 효과적이며 액상비누의 경우 3~5ml 정도로 충분하다.

③ 세척 시 비누, 세정제, 항균제 등과 충분한 시간 동안 접촉할 수 있어야 한다(30초 이상).

❖ 올바른 손 세척방법

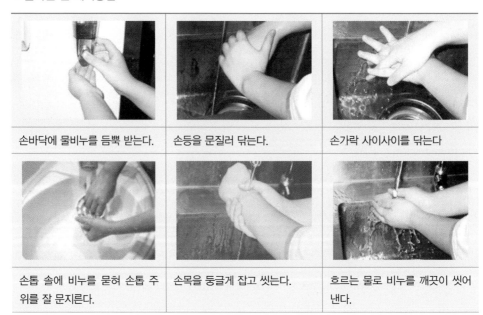

손바닥에 물비누를 듬뿍 받는다.	손등을 문질러 닦는다.	손가락 사이사이를 닦는다
손톱 솔에 비누를 묻혀 손톱 주위를 잘 문지른다.	손목을 둥글게 잡고 씻는다.	흐르는 물로 비누를 깨끗이 씻어낸다.

물기를 털어내고, 반드시 종이타월로 닦는다.	양 손바닥과 손등에 소독용 알코올을 분사한다.	알코올이 마를 때까지 양손을 잘 비빈다.

(3) 효율적인 손 세척방법

① 손을 따뜻한 물(43℃ 내외)에 담근다.

② 손톱 솔을 이용하여 손끝과 손톱 밑부분 및 주변을 세심하게 솔질한다(10초 이상).

③ 3ml 정도의 비누를 손에 묻혀 골고루 도포하여 격렬하게 문질러 거품을 낸다(30초 이상).

④ 손가락 사이와 손톱 사이도 문지른다.

⑤ 비누거품을 흐르는 따뜻한 물로 잘 헹군다.

⑥ 소독액을 몇 방울 손에 묻혀 문지른다.

⑦ 소독액을 물로 잘 헹군다.

⑧ 온풍건조기나 깨끗한 종이타월로 충분히 건조한다.

(4) 손 세척과 소독을 모두 행해야 할 경우

① 작업 전 및 화장실 사용 후

② 식품과 직접 접촉하는 작업 직전

③ 생식 육류, 어류, 난류 등 미생물의 오염원으로 우려되는 식품 등과 접촉한 후

④ 미생물 등에 오염되었다고 판단되는 기구 등에 접촉한 경우

⑤ 오염작업 구역에서 비오염작업 구역으로 이동하는 경우

⑥ 이상의 경우 이외에도 작업 중 2시간마다 1회 이상 실시

(5) 손 세척용 세제, 소독제

① 비누 : 항균효과가 있는 비누와 항균 · 살균효과가 전혀 없는 일반비누가 있다.

② 클로르헥시딘(CHG) : 비상재성 세균은 물론 상재성 세균, 병원성 미생물, 곰팡이에 효과가 있으나 바이러스에는 효과가 없고, 항균효과는 뛰어나다.

③ 알코올 : 세균에 신속하게 효과를 나타내지만 바이러스에는 효과가 적으며 지속성이 떨어진다. 지나친 사용 시 피지방이 손상된다.

④ 요오드 살균제 : 비상재성 세균의 감소에 효과를 나타내지만 지속효과는 없다.

⑤ 트리클로산(triclosan) : 대부분의 세균에 광범위하게 신속한 효과가 있을 뿐만 아니라 유기물에 의한 영향이 거의 없으며 5%의 트리클로산은 비상재성 세균에 지속적인 살균효과를 나타낸다.

⑥ PCMX(Para-Chloro-Meta-Xylenol) : 바이러스, 일부 곰팡이 및 결핵균에 대하여 좋은 효과를 나타낸다.

2. 위생점검지침

1) 위생식품 감시의 개념

(1) 협의의 개념

① 식품위생감시원이 영업장소나 시설에 출입하여 검사하거나 식품 등을 수거 검사하는 것이다.

(2) 광의의 개념

① 식품의 생산, 제조, 가공, 조리, 소비자에게 도달되어 섭취되기까지의 전 과정에 대하여 위생상 위해방지와 영양의 질적 향상을 도모하기 위하여 「식품위생법령」의 제반준수사항 이행상태를 확인, 지도, 단속, 계몽하는 모든 수단이라고 할 수 있다.

② 일정기준에 대한 특정사실의 상황을 식품위생감시원이 검사하고 평가하는 과정으로 안전성을 확인하기 위해 관능적인 관찰뿐만 아니라 해당식품의 원재료, 제조·가공방법, 살균·멸균방법, 보존온도, 취급상태 등을 면밀히 조사하고, 과거의 위반사례와 최신 유해정보사항 등을 분석하여 업종별, 식품별로 위해요인을 차단할 수 있도록 예방적인 감시(지도)와 위법사항에 대한 적발 및 조치를 한다.

2) 식품위생감시의 범위

(1) 원료 → 제조·가공 → 유통(운반·보관) → 조리(식품접객영업행위)
(2) 생산단계 → 수확 → 저장 → 제조·가공처리 → 유통(운반·보관) → 판매 → 조리 → 섭취까지의 전 과정

3) 식품위생감시의 필요성

(1) 식품사고는 피해범위가 매우 크며 생명이나 건강과 직결되므로 철저한 사전 예방을 위하여 식품위생감시의 중요성 대두
(2) 국민의식 및 생활수준 향상, 건강에 대한 관심 고조
(3) 소비자의 식품에 대한 선택은 관능적 외관에 의존 : 식품위생 안전성을 위한 지도·감시 역할 비중이 증가

4) 식품위생감시원의 직무

(1) 식품 등의 위생적 취급 기준의 이행지도
(2) 수입, 판매 또는 사용이 금지된 식품 등의 취급여부 체크
(3) 표시기준 또는 과대광고 금지의 위반여부 체크
(4) 검사에 필요한 식품 등의 수거
(5) 시설기준의 적합여부 확인 및 검사
(6) 영업자 및 종업원의 건강진단, 위생교육 이행여부
(7) 조리사 및 영양사의 법령 준수사항 이행여부
(8) 행정처분의 이행여부 확인

(9) 식품 등의 압류, 폐기 등

(10) 기타 영업자의 법령 이행여부에 관한 확인 및 지도

5) 식품위생감시 절차 및 방법

(1) 점검 시 확인해야 할 서류 등 목록

① 허가(신고) 및 품목제조보고(변경보고 포함)
- 영업허가(신고관련 서류) : 허가(신고)증의 대표자, 업소명, 소재지, 영업의 업종 및 생산식품 종류 확인
- 품목제조 보고관련 서류 : 제품명, 성분배합비율, 제조방법, 유통기한 등 확인

② 종업원의 현황(사무직원, 생산직원, 기타)
- 건강진단 및 위생교육대상 파악

③ 생산 및 포장 등 작업일지 : 생산품목 확인

④ 자가품질 검사 등
- 주원료 및 부원료의 검사일지 : 검사사실 확인
- 완제품 검사일지 : 검사사실 확인
- 한시적 기준·규격인정서류 확인(한시적 기준·규격 해당제품에 한함)
- 시약사용대장 및 실험실 기계·기구류 명세서

⑤ 생산실적보고서(매년 당해연도 종료 후 3월 이내)

⑥ 종업원 건강진단 및 위생교육일지 : 실시여부 확인

⑦ 제품포장지(품목제조 보고된 품목 전체)
- 제품명 등 표시사항 확인

⑧ 원료수불 관계서류(입고, 출고)
- 품목별 성분배합비율과 비교검토 확인

⑨ 먹는 물(지하수) 수질검사 성적서 적부 확인
- 마시는 음료형 식품 : 6월, 기타 : 1년

⑩ 원료 또는 기구 및 용기·포장의 검사 관계서류
- 공급자, 자가, 공인검사기관 성적서 등

⑪ 설치된 제조·가공시설, 기계·기구류 현황

- 생산품목과 품목제조보고서류 비교검토 확인

⑫ 수입식품 현황 및 관계서류

⑬ 출입 · 검사 등 기록부

(2) 식품위생감시 준비물

① 신분증(식품위생감시원증)

② 업종별 위생점검표, 협조서한문(필요시)

③ 법령집, 식품공전, 식품첨가물공전 등

④ 위생복, 위생모, 위생장갑 등

⑤ 식품수거봉투(멸균용기), 봉인지, 아이스박스

⑥ 표면채취용 SWAB kit.

⑦ 계산기, 카메라(디지털카메라), 녹음기, 플래시 등

(3) 식품위생감시 절차 및 방법

❖ 식품위생감시 절차 및 방법

감시절차	감시방법
1. 소재지, 영업주 확인 및 관련서류 준비요청	입회자 안내로 생산제품 확인 및 제품창고, 원재료창고 등 작업장 현황 1차 파악
2. 서류검토	영업허가(신고) 및 품목제조보고 사항 점검
3. 원료점검 등	원료 및 식품첨가물 등 적정 사용여부 점검
4. 품질관리 등	자가품질 검사, 작업 및 생산일지 등 점검
5. 제조시설 점검	제조시설의 정상가동, 살균소독, 청결유지 및 기타 위생상태 점검
6. 제조공정 점검	원료처리공정, 배합공정, 가압가열 및 살균공정, 중간제품 보관 및 포장공정 등 점검
7. 개인위생 등	종업원의 건강진단 및 위생교육 실시여부 등
8. 표시 · 광고	제품의 표시 및 광고
9. 신고사항 등	생산실적보고 등 신고 · 보고사항 등 점검 업종별 영업자 준수사항
10. 기타	행정처분사항 및 각종 지시사항 이행여부

6) 개인위생안전 점검리스트

❖ 개인위생안전 점검리스트

분류	위반사항	위반자	감점	내용
개인위생	작업자 손 상처	000	5	• 화상, 자상, 골절 등으로 인한 dressing 및 깁스, 이로 인한 손 세척 불가 시 화농성 염증 해당
	작업자 액세서리 착용	000	1	• 대상 : 액세서리, 시계, 팔찌, 귀걸이, 귀찌, 목걸이, 피어싱, 반지, 묵주, 기타 이물 발생 가능 물질
	작업자 개인위생 불량	000	1	• 매니큐어, 인조손톱 불가(이물 발생 가능) • 3mm 이상의 손톱 및 손톱 밑에 낀 이물 확인 시 • 작업자 수염이 1cm 이상 • 기타 질병자(감기, 눈병 등)
	작업자 위생모 미착용	000	1	• 작업장 內 조리종사자의 위생모 미착용 시
	작업자 위생복 미착용	000	1	• 평상복이 아닌 밝은색의 복장 또는 업체 로고가 박힌 통일된 복장
	작업자 맨손작업 지양 요망	000	1	• 집게, 위생장갑 사용 • 하절기 주요 수거 품목(김밥, 초밥, 회, 샌드위치) 맨손 작업 시

❖ 법적 서류 점검리스트

분류	위반사항	감점	내용
성적서	자가품질검사 미실시	2	입점 후 미실시
	자가품질검사 재검사일 초과	2	재검사일 초과(1개월, 6개월)
	비자가품질검사 성적서 구비	2	참고용, 타 점포 견적서
건강진단서	건강진단서 재검진일 초과	1	만기 전 발급일 전에 재검진 실시
	건강진단서 미구비	1	채용 시 발급받은 것 불가 의료보험공단에서 발급 불가 영수증만 보관하고 1개월 이상 초과 불가
농산서류	친환경인증서 유효기간 관리	1	인증서의 유효기간 초과여부
	친환경인증서 미구비	1	품목별 인증서의 구비, 관리여부
	원산지증명서 미구비	1	품목별 인증서의 구비, 관리여부
	GMO관련서류 미구비	1	구분유통증명서, 시험성적서
수산서류	기본서류 미구비	1	원산지증명서, 수입면장

	위반사항	감점	내용
인허가	즉석판매영업신고 미실시	3	영업개시 전후 1주일 이내 미신고
	건강기능식품 일반판매업 영업신고 미실시	3	신고 없이 진열 판매
	소분업 신고 없이 소분 판매 중	3	즉판신고로 완제품 소분판매
	소분품목 벌크 진열 판매 중	1	소분신고 후 미실시
축산서류	기본서류 미구비	2	원산지증명서, 식육거래실적 기록부, 등급판정서, 도축증명서, 지육패기대장
	축산 담당자 교육 미이수	2	교육 미이수자가 위생교육 실시
	SSOP 미구비	1	
	일일 위생 점검일지 미작성	1	
	위생교육 미실시	1	월별 위생교육 미실시

❖ 시설위생안전 점검리스트

분류	위반사항	감점	내용
보관시설	냉동고 고장으로 품온 미유지	3	냉동제품의 해동진행, 해동 완료
	쇼케이스 상부 청소불량	1	휴지로 닦았을 때 먼지, 쇳가루 검출
	냉동고, 냉장고 청소불량	1	선입선출 불량, 내부 물고임, 바닥성애, 내부 오염
	쇼케이스 내부 청소관리	1	송풍구 내 이물질, 거미줄, 곰팡이 등
작업장	주기적인 후드 청소 필요	1	먼지, 이물질
	바닥파일 파손	1	
	환기구 청소 불량	1	검은 먼지
	쓰레기통 뚜껑 없음	1	쓰레기통과 뚜껑은 반드시 설치
	바닥 구배불량으로 물고임	1	
	작업장 주변 청소 관리	1	벽면, 작업대, 조리대, 바닥의 청소 관리
	배수구 청소	1	배수구 이물질 관리
조리기구	기구의 비위색적 보관 사용	1	미세척 보관불량 믹서 등 관리 불량
	플라스틱 용기를 뜨거운 물질을 담는 용도로 사용	1	채반, 주걱, 호스, 국자, 바가지 등

❖ 표시기준 점검리스트

분류	위반사항	감점	내용
원산지	허위표시	5	외국산을 국산으로
	미표시	3	미표시 제품 판매
	이중표시	1	원산지 이중표시
	일부 누락	1	일부 국가명 누락표시
	오표시	1	국산을 외국산으로, 외국산을 다른 외국산으로
	관리미흡	1	거래명세서 미기록 관리 원재료의 원산지 미표시 제품 판매 해역, 관할 국가명 미표시
표시사항	한글 표시사항 없는 제품 보관, 사용	5	수입제품에 한글사항 미표기
	무표시 원재료 보관 사용	5	
	대표물질표시 미비치	5	즉석판매 제조 가공업의 대표 품질 표시사항 미구비
	알레르기 유발식품 미표시	2	
	유통기한 미표시	2	제품의 유통기한 미표시
	표시사항 누락	1	식품첨가물의 용도, 복합원재료, 소분업소명, 주소, 영양성분 등
	제품 소진 시까지 표시사항 미보관	1	제품 소진 전에 포장지 폐기
	유통기한 표시 훼손	1	지워지거나 잘린 제품 보관사용
	친환경 라벨 미부착	1	인증내용이 없는 제품
	친환경제품 인증번호 오표기	1	무농약을 유기농으로 표시
	표시사항 오표기	1	내용물과 라벨 미일치
	포장육 축종 미표시	1	
허위과대광고	허위과대광고물 비치, 표시 (관련문구)	2	각종 질병치료, 예방, 다이어트 문구 등

❖ 식품위생안전 점검리스트

분류	위반사항	감점	내용
보관기준	냉장, 상온보관식품을 냉동 보관	3	판매상품, 직판업소 해당(영업정지 7일)
	냉동, 냉장식품을 상온방치	3	판매상품, 원재료 모두 해당, 개봉 후 냉장 보관 상품 포함
	냉장보관 상품을 냉동상태로 배송	3	
	냉동진열 판매상품이 해동 진행 중	1	쇼케이스 판매제품, 냉동식품군
	반품, 패기상품 미구분	2	폐기 지방 포함
	통조림 개봉 후 보관법 미흡	1	당일 소진 가능은 제외
	조리음식물 다단 상온 적치	1	다단 적치 금지
	조리음식물 상온 방치	1	반조리, 조리 완료된 식품
	해동 중 미표시	1	사용 원재료 냉장, 상온 해동 시 반드시 표시
위생위반	허용 외 식품첨가물 사용	5	사카린, 색소 등 허용된 식품 외 사용 금지
	튀김 산가초과 4.0 이상	5	테스트 페이퍼가 노란색만 띠는 경우
	부적함 원재료 보관 중	5	곰팡이, 벌레, 부패 진행 원재료 보관
	바닥에서 원재료 해동 중	1	받침 없이 바닥에 적재
	비위생적 재료를 식품접착재료로 사용	1	신문지, 복사지, 박스지 등으로 식품을 접촉
	원재료 냉장 보관 시 덮개 미사용	1	상부가 개방된 용기에 보관
	작업장 바닥에서 작업 중	1	완제품작업 시
	조리제품 작업장 바닥 방치	1	조리 가공된 제품 방치
	진공 풀린 제품 진열판매	1	진공제품이 풀린 현상
	제빙기 내 이물 보관	1	음료수, 컵, 기타 이물 보관
	냉장 보관 후 명일 재판에 사용	1	아이스크림, 주스, 식혜 등
	벌크제품 진열 판매 시 덮개 미사용	1	매장 내 진열 시 상시 덮개 사용
유통기한	유통기한 초과 제품 보관 사봉	5	
	자체유통기한 미엄수	5	
	유통기한 연장표기	5	재포장행위 포함

3. 주방위생 위반 시 적용되는 법적 사항

위반사항	법적 조치사항
작업자 개인위생 불량 (손톱, 매니큐어, 액세서리 등)	• 과태료 20만 원 • 작업자 손톱 불량(길이, 매니큐어), 액세서리(목걸이, 귀걸이, 반지 등) 착용을 금지
작업자 위생복 · 위생모 미착용	• 과태료 20만 원 • 식품 등의 제조 · 가공 · 조리 또는 포장에 직접 종사하는 자에 대하여 위생모 착용 의무
냉장고에 냉동 · 상온 제품을 함께 보관	• 제조업 · 판매업 : 영업정지 7일 • 접객업 : 시정명령 예) 명절 선물세트 : 냉동LA갈비 + 상온 양념소스
통조림 등 개봉 후 관리 미흡	• 과태료 20만 원 • 개봉 후 2일 이상 사용 시 녹슬거나 부식 → 위생용기에 보관, 표시사항(유효기간 등 라벨) 별도 보관
냉장 · 상온 보관식품 냉동 보관 중	• 제조업 · 판매업 : 영업정지 7일 • 접객업 : 시정명령 예) 냉장어묵 등을 냉동실에 보관 또는 상온 방치, 냉동 날치알 상온 보관
해동상품 '해동 중' 미표시	• 제조업 · 판매업 : 영업정지 7일 • 접객업 : 시정명령
위탁급식 보존식 미보관	• 영업정지 7일 및 과태료 50만 원 • 직원식당 조리 · 제공한 식품의 1인분량을 5℃ 이하에서 144시간 이상 보관해야 함
부적합 원재료 보관하거나 사용 시(부패, 변질)	• 제조업 : 영업정지 1월 • 판매업 · 접객업 : 영업정지 15일 • 썩었거나 상한 것으로 인체의 건강을 해할 우려가 있는 것 • 불결한 것 또는 다른 물질이 들어 있거나 묻어 있는 것으로 인체의 건강을 해할 우려가 있는 것
한글표시사항(수입제품) 없는 제품 보관 · 사용	• 영업정지 1월 • 수입제품의 한글 표시사항 없이 보관, 사용하면 안 된다.
무표시 원재료 보관 · 사용	• 영업정지 1월 • 고춧가루 등은 무표시 제품을 사용하기 쉽다.
쓰레기통 덮개 미사용	• 시정명령(과태료 20만 원) • 덮개 개폐 가능한 쓰레기통 사용 권장

위해곤충 및 설치류 방제	• 과태료 30만 원 • 작업장, 작업대 및 쇼케이스 내 위해곤충 방제
후드 · 환기구 청결 불량	• 과태료 20만 원 • 후드와 환기구의 먼지 및 기름때 제거 필요
바닥, 벽, 배수구 청결 불량	• 과태료 20만 원 • 바닥 구배 불량으로 물고임현상 나타남 • 배수구 이물 및 악취 심함 • 배수관 연결 안 되어 바닥에 바로 폐수 유입
유통기한을 훼손하거나 기타 표시사항 미보관	• 시정명령 • 제품 소진 시까지 반드시 원표시사항 보관 • 유통기한 표시가 변색되거나 지워지지 않게 관리

4. 식중독(food poisoning, 푸드 포이즈닝)

1) 자연독에 의한 식중독

(1) 식중독이란 음식물 섭취로 인한 급성 또는 만성적인 질병으로 발병의 원인물질에 따라 자연독 식중독, 세균성 식중독, 화학적 물질에 의한 식중독 등이 있다.

(2) 특정한 장기나 기관에 유독성 물질이 함유되어 있을 경우에 식품을 섭취함으로써 발병한다.

❖ 동물성 자연독

원인균	설명
테트로도톡신 (tetrodotoxin)	• 복어(puffer fish, swell fish) 특히 산란기(겨울~봄) 직전의 난소와 고환에 많다. • 지각이상, 호흡장애, 운동장애, 위장장애, 혈액장애 등으로 치사율이 60%이다. • 잠복기 : 1~8시간 • 예방법 : 전문 조리사의 조리는 필수, 유독 부위는 피하고 먹는 습관을 갖는다.
베네루핀 (venerupin)	• 모시조개, 바지락, 굴 등의 패류가 숙주이며, 잠복기는 1~2일(빠르면 12시간, 늦으면 7일) • 구토, 복통, 변비가 계속되다 의식 혼탁, 혈변, 토혈, 피하출혈 등의 증상이 발생한다. • 치사율 : 44~50%, 발병 후 10시간에서 7일 이내 사망

삭시톡신 (saxitoxin)	• 섭조개, 대합조개가 숙주이며, 잠복기는 30분~3시간 • 안면마비, 사지마비증세, 운동장애, 호흡장애, 복어중독과 비슷하며, 치사율은 10% 정도이다.
시구아톡신 (ciguatoxin)	• 중남미 등의 소라, 독어에 있는 독소이며, 식후 1~8시간의 잠복기를 가진다. • 구토, 설사, 복통, 혀 및 전신이 마비증상, 현기증, 따뜻한 것을 차갑게 느낀다.

❖ 식물성 자연독

원인균	설명
무스카린(muscarine)	• 독버섯(줄기가 세로로 갈라지기 쉬운 것은 식용 가능)
솔라닌(solanine)	• 감자(발아부분의 녹색부분) 알칼로이드 배당체
고시폴(gossypol)	• 목화씨 – 정제가 잘못된 불순한 면실유에 있음
사포닌(saponin)	• 두류, 나무의 종실, 인삼, 도라지 뿌리 등에 있으며, 팥 삶을 때 생긴 거품은 설사를 유발한다.
아미그달린(amygdalin)	• 청매(미숙한 매실), 살구씨
시쿠톡신(cicutoxin)	• 독미나리

❖ 곰팡이의 대사산물에 의한 식중독

원인균	설명
미코톡신(mycotoxin)	• 곰팡이의 대사산물로 사람이나 온혈동물에 해를 주는 물질을 총칭한다. • 탄수화물이 풍부한 농산물, 특히 곡류에 많다. • 수확 전에 가장 심하며 저장기간이 길면 서서히 상실한다.
에르고톡신(ergotoxine)	• 맥각성분 중 하나
맥각균(claviceps purpurea)	• 맥각균이 보리, 라이맥에 기생하여 이룬 번식체. 맥각중독을 일으킴

❖ 독버섯 감별법

• 악취가 나는 것
• 색깔이 진하고 아름다운 것
• 줄기가 거칠거나 점조성인 것
• 유즙을 분비하는 것
• 물에 넣고 끓일 때 은수저를 검게 변화시키는 것

2) 세균에 의한 식중독

(1) 감염형, 독소형과 중간형의 3가지로 분류되는 세균성 식중독의 원인균에는 살모넬라, 장염비브리오, 병원성 대장균, 여시니아(yersinia), 캄필로박터(Campylobacter), 포도상구균, 보툴리누스, 웰치균, 세레우스(Bacillus cereus) 등이 있다.

(2) 감염형은 직접적인 세균 감염에 의해 발생하며 독소형은 원인균에 의한 독소의 생성으로 발생한다.

(3) 바이러스성 식중독은 바이러스의 감염으로 빠르게 전파되는 특징이 있으므로 특히 주의해야 한다.

❖ 감염형 식중독

원인균	설명
살모넬라 (salmonella)	• 감염원 : 닭, 개, 돼지, 고양이 등(특히 쥐, 파리가 운반) • 원인 식품 : 우유, 육류, 난류, 어패류와 그 가공품 • 증상 : 24시간 이내에 발열, 구토, 복통, 설사(급성위장염 증상) • 치사율은 1% 이하이며, 인축 공통으로 발병 • 예방법 : 식품의 가열 섭취, 식품보관소에 방충, 방서망 설치 • 생달걀의 껍질에 구멍을 내고 마시면 감염의 우려가 있다.
장염 비브리오 (vibrio parahaemo- lyticus)	• 원인 세균 : 호염성 비브리오균(열에 약함) – 어패류의 생식으로 감염 • 잠복기는 10~18시간으로 발열, 구토, 복통, 설사(급성위장염 증상) • 예방법 : 식품 가열처리, 조리기구, 도마, 행주 소독(여름철에 집중적으로 발생)
병원성 대장균 (pathogenic cliform bacillus)	• 감염원 : 보균자 및 환자의 분변 • 감염 경로 : 식품의 비위생적 취급과 처리, 보균자의 식품에 의한 오염 • 원인 식품 : 병원성 대장균이 오염된 모든 식품(우유, 치즈, 소시지, 햄, 분유, 파이, 도시락, 두부 등) • 잠복기는 10~24시간으로 복통, 수양성 설사, 점혈변, 발열, 유아에 대한 병원성이 강하다. • 예방법 : 보균자 격리. 식품의 분변 오염 철저 예방, 식품저장에 주의한다.

병원성 대장균 0-157	• 특징 : 열에 약함(68℃ 이상에서 사멸), 저온에 강함(-20℃에서도 생존), 산에 강함(pH 4.5 사과주스에서도 생존) • 감염경로 : 오염된 고기, 동물의 분변에 오염된 채소, 오염된 식수 • 잠복기간 : 12~72시간 • 증상 : 혈변, 복통, 설사, 오심, 구토, 발열 • 물을 끓여 먹는다. • 채소, 과일은 깨끗이 씻어서 섭취한다. • 내장을 포함한 고기는 완전히 익혀서 먹는다. • 조리 전 손 세척은 필수, 생고기를 만진 후 손 세척하고 다른 음식을 만진다. • 육류와 채소는 보관도 따로, 도마도 따로 사용한다. • 칼, 도마, 행주, 식기 등은 열탕 및 햇빛 소독을 자주 한다. • 환자 발생 시 관리 철저, 오염 방지 • 수돗물은 염소처리되어 안전하나 다른 물의 조리 사용 시 주의한다.
아리조나균군 (Arizona group)	• 원인균 : 살모넬라 중 독립된 아리조나균에 의한 감염 • 원인 식품 : 살모넬라와 유사 • 감염원 : 파충류, 가금류에서 검출률이 높다. • 감염경로 : 살모넬라와 유사 • 잠복기 : 10~24시간 • 증상 : 복통, 설사, 고열 • 예방 : 방충 · 방서시설로 구충 · 구서, 식품의 가열살균

❖ 독소형 식중독

원인균	설명
포도상구균 (Staphylococcus)	• 독소 : 엔테로톡신(enterotoxin) – 장관독(장내독소) • 증상 : 급성위장염 증상. 잠복기가 1~6시간으로 가장 빠르다. • 우리나라에서 가장 많이 발생 • 독소는 내열성 → 가열조리 후 저온저장 • 사람의 화농소(곪은 장소). 콧구멍에 있음 → 손 소독
보툴리누스 (botulinus)	• 독소 : 뉴로톡신(neurotoxin) – 신경독 • 증상 : 신경마비, 시력장애, 동공 확대 등으로 치사율이 64~68%로 식중독 중 가장 강함 • 감염급원 : 완전 가열 살균되지 않은 통조림, 햄, 소시지 • 잠복기 : 12~36시간, 길면 8일인 경우도 있다. • 방지법 : 독소는 열에 약함 → 섭취 전 충분히 가열(80℃에서 30분이면 파괴)

웰치균 (Welchii)	• 독소 : 엔테로톡신(enterotoxin) • 감염원 : 보균자와 쥐, 가축의 분변, 조리실의 오물, 하수 • 감염경로 : 식품취급자, 하수, 쥐의 분변 등으로 식품 오염 • 원인 식품 : 육류, 어패류와 그 가공식품, 식물성 단백질 식품 • 잠복기는 8~20시간으로 복통, 수양성 설사, 점혈변 • 예방법 : 혐기성, 내열성이므로 조리 후 급랭, 저온저장, 분변의 오염 방지
세레우스균 (cereus)	• 원인균 : 바실루스 세레우스로 혐기성 포자이다. • 원인 식품 : 일반적으로 모든 오염된 식품에서 나올 수 있다. • 감염경로 : 자연계에 광범위하게 퍼져 있다. 농작물의 오염과 식육제품의 오염에서 비롯된다. • 잠복기 및 증상 : 8~16시간, 복통, 설사, 오심, 구토, 발열은 거의 없고 1~2일 후에 회복된다. • 예방 : 내열성으로 135℃에서 4시간 가열해도 죽지 않으므로 주의한다.

❖ 바이러스성 식중독

바이러스명	설명
노로바이러스 (Norovirus)	• 증상 : 바이러스성 장염, 메스꺼움, 설사, 복통, 구토 • 어린이, 노인과 면역력이 약한 사람에게는 탈수증상 발생 • 잠복기 : 1~2일 • 사람의 분변, 구토물, 오염된 물 • Ready-to-eat food(샌드위치, 제빵류, 샐러드) • 케이크 아이싱, 샐러드 드레싱, 오염된 물에서 채취된 굴 • 철저한 개인위생 관리 • 인증된 유통업자 및 상점에서 수산물 구입
로타바이러스 (rotavirus)	• 증상 : 구토, 묽은 설사, 영·유아에게 감염되어 설사의 원인이 됨 • 잠복기 : 1~3일 • 사람의 분변과 입으로 주로 감염, 오염된 물, 물과 얼음 • Ready-to-eat food(생채소나 과일) • 철저한 개인위생 관리 • 손에 의한 교차 오염 주의 • 충분한 가열 섭취

3) 화학물질에 의한 식중독

(1) 유독한 화학물질에 오염된 식품을 섭취하여 생기는 식중독이다.
(2) 일반적인 증세는 메스꺼움, 구토, 복통, 설사 등이 오고 심하면 사망에 이르는 식중독이다.

❖ 유해금속에 의한 식중독

원인물질	설명
비소 (As = Arsenic)	• 「식품위생법」상 허용량은 고체식품 1.5ppm 이하, 액체식품 0.3ppm 이하
납 (Pb = Lead)	• 체내 축적으로 대부분이 만성중독, 도료, 안료, 농약, 납 등에 의해 오염된다.
수은 (Hg = Mercury)	• 유기수은에 오염된 해산물에 의해 오염 • 미나마타병
카드뮴 (Cd = Cadmium)	• 용기나 기구에 도금된 카드뮴 성분이 녹아서 된 만성중독 • 이타이이타이병 – 신장장애, 골연화증
구리 (Cu = Cuppe)	• 가공, 조리용 기구가 물이나 탄산에 의해 부식되어 녹청이 생겨 중독
주석 (Sn = tin)	• 통조림 내면에 도장하지 않은 것이 산성식품과 작용하면 주석이 용출–식품위생법에서 청량 음료수와 통조림 식품의 허용량을 250ppm 이하로 규정
안티모니 (Sb = Antimony)	• 니켈도금으로 용출되는 경우는 드물지만 벗겨진 것은 산성식품에 사용하면 위험

❖ 농약에 의한 식중독

원인물질	설명
유기인제	• 파라티온, 말라티온, 스미티온, 텝(TEPP)–신경독
유기염소제	• 살충제나 제초제로 이용. DDT, BHC 신경독, 유기인제에 비하여 독성이 적으나 잔류성이 크고 지용성이므로 인체의 지방조직에 축적되어 비교적 유해하다.
유기수은제	• 살균제, 메틸염화수은, 메틸요오드화수은, EMP, PMA, 신경독, 신장독
비소화합물	• 살충제, 쥐약, 산성비산납, 비산칼슘

❖ 유해첨가물에 의한 식중독

원인물질	설명
유해표백제	• 론갈리트(rongalite), 과산화수소(H_2O_2), 염화질소(NCl_3), 광표백제
유해감미료	• 사이클러메이트(cyclamate), 둘신(dulcin), 에틸렌글리콜(ethylene glycol), 페릴라틴 (peryllatine)
증량제	• 탄산칼슘(Ca-carbonate), 탄산나트륨(Na-carbonate), 규산알루미늄(Al-silicate), 규산 마그네슘(Mg-silicate), 카올린(kaolin), 벤토나이트(bentonite)
인공착색료	• 아우라민(auramine), 로다민(rhodamine)
유해방부제	• 붕산(boric acid), 포름알데히드(formaldehyde), 우로트로핀(urotropin), 승홍($HgCl_2$), 베 타나프톨(β-naphtol), 티몰(thymol), 에틸에스테르(ethylester)
기타	• 메틸알코올(methyl alcohol), 테트라에틸납(Tetraethyllead)

4) 기구, 용기, 포장에 의한 식중독

(1) 금속제 기구, 용기, 도자기, 법랑피복제품, 옹기류, 유리제품 등에 의한 중독 이다.

(2) 여러 가지 중금속과 유해 첨가물이 용출될 위험성이 있다.

❖ 원인물질과 식중독

원인물질	설명
종이제품	• PCB 등의 유해환경 오염물질이 혼입된다. • 세균이나 미생물의 발생을 저지하기 위해 smile control제를 첨가하는데 이 중 유해한 것이 많다. • 종이를 희게 하는 형광증백제는 발암성이 의심된다. • 파라핀지 제조에 사용되는 왁스는 발암성인 다환계 방향성 탄화수소가 함유될 위험성 이 있다.
플라스틱제품	• 제조과정에서 첨가되는 첨가제 중에는 독성이 많은 것도 있다. • 열경화성 수지인 요소수지와 멜라민 수지 : 포르말린 용출 • 페놀수지 : 포르말린과 독성이 크고 부식성인 페놀 용출 • 열가소성 수지인 폴리프로필렌 : 자극성이 강한 프로필렌 단량체(monomer)가 잔류 가능

5. 식중독 예방대책

1) 개인위생관리

(1) 손으로 음식을 직접 만드는 작업장에서는 식중독 예방을 위해 식품 취급자의 관리가 매우 중요하다. 건강한 식품 취급자에 의해서만 안전한 음식이 만들어지기 때문에 조리종사원의 건강상태 확인은 매우 중요한 사항이다.

(2) 몸의 청결, 전염병 감염자의 식품취급 금지 등으로 예방조치를 취한다.

(3) 세균성 식중독은 모든 식중독의 80%를 차지하므로 특히 식품을 취급하는 사람은 개인위생을 철저히 해야 한다.

(4) 식품의 제조, 가공, 소매점에서 식품 취급자의 부적절한 손 세척에 따른 질병의 발생에 대한 잠재적 가능성이 지속적으로 문제가 된다.

(5) 작업 시작 전, 작업 배정 바뀔 때, 화장실 이용 후, 배식 전 손 씻기를 생활화 하고 깨끗한 복장 등 개인위생 관리를 철저히 하며 위생교육 및 훈련을 주기적으로 실시한다.

2) 환경위생관리

(1) 위생해충 서식 억제, 식품의 냉장보관 등으로 예방조치를 취한다.

(2) 세균이 증식하기 좋은 온도는 27~37℃이므로 겨울보다는 여름철의 식품 안전에 각별히 신경 써야 한다.

(3) 식품의 미생물오염 원인은 원재료 및 식품 자체의 환경적 요인에 의한 오염 등으로 재료는 물론 조리된 식품을 오염시키거나 원료, 기구 등을 오염시킨다.

3) 미생물 관리

(1) 피부에 존재하는 세균의 유형은 상재성 세균(resident bacteria)과 비상재성 세균으로 구분되며 상재성 세균에는 식중독 원인균도 있다.

(2) 상재성 세균은 피지샘의 분비물에 의해 땀구멍에 깊이 묻히기 때문에 일반적인 손 세척으로 쉽게 제거되지 않는다.

(3) 로타바이러스는 손에서 최대 4시간까지도 생존하므로 접촉 등에 의하여 오염

되며 일반적으로 유아나 노인, 면역이 약한 성인에게 위장염을 일으킨다.

(4) A형 간염바이러스시설, 장비의 표면이나 사람의 손에서 7시간까지 생존가능하기 때문에 식품오염이 용이하고 살균제에 대한 내성이 강하다.

(5) 리스테리아균은 손에서 11시간 동안 생존할 수 있으며 생존시간이 길기 때문에 식품가공 설비, 주방기구의 청결이 요구된다.

4) 교차오염 관리

(1) 식중독의 원인이 될 수 있는 교차오염은 생식품에 부착된 세균이나 미생물이 종사원의 손이나 주방기기를 통하여 가열된 음식이나 조리된 음식에 옮겨져 일어날 수 있다.

(2) 음식이 생산되는 과정 중 미생물에 오염된 사람이나 식품으로 인해 다른 식품이 오염되는 것을 말한다. 개인위생의 미비로 발생하는 식중독은 대부분 사람에게 존재하는 세균 및 미생물, 주위 환경, 식품에 존재하는 미생물에 의한 교차오염에 의해 유발될 가능성이 크다.

(3) 식중독의 원인이 될 수 있는 교차오염은 생식품에 부착된 세균이나 미생물이 종사원의 손이나 주방기기를 통하여 가열된 음식이나 조리된 음식에 옮겨져 일어날 수 있다.

(4) 교차오염을 방지하기 위해 다음 사항을 준수한다.
   ① 개인위생 관리를 철저히 한다.
   ② 손 씻기를 철저히 한다.
   ③ 조리된 음식 취급 시 맨손으로 작업하는 것을 피한다.
   ④ 화장실 출입 후 손을 청결히 한다.

5) 식중독 예방하기

(1) 손 씻기 : 손은 비누 등의 세정제를 사용하여 손가락 사이, 손등까지 골고루 흐르는 물로 30초 이상 씻는다.

(2) 익혀 먹기 : 음식물은 중심부 온도가 85℃, 1분 이상 조리하여 속까지 충분히 익혀 먹는다.

(3) 끓여 먹기 : 물은 끓여서 먹는다.

❖ 식품위생관리의 유의사항

구분 내용	원인
제조사(도매상 포함)	• 시설의 청결 및 정기적인 소독 • 생산 종사자의 위생관리 • 사용 수질의 정기적인 검사 • 위생적인 포장용기, 운반용기 사용 및 정기적인 세척, 소독 • 보관, 적재 과정의 오염을 방지한 위생적인 취급 • 상온에서 지체시간 최소화 • 어패류의 신선도 유지 및 위생적인 취급과 포장용기, 운반용기의 위생관리
운반과정	• 냉동, 냉장제품의 유지온도 준수(냉동기 가동) • 혼합적재 및 박스 위에 포개서 적재를 삼가 • 운반차량의 적재함 청소, 정기적 소독 실시 • 적재, 하역 등 취급 중 위생장갑 착용 의무화 • 적재, 검수를 위해 상온에서 지체 시간 최소화 • 비가열 조리식품은 별도의 용기에 운반하며 혼합되지 않게 함
취급자	• 샘플 확인, 또는 내용물 확인을 위한 포장 개봉 시 위생장갑 착용 의무화 • 손 세척, 개인위생관리
주방, 창고	• 납품 시 제품박스가 주방바닥에 직접 닿지 않게 깔판(팔레트) 사용 • 박스로 냉장고에 보관 시 조리용기 및 조리된 식품과 닿지 않게 하여 구분 저장 또는 비닐로 포장하여 저장 • 유효기간 관리 • 사용 중인 식수의 수질검사 • 냉장고 및 주방기구 관리, 개인위생
가정, 개인	• 충분히 가열 조리된 식품 취식 • 조리 후 단기간 내 취식 • 식수는 끓여서 사용 • 냉장고에 오래 보관된 음식은 재가열하여 취식 • 비가열 조리식품은 특히 유의하며 수돗물에 충분히 세척 • 자연수(약수) 사용 시 유의 • 개인위생에 유의

6. 식중독 발생 역학조사와 예방요령

1) 식중독 발생 시 대처사항

(1) 식중독이 의심되면 즉시 진단을 받는다.

(2) 의사는 환자의 식중독이 확인되는 대로 관할 보건소장 등의 행정기관에 보고한다.

(3) 행정기관은 신속·정확하게 상부 행정기관에 보고하는 동시에 추정 원인식품을 수거하여 검사기관에 보낸다.

(4) 역학조사를 실시하여 원인식품과 감염경로를 파악하여 국민에게 주지시킴으로써 식중독의 확대를 막는다.

(5) 수집된 자료는 예방대책수립에 활용한다.

2) 역학조사와 예방요령

(1) **격리 및 치료**
- 초기증상이 전염병과 유사하기 때문에 병의 확산을 방지하기 위해 환자가 다른 정상인들과 접촉하지 않게 격리조치한 후 치료한다.

(2) **환자의 수와 증상, 먹은 음식을 파악**
- 제1 환자의 수를 파악한 다음 환자의 증상을 조사한다. 환자의 증상을 보면 어떠한 전염병 또는 식중독에 의해서 발생하였는가를 추측할 수 있다.

(3) **환자의 가검물 수거**
- 환자의 분변 또는 구토물 등을 수거하여 원인균을 파악한다.

(4) **원인식품 및 조리기구, 물 등의 수거**
- 환자들이 공통으로 식사했던 원인식품에 대하여 채취하는데 수인성 전염병 여부확인으로 물은 반드시 수거하며 행주, 도마, 숟가락 및 밥, 국 등을 수거한다.

(5) **미생물 검사실시**
- 환자의 가검물 및 원인식품, 조리기구 등에 대하여 원인균 규명을 위한 미생

물 배양검사를 실시한다.

- 원인균 규명방법은 추정되는 원인균의 특성에 따른 배지를 이용한다.

(6) 원인균 및 원인식품 규명과 오염경로 조사

- 원인식품이 어떻게 오염되었는지를 조사한다.
- 살모넬라 식중독의 경우 달걀 등의 불충분한 가열이나 마요네즈 등 난 가공 식품에 의해서 오염될 수 있으며, 황색포도상구균의 경우 조리종사자 중 화 농성질환자에 의하여 발생할 수 있다.

(7) 식중독 예방요령

① 식품에 식중독균이 오염되지 않도록 한다(청결의 원칙).
- 행주, 도마, 식칼 등 부엌기구의 소독을 철저히 한다.
- 손에 상처가 있는 사람과 설사하는 사람은 조리작업에 종사하지 않도록 한다.
- 조리장 내외의 청소를 위해 노력하고 청결한 위생복을 착용한다.
- 음식물 조리 전·후에 손을 깨끗이 씻는다.

② 식중독균을 증가시키지 않게 한다(신속의 원칙).
- 식품에는 원래 다소의 식중독균이 오염되어 있는 것이 많기 때문에 식중 독균이 증가할 수 있는 시간적 여유를 주지 않도록 신속하게 조리하여 손 님에게 제공한다.
- 많은 양을 가열 조리한 식품은 소량으로 나누어 빨리 냉각시킨다.
- 식중독균이 있어도 그것이 식중독을 일으킬 수 있는 숫자가 되지 않는 범 위 내에서 섭취하는 것이 중요하다.

③ 식중독균을 사멸시킨다(가열 또는 냉장의 원칙).
- 가열할 수 있는 식품은 충분히 가열하여 조리한다.
- 식중독균의 사멸을 위하여 전날에 가열·조리된 식품은 손님에게 제공하 기 전에 반드시 재가열한다.
- 균이 증가하기 쉬운 온도에 방치하는 시간을 짧게 하고, 냉장(가능하면 5℃ 전후) 또는 냉동(18℃ 이하)상태에서 보관한다.

5-2. 환경 위생안전관리

1. 작업장 관리

1) 환경 및 작업동선 관리

(1) 제과제빵 작업장은 누수, 외부 오염물질이나 해충, 설치류의 유입을 차단할 수 있도록 밀폐 가능한 구조여야 한다.

(2) 작업장에서 발생할 수 있는 교차오염 방지를 위하여 물류 및 출입자의 이동 동선에 대한 계획을 세워 운영하여 교차오염이 일어날 수 있는 근본적인 대책을 세운다.

(3) 바닥, 벽, 천장, 출입문, 창문 등은 오븐, 가스 스토브 등의 사용 시 안전하고 실용적인 재질을 사용해야 하며 바닥의 타일은 파이거나 갈라지지 않고 물기 없게 유지해야 한다.

(4) 주방 안의 타일은 홈에 먼지, 곰팡이, 이물이 끼지 않도록 깨어지거나 홈이 있는 제품은 사용하지 않아야 한다.

(5) 작업장은 배수가 잘 되어 퇴적물이 쌓이지 않아야 하며 역류현상이 일어나지 않게 해야 한다.

(6) 주방 내 작업자의 이동 동선에 물건을 적재하거나 다른 용도로의 사용을 자제하고 바닥에는 절대 식재료를 쌓으면 안 된다.

(7) 채광 및 조명은 육안 확인이 필요한 조도인 540Lux 이상의 밝기를 유지해야 한다.

(8) 재료의 입고에서부터 출고까지 물류 및 종업원의 이동 동선을 설정하고 이를 준수하여 이물의 혼입을 막아 교차오염을 방지해야 한다.

(9) 기계, 설비, 기구, 용기 등은 사용 후 충분히 세척해야 하므로 이에 필요한 시설이나 장비를 갖추어야 한다.

(10) 청소 도구함은 반드시 구비해야 한다.

2) 작업장 온도 및 습도 관리

(1) 작업장은 재료 및 제품의 특성에 따라 부패나 변질이 일어나지 않도록 적정한 온도 및 습도를 유지하게 해야 한다.

(2) 주방 및 판매장의 온도 및 습도 관리를 위한 공조 시설의 필터나 망 등은 주기적으로 세척 또는 교체하여 이물질로 인한 오염이 되지 않게 관리한다.

(3) 주방은 제과제빵의 작업에 적당한 환경이 될 수 있게 제품별 주방의 온도와 습도를 달리하여 관리하는 것이 좋다.

3) 환기시설 관리

(1) 제과 주방의 환기시설은 나쁜 냄새, 유해가스, 매연, 증기 등을 배출하는 데 충분한 용량으로 설치하고 배출된 공기가 다른 작업장으로 유입되는 것을 차단하여야 한다.

(2) 밀가루 분진이 발생할 수 있는 도우 시터 룸 등의 경우 이를 제거하는 장치를 설치하여 쾌적하게 일할 수 있는 환경을 만든다.

(3) 주방과 재료 창고 등에서 외부로 통하는 환기구 등에는 여과망이나 방충망 등을 부착하고 주기적으로 청소하거나 교체하여 환기구를 통한 오염이 되지 않게 관리한다.

4) 방충 및 방서시설 관리

(1) 주방 출입구에는 자동문이나 용수철이 달린 문 등을 설치한다.

(2) 주방 및 재료 창고 등의 모든 작업장은 해충의 출입 및 번식을 방지할 수 있도록 관리하고 정기적으로 확인할 수 있도록 관리지침을 만든다.

(3) 내벽과 바닥 및 지붕의 경계면에 폭 15㎝ 이상의 금속판 등을 부착하여 쥐의 출입을 막는다.

(4) 주방 출입문의 밑부분에 15㎝ 이상의 금속판을 부착하고 자동개폐장치를 설치한다.

(5) 창문 및 환기시설은 지면에서 90㎝ 이상 높이에 위치하도록 하고 16메시 이상의 철망을 설치하여 방충 및 방서에 도움이 되게 한다.

❖ 방충 · 방서 점검내용

구분 점검	내용
방충	• 쓰레기통 등에 해충의 흔적이 없는가? • 벽이나 천장의 모서리, 구석진 곳에 해충의 흔적이 없는가? • 기기류, 에어컨 밑의 따뜻한 곳에 해충의 흔적이 없는가? • 음습한 곳에 바퀴벌레 등의 서식 흔적이 없는가?
방서	• 벽의 아랫부분, 어두운 곳에 쥐의 배설물 등이 발견되는가? • 쥐가 갉아먹은 원료나 제품이 발견되는가? • 배선 등을 쥐가 갉아먹은 흔적은 없는가? • 작업장 주변에 쥐가 서식 가능한 구멍이 발견되는가? • 식품과 직접 접촉하는 기계설비류의 보호는 적절히 관리되고 있는가?

5) 용수

(1) 용수의 경우 분원성 대장균(fecal coliforms), 살모넬라, 시겔라(shigella) 등의 병원성 미생물, 납, 불소, 비소 등의 중금속, 페놀 등의 유해물질, 잔류염소 등의 소독제 등에 의한 오염이 있을 수 있으므로 상수도를 사용하도록 한다.

(2) 식품제조 용수는 검사기준에 맞게 항상 깨끗이 사용하고 안전하게 관리되도록 주기적인 용수검사가 필요하다.

❖ 생활용수검사 기준

분석대상	검사규정
일반세균 수	일반세균 수는 100cfu 이하/㎖
대장균	불검출/100㎖
총대장균 균 수	5000 이하/100㎖
노로바이러스	불검출

〈출처 : HACCP 자료 참고〉

6) 화장실

(1) 화장실은 휴게장소가 있는 곳으로 남녀 화장실은 분리하여 설치하고 생산장소에 근접해야 한다.

(2) 작업장에 악취가 유입되지 않도록 환기시설을 갖추고, 항상 청결을 유지해야 한다.

(3) 화장실의 구조는 수세식이어야 하고 벽면은 타일로 한다. 또한 냉·온수 설비, 세척제, 손 건조기 또는 종이 타월을 구비하고, 전용 신발을 비치하며, 휴지통은 항상 청결한 상태로 유지되어야 한다.

(4) 탈의실은 개인별로 칸막이 옷장을 사용해야 하며, 청결한 옷만 보관되어 있어야 한다.

7) 작업장 정리정돈 및 소독 관리

(1) 제과제빵 재료와 제품 오염을 막기 위하여 모든 장비와 기구는 물론 주방 전체를 일별, 주별, 월별, 연간으로 청소계획을 수립하여 정기적으로 실시한다.

(2) 주방에는 기계, 설비, 기구, 용기 등을 충분히 세척하거나 소독할 수 있는 세척실, 개수대 등의 시설이나 장비를 갖추어야 한다.

(3) 세척 및 소독의 효과는 다음의 검사기준에 의해 관리되어야 한다.

(4) 세척 및 소독기구나 용기는 정해진 장소에 보관 관리되어야 한다. 세제 및 소독제는 잠금장치가 있는 캐비닛에 보관해야 하고 수불기록을 해야 한다.

(5) 청소도구나 용기는 분리된 별도의 공간이나 캐비닛 등의 지정된 장소에 보관 관리하면서 사용해야 한다.

❖ 제과제빵 주방 청소계획

시기	청소구역	비고
일별	• 기구 및 기계류 • 작업대 • 주방 바닥 • 배수구 및 배수관 • 창고 및 화장실	작업 후 매일

주별	• 배기후드, 덕트(duct) 청소 • 스토브 • 조명, 환기기구 • 벽, 천장 등	지정일(1회 이상)
월별	• 유리창 청소 및 방충망 청소 • 창고 대청소	월 : 1~2회
연간	• 주방 전체 대청소 • 스케일 제거(약품 사용) • 위생 관련 시설, 설비, 기기 점검 및 보수	연 : 1~3회

❖ 표면 오염도 검사기준

검사방법	작업대, 포장대, 충진대 등 작업장 내 사용 중인 작업도구 및 공정틀을 Swab contact method를 이용하여 측정		
육안기준	일반세균	대장균	
이물질, 녹, 부식 등 없이 청결	$10^3 cfu/cm^2$ 이하	음성	
검사주기	기준수립 시	기록관리	표면오염도 검사성적서

〈출처 : HACCP 자료 참고〉

❖ 규정된 약제와 농도

용도	약제명	농도	비고
바닥 청소	P3-Topax	2~5%	세정제
손걸레, 도구	주방용 세제	0.2% 내외	세정제
도구 소독	락스	0.3~0.4% 내외	살균제
악취 제거	락스	4% 내외	살균제
도구, 설비 소독	P3-Oxonia Acti	0.2~1%	살균제
도구, 설비 소독	P3-liquid 14	0.2~1%	살균제
도구, 생물 소독	네오클로로 CAMICA-SD	200~1000ppm	살균제

8) 주변 환경 및 안전관리

(1) 주방의 바닥은 안전을 위해 항상 깨끗하고 건조하게 관리해야 한다.

(2) 물기가 있어 타일이나 트렌치의 철망이 미끄러우면 사고의 위험이 크므로 항상 기름이나 물기가 바닥에 없게 관리해야 한다.

(3) 무거운 재료나 기물을 들거나 운반할 때에는 반드시 나에게 적당한 무게인지를 생각해야 한다.

(4) 근골격에 무리가 가지 않는 작업방법을 숙지한다.

(5) 작업복 앞 상단 주머니에 볼펜 등 사무용품의 착용을 금지해야 작업 시 칼날, 펜 뚜껑 등의 이물질이 음식물에 들어가는 것을 막을 수 있다.

(6) 한자리에서 오랫동안 움직이지 않고 서서 작업해야 하는 경우가 많으므로 수시로 스트레칭하여 몸에 무리가 오지 않도록 주의한다.

9) 주방 폐기물 관리

(1) 음식과 관련된 폐기물은 수거, 운반 시에 오수 및 악취, 침출수 등으로 환경오염을 유발시키며 많은 수분과 염분을 함유하고 있어 2차적인 오염을 발생시키고 있다.

(2) 주방 안 쓰레기는 음식물 쓰레기통과 일반 쓰레기통으로 분리해서 수거해야 하며 가급적 장시간 방치하지 않도록 한다.

(3) 쓰레기 처리 장소는 쥐나 곤충의 접근을 막을 수 있도록 해야 하며, 정기적으로 구충, 구서한다.

(4) 쓰레기통은 작업도구로 사용하지 않는다.

(5) 쓰레기통 내부와 외부를 중성세제로 씻어 헹군 후, 차아염소산나트륨(300배 희석)으로 소독한다.

(6) 세척 또는 소독 시 주방 내부가 오염되지 않도록 주의한다.

2. 환경위생 관리방안

1) 환경위생 관리방안

(1) 방역회사와 계약을 체결하여 해충방제를 위하여 연 2회 이상 구제작업을 시행하고 그 기록을 1년간 보존한다.

(2) 전압 유인 살충등은 죽은 곤충류가 낙하하여 식품에 혼입될 우려가 없는 곳에 설치하여 관리한다.

(3) 해충에 대한 화학적, 물리적 또는 생물학적 약품처리를 포함한 관리는 전문방역업체의 감독하에 이루어져야 하고, 살충제 사용에 대한 적절한 기록이 유지되어야 한다.

(4) 쥐 및 해충 등의 먹이가 되는 음식물의 찌꺼기 등을 없애야 한다.

(5) 구제작업 시 식품에 관한 적절한 보호 조치를 취한 후 실시하며, 작업 종료 후 접촉한 시설 및 기구, 기계 등에 대하여 충분한 세척 및 관리를 하여 식품에 오염이 되지 않게 한다.

(6) 살충제 등 유해물질의 보관은 그 독성과 용도에 대한 경고문을 표시해야 한다. 또한 유해물질은 자물쇠가 채워진 전용지역이나 캐비닛에 보관해야 하며, 적절하게 훈련받은 위임된 사람에 의해서 처분 및 취급되어야 하고, 위생 또는 가공 목적에 필요한 경우를 제외하고, 식품을 오염시킬 수 있는 어떠한 물질도 식품취급지역에서 사용하거나 보관하지 않는다.

2) 작업장 환경위생관리 지침서

(1) 작업장의 환경위생관리는 제과작업장, 제빵작업장, 초콜릿작업장, 디저트 작업장, 재료창고, 포장실, 완제품 보관실, 매장 등 각각의 작업장에서 온도, 습도는 물론 적당한 작업환경이 차이가 나는 것이므로 작업장별 관리지침서를 따로 작성하여 관리해야 한다.

❖ 작업장 환경위생관리지침서 : 제빵실 기준

구분	점검항목	관리기준	점검결과		
			양호	보통	부적합
온도, 습도	• 작업장의 온도와 습도를 확인	온도 : 20~25℃			
		습도 : 80~85%			
조명	• 적정조도 확인 및 관리	220Lux			
창문과 출입문	• 해충의 유입을 유발하는지 확인	확인			
	• 고장과 개폐여부는 지켜지는지 확인	확인			
바닥, 천장, 벽	• 오염물질발생 및 낙화여부	무			
	• 파손 및 누수 발생여부	무			
급배수	• 냉수, 온수 공급여부	확인			
	• 고장여부	확인			
소독제	• 출입구의 손 · 발 소독기 사용여부	실시			
	• 소독제의 적정량 사용여부	별도관리			
이동경로	• 이동 통로 오염 물질(지방, 스크랩 등) 유무 및 청소 상태	청결			
	• 탈의실 정리 정돈 및 청결 상태	청결			
	• 화장실 청소 및 청결 상태	청결			
포장작업	• 포장지 내 포장지 오염 물질 이상 유무	확인			
	• 부자재 먼지 상태 및 정리 정돈 상태	확인			
	• 쓰레기 발생 시 즉시 처리 여부	확인			
	• 비닐 포장 시 공기 유입방지 최대 밀착 포장	확인			
	• 박스 포장, 제조 일자 확인	확인			

3) 작업장 주변환경 관리

(1) 건물 외부

① 건물 시설은 어떠한 환경적 오염원과도 인접하지 않도록 하고 먼지가 나지 않고 배수가 잘 되도록 처리하여야 한다.

② 건물 외부는 오염원과 해충의 유입이 방지되도록 설계, 건설, 유지 · 관리되어야 한다.

(2) 탈의실

① 작업장 내에서 옷을 갈아입게 되면 제품에 이물이 혼입되거나 식중독균이 교차 오염될 수 있기 때문에 작업장 외부에 옷을 갈아입을 수 있는 공간을 정한다.

② 일반외출 복장과 깨끗한 위생 복장을 같은 공간에 보관할 경우 교차 오염이 발생할 수 있으므로 구분하여 보관한다.

(3) 발바닥 소독기

① 발바닥 소독기는 현장 출입문과 자재 반입문에 설치하고 작업자 등이 현장에 입실할 경우 발바닥 소독기를 사용하여 소독한 후 입실해야 한다.

② 발바닥 소독기의 청결상태는 청결 점검자가 매일 점검하며, 청결치 못할 경우 즉각 시정 조치하고, 소독조는 주 1회 이상 외부 청소를 실시한다.

③ 발판소독기에는 매일 점검하여 필요시 소독제를 보충하고, 0.75%의 P3-옥소니아 용액이나 차아염소산나트륨과 같은 소독제를 사용할 수 있다. 차아염소산나트륨은 물 5L에 락스 50mL를 희석하여 사용한다.

④ 모든 출입자는 입실 시 발바닥 소독조에 발을 올려놓고 바닥을 비비면서 발바닥에 묻어 있는 이물을 제거한 후 매트에 발바닥을 올려놓고 물기를 제거하고 매트에서 발바닥에 묻어 있는 물기를 말린 후 작업장 내로 들어간다.

⑤ 퇴실 시 발바닥 소독기를 사용하지 않아도 된다.

4) 재활용품 분리 배출요령

종류	대상	배출요령	재활용불가능품목
종이류	신문지	반듯하게 편 후 묶어서 배출	비닐코팅된 광고지, 방수용지, 벽지
	헌책, 공책	비닐코팅된 표지, 공책의 스프링 등 제거 후 배출	
	박스류	비닐코팅, 테이프, 철핀 등을 제거 후 압착하여 배출	
종이팩	우유팩, 종이컵	물로 행군 후 펼치거나 압착하여 종이류와 구분하여 배출	

유리병류	음료수병, 기타 병류	이물질, 병 뚜껑 제거 후 내용물 비우고 배출	도자기병, 거울, 유리컵, 유리그릇 등
캔류	철캔, 알루미늄캔	이물질, 뚜껑 등 제거 후 배출	페인트통, 폐유 등 유해물질이 묻어 있거나 담았던 통
	부탄가스통, 살충제 용기	구멍을 뚫어 내용물을 비우고 배출	
고철류	철재	이물질 제거 후 봉투에 넣거나 끈으로 묶어서 배출	플라스틱 등 기타 재질이 많이 섞인 제품
플라스틱류	각종 플라스틱 제품	뚜껑, 부착상표 등을 제거하고 물로 헹군 후 압착하여 배출	카세트 테이프, 완구류 등 열에 잘 녹지 않고 딱딱한 제품
폐의류	면섬유류, 기타 의류	물기에 젖지 않도록 마대 등에 담거나 묶어서 배출	반복, 담요, 베개, 카펫, 이불, 가죽제품 등
페트병	요구르트병 등	다른 재질로 된 뚜껑, 부착상표 등을 제거하고 물로 헹군 후 압착하여 배출	
필름류 포장재	라면, 과자봉지, 비닐봉투	이물질을 제거 후 내용물이 보이는 봉투에 담아 배출	물기나 이물질이 묻은 비닐류
스티로폼	스티로폼, 받침접시	은박지, 랩, 부착상표 등을 제거하고 물로 헹군 후 배출	이물질이 묻어 있거나 타 재질로 코팅된 스티로폼
폐건전지	건전지류	녹슬지 않게 모아서 배출	
폐형관등	폐형광등류	깨지지 않도록하여 배출	깨진 형광등
고무제품	고무장갑 등	이물질을 깨끗이 제거한 후 배출	내피가 부착된 제품

5-3. 기기 안전관리

1. 기기관리 지침서 작성하기

1) 기기관리 지침서의 적용 범위를 정한다

(1) 제조업체의 생산공정에 사용되는 생산 설비 및 보조 설비에 적용한다.

(2) 설비의 도입, 유지 관리, 보수, 폐기 등에 대한 업무에 대하여 적용한다.

2) 목적을 작성한다

(1) 생산공정에 사용되는 설비를 안정된 상태로 유지하고 관리해야 한다.

(2) 작업의 효율성을 높이고 고객이 요구하는 품질의 제품을 생산하기 위하여 작성한다.

3) 운영절차를 작성한다

(1) 설비 도입 검토하기

① 생산설비의 도입이 필요할 경우 설비의 도입을 검토한다.

② 설비 도입을 검토 후, 설비 도입 검토서를 작성하여 관련 부서의 검토를 거친 후 사장(대표 이사)에게 보고한다.

(2) 설비 도입 및 설치하기

① 설비 도입 검토서를 심의한 사장은 설비의 도입이 필요하다고 판단되면, 해당 설비의 도입을 생산 부서장에게 지시한다.

② 설비 도입 진행을 지시받은 생산 부서장은 설비의 사양 제작업체와 금액, 일정 등을 협의한 후 사장의 승인을 득하여 제작업체와 계약을 하고 설비를 발주한다.

③ 생산 부서장은 설비의 입고 일정에 맞추어 설비의 실치에 이상이 없도록 생산현장의 lay out 변경 등 설비의 설치 준비를 한다.

④ 생산 부서장은 설비가 입고 일정에 맞추어 입고되면 설비의 사양이 계약 내

용과 다른 것은 없는지 검수, 확인 후 설치하도록 한다.

⑤ 설비의 설치가 완료되면 생산 부서장은 시운전을 완료하고, 이상이 없으면 설비를 생산공정에 투입하도록 하며, 설비 도입 완료 보고서를 작성하여 사장에게 보고한다.

4) 설비 등록하기

(1) 설비의 도입이 완료되면 생산 부서장은 설비 등록 대장에 설비의 내역을 등록한다.

(2) 등록된 설비는 쉽게 관리할 수 있도록 일정한 곳에 보관하고 기록 관리한다.

5) 설비 운영하기

(1) 생산 부서장은 설비의 도입 후 해당 설비의 사용에 대한 작동순서를 파악하여 이를 순서대로 기록하여 설비에 부착하고, 설비 운영자가 이를 숙지하도록 한다.

(2) 생산 부서장은 설비의 운영에 필요한 매뉴얼을 확보하여 설비 운영자로 하여금 이를 활용할 수 있도록 한다.

(3) 생산 부서장은 설비 운영자 및 관리 담당자에게 설비의 운영 및 관리를 담당하도록 하며, 이의 소홀로 인하여 설비의 가동이 중단되는 일이 발생하지 않도록 한다.

(4) 설비의 가동 중 이상이 발견되거나 발생되었을 시에 설비 운영자는 즉시 이를 관리 담당자에게 보고하고, 관리 담당자는 이를 조치하여야 하며, 이의 조치가 불가할 경우는 생산 부서장에게 보고하고 조치에 따른다.

(5) 설비의 이상 발생 보고를 받은 생산 부서장은 이상 발생이 운영자의 잘못으로 인한 이상 발생인지 기계적 결함인지를 판단하여 조치를 취하도록 하고, 조치가 완료되기 전까지는 설비가 가동되지 않도록 한다.

6) 설비 유지 · 관리하기

(1) 설비의 점검 및 보수 계획

① 생산 부서장은 설비 운영자가 매일 점검할 항목을 일일 설비 점검표 양식에

의거 작성하여 설비에 부착한다. 단, 생산 부서장이 일일 점검을 하지 않아
도 된다고 판단한 설비는 이를 생략하도록 한다.

② 생산 부서장은 설비별, 주별, 월별 점검사항을 명시한 설비 정비 계획표 양
식에 의거 설비 정비 계획을 수립하여 각 생산 라인별 설비관리 담당자에게
배포한다.

(2) 설비의 점검 및 정비

① 설비별 운영자는 설비에 부착된 일일 설비 점검표에 의한 일일 점검을 실시
한 후 결과를 기록하고, 생산 부서장은 이를 확인한다.

② 각 라인별 담당자는 설비별 설비 정비 계획표에 의하여 설비를 정비하도록
하고, 생산 부서장은 이를 확인한다.

(3) 이상 발생 시 조치

① 설비의 이상 발생 시에는 필요한 조치를 수행하고 장비 이력카드에 작성한다.

7) 설비 이력 관리하기

(1) 생산 부서장은 모든 설비에 대하여 설비 이력 카드를 작성하여야 한다.

(2) 설비의 도입부터 폐기까지 설비에 대한 이력을 기록하고 관리하여야 한다.

8) 설비의 개조 및 폐기하기

(1) 설비의 개조

① 작업상 작업자의 안전에 관한 문제 발생이 있는 경우에 실시한다.

② 운영 중 불량품의 발생 원인이 설비의 중대한 결함으로 인하여 개조가 불가
피한 경우에 개조한다.

③ 새로운 작업방법의 도입이나 신기술의 개발로 설비의 개조가 필요하다고
판단되는 경우에 실시한다.

④ 생산현장 layout 변경으로 설비의 이동 시 설치 위치와 설비의 조건이 맞지
않아 개조가 필요하다고 판단될 경우에 실시한다.

⑤ 기존 설비의 일부 개조로 설비의 기능 향상이 가능할 경우에 실시한다.

⑥ 기타 생산 부서장이 판단하여 개조가 필요한 경우에 실시한다.

(2) 설비의 폐기

① 설비의 사용 연한이 다하였을 경우에 폐기한다.

② 설비의 중대한 결함으로 인하여 사용이 불가할 경우에 폐기한다.

③ 설비의 해당 생산공정의 변경으로 설비의 용도 가치가 상실되었을 경우에 폐기한다.

④ 기타 설비의 폐기 사유가 발생한 경우에 실시한다.

2. 기기관리에 필요한 지식

1) 세척

(1) 세척은 기구 및 용기의 표면을 세제를 사용하여 때와 음식물 찌꺼기를 제거하는 작업과정이다.

(2) 세제 사용 시에는 세제의 용도, 효율성과 안전성을 고려하여 구입하고, 사용방법을 숙지하여 사용한다.

(3) 세제를 임의대로 섞어 사용하는 일이 없도록 하고, 안전한 장소에 식품과 구분하여 보관한다.

(4) 세척실은 냉·온수가 공급되어야 하고, 주변은 이물 등이 제거되어 있어야 하며, 세척솔, 세제 등이 비치되어 있어야 한다.

❖ 제제의 종류 및 용도

종류	용도
일반 세제(비누, 합성세제)	거의 모든 용도의 세척
솔벤트	가스레인지 등의 음식이 직접 닿지 않는 곳의 묵은 때 제거
산성세제	세척기의 광물질, 세제 찌꺼기 제거
연마제	바닥, 천장 등의 청소

2) 소독

(1) 소독은 기구, 용기 및 음식 등에 존재하는 미생물을 안전한 수준으로 감소시키는 과정이다.

(2) 소독액은 사용방법을 숙지하여 사용하고, 미리 만들어 놓으면 효과가 떨어지므로 하루에 1차례 이상 제조한다.

(3) 자외선 소독기는 자외선이 닿는 면만 균이 죽을 수 있으므로 칼의 아랫면, 컵의 겹쳐진 부분과 안쪽은 전혀 살균이 되지 않는다.

(4) 따라서 자외선 소독기를 구입할 때 자외선 등이 상하·좌우·뒷면까지 부착되어 기구의 사방에서 자외선을 쪼일 수 있는 모델을 선택한다.

(5) 자외선 살균기의 내·외부는 이물 등이 제거되어 있어야 하고, 소독기 내 기구들이 겹침 없이 관리되어야 한다. 1주일에 1회 이상 청소 및 소독을 실시하여야 한다.

❖ 소독의 종류 및 방법

종류	대상	방법
증기소독	식기, 행주	• 100~120℃, 10분 이상 처리 • 금속제 : 100℃, 5분 • 사기류 : 80℃, 1분 • 천류 : 70℃, 25분 또는 95℃, 10분
건열소독	스테인리스 스틸 식기	• 160~180℃, 30~45분
자외선소독	소도구, 용기류	• 2537Å, 30~60분 조사
화학소독제	작업대, 기기, 도마, 과일, 채소	• 세제가 잔류하지 않도록 음용수로 깨끗이 씻는다.
염소소독	생과일, 채소 발판 소독 용기 등의 식품 접촉면	• 100ppm, 5~10분 침지 • 100ppm 이상 • 100ppm, 1분간
요오드액	기구, 용기	• pH 5 이하, 실온, 25ppm, 최소 1분간 침지
알코올	손, 용기 등 표면	• 70% 에틸알코올을 분무하여 건조

3) 검 · 교정 점검

❖ 검 · 교정 점검기준

측정범위 \ 설비명	발효실	전자저울	온도계	습도계	냉장창고	냉동창고
항목	온도	중량	온도	습도	온도	온도
기준치	35℃	500g 1g	35℃	70% R.H.	−1℃	−1℃
허용치	±1℃	1kg 이하 : ±0.5% 1kg 초과 : ±0.3%	±0.5℃	±5%	±0.5%	±0.5%
방법	검 · 교정된 온도계를 넣어 비교 측정	국가 공인 기관 의뢰	국가 공인 기관 의뢰	국가 공인 기관 의뢰	검 · 교정된 표준온도계와 비교 대상 온도계를 각각 측정 후 결과를 비교함	검 · 교정된 표준온도계와 비교 대상 온도계를 각각 측정 후 결과를 비교함
주기	1회/6개월	1회/1년	1회/1년	1회/1년	1회/3개월	1회/3개월

3. 매장 설비 및 기자재 관리하기

1) 진열대 관리하기

(1) 진열대 윗면 및 표면에 먼지 등 이물질이 없도록 청소하고, 진열대의 얼룩 제거, 광택, 흠집 보호에 주의한다.

(2) 제품을 진열대 위에 놓을 경우 먼지나 세균에 노출될 수 있으므로 뚜껑을 덮거나 포장하여 외부 오염으로부터 보호한다.

2) 진열장 관리하기

(1) 냉장 진열장의 온도가 5~6℃로 유지되도록 온도를 관리하고 진열장 속과 문틈에 쌓인 찌꺼기를 제거하여 청결하게 유지한다.

(2) 냉동 진열장의 온도는 -18℃ 이하를 유지시킨다.

(3) 진열장 내 전깃줄의 오염물질을 제거하고 전깃불을 관리하여 온도 변화에 주의한다.

(4) 습기로 인해 성에가 끼는 등의 위생불량상태가 되지 않도록 하고 정기적인 관리를 한다.

3) 에어컨 관리하기

(1) 에어컨은 사용 전 필터를 점검하여 먼지와 각종 세균에 오염되지 않도록 체크한다.

(2) 에어컨 필터를 1주일에 1번씩 꺼내서 중성세제로 닦은 후 물로 씻어 말려주고, 냉각핀 등에는 에어건 전용세제를 뿌려 청소한다.

(3) 스탠드형 에어컨의 필터는 극세 필터와 미세 필터를 동시에 청소한다.

(4) 실외기는 뒷면의 냉각핀을 중심으로 중성세제를 뿌려 청소하고 찬물로 씻어준다.

4) 정수기 관리하기

(1) 정수기의 출수구와 출수구 내부를 깨끗하게 닦아 소독약품이 정수기에 잔류되지 않도록 주의하고, 뜨거운 물이나 식초를 이용해 꼭지를 살균한다.

(2) 정수기의 필터는 정기적으로 교체하며, 외관을 깨끗이 청소하고 일회용 컵을 청결하게 비치한다.

(3) 살균기능이 없는 정수기를 사용할 때는 수조 속에 보관 중인 물을 전부 빼낸 후 다시 사용하는 것이 위생적으로 안전하다.

(4) 사용하지 않을 때에는 밸브를 꽉 잠가주어야 위생적으로 관리할 수 있다.

(5) 6개월마다 1회 이상 고온·고압 증기 소독방법, 약품과 증기 소독의 병행방법, 전기 분해방법 등으로 소독·청소하여야 한다.

(6) 총대장균군, 탁도 항목이 「먹는물 수질기준 및 검사 등에 관한 규칙」의 물 수질기준에 적합하도록 관리한다.

5) POS(point of sale system, 포인트 오브 세일 시스템 : 판매시점정보) 관리하기

(1) 방수덮개를 사용하여 습기나 물기로 인한 고장을 방지하고, 먼지 등의 이물질

이 없도록 청소, 관리한다.

(2) 제품을 직접 포장하거나 판매한 손으로 POS를 만지지 않는다.

(3) 일회용 장갑을 사용할 경우에는 매번 바꾸어 사용한다.

(4) 돈을 만지고 난 후에 그 손으로 제품을 포장하거나 만지지 않는다.

4. 주방 설비 및 기자재 관리하기

1) 제과제빵 작업대 안전관리

(1) 작업대는 항상 깨끗이 유지하여 작업 중 이물질이 제품에 혼입되지 않게 조치한다.

(2) 작업에 필요한 기구, 도구 이외의 물건은 작업 중 작업대에 올리지 않는다.

(3) 항상 물기가 없게 청결을 유지한다.

2) 냉장, 냉동시설 안전관리

(1) 냉장시설은 내부 온도를 5℃ 이하로 하고 냉동시설은 -18℃ 이하로 유지하고 외부에서 온도 변화를 관찰할 수 있어야 하며 온도 감응장치의 센서는 온도가 가장 높게 측정되는 곳에 위치하도록 한다.

(2) 온도 기준은 정상적인 밀폐 관리 시를 기준으로 하며 문을 여닫는 순간이나 제상(서리를 녹임) 중에는 예외로 인정한다.

3) 오븐 안전관리

(1) 오븐은 평균 200℃가 넘는 온도를 유지하므로 오븐을 열고 작업할 때에는 항상 주의해야 한다.

(2) 작업 시 소매를 길게 내리고 반드시 마른 장갑을 여러 켤레 끼워 화상을 방지해야 한다.

(3) 오븐 속 깊숙이 있는 물건을 꺼낼 때는 무리하게 손을 사용하지 말고 반드시 꺼내기용 갈고리를 사용하여 안전에 주의한다.

4) 발효실 안전관리

(1) 발효실에는 항상 습기가 있어 주위 바닥에 물기가 있을 수 있으므로 작업 시 미끄러지지 않도록 주의해야 한다.

(2) 발효실은 온도와 습도의 관리가 중요하므로 열고 닫을 때에는 신속한 동작으로 해야 하므로 주의하여 작업한다.

5) 반죽기 안전관리

(1) 반죽 도중 손을 넣고 바닥을 긁을 때는 항상 스위치의 상태를 확인하고 완전히 멈추었을 때 주의하여 작업하는 버릇을 들인다.

(2) 반죽기의 볼은 무거운데 반죽이 들어 있으면 너무 무거워지므로 내리거나 올릴 때 다른 사람의 도움을 받아야 허리에 무리가 가지 않는다.

(3) 여럿이 함께 작업할 때에는 반죽기 주위에서 떨어져 있어야 안전하므로 항상 주의를 기울인다.

(4) 작업 전 반죽기에 볼의 뒷면이 확실하게 걸렸는지를 확인하고 훅, 비타, 휘퍼 중 어느 것을 사용하는 것이 맞는지를 확인한 후 스위치를 켠다.

(5) 재료를 넣거나 반죽 완료 후 꺼낼 때에는 재료의 허실이 없게 조치하는 버릇을 들인다.

6) 스토브 안전관리

(1) 가스 안전에 각별히 주의해야 한다.

(2) 가스 작업 도중 자리를 지키는 습관이 중요하다.

(3) 화상의 위험이 항상 존재한다는 것을 염두에 두고 있어야 한다.

(4) 화재의 위험에 대비하는 최소한의 안전장치를 숙지한다.

7) 파이롤러

(1) 사용 후 헝겊 위나 가운데 스크레이퍼 부분의 이물질을 솔로 깨끗이 털어내고 철저히 청소해야 세균의 번식을 막을 수 있다.

(2) 파이롤러는 물청소를 할 수 없는 설비이므로 특별한 위생안전관리가 필요하다.

8) 튀김기

(1) 따뜻한 비눗물을 팬에 가득 붓고 10분간 끓여 내부를 깨끗이 씻은 후 건조시켜 뚜껑을 덮어둔다.

(2) 쓰고 남은 기름은 바로 따로 담아 보관해야 한다.

9) 기타 설비

(1) 배기후드, 덕트 등의 시설은 정기적으로 점검하여 오염원이 생기지 않도록 관리한다.

(2) 세척실의 개수대는 곰팡이, 음식물, 물때 등의 이물질이 끼지 않게 깨끗이 관리하여 교차오염이 일어나지 않게 관리한다.

5. 판매 및 주방 소도구 관리

1) 집게, 쟁반

(1) 필요에 맞게 사용하고 사용 후 깨끗하게 세척한 후 물기를 제거하고 위생검사 안전기준에 적합하게 관리한다.

(2) 제품을 집는 집게는 많은 사람들이 손으로 만지고, 각기 다른 제품을 집을 때 사용하므로 교차오염을 일으킬 수 있으므로 수시로 소독수로 세척해야 한다.

(3) 제품이 직접적으로 닿는 기구들은 철저한 세척 및 소독 관리가 필요하고, 쟁반 위에 일회용 종이를 깔고 사용한다.

2) 장갑

(1) 장갑은 1회용 비닐장갑을 사용하고 사용 후 반드시 폐기한다.

(2) 작업장에서 사용하는 고무장갑은 사용 후 물기가 빠지도록 널어서 보관한다.

3) 저울

(1) 사용 후에는 제품을 올려두는 판을 제거하여 수건으로 닦은 뒤에 보관한다.

(2) 사용이나 이동 시 충격을 주지 말고, 아랫부분을 들고 운반한다.

(3) 정기적으로 검·교정하여 기록 관리하여야 한다. 1kg 이하는 ±0.5%, 1kg 초과는 ±0.5% 정도 허용되며, 1년에 1번 정도 국가 공인기관에 의뢰하여 검·교정을 받는다.

4) 시트팬

(1) 점착성 코팅팬은 세척 시 철솔이나 철 스크레이퍼를 사용하면 코팅이 벗겨져 제품에 묻거나 구울 때 빵이나 과자류가 붙을 수 있으므로 주의한다.

(2) 많이 오염된 것은 중성세제로 깨끗이 닦아 건조하여 보관하고, 사용한 팬은 제품의 찌꺼기를 깨끗이 제거한 뒤 닦아서 보관한다.

(3) 사용 후 팬에 남은 찌꺼기는 제거하여 진균이 검출되지 않도록 주의한다.

(4) 굽기 전에 제품이 팬에 달라붙지 않도록 기름칠을 하는데 남은 지방이 산화되어 제품에 영향을 줄 수 있으므로 세척하여 건조 보관한다.

5) 각종 틀

(1) 틀은 세척하여 녹이 슬지 않도록 세척 후 건조 보관하고 종류와 개수를 기록하여 보관한다.

(2) 무스 틀은 알코올로 소독한 후에 사용하거나 자외선 살균기에 보관한다.

6) 스텐볼

(1) 기름기 없이 깨끗이 세척한 후 건조하여 보관하고, 불에 직접 가열하지 않도록 한다.

(2) 탄 그릇을 그대로 사용하면 음식에 들어갈 수 있으므로 철수세미로 세척하고, 잘 지워지지 않으면 오븐크리너를 사용하여 탄 부분을 즉시 제거한다.

7) 도마

(1) 도마는 과일과 채소용, 생선용, 육류용 등 용도별로 준비하여 필요에 따라 사용하면 위생적이다.

(2) 보통 나무도마나 플라스틱 도마 등을 사용하는데 사용한 뒤에는 세제로 씻고 뜨거운 물을 부어 소독한다. 그런 다음 키친타월로 물기를 닦고 살균소독기에 보관하면서 살균 소독한다.

(3) 도마에 얼룩이 졌을 때에는 굵은소금으로 문질러 닦으면 좋고 비린내가 날 경우 레몬으로 문질러 씻은 뒤 햇볕에 1시간 정도 건조하면 살균효과가 있다.

(4) 도마는 사용 전에도 곰팡이와 대장균이 검출될 수 있고, 사용 후에는 진균이 검출될 수 있으므로 철저한 세척이 요구된다.

(5) 홈집이 생기거나 금이 간 경우에는 비브리오균이나 살모넬라균의 온상지가 되므로 주의한다.

(6) 세척은 표백제를 푼 뜨거운 물에 담그거나 살균세제를 묻힌 행주를 도마 위에 얹어 하룻밤 두었다가 깨끗이 세척한 다음 끓인 물을 도마 위에 붓고 햇볕에 말리거나 도마전용 소독기를 사용한다.

(7) 2~3일에 한번은 소독하고, 교차오염을 방지하기 위하여 조리되지 않은 식품과 이미 조리된 음식의 도마를 구분하여 사용한다.

(8) 세척된 도마의 물기를 행주로 닦으면 행주에서 세균이 오염될 수 있으므로 주의한다.

8) 칼, 스패츌러, 고무주걱, 붓, 파이핑백, 모양깍지

(1) 칼 등 위험하고 날카로운 기구를 사용한 후에는 개수대에 담그지 말고 밖에 두었다가 세척하여 보관하는 습관을 들여 안전에 주의한다. 개수대에 담그게 되면 다른 그릇과 함께 섞였다가 세척할 때 상당히 위험한 상황이 될 수 있다는 것을 명심하자.

(2) 사용할 때에는 바른 자세로 작업하며 위험기구 사용 시 다른 사람과의 대화 등 주의를 소홀히 하는 일이 없도록 한다.

(3) 칼은 오염되기 쉬우므로 재료별로 나누어 써야 한다. 특히 과일 칼을 다른 재료에 사용할 때는 주의한다.

(4) 칼, 스패츌러는 사용 후 잘 세척하여 칼꽂이에 보관하거나 살균기에 넣어 보관하고, 70% 에탄올 또는 세제로 소독하여 말린 후 사용한다.

(5) 조리용 칼은 진균이나 대장균에 오염된 경우가 많고, 칼의 대장균은 식재료에

오염될 우려가 있으므로 샌드위치를 만들 때 철저한 세척이 요구된다.

5-4. 공정 안전관리

1. 작업공정 관리지침서

❖ 작업공정별 관리

종류	대상	방법
재료입고, 보관	• 원료 자체에서 오염 • 포장재 훼손 등으로 식중독균이 혼입	• 포장재 훼손 여부에 대한 육안검사를 실시한다. • 신선한 재료인지 확인한다. • 유효기간을 확인한다. • 유통과정에서의 온도 확인
배합표 작성	• 배합의 적절하지 못함에서 오는 위해요소	• 제품에 따른 배합표의 확인
재료 계량	• 작업환경(종사자, 작업도구 등)으로부터 식중독균 교차오염 • 종사자로부터 머리카락 등 이물질 혼입 • 작업도구 등으로부터 금속 이물혼입	• 작업환경 위생관리 • 종사자 개인위생 관리 • 작업도구 파손 여부점검
반죽하기	• 원료에 오염된 식중독균 • 작업환경(종사자, 작업도구 등)으로부터 식중독균 교차오염 • 반죽 시 이물의 혼입	• 작업환경 위생관리 • 반죽기의 청소관리가 중요하다.
1차 발효	• 발효 시 발효실의 청결하지 못함으로 인한 오염	• 발효실 청소관리 매일 확인
분할	• 작업대와 도구의 위생이 불량 • 작업자의 마스크 등 개인위생 불량에서 오는 오염	• 작업자의 개인위생 철저관리 • 작업대와 기구에 대한 확인
눙글리기	• 작업자의 손에서 오염 • 둥글리기 후 철판이나 나무판에서 오는 오염	• 작업 전 손 세척 확인 • 철판이나 나무판 청결 확인
중간발효	• 관리미흡에서 오는 위해요소 • 마르지 않게 관리하는 과정에서 비닐 등 덮개에서 오는 오염	• 비닐, 헝겊 등 청결한 것 사용 • 실온에서 관리 시 오염원 제거

성형	• 작업자의 위생불량에서 오는 오염 • 필링, 토핑 등 첨가 재료 및 조리과정에서 오는 오염	• 작업자의 손 세척 확인 및 개인위생관리 • 첨가재료의 안전위생관리
패닝	• 철판의 불량에서 오는 오염 • 첨가재료에서 오는 오염	• 사용할 철판의 세척 확인 • 성형 후 첨가재료의 확인
2차 발효	• 발효실의 청결불량에서 오는 오염	• 발효실 관리(청결, 온도, 습도)
굽기	• 굽기과정에서 발생하는 위해요소	• 굽기과정 중 온도변화 관리
포장	• 포장환경불량에서 오는 위해요소 • 포장지 등에서 오는 위해요소 • 작업자의 위생불량에서 오는 오염	• 포장실의 온도와 습도 등 관리 • 포장 작업자의 위생안전관리
진열	• 빛과 온도 등 진열환경에서 오는 위해요소	• 진열장의 온도, 햇빛, 전구빛 습도 등 관리

1) 공정별 위해요소

(1) 공정관리

① 제빵의 제조 공정관리에 필요한 제품 설명서와 공정 흐름도를 작성하고 위해요소 분석을 통해 중요 관리점을 결정한다.

② 결정된 중요 관리점에 대한 세부적인 관리계획을 수립하여 공정 관리하는 것을 말한다.

(2) 위해요소

① 위해요소(hazard)는 「식품위생법」 제4조 위해 식품 등의 판매 등 금지의 규정에서 정하고 있다.

② 인체의 건강을 해할 우려가 있는 생물학적, 화학적 또는 물리적 인자나 조건을 말한다.

2) 중요 관리점

(1) 중요 관리점(critical control point : CCP)은 위해요소 중점관리기준을 적용하여 식품의 위해요소를 예방하고 제거하거나 허용 수준 이하로 감소시켜 당해 식품의 안전성을 확보할 수 있어 중요하다.

(2) 제과 · 제빵 공정별 중요 관리점을 수시로 체크하고 확인할 때에는 확인자가 날

인하여 책임있는 관리가 되게 한다.

2. 제품설명서와 제품공정도

❖ 제품설명서 및 제품용도(빵류 HACCP 관리 : 식품의약품안전처)

1. 제품명	00빵(실재 제품명을 기재)		
2. 식품유형	빵류		
3. 품목제조보고 연월일	2016.01.20		
4. 작성자 및 작성연월일	홍길동, 2016.01.20		
5. 성분배합비율	밀가루(강력분) 00%, 탈지분유 00%, 설탕 00%. 소금 00%, 팥앙금 00%, 이스트 00%, 전란 00%, 마가린 00%, 유화제 00%, 용수 00%		
6. 제조(포장) 단위	00g, 00g, 000g		
7. 완제품의 규격 (식품공전상 규격)	**구분**	**법적규격**	**사내규격**
	성상	고유의 색택과 향미를 가지고 이미, 이취가 없어야 한다.	
	생물학적 항목	−	Listeria.monocytogenes : 음성
		−	장출혈성 대장균 : 음성
	화학적 항목	• 타르색소 : 불검출(식빵, 카스텔라에 한한다) • 사카린나트륨 : 불검출 보존료(g/kg) : 다음에서 정하는 것 이외의 보존료가 검출되어서는 아니 된다. − 프로피온산 / − 프로피온산나트륨 / − 프로피온산칼슘 → 2.5 이하 (프로피온산으로서 기준하며, 빵 및 케이크류에 한한다.) − 소르브산 / − 소르브산나트륨 / − 소르브산칼슘 → 1.0 이하 (소르브산으로서 기준하며, 팥 등 앙금류에 한한다.)	
	물리적 항목	이물 불검출	
8. 보관유통상 주의사항	• 직사광선을 피하여 건조하고 서늘한 곳에 보관 • 개봉 후 가급적 빠르게 섭취		
9. 포장방법 및 재질	• 포장방법 : 내포장, 외포장(테이프) • 포장재질 : 내포장(PE), 외포장(골판지)		

10. 표시사항	• 제품명, 식품의 유형, 제조 및 판매원, 소비자상담실, 반품 및 교환장소, 제조일자 또는 유통기한, 내용량, 원재료명, 성분명 및 함량, 영양성분, 포장재질, 유의사항, 바코드, 부정불량식품 안내문구, 분리배출표시, 소비자피해보상규정
11. 제품의 용도	• 영 · 유아 및 일반인의 간식용(전 소비계층)
12. 섭취방법	• 그대로 섭취
13. 유통기한	• 제조일로부터 0일

자사제품의 특성에 따라 설정(수정, 보완) 필요
완제품의 규격은 법적 규격(식품공전상 규격)과 자사규격(식품원료, 공정 등에서 심각성 높은 위해요소 및 실재 발생되는 위해요소)으로 나누어 작성

1) 제품 설명서 작성요령

(1) 제품명은 해당 관청에 보고한 해당 품목의 "품목 제조(변경)보고서"에 명시된 제품명과 일치하도록 작성한다.

(2) 어떤 종류의 제품인지 식품유형(제품유형)을 작성한다. 제품유형은 '식품공전'의 분류체계에 따른 식품의 유형을 기재한다.

(3) 품목 제조 연월일을 작성한다. 품목 제조 보고 연월일은 식품 제조 · 가공업소의 경우에 해당하며, 해당 식품의 "품목 제조(변경)보고서"에 명시된 보고 날짜를 기재한다.

(4) 제품 설명서를 작성한 사람의 성명과 작성 연월일을 기재한다.

(5) 성분(또는 식자재) 배합비율은 식품 제조 · 가공업소의 경우 해당 식품의 "품목 제조(변경) 보고서"에 기재된 원료인 식품 및 식품 첨가물의 명칭과 각각의 함량을 기재한다.

(6) 제조 포장단위는 판매되는 완제품의 최소 단위를 중량, 용량, 개수 등으로 기재한다.

(7) 완제품의 규격은 성상, 생물학적 · 화학적 · 물리적 항목별로 식품공전상의 법적 규격과 식품원료, 공정 등에서 심각성이 높은 위해요소 및 실제 발생되는 위해요소를 자사규격으로 나누어서 작성한다.

(8) 직사광선을 피하여 건조하고 서늘한 곳에 보관 또는 개봉 후 가급적 빨리 섭취와 같은 보관 · 유통상의 주의사항을 작성한다.

(9) 포장방법은 구체적으로 기재하며, 포장 재질은 내포장재와 외포장재 등으로 구분하여 기재한다. 예를 들면 질소 충진, 탈산소제 등과 같이 내포장방법과 테이프 등의 외포장방법을 작성하고, 포장재질은 PE 등의 내포장과 골판지 등의 외포장 재질을 작성한다.

(10) 표시사항에는 "식품 등의 표시 기준"의 법적 사항에 기초하여 소비자에게 제공해야 할 해당 식품에 관한 정보를 기재한다. 즉 제품명, 식품의 유형, 반품 및 교환 장소, 제조 및 판매원, 소비자 상담실, 제조일자 또는 유통기한, 내용량, 원재료명, 성분명 및 함량, 영양성분, 포장재질, 유의사항, 바코드, 부정 불량 식품 안내 문구, 유탕 처리 제품 표시(스낵 과자), 분리 배출 표시, 소비자피해 보상규정 표시사항 등을 적는다.

(11) 제품 용도는 소비계층을 고려하여 일반 건강인, 영유아, 어린이, 환자, 노약자, 허약자 등으로 구분하여 기재한다.

(12) '그대로 섭취'와 같이 섭취방법을 작성한다.

(13) 유통기한은 식품 제조·가공 업소의 경우 "품목 제조(변경) 보고서"에 명시된 유통기한을 제조일로부터 00개월과 같이 작성한다.

2) 제빵제조공정도

❖ 예시 그림 : 제빵제조공정도(OO빵)

원재료	부재료	용수	부자재
분말원료	액상원료, 날류, 유지류, 첨가물	상수도	PE, 골판지
입고/보관	입고/보관	입고/보관	입고/보관
계량		여과(정제)	

- 스펀지 배합
- 스펀지 발효
- 2차 배합
- 1차 발효
- 분할, 둥글리기
- 중간발효
- 성형, 패닝하기
- 2차 발효
- 굽기 전 작업
- 굽기
- 굽기 후 작업
- 냉각
- 내포장
- 금속검출
- 외포장
- 보관, 출고

발효공정 중 발효 습도, 온도, 시간 고려
정형공정 중 제품의 특성을 고려하여 작업
패닝공정 중 적당한 간격유지
전체 성형공정에서 작업공정지침서를 따를 것

상단 : 200±10℃, 하단 : 170±10℃, 시간 : 20±2분

Fe 등 2mmø 이상 불검출
※한계기준 설정 실험결과를 반영하여 자사특성에 맞게 설계

〈출처 : 빵류 HACCP 관리 _ 식품의약품안전처 참고하여 정리함〉

(1) 공정흐름도(flow diagram)는 원료의 입고에서부터 완제품의 출하까지 모든 공정단계들을 파악하여 각 공정별 주요 가공조건의 개요를 기재한다.

(2) 공정흐름도는 모든 공정별로 위해요소의 교차오염 또는 2차 오염, 증식 등의 가능성을 파악하는 데 도움을 준다. 이때 구체적인 제조공정별 가공방법에 대하여는 일목요연하게 표로 정리하는 것이 좋다.

3. 작업장 평면도

❖ 예시 그림 : 작업장 평면도 및 작업흐름도

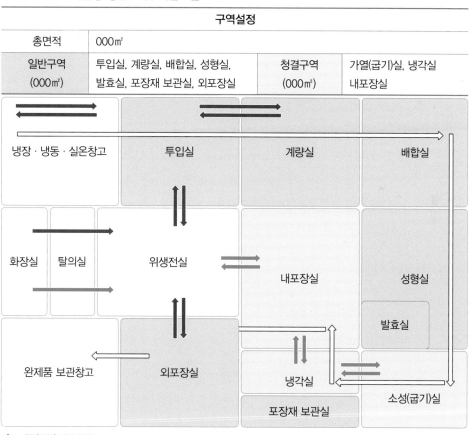

구역설정			
총면적	000㎡		
일반구역 (000㎡)	투입실, 계량실, 배합실, 성형실, 발효실, 포장재 보관실, 외포장실	청결구역 (000㎡)	가열(굽기)실, 냉각실 내포장실

냉장 · 냉동 · 실온창고 　투입실　 계량실　 배합실

화장실 탈의실 위생전실 내포장실 성형실 발효실

완제품 보관창고 외포장실 냉각실 소성(굽기)실

포장재 보관실

▷ : 제품(물류) 이동 동선
➡ : 일반구역 출입자 이동 동선
➡ : 청결구역 출입자 이동 동선

※ 자사 작업현장 특성에 따라 설정(수정, 보완) 필요

〈출처 : 빵류 HACCP 관리 _ 식품의약품안전처〉

1) 작업장 평면도(plant schematic)는 작업 특성별 구역, 기계·기구 등의 배치, 제품의 흐름과정, 작업자의 이동경로, 세척·소독조 위치, 출입문 및 창문, 환기 또는 공조시설 계통도, 용수 및 배수 처리 계통도 등을 작성한다.

2) 공장 도면으로 총면적을 일반구역과 청결구역으로 구역을 설정한다. 일반구역은 투입실, 계량실, 배합실, 성형실, 포장재 보관실, 외포장실 등이고, 청결구역은 가열실, 냉각실, 내포장실 등이다.

3) 제품의 이동 동선과 일반 구역 출입자 이동 동선, 청결구역 출입자 이동 동선으로 작업현장 특성에 따라 수정 보완한다.

4. 공정별 위해요소와 관리

1) 위해요소

(1) 생물학적 위해요소(biological hazards, 바이어로지클 해저즈)

① 원·부자재, 공정에 내재하면서 인체의 건강을 해할 우려가 있는 리스테리아 모노사이토제네스(Listeria monocytogenes), 이콜라이 O157(E. coli O157 : H7), 대장균, 대장균군, 효모, 곰팡이, 기생충, 바이러스 등이 있다.

② 제과에서 발생할 수 있는 생물학적 위해요소는 황색포도상구균, 살모넬라, 병원성대장균 등의 식중독균이 있다.

(2) 화학적 위해요소(chemical hazards, 케미클 해저즈)

① 제품에 내재하면서 인체의 건강을 해할 우려가 있는 중금속, 농약, 항생물질, 항균물질 등이 있다.

② 사용기준 초과 또는 사용 금지된 식품첨가물 등이 있다.

(3) 물리적 위해요소(physical hazards, 피지클 해저즈)

① 원료와 제품에 내재하면서 인체의 건강을 해할 우려가 있는 인자 중에는 돌조각, 유리조각, 쇳조각, 플라스틱 조각, 머리카락 등이 있다.

② 제과에서 발생할 수 있는 물리적 위해요소는 금속조각, 비닐, 노끈 등의 이물이 있다.

2) 위해요소 개선관리

(1) 생물학적 위해요소 개선조치

① 위해요소가 발생할 수 있는 시설 개·보수를 실시하고 시설·설비 등에 대해 적절한 세척·소독을 실시하며 종업원에 대한 위생교육 등을 실시한다.

② 입고되는 원·부재료를 검사하고 원·부재료 협력업체의 시험 성적서를 확인한다.

③ 식자재와 제품의 보관, 가열, 포장 등의 온도, 시간 등의 가공조건 준수를 확인하고 공기 중에 식품 노출을 최소화한다.

④ 식중독균은 가열(굽기)공정을 통해 제어할 수 있다.

(2) 화학적 위해요소 개선조치

① 입고되는 원·부재료를 검사하고 원·부재료 협력업체의 시험 성적서를 확인한다.

② 승인된 화학물질을 사용기준에 맞게 사용하고 적절한 식별표시를 하고 보관하며 화학물질을 취급하는 종업원의 적절한 교육·훈련 등을 실시한다.

(3) 물리적 위해요소 개선조치

① 시설 개·보수를 실시하고 종업원 교육·훈련 등을 실시한다.

② 입고되는 원·부재료를 검사하고 원·부재료 협력업체의 시험 성적서를 확인한다.

③ 육안 선별, 금속검출기 관리 등을 실시한다. 금속파편, 나사, 너트 등의 금속성 이물은 금속검출기를 통과시켜 제거하고, 기타 비닐, 노끈, 벌레 등 연질성 이물은 육안 등으로 선별한다.

3) 공정별 개선조치

(1) 입고, 보관

① 냉장, 냉동 원료의 온도 기준을 준수하여 운송하고 실온에서 오랫동안 방치하면 세균이 증식될 수 있으므로 온도 기록 관리가 필요하다.

② 보관 시 외부 포장을 제거하고 보관하여야 교차오염을 예방할 수 있다.

③ 보관 시 실온 보관과 냉장, 냉동 보관을 재료의 보관관리 기준에 적합하게 한다.

(2) 계량

① 종업원이 직접 실시하는 작업인 계량공정은 종업원의 부주의로 식중독균의 교차오염, 사용 도구에 의한 이물 등의 혼입 우려가 있으므로 숙련된 종업원을 배치하여 철저히 관리한다.

② 재료의 계량 시 재료를 저울에 직접 닿지 않게 하여 계량한다.

(3) 배합(반죽)

① 반죽작업은 주로 믹싱기를 이용하여 작업이 이루어지며, 믹싱기 노후 및 파손으로 인해 금속 파편이 제품에 혼입될 수 있으므로 믹싱기는 매일 노후상태나 파손된 부위가 없는지 확인한다.

② 반죽기의 기름이 반죽 시 제품에 스며들지 않는지 확인하고 기기의 청결을 유지한다.

(4) 성형, 사출

① 성형·사출 작업은 주로 사출 성형기를 이용하여 작업이 이루어진다.

② 사출 성형기 노후 및 파손으로 인해 금속 파편이 제품에 혼입될 수 있으므로 사출 성형기는 매일 노후상태나 파손된 부위가 없는지 확인한다.

(5) 가열 후 청결 제조공정

① 가열 후 청결 제조공정은 가열공정에서 식중독균과 같은 생물학적 위해요소가 제거되므로, 이러한 상태를 유지하기 위해 가열공정 이후부터 내포장 공정까지 보다 청결한 수준으로 관리하는 공정을 말한다.

② 안전한 제품을 생산하기 위해 가장 중요한 공정이다.

(6) 냉각 및 포장

① 냉각공정은 가열 또는 굽기 공정 이후의 과정으로 가장 청결한 상태로 관리되어야 한다.

② 개인위생을 준수하지 않은 상태로 작업에 임할 경우 종사자로 인해 식중독균 등에 오염될 수 있으므로 종사자는 반드시 개인위생을 준수하고, 수시로 손 세척과 소독을 실시해야 한다.

③ 종사자는 마스크를 착용하고 필요시 일회용 장갑 등을 착용하고 작업하도록 한다.

제6장 공통능력

공통능력

공통능력

제6장

6-1. 재료의 3대 영양소

1. 탄수화물(C.H.O-Carbohydrates, C.H.O-카버하이드레이츠)

1) 탄수화물의 정의

   (1) 탄수화물은 당을 함유하여 당질이라고도 하며 지방질, 단백질과 함께 식품의 3대 기본 성분 중의 하나이다.

   (2) 인간과 동물은 탄수화물을 합성하는 능력이 없어 식물이 광합성한 탄수화물을 섭취하며 주로 몸속에서 에너지원으로 이용하고 있다.

   (3) 탄소, 수소, 산소의 원소로 구성되어 있기 때문에 탄수화물이라는 명칭을 사용한다.

   (4) 수소(H)와 산소(O)의 비율이 물(H_2O)과 같은 비율로 구성되어 함수탄소라는 명칭도 사용된다.

   (5) 화학구조상으로는 한 개의 수산(OH)기와 알데히드(aldehyde)기 또는 케톤(ketone)기를 가지고 있는 화합물을 총칭하여 탄수화물이라고 정의한다.

2) 탄수화물의 분류

   (1) **단당류**(monosaccharide, 모도새커라이드)

     ① 포도당(glucose, 글루코오스)

      • 모든 당류의 구성단위가 되며 과일, 채소, 꽃, 꿀, 콘시럽, 당밀 등에 존재

한다.

- 초산, 젖산, 구연산의 생성에 사용하며 이들 유기산은 식품의 저장과정 중 방부제의 역할을 한다.
- 감미도는 설탕을 100으로 했을 때 74 정도이다.

② 과당(fructose, 프룩토오스)

- 포도당과 함께 과일, 채소, 꽃, 당밀에 분포하며 특히 꿀에 많이 존재한다.
- 포도당과 결합하여 자당을 형성하는 구성성분으로 식품에 있어서 중요한 당이다.
- 감미도는 설탕을 100으로 했을 때 173이다.

③ 갈락토오스(galactose, 갈락토오스)

- 이당류인 락토오스(lactose=젖당)의 구성성분으로 포유동물의 유즙에 존 재하며 한천의 주성분인 아가릭산(agaric acid)의 구성 단당류이다.

(2) 이당류(disaccharides, 디새커라이즈)

① 설탕(sucrose, 수크로오스)

- 설탕은 가장 널리 분포되어 있는 당으로 사탕무와 사탕수수의 즙을 농축 하여 결정화시켜 얻는다.
- 설탕은 효소 인베르타아제(invertase) 또는 묽은 산으로 가수분해하면 포 도당과 과당의 혼합물인 전화당(invert sugar)이 생성된다.
- 설탕의 구조는 포도당의 환원성 알데히드(aldehyde)기와 과당의 환원성 인 수산(-OH)기가 결합되어 있기 때문에 글리코사이드(glycoside)성 -OH 기가 없으므로 비환원당이며 전화당이 되면 환원력을 나타낸다.
- 설탕은 160℃에서 녹기 시작하여 계속 가열하면 캐러멜(caramel)화가 일 어난다. 이 물질은 식품의 색과 향을 내는 첨가물로 이용된다.
- 설탕의 감미도는 100이며 전화당은 130이다.

② 맥아당(maltose, 말토오스)

- 맥아당은 글루코오스(glucose) 두 분자가 α-1,4 결합된 이당류로 전분을 산이나 맥아의 아밀라아제(amylase)로 가수분해하면 얻어진다.
- 엿기름과 물엿에 많이 함유되어 있다.
- 말토오스(maltose)의 구조상 글리코사이드(glycoside)성 수산(-OH)기가

유리된 상태이므로 환원력이 있다.

- 감미도는 설탕을 100으로 했을 때 60이다.

③ 유당(lactose, 락토오스)

- 유당은 포유동물의 젖 중에 자연상태로 존재하며 사람의 젖에는 6~7%, 우유에는 4~5%가량 함유되어 있다.
- 유당은 한 분자씩의 갈락토오스(galactose)와 글루코오스(glucose)가 글리코사이드(glycoside) 결합한 것으로 환원력이 있으며 다른 당에 비해 감미가 덜하다.
- 유당은 장내에서 정장작용을 하게 하는 유산균의 생성을 왕성하게 하며 유산의 생성으로 칼슘 흡수를 용이하게 하여 유아의 골격 형성에 도움을 준다.

❖ 단당류와 이당류

구분	당의 종류	표기	상대 감미도	많이 함유한 물질	분해효소
단당류	포도당	glucose	75	과일, 혈액	
	과당	fructose	175	자당, 감자	inulin의 구성성분
	갈락토오스	galactose		유당	
2(과)당류	설탕(자당)	sucrose	100	사탕수수, 사탕무	invertase에 의해 포도당과 과당으로 분해
	맥아당	maltose	32	전분	maltase에 의해 포도당과 포도당으로 분해
	유당	lactose	16		lactase에 의해 포도당과 갈락토오스로 분해

(3) 다당류

① 전분(starches, 스타치스)

- 전분은 glucose로 된 다당류로서 곡류, 감자류, 콩류 등에 폭넓게 함유된 식품의 저장 탄수화물이다. 물보다 비중이 커서(1.65) 물에 잘 녹지 않고 침전하는 성질이 있어 전분이란 명칭이 유래되었다.

- 포도당의 중합체로서 아밀로오스(amylose) 20~25%와 아밀로펙틴(amylopectin) 75~80%로 이루어진 것으로 식물의 광합성에 의해 종자, 뿌리, 줄기 등에 저장된다.
- 아밀로오스(amylose) : glucose α-1,4결합에 의하여 중합된 고분자 화합물로서 직쇄상으로 연결되어 있으며 전체적으로 glucose 6분자가 모여서 하나의 나선을 형성하면서 회전하여 길게 연결된 나선상의 구조(helical structure)를 이루고 있으며 일명 스트레이트 체인(straight chain)이라고 한다.
- 아밀로펙틴(amylopectin) : glucose가 α-1,4결합에 의하여 연결된 amylose 사슬의 군데군데에서 다른 amylose 사슬이 α-1,6결합에 의해 가지를 친 형태의 분자구조를 형성하고 있으며 일명 브랜치 체인(branch chain)이라고도 한다.
- 일반적으로 곡류는 아밀로오스(amylose)가 20~25%이고 나머지는 아밀로펙틴(amylopectin)이며 찹쌀이나 찰옥수수는 아밀로펙틴이 100%이다.
- 전분의 검출반응(clathrate)을 요오드 전분반응이라고 하는데 전분 중의 아밀로오스(amylose)분자가 나선형 구조를 하고 있으므로 그 내부의 공간에 요오드 분자들이 복합되어 포접화물(inclusion compounds)을 형성하여 특유한 정색반응을 나타내는 것을 말하는데 이는 다음과 같다.

아밀로오스 1g	요오드 19mg 반응	청남색
아밀로펙틴 1g	요오드 1~2mg 반응	적자색

② 글리코겐(glycogen)
- 동물의 단일세포 속에 존재하는 단일 다당류 중 하나로 동물성 전분이다.
- 에너지원으로 근육에 0.5~1%, 간에 5~6% 존재한다.
- 호화나 노화 현상이 없으며 백색분말로 무색 무취이다.
- 아밀라아제의 작용을 받아 맥아당(maltose)과 덱스트린(dextrine)으로 분해된다.

③ 셀룰로오스(cellulose)
- 식물 세포막의 주성분으로 섬유소라고 한다.

- 소화효소에 의해 가수분해되지는 않으나 변비를 방지하는 데 효과가 있다.
- 찬물이나 더운물에 쉽게 분산된다.
- 저장 중의 얼음 결정화를 방지하기 위해 아이스크림 제조에 이용되고 글루텐의 작용을 보강하기 위해 제빵에서 쓰이기도 한다.

④ 펙틴(pectin)
- 과일, 채소 등의 세포벽 속에 존재하는 복합다당류이다.
- 뜨거운 물에 녹아 설탕과 산의 존재로 겔(Gel)화되므로 잼, 젤리 등의 응고제로 쓰인다.
- 겔(Gel)화에 필요한 펙틴의 농도는 0.5~1.5%이다.

⑤ 한천(agar-agar, 아가르-아가르)
- 우뭇가사리 등의 홍조류를 조려 녹인 뒤 동결 · 해동 · 건조시킨 것이다.
- 응고제로서 제과에 많이 쓰인다.

⑥ 알긴산(alginic acid, 앨지닉 애시드)
- 다시마, 미역 등의 갈조류의 세포막 구성성분으로 존재한다.
- 아이스크림, 유산균 등에 유화안정제로 많이 쓰인다.

⑦ 이눌린(inulin)
- 과당의 중합체로 이루어진 다당류이다.
- 돼지감자, 우엉 등에 많이 들어 있다.

3) 전분의 호화(gelatinization, 절래티나이제이션)와 노화(retrogradation, 레트로그러데이션)

(1) 호화(α 화)

① 생전분에 물을 넣어 가열하면 열에너지의 작용에 의해 전분분자와 물분자의 운동이 되어 미셀(micell)구조의 결합력보다 강하게 되어 전분입자의 일부가 흐트러진다.

② 흐트러진 그 틈에 물이 침입하여 팽윤(swelling)을 시작하고 더욱 가열하면 미셀(micell)구조가 파괴되어 아밀로오스는 더운물에 녹는 졸(Sol)이 되고 아밀로펙틴은 불용성의 겔(Gel)이 되어 전분분자가 물속에 부유되어 풀이 되는 현상을 호화 또는 전분의 α 화라고 한다.

(2) 노화(β화)

① α-전분을 방치하면 전분분자가 다시 모여서 미셀(micell)구조가 규칙성을 나타내는 β-전분으로 돌아가는 현상을 전분의 노화라 한다.

② β-전분이란 아밀로펙틴(amylopectin)과 아밀로오스(amylose)분자 상호 간에 강한 결합력에 의하여 규칙적이고도 정확하게 모인 미셀(micell)구조로 되어 있는 전분이다.

③ 전분의 노화 지연방법(retrogradation, 레트로그러데이션)

- 냉동저장(-18℃ 이하)
- 유화제 사용
- 포장관리
- 양질의 재료 사용
- 적정한 공정 사용

(3) 전분의 호화에 영향을 미치는 요인

① 전분의 종류

- 감자전분의 경우 56℃에서 호화되기 시작한다.
- 옥수수전분은 68℃에서 호화되기 시작한다.
- 전분입자의 크기나 내부 미셀구조의 안전성에 의한 것으로 보인다.

② 수분

- 전분의 수분함량이 많을수록 잘 일어난다.
- 밥도 충분한 수분이 있어야 맛있는 밥이 지어진다.
- 식빵을 구울 때 높은 온도에서 굽는 것은 밀가루의 수분함량이 적기 때문이다.

③ 온도

- 호화에 필요한 최적 온도는 전분의 종류나 수분의 양에 따라 다르나 대개 60℃ 전후에서 활발하다.
- 쌀은 70℃에서 호화되는 데 3~4시간이 필요하지만 100℃에서는 20분 정도 필요하다.

④ pH

- 알칼리성에서 팽윤과 호화가 촉진된다.

⑤ 염류

- 일부 염류는 전분알갱이의 팽윤과 호화를 촉진한다.
- 일반적으로 음이온이 팽윤제로서의 작용이 강하다(OH>CNS>Br>CL).
- 황산염은 호화를 억제한다.
- 황산마그네슘의 진한 용액에서 전분을 115℃까지 가열하여도 호화되지 않는다.

⑥ 당류

- 일부 당류가 전분의 Gel 형성 능력과 점도를 증가시켜 준다.
- 5% 옥수수전분에 당류를 첨가한 경우 점도가 약간 증가한다.
- 20% 이상의 농도로 당류를 첨가하면 혼합물 중에 함유된 물분자와 설탕이 수화되기 때문에 오히려 전분입자의 팽윤을 크게 억제한다.
- 보통 단당류가 소당류보다 점도증가효과가 크다.

(4) 전분의 노화에 영향을 미치는 요인

① 전분의 종류

- 아밀로오스(amylose) 함량이 많이 들어 있는 옥수수, 밀과 같은 곡류전분은 노화되기 쉽다.
- 아밀로펙틴(amylopectin) 함량이 많이 들어 있는 찰옥수수, 찹쌀 같은 전분은 비교적 노화가 느리게 나타난다.

4) 탄수화물의 화학적 성질

(1) 용해성

① 단당류는 물에 잘 녹으며 알코올에는 조금 녹는다.
② 벤젠, 클로로포름에는 녹지 않는다.

(2) 환원성

① 알칼리용액에서 Cu, Ag 등의 중금속을 환원시키는 포도당, 과당, 맥아당 등은 환원당이다.
② 자당은 비환원당이다.

(3) 축합과 가수분해

① 두 단당류의 OH기에서 1분자의 물이 떨어져 나가 축합한다.

② 과당류와 다당류의 글루코사이드(glucoside) 결합은 묽은 산을 가하여 가열하던지 효소작용을 통하여 가수분해한다.

(4) 갈변(browning, 브라우닝)

① 아미노 카르보닐(amino carbonyl)반응

② 캐러멜화 반응

③ 당과 유기산의 반응

(5) 호화(gelatinization, 절래티나이제이션)

① 60~70℃에서 호화가 일어나 점도가 급상승한다.

② 호화된 전분은 시간이 지남에 따라 다시 노화하려 한다.

(6) 노화

① 호화된 알파전분의 분자가 다시 모여 일정한 결정을 이루는 것을 말하며 -7~10℃의 냉장온도가 노화의 최적온도라 할 수 있다.

② 영하 18℃ 이하에서는 노화현상이 적으며 노화된 것을 다시 가열하면 토스트처럼 호화될 수 있다.

5) 탄수화물의 기능

(1) 에너지원

① 에너지원이며 혈당을 유지하는 중요한 역할을 한다.

② 단백질의 절약작용과 필수영양소의 기능이 있다.

③ 당질 1g당 4kcal의 열량을 낸다.

④ 소화흡수율이 98%이다.

⑤ 섭취에서 소화까지가 빨라서 피로회복에 매우 효과적이다.

(2) 혈당관계

① 혈액에 함유된 혈당은 0.1% 정도이며 항상 그 농도로 우리 몸속에 존재해야 한다.

② 혈액 100ml에 포도당이 70~120mg 정도 함유되어 있다.

③ 간 속의 글리코겐은 포도당으로 분해되어 우리 몸에서 사용된다.

(3) 기타 기능

① 단당류나 서당은 감미제로 쓰여 식욕증진에 기여한다.

② 당질대사에는 비타민 B, 즉 티아민(thiamin)이 필요하다.

③ 당질이 부족하면 지방이 대신 연소한다.

6) 탄수화물의 공급원

(1) 식물성 식품 : 설탕이나 전분이 함유된 곡류, 감자류, 과일, 채소 등

(2) 동물성 식품 : 우유의 유당, 난류, 패류 등

탄수화물에 대해 알고 갑시다

✻ 재결정이 잘되는 당은 유당이다.

✻ 당류의 일반적 성질은 용해성, 캐러멜화 반응, 갈변반응 등이다.

✻ 물 100g에 설탕 200g을 타면 당도는 약 67%이다.

✻ 아밀로오스가 아밀로펙틴에 비해 퇴화현상이 빠르다.

✻ 물엿에는 포도당, 맥아당, 덱스트린 등이 있지만 설탕은 들어 있지 않다.

✻ 환원당은 설탕뿐이다.

✻ 보통 곡물은 아밀로펙틴이 80% 정도이나 찹쌀, 찰옥수수는 100%이다.

✻ 밀가루의 호화시작 온도는 60℃이다.

✻ 과당시럽은 감미도, 용해도, 흡습성이 크다.

✻ 포도당은 잠열(潛熱)이 높아 용해될 때 열을 많이 흡수한다.

✻ 제빵용 아밀라아제가 맥아당을 생성하기 가장 좋은 pH는 4.6~4.90이다.

2. 단백질(protein, 프로테인)

1) 단백질의 개요

(1) 단백질의 성분

① 단백질은 탄소(C), 수소(H), 산소(O), 질소(N), 철(Fe), 황(S), 인(P), 요오드(I), 구리(Cu) 등을 함유한 유기화합물로서 약 16%의 질소를 함유하고 있다.

② 단백질의 조성은 탄소(45~55%), 수소(6~8%), 산소(19~25%), 질소(14~20%), 황(0~2.4%) 등으로 이루어져 있다.

(2) 단백질의 구성

① 단백질을 구성하고 있는 것은 20여 종의 아미노산 등이며 아미노산 2분자 중의 아미노기가 카르복실기에 탈수 축합한 형태로 되어 있다.

② 단백질은 인체에서 체조직을 구성하여 혈액, 호르몬, 효소, 항체 등을 합성하며 필요에 따라 열량으로도 사용되고 있다.

③ 단백질은 동물에 15% 정도 함유되어 있다.

(3) 단백질의 기능과 역할

① 탄소(53%), 수소(7%), 산소(23%) 외에 질소(약 16%)를 함유한다.

② 소량의 원소로 유황, 인, 철 등으로 이루어진 유기화합물이다.

③ 일반식품은 질소를 정량하여 단백계수 6.25를 곱하면 단백질함량이다.

④ 밀가루의 단백계수는 5.7이다.

⑤ 체내에서 일어나는 각종 효소와 호르몬 작용의 주요 구성성분이며 혈장 단백질 및 혈색소, 항체 등의 형성에 필요하다.

⑥ 단백질의 기본 구성요소는 아미노산으로 산 또는 효소로 가수분해될 때 생성된다.

⑦ 단백질 1g은 4kcal의 열량을 내는 에너지원으로 쓰일 뿐 아니라 몸의 근육을 비롯하여 조직을 형성하는 구성성분으로 작용하여 체액의 조절소로 이용된다.

⑧ 단백질의 기능으로 조직의 신생과 보수, 에너지원, 효소, 항체 등의 형성, 완충작용 등을 들 수 있다.

(4) 단백질 섭취의 과부족 현상

① 과잉 : 신장에 부담을 준다. 저항력이 약해지고 수분대사에 이상이 발생한다.

② 부족 : 성장부진, 저항력의 약화, 부종, 성기능 이상, 기초대사 저하, 콰시오르코르(kwashiorkor)나 소아 소모증(marasmus) 등이 온다.

(5) 단백질의 평가

① 생물학적 평가법

- 단백질의 종류별로 먹여서 체중증가 등의 현상을 직접 측정하는 것으로 체중 증가법, 생물가, 정미단백질 이용률 등이 있다.

② 화학적 평가법

- 필수아미노산의 필요량과 식품 중에 존재하는 양의 비교에 의해 제1 제한 아미노산을 찾아서 기준(FAO, WHO, 한국영양권장량기준, 모유, 달걀 등)과 비교한 것을 말한다.

(6) 단백질 권장량

① 총열량의 15~25%(성인의 경우 1일 60~70g)

2) 단백질의 화학적 분류

(1) 단순단백질 : 가수분해로 알파아미노산이나 그 유도체만 생성되는 단백질을 말한다.

① 알부민(albumin)

- 물이나 묽은 염류용액에 녹기 쉽다.
- 75℃ 정도로 가열하면 응고한다.
- 달걀 흰자, 혈청, 우유, 콩류 등에 존재한다.

② 글로불린(globulin)

- 물에는 불용성이나 염류에는 녹는다.
- 산이나 열에 응고된다.
- 달걀, 혈청, 대마씨, 우유, 콩, 감자, 완두 등에 존재한다.

③ 글루텔린(glutelin)

- 물에는 녹지 않으나 묽은 산이나 염기에는 녹는다.

- 가열해도 응고되지 않는다.
- 쌀의 오리제닌(oryzenin), 밀의 글루테닌(glutenin)이 여기에 속한다.

④ 글리아딘(gliadin)
- 물에는 녹지 않으나 묽은 산이나 알칼리에는 녹는다.
- 70~80%의 강한 알칼리에서 용해되는 점이 특이하다.

⑤ 알부미노이드(albuminoid)
- 물이나 다른 용매에 녹지 않는다.
- 동물의 결체조직인 인대, 발굽 등에 존재한다.
- 가수분해하면 콜라겐과 케라틴으로 나누어진다.

⑥ 히스톤(histone)
- 알칼리성 단백질로 물과 묽은 산에는 녹지 않는다.
- 암모니아에 침전되고 열에는 응고하지 않는다.
- 동물의 세포에만 존재하며 핵단백질, 헤모글로빈을 만든다.

⑦ 프롤라민(prolamin)
- 물에는 녹지 않으나 70~80%의 산이나 알칼리에는 녹는다.
- 가열해도 응고되지 않는다.

(2) 복합단백질 : 아미노산에 다른 물질(유기화합물)이 결합된 단백질을 말한다.

① 핵단백질(nucleoprotein, 뉴클리어프로테인)
- 세포활동을 지배하는 세포핵을 구성하는 단백질이다.
- RNA나 DNA와 결합하여 존재하는 단백질이다.
- 동물의 장기, 식물체의 종자, 발아, 효모 등에 존재한다.

② 당단백질(glycoprotein, 글리코프로테인)
- 단순단백질이 탄수화물 및 그 유도체와 결합된 화합물이다.
- 물에는 녹지 않으나 알칼리에는 녹는다.
- 동물의 점액성 분비물에 존재한다.

③ 인단백질(phosphoprotein, 포스포프로테인)
- 단순단백질이 인산과 에스테르결합한 단백질이다.
- 우유의 카세인, 달걀 노른자의 오보비텔린과 같은 동물계의 단백질로 존재한다.

④ 색소단백질(chromoprotein, 크로모프로테인)

- 금속, 유기색소 등의 발색체를 함유한 단백질이다.
- 동물의 혈관, 녹색식물에 존재한다.

⑤ 레시토단백질(lecithoprotein, 레시토프로테인)

⑥ 지단백질(lipoprotein, 리포프로테인)

⑦ 금속단백질(metalloprotein, 메탈로프로테인)

(3) 유도단백질

① 단순단백질 또는 복합단백질이 미생물, 효소, 산, 열, 알칼리 등에 의해 성질이나 모양이 변화된 단백질을 말한다.

② 제1유도 단백질(변성단백질) : 열, 자외선 등의 물리적 작용이나 산, 알칼리, 알코올 등의 화학적 작용 또는 효소의 작용으로 조금 변화된 단백질을 말한다. 젤라틴 등의 단백질이 여기에 속한다.

③ 제2유도 단백질(분해단백질) : 단백질이 가수분해되어 제1유도 단백질이 되고 다시 분해되어 아미노산이 되기까지의 중간산물로 프로테오스, 펩톤 등이 있다.

3) 단백질의 영양적 분류

(1) 완전 단백질

① 필수아미노산이 충분히 함유되어 성장을 돕는 단백질이다.

② 우유의 카세인, 달걀의 알부민, 대두의 글리시닌이 여기에 속한다.

③ 대부분의 동물성 단백질이 여기에 속한다.

(2) 불완전 단백질

① 필수아미노산이 부족하여 계속 섭취하면 성장을 지연시킨다.

② 뼈 속의 젤라틴(gelatin), 옥수수의 제인(zein) 등이 여기에 속한다.

(3) 부분적으로 불안정한 단백질

① 몇 가지 필수아미노산이 부족한 단백질이다.

② 동물성 단백질의 일부와 식물성 단백질이 여기에 속한다.

4) 소맥의 단백질

(1) 글루테닌과 글리아딘이 물과 섞이면 응집성, 신장성, 탄력성, 점성, 유동성을 가진 글루텐이 된다.

(2) 글루텐과 단백질의 관계

① 젖은 글루텐% = 젖은 글루텐의 중량 / 밀가루중량 × 100

② 건조 글루텐% = 젖은 글루텐% ÷ 3 = 밀가루 단백질

5) 단백질의 일반적 성질

(1) 콜로이드성

① 단백질을 물에 녹이면 콜로이드 용액이 된다.

② 반투막을 통과하지 못하기 때문에 단백분리에 이용된다.

(2) 등전점

① 단백질은 분자 안에 유리된 아미노기와 카르복실기를 가지기 때문에 양성 물질이다.

② 단백질의 등전점

달걀의 알부민 pH 4.8~4.9	글리아딘 pH 6.2~6.9
혈청 알부민 pH 4.8	헤모글로빈 pH 6.8
우유 글로불린 pH 4.5~5.5	콜라겐 pH 4.8~5.0
미오신 pH 6.2~6.6	

(3) 단백질 변성

① 단백질이 열, 압력, 자외선 등의 물리적인 것과 산, 알칼리, 경금속 등의 작용으로 변화를 일으키는 현상을 변성이라 한다.

② 변성에는 가역변성과 불가역변성이 있다.

(4) 용해성

① 단백질은 물, 염류, 묽은 산, 묽은 알칼리 등에 대한 용해성이 다르다.

② 밀가루의 주단백질인 글루테닌과 글리아딘은 물에 용해되지 않고 결합하여

글루텐을 만들며 그것을 이용한 것이 제빵이다.

(5) 응고성

① 단백질은 보통 80~90℃에서 응고되나 젤라틴, 프로비타민 등은 응고하지 않는다.

② 오랫동안 방치하면 물을 가해도 용해되지 않는다.

③ 염산과 황산, 질산 등을 가하면 응고된다(산에 의한 응고). 진한 산에는 용해되는 경우가 많다.

④ 대표적인 효소 응고는 레닌(rennin)에 의한 카세인(casein) 응고다.

(6) 정색 반응

① 뷰렛반응(Biuret reaction, 뷰렛 리액션)

- 단백질용액에 1~2방울의 NaOH용액을 가하여 알칼리성으로 한 뒤 여기에 1%의 황산구리용액을 1~2방울 가하면 적자색~청자색을 띤다.

② 크산토프로테인반응(Xanthoprotein reaction, 크산토프로테인 리액션)

- 단백질용액에 진한 질산 몇 방울을 떨어뜨리면 흰색 침전이 생기고 이것을 가열하면 용해되어 황색을 띤다. 다시 냉각시켜 암모니아로 알칼리성을 만들면 등황색이 된다. 비필수아미노산인 티로신(tyrosine), 페닐알라닌(phenylalanine) 등이 있음을 알 수 있다.

③ 밀롱반응(Millon's reaction, 밀롱스 리액션)

- 단백질 용액에 Millon 시약을 가하면 흰색 침전이 생기고 가열하면 적색이 된다. tyrosine(티로신)이 있음을 알 수 있다.

④ 황반응

- 단백질에 40%의 NaOH용액을 넣고 가열한 다음 초산납용액을 가하면 검은 침전이 생긴다. 시스틴(cystine)반응에 나타나나 메티오닌(methionine)은 나타나지 않는다.

⑤ 닌하이드린반응(ninhydrin reaction, 닌하이드린 리액션)

- 단백질 및 아미노산 용액에 1%의 ninhydrin을 몇 방울 떨어뜨려 가열하면 청자색이 나타난다. α-아미노산, 아민(amine)과 암모니아도 이 정색반응이 나타난다.

⑥ Hopkins-Cole(홉킨스-콜) 또는 Adamkiewicz(아담키웍츠) 반응

 • 트립토판(tryptophan)의 유무를 확인하는 반응으로 단백질용액에 진한 황산이나 빙초산을 넣으면 경계면에 자색이 나타난다.

6) 아미노산

(1) 아미노산이란?

① 단백질의 기본단위로 아미노 그룹($-NH_2$)과 카르복실기($-COOH$)를 함유하는 유기산을 말한다.

② 염기와 산의 특성을 함께 가지고 있다.

③ 아미노산의 아미노기($-NH_2$)는 알칼리성이고 카르복실기($-COOH$)는 산성이므로 양성 화합물이다. 그러므로 체액을 중화하는 데 중요한 역할을 한다.

④ 가장 간단한 아미노산은 글리신(glycine)이다.

(2) 아미노산의 분류

① 필수아미노산 : 생체 내에서 합성되지 않을 뿐 아니라 성장에 절대적인 아미노산을 말하는데 사람(성인)에게는 8종류가 있다.

 • 리신(lysine) : 염기성 아미노산

 • 트립토판(tryptophane) : 방향족 아미노산

 • 페닐알라닌(phenylalanine) : 방향족 아미노산

 • 류신(leucine) : 중성 아미노산

 • 이소류신(isoleucine) : 중성 아미노산

 • 트레오닌(threonine) : 중성 아미노산

 • 메티오닌(methionine) : 함유황아미노산

 • 발린(valine) : 중성 아미노산

② 아미노산의 비율 : 아미노그룹($-NH_2$) : 카르복실그룹($-COOH$)의 비율

 ㉮ 중성아미노산 = 1 : 1

 • 글리신(glycine), 알라닌(alanine), 세린(serine), 트레오닌(threonine), 발린(valine), 류신(leucine), 이소류신(isoleucine)

ⓝ 산성아미노산 = 1 : 2

- 아스파르트산(aspartic acid), 글루탐산(glutamic acid)

ⓓ 염기성아미노산 = 2 : 1

- 리신(lysine)과 아르기닌(arginine)

ⓡ 함유황아미노산 = 분자 중 황을 함유

- 시스틴(cystin), 시스테인(cysteine), 메티오닌(methionine)

단백질에 대해 알고 갑시다

✳ 아미노그룹은 −NH₂로 나타내며, 카르복실그룹은 −COOH로 나타낸다.
✳ 함유황아미노산에는 시스틴, 시스테인, 메티오닌이 있다.
✳ 산성 아미노산은 1 아미노그룹과 2 카르복실그룹으로 구성되어 있다.
✳ 호흡작용에 관계하는 헤모글로빈은 크로모 단백질에 속한다.
✳ 밀가루 단백질의 % = 건조글루텐의 % = 젖은 글루텐의 % ÷ 3
✳ 단백질 측정 시 정량하는 원소는 질소이다.
✳ 글루텐의 일반적 · 물리적 성질은 탄력성, 신장성, 응집성 등이다.
✳ 전분이 호화된 상태를 알파전분이라 한다.

3. 지질(lipid, 리피드)

1) 지질의 구성과 역할

(1) 지방산을 포함하고 있는 물질을 지질이라 하며 물에는 녹지 않고 에테르, 벤젠, 클로로포름, 석유 등의 유기용매에 잘 녹는다.

(2) 지질 1g은 9kcal의 열량을 내며 당질이나 단백질보다 2배 이상의 열량을 낸다.

(3) 탄소와 수소의 함유비율이 높고 산소의 함량이 낮아 체내에서 산화되는 비율이 높은 효과적인 에너지원이다.

(4) 피하지방을 형성하여 체온 유지에 큰 역할을 한다.

(5) 음식에 특유의 맛을 가미하여 맛있게 하는 효과가 있다.

2) 지질의 분류

(1) 화학적 구성에 따른 분류

① 단순지질 : 지방산과 알코올(alcohol)의 에스테르(ester)이다.

- 유지(fat)류 : 글리세롤(glycerol)과 지방산이 결합된 단순지방으로 쇼트 닝, 마가린 등의 가공유지와 상온에서 액체상태인 기름 등을 총칭한다.
- 왁스(wax)류 : 지방산과 고급 1가 알코올이 결합된 형태인 단순지질을 말 하며 공기 중에서 변질되지 않는다. 납 종이의 원료로 사용한다.

② 복합지질 : 단순지질에 인산, 질소화합물, 당, 단백질 등이 결합된 지질을 말 한다.

- 인지질 : 인산을 함유한 지질로 레시틴(lecithin), 세팔린(cephalin), 스핑 고미엘린(sphingomyelin) 등이 있다.
- 당지질 : 지방산, 당류, 질소화합물이 결합된 지질
- 단백지질 : 단백질과 결합된 지질

③ 유도지질 : 지질을 가수분해할 때 얻어지는 것으로 천연유지에 녹아 있다.

- 인지질 : 레시틴과 세팔린 등이 있다.
- 스테롤 : 동물의 뇌, 신경, 척추 등에 존재하며 콜레스테롤과 에르고스테 롤이 있다.

(2) 포화도에 따른 분류

① 포화지방산 : 탄소와 탄소 사이에 이중결합 없이 이루어진 지방산이다.

- 팔미트산(palmitic acid), 스테아르산(stearic acid)

② 불포화지방산 : 분자 내에 이중결합이 있는 지방산이다.

- 올레산(oleic acid), 리놀레산(linoleic acid), 리놀렌산(linolenic acid), 아 라키돈산(arachidonic acid)

(3) 필수지방산(비타민 F)

① 체내에서 합성되지 않지만 인체에 꼭 필요한 지방산이다.

② 필요량은 전체 열량의 2% 전후로 반드시 음식으로 섭취해야 한다.

③ 불포화지방산인 리놀레산, 리놀렌산, 아라키돈산 등이 여기에 속한다.

④ 성장촉진, 피부보호, 동맥경화증 방지 등의 역할을 한다.

3) 지질의 화학적 반응

(1) 가수분해 : 유지는 물의 존재하에서 가수분해하여 모노, 디글리세라이드와 같은 중간 산물을 거쳐 종국에는 (유리)지방산과 글리세린이 된다.

(2) 유리지방산의 함량이 높아지면 튀김기름은 거품이 많아지고 발연점이 낮아진다.

(3) 산화 : 유지가 대기 중의 산소와 반응하는 것을 자가산화(autoxidation)라 한다.

(4) 산화에 영향을 주는 요인으로 2중결합의 수, 불포화도, 부산화제(금속, 자외선, 생물학적 촉매), 온도 등을 들 수 있다.

4) 지질의 안정화

(1) **황산화제**

① 1개 이상의 수산기(-OH)를 가진 석탄산 계열의 화합물이다.

② 유지의 산화적 연쇄반응을 방해함으로써 유지의 안정효과를 갖게 하는 물질이다.

③ 식품 첨가용 황산화제로는 비타민 E, 프로필갈레이트, BHA, NDGA, BHT 등이 있다.

(2) **보완제**

① 황산화제와 병용하면 지방의 안정성을 높여주는 물질이다.

② 비타민 C, 구연산, 주석산, 인산을 포함하는 산화합물 등이 있다.

(3) **수소 첨가**

① 지방산의 2중결합에 수소를 촉매로 가하여 불포화도를 감소시켜서 포화도를 높여줌으로써 융점이 높아지고 단단해진다.

② 유지의 수소첨가를 경화(硬化)라 한다.

(4) **유지의 안정성을 측정하는 방법**

① 온도 등을 높여 유지의 산패를 가속하는 방법으로 활성산소법(AOM)이 있다.

② 그 외에도 순간 안정성시험, 샬 테스트 등이 있다.

5) 글리세린(Glycerine)

    (1) 무색, 무취, 감미를 가진 액체로 비중은 물보다 크다.

    (2) 지방의 가수분해로 얻어진다.

    (3) 수분 보유력이 커서 식품의 보습제로 사용된다.

    (4) 물과 지방의 분리를 억제한다.

    (5) 향미제로 쓰이며 식품의 색을 좋게 한다.

    (6) 케이크 제품에 1~2% 사용한다.

6) 제과용 유지의 특성

    (1) 향미(flavors, 플레이버스)

        ① 온화하고 제품별 고유한 향이 있어야 한다.

        ② 튀김이나 굽기 후 냄새가 환원되지 않아야 한다.

    (2) 가소성(plasticity, 플래스티서티)

        ① 외부의 힘이 어느 크기를 넘을 경우 그 힘을 제거하여도 원상태로 회복되지 않고 그 형태를 유지하는 성질을 가소성이라 한다.

        ② 버터, 마가린, 쇼트닝 등의 유지는 가소성이 있으며 최종 제품의 형태를 유지하는 역할을 하며 특히 파이 마가린은 가소성의 범위가 넓어야 작업하기 좋다.

        ③ 단단한 정도는 온도, 고형질 입자의 크기, 결정체의 모양, 결정의 강도, 고체-액체의 비율 등에 영향을 받는다.

        ④ 퍼프 페이스트리(Puff Pastry), 크루아상(Croissant), 데니시 페이스트리(Danish Pastry) 등에 유지를 넣고 접어 밀 수 있는 것은 이 가소성 때문이다.

    (3) 유리 지방산가(acid value, 애시드 밸류)

        ① 유지가 가수분해된 정도를 알 수 있는 지수로 사용된다.

        ② 1g의 유지에 들어 있는 유리지방산을 중화하는 데 필요한 수산화칼륨(KOH)의 mg수로 정의되고 결과는 %로 표시한다.

        ③ 튀김기름에 유리지방산이 많아지면 낮은 온도에서 연기가 난다.

④ 유지의 정제가 불충분하거나 조리에 사용된 횟수가 많거나 오래된 기름은 산가가 높다.

⑤ 산가는 사용 중인 유지의 품질 저하 정도를 나타내는 하나의 척도이다. 정제된 식용유에서는 산가가 대체로 1.0 이하이며 이보다 높은 것은 변질되었거나 정제 정도가 낮은 것을 의미한다.

(4) 안정성(stability, 스터빌러티)

① 지방이 산화와 산패를 억제하는 기능을 말한다.

② 쿠키 등의 저장기간이 긴 제품에는 안정성이 높은 유지를 사용해야 한다.

(5) 쇼트닝성(shortening, 쇼트닝)

① 제과제품의 부드러운 상태를 유지하는 성질이다.

② 글루텐의 결합을 방해함으로써 부드러움을 유지한다.

(6) 색(colors, 컬러스)

① 버터, 마가린, 식용유, 라드 등은 고유의 색을 지녀야 한다.

② 쇼트닝은 순수한 백색(Lovibond 색가로 2.0 이하)이어야 한다.

③ 원유, 결정입자의 크기, 공기 또는 질소의 함유량, 온도, 정제 등에 영향을 받는다.

(7) 기능성

① 부드러움을 나타내는 쇼트닝가

② 강도는 쇼트미터(Shortmetre)로 측정한다.

(8) 크림성(creaming, 크리밍)

① 유지를 휘핑하여 유지 속에 공기가 들어가서 부드러운 상태로 변하는 것을 크림성이라 한다.

② 크림성은 제과, 제빵의 크림이나 케이크를 만들 때 다양하게 이용되며 그 상태가 가장 알맞을 때 좋은 부피와 부드러운 제품이 된다.

③ 크리밍의 상태는 유지결정의 경도와 온도에 의해 결정되며 대체적으로 버터는 20℃, 쇼트닝은 25℃에서 가장 좋은 크리밍가를 나타낸다.

④ 쇼트닝의 크리밍성이 가장 높고 다음이 마가린이며 버터가 가장 낮다.

(9) 유화가(emulsifying, 이멀시파잉)

　① 유지가 물을 흡수·보유하는 능력

　② 일반 쇼트닝은 자기 무게의 100~400%, 유화쇼트닝은 800%까지 흡수된다.

　③ 지방질은 그 분자 중에 친수성기와 소수성기를 가지고 있어 지방을 유화시키는 성질이 있는데 이 성질을 가지고 있는 물질을 유화제(emulsifying agent)라고 한다.

　④ 천연유화제에는 레시틴(lecithin), 스테롤(sterol), 담즙산 등이 있다.

　⑤ 합성유화제는 소르비탄(sorbitan), 모노글리세라이드(monoglyceride) 등이 있다.

　⑥ 물속에 기름의 입자가 분산되어 있는 우유, 아이스크림, 마요네즈 등의 수중유적형(oil in water type, O/W)이 있고 기름 속에 물이 분산되어 있는 버터, 마가린 등의 유중수적형(water in oil type, W/O)이 있다.

(10) 용매(solvent, 솔벤트)

　① 유지가 열 전달의 매체로서 물의 비점보다 더 높은 온도까지 가열될 수 있으므로 물에서보다 조리시간이 짧으며 동시에 단단한 식품의 조직을 연하게 해주고 풍미와 색을 증진시켜 식욕을 돋우어준다.

　② 이것은 튀김에 이용되는 성질을 말한다.

지질에 대해 알고 갑시다

✽ 글리세린은 물에 잘 녹고, 감미가 있고, 보습제로 사용가능하며, 물보다 비중이 크다.

✽ 포화지방산의 탄소 수가 작을수록 융점이 낮다.

✽ 같은 탄소 수를 가진 포화지방산에서 이중결합의 수가 많을수록 융점이 낮다.

✽ 튀김기름의 발연점은 유리지방산과 관계된다.

✽ 지방의 자기산화를 가속하는 요건은 불포화도가 크며, 온도의 상승, 금속, 생물학적 촉매, 자외선 등이다.

✽ 파이용 마가린의 가장 중요한 기능은 가소성이다.

✽ 건과자용의 유지는 안전성이 중요하다.

✽ 액체재료를 많이 사용하는 반죽의 유지는 유화성이 중요하다.

✽ 식빵의 유지는 쇼트닝성이 중요하다.

✽ 버터크림의 유지는 유화성이 중요하다.

✽ 유지의 경화란 수소를 첨가하는 것을 말한다.

✲ 유리지방산에 대해
① 유지의 가수분해에 의해 생성된다.
② 튀김기름의 거품이 잘 생긴다.
③ 기름의 발연점이 낮아진다.

✲ 유지란 글리세린과 지방산의 에스테르이다.
✲ 유지의 산화를 가속하는 요소는?
① 산소 및 온도
② 2중결합의 수
③ 자외선 및 금속의 존재 여부

✲ 유지의 산패 정도를 나타내는 값
① 과산화물가
② 아세틸가
③ 산가

✲ 튀김기름의 조건
① 거품이 일지 않을 것
② 자극취, 불쾌취가 없을 것
③ 점도의 변화가 적을 것
④ 발연점이 높을 것

✲ 우유 대신 분유 사용 시 분유 1에 대하여 물 9를 사용한다.
✲ 지방에서 지방산의 함량은 95%이다.
✲ 지방의 산화속도는 온도가 10℃ 상승하면 2배로 빨라진다.
✲ 유지가 산화하면서 나는 냄새는 알데히드성분이 발생되었기 때문이다.
✲ 불포화지방산에 수소를 첨가하여 경화시킬 때 쓰는 촉매는 니켈이다.
✲ 유지의 산화를 방지하는 천연 황산화제는 토코페롤이다.

6-2. 재료의 기타 영양소

1. 무기질(mineral, 미너럴)

1) 무기질의 일반적 기능

(1) 물질의 구성요소 중 유기물을 이루고 있는 탄소, 수소, 질소, 산소를 제외한 다른 모든 물질을 무기물질이라 한다.
(2) 무기질은 물질을 태우고 남는 부분인 회분(ash)이다.

(3) 생물체 내에서 열량원은 되지 못하나 신체를 구성하고 성장 발달을 돕는 중요한 요소이다.

(4) 골격의 구성에 큰 역할을 하여 근육의 이완·수축작용을 쉽게 한다.

(5) 성분별 중요 기능

    ① 인(P), 칼슘(Ca), 마그네슘(Mg) : 치아의 주성분을 이룬다.

    ② 인(P), 칼륨(K), 염소(Cl), 철(Fe) : 근육과 혈액세포 등의 고형분을 형성한다.

    ③ 망간(Mn), 마그네슘(Mg), 아연(Zn), 구리(Cu), 몰리브덴(Mo), 철(Fe) : 효소반응의 촉매적 역할을 한다.

    ④ 염소(Cl), 나트륨(Na), 칼슘(Ca) : 신경과 근육의 기능적인 역할을 한다.

2) 중요 무기질의 역할

(1) 칼슘(Ca)

    ① 인체 내의 무기질 중 가장 많이 존재하며 거의가 뼈와 치아의 구성성분이다.

    ② 1% 정도의 칼슘이 단백질과 결합하여 혈액, 근육 속에 존재하면서 체내의 기능을 조절하고 혈액의 응고에 관여한다.

(2) 철(Fe)

    ① 효소활동을 돕고 체액의 중성유지에 관여한다.

    ② 신경자극의 전달, 삼투압의 조절과 흡수, 분비작용 등에 관여한다.

    ③ 혈액의 필수 구성성분으로 조혈작용을 한다.

(3) 인(P)

    ① 칼슘과 함께 골격과 치아의 형성에 필수적이다.

    ② 세포 내의 유전정보를 가지는 DNA, RNA의 구조를 형성하는 주요 성분이다.

    ③ 체내의 산, 알칼리를 조절한다.

    ④ 식사로 70% 이상을 흡수할 수 있으므로 결핍증은 없다.

(4) 구리(Cu)

① 빈혈의 방지 인자로서 철분의 투여로 효과를 보지 못할 때 구리의 첨가로 효과를 볼 수 있다.

② 연체동물이나 갑각류의 혈색소인 헤모시아닌의 구성성분이다.

③ 헤모글로빈 형성 시 촉매작용을 하고 적혈구의 성숙에 필요한 무기질이다.

(5) 요오드(I)

① 목의 갑상선호르몬인 티록신을 합성하여 지방대사에도 관여한다.

② 결핍되면 갑상선종이 생기며 사람의 갑상선에는 보통 20mg 정도의 요오드가 존재해야 한다.

③ 해조류에 많이 함유되어 있다.

(6) 나트륨(Na)

① 지나치면 동맥경화증이 온다.

② 삼투압과 체내 수분을 조절하며 산과 알칼리의 평형을 조절한다.

(7) 불소(F)

① 충치를 예방한다.

② 과잉이면 반상치가 오고 결핍이면 충치가 온다.

(8) 칼륨(K) : 체내의 삼투압을 조절한다.

(9) 황(S) : 피부, 모발, 손발톱 등에 많이 함유되어 있다.

(10) 염소(Cl) : 위액의 주요 성분이다.

(11) 아연(Zn) : 췌장호르몬 인슐린의 합성에 관여한다.

(12) 코발트(Co) : 항빈혈 비타민 B_{12}의 구성성분이다.

(13) 마그네슘(Mg)

① 엽록소인 클로로필의 구성성분이다.

② 코코아, 견과류, 대두에 많이 함유되어 있다.

③ 근육이완, 신경안정에 관여하고 결핍되면 신경근육에 경련이 일어난다.

2. 비타민(vitamin)

1) 비타민의 역할

(1) 신체기능을 정상으로 움직이기 위한 필수적인 미량의 원소이다.

(2) 체내 효소계의 구성요소로 신진대사를 촉진시켜 정상의 상태로 유지시키는 생명의 성장 유지에 꼭 필요한 유기화합물이다.

(3) 3대 영양소인 탄수화물, 지질, 단백질의 대사에 필요한 조효소이다.

(4) 호르몬은 내분비기관에서 합성되는 반면 비타민은 체내에서 합성되지 않는다.

2) 비타민의 분류

(1) 지용성 비타민

① 기름과 유기용매에 녹는다.

② 열에 강해 조리에 의한 손실이 적다.

③ 필요 이상이면 체내에 저장 축적되며 결핍증은 서서히 나타난다.

④ 비타민 A, D, E, K가 여기에 속한다.

(2) 수용성 비타민

① 물에 잘 녹는다.

② 필요량 이상이면 체외 배출이 잘 되므로 그때그때 섭취해야 한다.

③ 소량이 필요하지만 정상적인 대사작용에 중요한 역할을 한다.

3) 비타민의 기능 및 결핍증

(1) 지용성 비타민의 기능 및 결핍증

종류	기능	결핍증	영양원 및 비고
비타민 A	• 루돕신(시홍) 생성 • 사상피조직의 건강유지	• 야맹증, 안구건조증 • 상피조직의 각질화	• 간, 난황과 황록색 채소(카로틴) • 전구체(프로비타민)는 카로틴
비타민 D	• 칼슘(Ca), 인(P)의 흡수 촉진으로 골격의 석회화	• 구루병 • 골연화증, 골다공증	• 자외선에 의해 피하에서 합성 • 전구체는 에르고스테롤
비타민 K	• 혈액응고에 필수(트롬빈 활성, 프로트롬빈 합성)	• 응고 지연으로 출혈	• 난황, 녹색채소에 많다.

| 비타민 E | • 생식능력 | • 항산화제 | • 불임증
• 열에 안정하다. |

(2) 수용성 비타민의 기능 및 결핍증

종류	기능	결핍증 및 비고
비타민 B₁ (티아민)	• 열량소(당질, 지질, 단백질)로부터 에 너지를 끌어내는 에너지대사에 관여	• 각기병 유발 • 특히 당질대사에 관여
비타민 B₂ (리보플라빈)	상 동	• 구강염, 설염, 피부병 등 유발 • 빛에 약함
니아신	상 동	• 펠라그라, 피부염, 설사, 정신질환 • 심하면 사망한다.
비타민 B₆	• 아미노산 대사에 관여	
비타민 B₁₂	• 적혈구 생성에 관여	• 코발트(Co) 함유
비타민 C (아스코르브산)	• 콜라겐 합성 및 항산화제	• 괴혈병과 병에 대한 저항력 감소 • 열, 산화에 불안정하여 저장 시 쉽게 파괴

3. 효소(enzyme, 엔자임)

1) 효소의 일반적 정의

    (1) 극소량으로 생체 안의 화학반응을 촉진하거나 지연시키는 역할을 하는 단백질
       의 일종이다.

    (2) 효소는 온도, 산도, 수분 등의 환경요인에 크게 영향을 받는다.

    (3) 35~45℃에서 활발한 활성을 갖는다.

    (4) 어느 특정한 기질과 형태에서만 반응을 일으킨다.

2) 효소의 성질

    (1) 기질 특이성
        ① 선택적 특이성으로 효소와 기질은 자물쇠와 열쇠의 관계와 같이 특정 기질
          과만 반응

② 효소 + 기질 → 효소기질 복합체 → 효소 + 생성물

(2) 기질농도 특이성

① 기질농도 증가와 반응속도 증가는 비례하지만, 일정한 기질농도가 되면 반응속도와 무관하다.

(3) 온도 특이성

① 낮은 온도에서는 반응속도가 감소하며, 최적 온도 이상이 되어도 반응속도가 감소한다.

② 반응 적정온도는 20~30℃이며, 온도 10℃ 상승에 따라 효소 활성 2배로 증가하고, 지나친 고온(60℃ 이상)에서는 단백질이 변성되어 효소가 불활성된다.

③ 불활성된 효소는 온도를 낮추어도 활성을 회복하지 못한다.

(4) pH 특이성

① 효소에 따라, 기질에 따라 적정 pH가 다르다.

② pepsin(산성 : pH 2), amylopsin(중성 : pH 6~7), amylase(약산성 : pH 4.5)

3) 촉매반응에 따른 효소의 종류

(1) 가수분해효소 : 물을 가해서 화학결합을 파괴하는 것이 가수분해반응이며 이를 촉매하는 효소를 가수분해효소라 한다. 소화효소는 모두 가수분해효소이다.

① 프티알린(ptyalin) : 침 속에 들어 있는 탄수화물 가수분해효소이며 일종의 아밀라아제로 녹말을 덱스트린과 맥아당으로 분해한다.

② 아밀롭신(amylopsin) : 척추동물의 췌장에서 분비되는 아밀라아제로 녹말을 다량의 맥아당과 소량의 덱스트린과 포도당으로 분해한다.

③ 수크라아제(sucrase) : 장에서 분비되는 설탕을 포도당과 과당으로 분해하는 탄수화물 분해효소이다.

④ 말타아제(maltase) : 효모, 맥아, 침 속에 존재하며 맥아당을 가수분해하여 포도당을 만든다.

⑤ 락타아제(lactase) : 유당을 분해하여 포도당과 갈락토오스를 만든다.

⑥ 리파아제(lipase) : 단순지질을 지방산과 글리세롤로 가수분해하는 효소로 위액, 췌장액, 장액 속에 있다.

⑦ 펩신(pepsin) : 위액 속에서 분비되는 단백질 분해효소이다. 강산성에서 활성화한다.

⑧ 트립신(trypsin) : 췌장에서 만들어져 췌액과 함께 십이지장 속으로 분비되어 단백질을 가수분해하는 효소이다. 중성에서 활성화된다.

(2) 산화환원효소 : 산화, 환원반응을 촉매하는 효소이다.

(3) 전이효소 : 전이를 촉매하는 효소이다.

(4) 탈이효소 : 비가수분해효소, 화학기의 이탈반응을 촉매하는 효소이다.

(5) 이성화 효소 : 이성화반응을 촉매하는 효소이다.

(6) 합성효소 : 화학결합을 형성하는 반응을 촉매하는 효소이다.

4) 가수분해물질에 따른 효소의 분류

(1) 탄수화물 분해효소

① 셀룰라아제(cellulase) : 섬유소를 분해하는 효소로 달팽이류 및 미생물체에 존재한다.

② 이눌라아제(inulase) : 돼지감자 등에 있는 이눌린을 과당으로 분해하는 효소로 뿌리식물에 존재한다.

③ 아밀라아제(amylase) : 알파 아밀라아제(α-amylase)와 베타 아밀라아제(β-amylase)가 있다.

④ 이당류 분해효소 : 인베르타아제(invertase), 말타아제(maltase), 락타아제(lactase)

⑤ 산화효소 : 치마아제(zymase), 페록시다아제(Peroxidase)

(2) 단백질 분해효소 : 단백질의 펩티드 결합을 끊어 놓는 효소이다.

(3) 지방분해효소 : 에스테르(ester) 결합을 분해하는 효소이다.

4. 물(water, 워터)

1) 체내 수분함량

(1) 수분은 인체 내에서 가장 기본이 되는 성분이고 모든 신체조직을 구성하는 성분 중에서 가장 많은 양을 차지한다.

(2) 사람은 대개 체중의 55~65% 이상이 수분이다.

2) 물의 기능

(1) 체내 영양소의 공급과 노폐물의 운반
- 우리가 먹는 음식은 위와 장에서 영양소로 분해되어 흡수되는 과정에서 혈액(탄수화물, 단백질, 수용성 비타민 등)과 림프액(지질, 지용성 비타민 등)을 통하여 흡수되는데 이 혈액과 림프액은 대부분 수분이다.
- 혈액과 림프에 공급된 여러 가지 영양소는 혈액의 순환에 의해 각 세포와 조직으로 운반된다.
- 체내 대사과정에서 생성된 노폐물은 혈액, 땀, 소변을 통해 배설된다.

(2) 체온 조절작용
- 수분은 열의 전도체로 대사과정에서 생성된 열을 신체 전반에 적절히 전달한다.
- 과도한 열은 땀으로 발산하여 외부온도의 변화에 대해 일정한 체온을 유지하게 한다.

(3) 체조직의 구성성분
- 지방조직(20%), 골격조직(25%), 근육(75%)

3) 물의 종류

(1) 자유수(유리수)
- 체내나 식품에서 자유로운 상태로 존재하는 수분으로 쉽게 건조된다.
- 0℃에서 동결하고 100℃에서 끓고, 용매로써 작용하며 미생물이 쉽게 이용한다.

(2) 결합수

- 식품이나 생체에서 단백질 등과 단단히 결합된 수분으로 쉽게 건조되지 않고, 쉽게 동결되지도 않고 끊어지지도 않는다.

6-3. 영양소의 작용

1. 소화와 흡수

1) 소화효소의 부위별 소화작용

작용부위	효소	분비선	기질	생성물질
구강	amylase(ptyalin)	타액	가열(α)전분	dextrin, 맥아당
위	pepsin	위액	단백질	peptone
	lipase	위액	지방	지방산, glycerol
십이지장, 소장	trypsin	췌액	단백질, peptone	polypeptide
	chymotrypsin	장액	trypsin 부활작용	dipeptide
	enterokinase	췌, 장액	polypeptide	아미노산
	peptidase	췌, 장액	dipeptide	맥아당
	amylase(amylopsin)	췌액	전분, dextrin	포도당
	maltase	췌, 장액	맥아당	포도당, 과당
	sucrase(invertase)	췌, 장액	자당(설탕)	포도당
	lactase	장액(유아)	유당(젖당)	galactose
	lipase(steapsin)	췌, 장액	지방	지방산, glycerol

(1) 위 : 위산 때문에 산성으로(pH 2) 알코올을 흡수하며, 레닌(rennin)에 의해 우유 단백질인 카세인(casein)이 응고된다.

(2) 소장 : 담즙에 의해 지방의 유화작용이 일어나 지방을 소화하는 데 용이하다.

(3) 대장 : 수분을 흡수하며, 장내세균에 의해 음식물의 부패·발효가 일어난다.

2) 영양소별 소화 흡수율

  (1) 탄수화물 : 약 98%

  (2) 지방 : 약 95%

  (3) 단백질 : 약 92%

3) 영양소의 흡수경로

  (1) 수용성 성분(탄수화물, 단백질, 수용성 비타민 등)은 소장의 융모에 있는 모세
  혈관에서 흡수되어 혈액(정맥), 문맥, 간으로 이동한다.

  (2) 지용성 성분(지방, 지용성 비타민 등)은 유미관으로 흡수되어 림프관(임파관),
  흉관(가슴관), 혈액(정맥)으로 이동한다.

  (3) 단당류의 흡수속도는 갈락토오스(115) 〉 포도당(100) 〉 과당(44) 〉 만노오스
  (19) 순이다.

2. 에너지 대사

  ★ 1일 총 에너지 대사량은 기초 대사량, 활동 대사량, 특이동적 대사량을 합한
  것이다.

1) 기초대사량(BMR : basal metabolic rate, 베이슬 메타볼릭 레이트)의 정의

  (1) 생명을 유지하기 위해 무의식적으로 일어나는 불수의적 대사작용에 필요한 에
  너지(호흡, 순환 등)를 말한다.

  (2) 기초대사량 측정조건

  • 실내온도(18~20℃)에서, 공복상태(식후 12~14시간 경과)로 누워서 6~10분
  동안 측정

  (3) 기초대사량에 영향을 주는 인자

  • 체표면적 : 같은 체중이라도 체표면적이 넓은 사람이 높다.

  • 체구성 성분 : 근육조직 〉 지방조직(근육의 에너지 소비가 지방보다 많다)

  • 성별 : 남 〉 여(여자가 체지방이 많으므로)

- 연령 : 나이가 많을수록 감소(1~2세 때 최대인 이유는 지방 외 부분의 신체 질량 감소 때문)
- 기후 : 북극지방 〉 열대지방, 겨울 〉 여름
- 체온 : 1℃ 상승함에 따라 약 13% 증가
- 호르몬 : 갑상선호르몬(티록신), 성장호르몬 → 기초대사량이 증가한다.

2) 활동 대사량

(1) 정의 : 육체적 또는 근육의 활동에 필요한 에너지로 기초대사량보다 많은 에너지소모

3) 특이동적 대사량

(1) 정의 : 식품의 소화, 흡수, 운반, 대사에 필요한 에너지 식품 조성에 따라 달라진다.
- 단백질 : 대사율이 25~30% 상승
- 탄수화물 : 대사율이 6% 상승
- 지질 : 대사율이 6~14% 상승
- 혼합 식사 시 약 10% 상승

6-4. 재료의 시험

1. 물리적 시험

1) 믹소그래프(mixograph)

(1) 반죽의 형성 및 글루텐의 발달 정도를 기록
(2) 밀가루의 단백질 함량과 흡수의 정도를 기록
(3) 혼합시간, 믹싱의 내구성을 판단할 수 있도록 고안된 기계이다.

2) 패리노그래프(farinograph)

(1) 믹서 내에 일어나는 물리적 기록을 파동곡선기록기로 기록하여 해석한다.

(2) 흡수율, 믹싱내구성, 믹싱시간 등을 판단한다.

(3) 곡선이 500B.U에 도달하는 시간, 떠나는 시간 등으로 밀가루의 특성을 알 수 있다.

3) 레오그래프(rhe-o-graph)

(1) 반죽의 기계적 발달을 도표로 나타낼 수 있는 기계

(2) 믹싱시간은 단백질의 함량, 글루텐의 강도, 기타 재료에 영향을 받는다.

(3) 밀가루의 흡수율 계산에 적격이다.

4) 익스텐소그래프(extensograph)

(1) 반죽의 신장성과 신장에 대한 저항을 측정

(2) 산화는 신장을 감소시키므로 밀가루에 대한 산화처리를 알 수 있다.

(3) 밀가루의 내구성과 상대적인 발효시간도 판단한다.

5) 아밀로그래프(amylograph)

(1) 밀가루와 물의 현탁액에 온도변화를 주어 점도의 변화를 측정하는 기계이다.

(2) 호화가 시작되는 온도를 알 수 있다.

(3) 곡선의 높이 : 400~600B.U가 적당. 높으면 건조하고 노화가 가속되고 낮으면 끈적거리고 속이 축축하게 된다.

6) 믹서트론(mixertron)

(1) 밀가루의 혼합시간과 흡수를 측정

(2) 밀가루의 반죽강도, 흡수의 사전조정, 혼합요구시간

(3) 사람의 잘못과 기계적 잘못을 반죽시간 동안 계속 확인

① 표준보다 물이 부족하면 : 상대적 강도가 높고 도달이 빠르다.

② 표준보다 밀가루가 부족하면 : 상대적 강도가 낮고 도달이 느리다.

③ 표준보다 소금이 부족하면 : 상대적 강도가 낮고 도달이 다소 빠르다.

2. 성분 특성 시험

1) 밀가루 색상

(1) 페커시험(Pekar Test)

(2) 분광분석기

(3) 여과지 이용법

2) 수분

(1) 건조 오븐법

(2) 진공 오븐법

(3) 알루미늄 판법

(4) 적외선 조사법

3) 회분

(1) 회화법

4) 조단백질

(1) 켈달(Kjeldahl)법으로 질소의 함량을 측정하여 5.7을 곱한 수치

5) 팽윤시험(swelling test, 스웰링 테스트)

(1) 특이한 산이 글루텐의 팽윤능력을 증가시켜 주는 반응을 이용

(2) 침강시험

6) 가스생산 측정

(1) 압력계를 이용하는 방법

(2) 부피측정방법

물리, 화학 실험에 대해 알고 갑시다

✽ 전분의 점도와 알파 아밀라아제의 활성을 측정하는 기구는 아밀로그래프이다.

✽ 흡수율, 믹싱시간 측정, 믹싱 내구성 측정은 패리노그래프이다.

✽ 양질의 빵 속을 만들기 위한 아밀로그래프의 곡선범위는 400~600B.U이다.

✽ 믹서트론은 사람과 기계의 잘못을 계속적으로 확인할 수 있다.

Memo

제7장

제과·제빵 도움장

7-1. 제과 · 제빵 클리닉

7-2. 알아두면 편리한 계량단위

제과·제빵 도움장

제7장

7-1. 제과·제빵 클리닉

1. 제빵의 결점

✤ 빵의 바닥이 움푹 들어간 이유

① 2차 발효가 지나쳐요.

② 철판에 기름칠을 지나치게 많이 했어요.

③ 굽기 초기의 온도가 지나치게 높아요.

④ 믹싱의 조절이 잘못되었어요.

⑤ 팬이 고르지 않아 열의 공급이 불량해요.

⑥ 지친 반죽을 사용했어요.

⑦ 2차 발효실의 습도가 높았어요.

✤ 빵의 부피가 너무 커요

① 2차 발효가 과다해요.

② 팬보다 분할무게가 많아요.

③ 온도가 낮은 오븐에 구웠어요.

④ 이스트의 양이 지나쳐요.

⑤ 소금이 부족해요.

⑥ 성형을 느슨하게 했어요.

⚙ 껍질색이 너무 진해요

① 1차 발효가 부족해요.

② 설탕의 사용량이 지나쳐요.

③ 너무 높은 오븐온도에서 구웠어요.

④ 2차 발효실의 습도가 너무 높아요.

⑤ 믹싱이 과다했어요.

⚙ 빵 속의 기공이 너무 커요

① 성형 시 기포를 고르게 빼지 못했어요.

② 2차 발효가 지나쳐요.

③ 반죽이 적절하지 못했어요.

④ 배합이 적당치 못했어요.

⑤ 미숙성 밀가루를 사용했어요.

⑥ 덧가루를 많이 사용했어요.

⑦ 오븐의 온도가 낮았어요.

⑧ 분할기의 기름칠이 너무 많아요.

⚙ 빵의 표면에 기공이 생겼어요

① 발효가 부족해요.

② 2차 발효실의 습도가 높아요.

③ 성형 시 공기를 고르게 빼지 않았어요.

④ 반죽이 질어요.

⑤ 오븐의 윗불이 너무 높아요.

⑥ 오븐에서 조심해서 움직여요.

⚙ 빵의 윗면이 너무 평평해요

① 반죽을 오버 믹싱했어요.

② 반죽이 너무 질어요.

③ 이스트푸드가 부족해요.

④ 배합이 지나치게 고율이에요.

⚙ 빵의 껍질이 너무 두꺼워요

① 유지의 사용량이 부족해요.

② 오븐의 온도가 낮아요.

③ 발효가 지나쳤어요.

④ 2차 발효실의 습도가 부족했어요.

⑤ 이스트푸드의 사용이 과다했어요.

⑥ 설탕, 분유의 사용량이 부족해요.

⑦ 오븐의 스팀양이 부족해요.

⚙ 어린 반죽과 지친 반죽의 특성

상태분류	어린 반죽	지친 반죽
부피	작다.	크다 → 작다.
발효	질다.	마른 편이고 힘이 없다.
껍질색	어두운 적갈색(진하다.)	밝은 색깔(연하다.)
속 색상	어둡다.	밝은색이나 윤기가 부족하다.
내부	구멍이 크고 거친 기공	기공이 크고 거칠며 결의 막이 두껍다.
슈레드	거의 없다.	거칠다. → 작다.
외형의 균형	예리한 모서리와 딱딱함	둥근 모서리, 옆면이 들어감
껍질의 특성	두껍고 질기며 물집이 있을 수 있음	두껍고 단단하며 부서지기 쉬움
향	향이 적게 난다.	신 냄새가 강한 편이다.
맛	덜 발효된 맛	많이 발효된 맛

⚙ 빵의 옆면이 찌그러졌어요

① 어린 반죽이나 지친 반죽으로 만들었어요.

② 오븐 속의 열이 고르지 않아요.

③ 팬 용적보다 반죽의 양이 많아요.

④ 2차 발효가 지나쳤어요.

⑤ 오븐 아랫불의 온도가 낮아요.

⚙ 빵의 부피가 너무 작아요

① 믹싱이 지나쳤어요.

② 반죽의 온도가 맞지 않아요.

③ 이스트의 사용량을 알맞게 하세요.

④ 소금, 설탕의 양이 많아요.

⑤ 분유의 사용이 지나쳐요.

⑥ 쇼트닝의 사용량을 알맞게 하세요.

⑦ 반죽이 너무 질어요.

⑧ 2차 발효가 부족했어요.

⑨ 팬의 기름칠이 지나쳐요.

⑩ 1차 발효도 부족했어요.

⑪ 팬에 비해 분할무게가 너무 작아요.

⑫ 오븐온도가 처음에 너무 높아요.

⑬ 배합이 지나치게 고율이에요.

✿ 껍질색이 너무 엷어요

① 1차 발효가 지나쳤어요.

② 오븐온도가 낮은 데서 구웠어요.

③ 설탕량이 너무 적어요.

④ 2차 발효실의 습도가 너무 낮아요.

⑤ 덧가루의 사용이 과다했어요.

⑥ 빵을 굽기 전 너무 건조했어요.

⑦ 연수를 사용했어요.

⑧ 중간발효가 지나쳐요.

✿ 빵 속의 기공이 너무 조밀해요

① 반죽이 너무 질어요.

② 배합률이 맞지 않아요.

③ 1차 발효가 덜 되었어요.

✿ 빵 속에 줄무늬가 생겼어요

① 덧가루의 사용이 지나쳤어요.

② 발효 반죽통에 기름을 너무 많이 칠했어요.

③ 중간발효 시 표면이 말라 껍질을 형성했어요.

④ 팬의 기름칠이 지나쳐요.

⑤ 너무 된 반죽이에요.

⑥ 발효 시 껍질이 형성되었어요.

⊛ 빵의 가운데가 너무 볼록해요

① 믹싱이 부족해요.

② 반죽이 너무 되요.

③ 산화제(요오드)의 사용량이 지나쳐요.

⊛ 빵이 터져요

① 반죽 정도가 지나쳐요.

② 2차 발효시간이 짧았어요.

③ 오븐의 온도가 높았어요.

⊛ 단과자빵의 결점

① 제품의 내부에 기공이 커요

- 밀가루의 글루텐이 형성됐어요.
- 설탕과 유지의 사용량이 부족해요.
- 반죽과 충전물의 되기가 일정하지 못해요.
- 2차 발효가 부적당해요.
- 성형 시 기공이 불균형해요.

② 옆면에 주름이 생겨요

- 지나치게 반죽이 질어요.
- 패닝의 간격이 맞지 않아 열이 고르게 미치지 않았어요.
- 너무 높은 오븐에서 구워 구조형성이 덜 됐어요.
- 지나친 2차 발효로 구조의 형성에 문제가 생겼어요.

③ 껍질의 색이 옅어요

- 반죽의 온도가 높아 과숙성된 반죽이에요.
- 덧가루를 과다하게 사용했어요.
- 설탕량이 부족해요.

- 건조된 반죽을 구웠어요.
- 너무 낮은 오븐에서 구웠어요.

④ 껍질색이 너무 짙어요

- 반죽온도가 너무 낮아요.
- 발효의 온도가 너무 낮아요.
- 발효실의 습도가 부족해요.
- 설탕을 과다하게 사용했어요.

⑤ 빵의 속이 너무 건조해요

- 설탕의 사용이 부족해요.
- 반죽의 되기가 너무 되요.
- 발효시간을 너무 길게 했어요.
- 굽는 온도가 너무 낮아 수분이 다 빠졌어요.

⑥ 껍질이 두꺼워요

- 설탕의 사용이 부족해요.
- 덧가루의 사용이 과다해요.
- 단백질의 함량이 낮은 밀가루를 사용했어요.
- 반죽이 지나치게 되요.
- 유지의 사용이 너무 적어요.
- 2차 발효 시 습도가 낮아 껍질을 형성했어요.

2. 제과의 결점

✿ 반죽형 쿠키의 결점과 원인

① 쿠키의 퍼짐이 없어요

- 너무 고운 입자의 설탕을 사용했어요.
- 반죽 도중 설탕이 다 녹았어요.
- 반죽이 너무 산성이에요.
- 반죽을 너무 오래했어요.
- 굽기의 온도가 너무 높아요.

② 쿠키의 퍼짐이 지나쳐요
- 설탕의 양이 너무 많아요.
- 반죽이 너무 질어요.
- 팬에 기름칠을 너무 많이 했어요.
- 유지의 비율이 맞지 않아요.
- 반죽이 알칼리성이에요.
- 굽기의 온도가 너무 낮아요.

③ 쿠키가 딱딱해요
- 유지의 양이 부족해요.
- 밀가루의 글루텐이 너무 많이 형성되었어요.
- 반죽의 되기가 맞지 않아요.

④ 쿠키가 팬에서 떨어지지 않아요
- 달걀의 사용량이 너무 많아요.
- 팬이 불결해요.
- 반죽이 너무 질어요.
- 팬의 재질이 부적당해요.
- 밀가루의 단백질 함량이 너무 적어요.

⑤ 쿠키의 표피가 갈라져요
- 굽기가 지나쳐요.
- 수분보유제가 적어요.
- 너무 급하게 식혔어요.
- 저장이 적당해야죠.

❀ 롤 케이크의 결점과 원인

① 말 때 표면이 터져요
- 적정한 배합률이어야 해요.
- 자당의 일부를 물엿으로 대치해 봐요.
- 팽창을 지나치게 하지 말아요.
- 노른자의 비율을 줄이고 전란으로 대치해요.
- 굽기를 적당히 해봐요.

② 케이크가 축축하여 끈적거려요

- 팽창이 작아 조직이 너무 조밀하고 습기가 많아요.
- 배합에 수분이 많고 너무 단시간에 구웠어요.
- 믹싱을 적절히 하고 굽기를 적당히 하면 괜찮아요.

❀ 반죽형 케이크 반죽의 결점과 원인

① 반죽형 반죽에서 유지의 분리현상

- 유지에 한꺼번에 많은 양의 달걀을 투입하면 달걀의 수분으로 인해 분리현상이 일어난다.
- 유지의 온도가 낮으면 수분보유력이 떨어져서 분리현상이 나타나기 쉽다. 그러므로 유지와 달걀 모두 온도가 너무 낮지 않은 것을 사용한다(유지온도는 23℃ 정도가 적당).
- 달걀의 질이 떨어지면 크림의 구조 형성력을 떨어뜨려 분리가 일어난다.
- 믹싱 도중 볼의 밑바닥을 자주 긁어서 설탕과 유지의 덩어리가 붙어 있지 않게 하여 달걀의 수분을 흡수할 능력을 키워줘야 한다.
- 약간의 분리현상은 밀가루를 조금 투입하면 고쳐질 수도 있다.

② 반죽의 덩어리가 풀어지지 않는 현상

- 수분을 머금은 설탕이나 덩어리진 밀가루를 그대로 반죽하면 유지의 되기와 맞지 않아 잘 풀어지지 않는다.
- 되기가 맞지 않는 쇼트닝과 버터를 같이 반죽하면 쇼트닝의 덩어리가 풀어지지 않으므로 먼저 쇼트닝을 넣고 풀어준 후 버터를 넣고 크림화시켜야 한다.
- 바닥을 긁어주지 않고 계속 크림화시키면 밑에 붙어 있는 설탕과 유지의 덩어리가 이미 크림화된 반죽에서 잘 풀어지지 않는다.
- 밀가루를 섞을 때 한꺼번에 투입하면 덩어리가 생기기 쉽다.
- 이러한 것을 막기 위해 유지는 항상 알맞게 녹은 것을 사용하고 설탕은 덩어리가 생기지 않게 하며 밀가루 등의 마른 재료는 항상 체로 쳐서 사용한다.

❀ 과일 케이크의 결점

① 과일이 바닥에 가라앉는다

- 단백질 함량이 너무 낮은 밀가루를 사용하여 구조를 형성하지 못했다.
- 과일의 크기가 너무 크다.
- 반죽이 지나쳐 기포가 너무 많고 커서 구조를 형성하지 못했다.
- 유지가 너무 녹아 크림이 단단하지 못하다.
- 반죽이 너무 질다.

② 내부에 줄무늬가 생긴다

- 마무리 반죽이 잘 되지 못했다.
- 믹싱이 지나쳤다.
- 반죽 내부의 온도가 균일하지 못하다.

③ 윗면이 지나치게 터진다

- 너무 된 반죽이다.
- 밀가루의 사용량이 너무 많다.
- 너무 높은 오븐의 온도이다.
- 팽창제의 사용이 적절하지 못했다.

④ 굽기 중에 수축한다

- 단백질의 함량이 너무 낮은 밀가루를 사용했다.
- 유지의 크림성이 부족하다.
- 달걀의 온도가 너무 낮다.
- 반죽이 지나치고 팽창제를 과다하게 사용했다.
- 굽기가 부적절하다.

⑤ 제품이 잘 부스러진다

- 밀가루의 사용이 부족했다.
- 단백질의 함량이 지나치게 낮다.
- 달걀의 양이 부족하다.
- 적당한 과일의 사용이 필요하다.

❀ sponge cake(스펀지 케이크)의 결점

① 속 기공의 크기가 균일하지 못하다

- 달걀의 믹싱이 지나치고 유화제의 사용이 과다했다.
- 건재료의 믹싱이 균일하지 못했다.
- 반죽이 지나치게 되다.
- 저온으로 장시간 구웠다.

② 구워 나온 뒤 쭈그러드는 이유

- 굽기가 덜 된 상태로 꺼냈다.
- 너무 낮은 오븐에서 굽기를 했다.
- 단백질의 함량이 높은 밀가루를 사용하여 글루텐이 형성되었다.
- 제품의 냉각 시 문제점이 있다.

③ 전체적인 부피가 작다

- 달걀의 신선도가 떨어져 거품을 충분히 일으키지 못했다.
- 밀가루의 단백질 함량이 부족해서 구조의 형성에 문제가 있다.
- 휘핑 시 볼에 기름기가 있으면 거품을 단단하게 유지하지 못한다.
- 믹싱 시 회전속도가 빠르면 지나치게 큰 거품이 형성되어 구조형성에 문제가 발생한다.
- 지나치게 높은 온도로 구웠다.

④ 굽기 중 가라앉는 현상

- 믹싱이 부적합
- 반죽의 혼합상태가 부적절
- 액체재료를 과다하게 사용
- 달걀의 휘핑이 부적합
- 취급이 부적절했다.

⑤ 속 테두리 모양의 형성과 찐득거림현상

- 너무 찬 달걀의 사용
- 너무 낮은 반죽온도
- 유지 혼합이 불균형
- 액체 사용량 과다
- 반죽의 전체적인 혼합이 불균형

✿ 퍼프 페이스트리의 결점과 원인

① 구워 나온 제품이 바짝 오그라들었어요

- 굽기 전 휴지가 부족했어요.
- 밀어 펴기를 너무 급하게 많이 했어요.
- 반죽이 너무 단단해요.
- 오븐의 온도가 지나치게 높아요.

② 충분히 부풀지 않았어요

- 밀어 펴기가 적당치 않았어요.
- 유지의 질이 좋지 않아요.
- 반죽의 휴지가 부족했어요.
- 오븐의 온도가 맞지 않아요.

③ 굽는 중 유지가 흘러나왔어요

- 밀어 펴기를 과도하게 하여 유지가 깨졌어요.
- 밀가루의 단백질 함량이 좋지 않아 글루텐이 약해요.
- 굽는 온도가 너무 낮아요.
- 반죽이 너무 오래되었어요.

④ 너무 단단한 제품이 되었어요

- 남은 반죽을 많이 사용했어요.
- 많이 부풀지 않았어요.
- 작업이 지나쳤어요.

✿ 파이의 결점과 원인

① 껍질이 심하게 수축했어요.

- 반죽이 질어요.
- 껍질 반죽의 믹싱을 너무 많이 했어요.
- 유지의 배합량이 적당하지 않아요.
- 밀어 펴기를 너무 과도하게 했어요.
- 휴지의 타임이 없어요.

② 바닥 껍질의 상태가 젖어 있어요

- 유지가 너무 연해요.

- 필링의 온도가 높았어요.
- 굽기가 불충분했어요.
- 아랫불의 온도가 낮아요.

③ 껍질이 너무 질겨요
- 껍질 반죽을 지나치게 했어요.
- 반죽이 질어요.
- 작업을 너무 오래했어요.
- 파지 반죽을 많이 사용했어요.

④ 필링이 넘쳐요
- 필링의 온도가 높아요.
- 틀에 비해 필링의 양이 너무 많아요.
- 오븐의 온도가 낮아요.
- 껍질에 수분이 너무 많아요.
- 껍질에 공기 구멍을 내지 않았어요.
- 아래 위의 껍질을 잘 봉하지 않았어요.

⑤ 파이 껍질에 물집(공기구멍)이 생겼어요
- 껍질에 구멍을 뚫어놓지 않았어요.
- 달걀물칠을 너무 많이 했어요.

⊛ 케이크의 일반적 결점

① 부피가 작다
- 단백질 함량이 지나치게 많은 밀가루를 사용했다.
- 달걀의 양이 적어 구조형성이 저조했다.
- 팽창제의 질이 나쁘거나 사용이 적거나 지나치다.
- 크림성이 나쁜 유지를 사용하여 크림화가 덜 되었다.
- 오븐의 온도가 맞지 않다.
- 굽기 전 패닝한 팬에 충격을 많이 주어 기포를 꺼지게 했다.

② 굽기 도중 제품이 줄어든다
- 재료의 배합이 맞지 않다.
- 믹싱이 지나쳐 기포가 단단하지 못했다.

- 오븐 내의 열이 고르지 않다.

③ 속의 기공이 조밀하고 축축하다
- 액체재료의 사용량이 너무 많다.
- 팽창이 부족하여 기공이 없다.
- 단백질의 함량이 높아 반죽 시 글루텐을 형성했다.

④ 기공이 크고 조직이 거칠다
- 팽창을 지나치게 많이 했다.
- 팽창제의 사용이 과다했다.
- 반죽을 굽기 전에 장시간 방치했다.

⑤ 구운 제품의 가운데가 볼록하다
- 강한 밀가루로 글루텐이 형성되었다.
- 반죽이 너무 되다.
- 반죽의 최종 믹싱상태가 균일하지 못하다.
- 굽기 초기의 오븐온도가 높아 가장자리는 익고 가운데는 계속 부풀어오르기 때문이다.

⑥ 구운 후 수축한다
- 배합의 수분량이 지나치다.
- 달걀이나 밀가루의 양이 부족하여 구조를 지키지 못한다.
- 너무 높은 온도 때문에 속이 익지 않았다.
- 구운 후 지나치게 급속 냉각시키면 제품이 수축한다.

⑦ 맛과 향이 적다
- 재료가 좋지 못하다.
- 기름이 산패되었다.
- 향료의 사용이 부적절했다.
- 소금의 사용이 부족하다.

⊛ 반죽형 케이크의 결점

① 굽기 중 가라앉는다
- 설탕과 액체재료의 사용이 과다하다.
- 팽창제의 사용이 과다하다.

- 지나친 믹싱으로 기포가 불안하다.
- 취급 시 지나친 충격을 주었다.

② 기공이 크고 조직이 거칠다
- 과량의 팽창제를 사용했다.
- 오버 믹싱이다.
- 낮은 오븐에서 구웠다.
- 유화제의 사용이 과다하다.
- 패닝 후 장시간 방치되었다.

③ 표피에 흰 반점이 생긴다
- 설탕의 입자가 굵어 반죽 시 다 녹지 못했다.
- 밀가루의 혼합이 잘 되지 않았다.
- 오븐의 열이 고르지 못하다.

④ 제품이 너무 단단하다
- 단백질의 함량이 반죽에 많다. 즉 달걀 사용 과다, 강력 밀가루 사용
- 팽창이 부족하다.
- 오븐의 온도가 너무 높다.

⑤ 제품의 윗면에 쭈글쭈글한 테두리가 생긴다
- 오버 믹싱이다.
- 재료의 혼합이 불균일했다.
- 마지막 수분의 믹싱이 적당하지 못했다.

3. 기타 다른 것도 알아봐요

⚙ 오븐온도와 시간을 잘 맞췄는데 빵이 까맣게 탔다
① 오븐온도가 너무 높았기 때문이다.
② 오븐을 처음 사용할 때는 온도 테스트를 하여 실패를 방지한다.
③ 먼저 온도를 맞추고 종이를 넣어 10분쯤 예열시킨 뒤 종이를 꺼냈을 때 종이의 색이 일정하게 그을렸으면 오븐의 온도가 균일한 것이다.
④ 한쪽만 심하게 그을렸다면 그곳을 피해서 놓아야 한다.

⑤ 반대로 시간이 다 되었는데도 꼬치로 찔러보면 덜 익은 경우가 있다.

⑥ 이럴 때는 지켜보면서 익히도록 한다. 그렇지 않으면 태우기 십상이다.

✦ 바게트 표면이 딱딱하지 않다면

① 스팀이 고루 가지 않았기 때문이다.

② 바게트에 수분을 주는 것은 표면을 딱딱하게 만들고 윤기 있어 보이기 위해서다.

③ 예열된 오븐에 틀을 넣은 뒤 물 스프레이를 이용해 충분한 수분을 준다.

✦ 달걀물은 왜 바르는가?

① 대개 빵은 윗면이 마르기 쉽기 때문이다.

② 빵의 윗면에 달걀물을 바르면 빵의 풍미도 돋우고, 표면 건조화도 예방할 수 있다.

✦ 수프와 어울리는 빵은?

① 바게트나 소다 빵처럼 껍질이 단단한 빵이 수프나 스튜가 있는 식탁에 잘 어울린다.

② 단단한 껍질은 따끈한 수프나 스튜에 찍어 먹도록 한다.

✦ 반죽은 반드시 오래 치대야 하는가?

① 빵 반죽을 만들 때 많이 치댈수록 고소해진다.

② 반죽이 이스트 작용으로 발효되면 부피는 커진 반면 조직은 성긴 상태다. 이때 손으로 치대 펀치효과를 주면 반죽의 조직이 치밀해지면서 글루텐이 형성된다.

③ 많이 치대면 빵은 부드러워지고 고소해진다.

✦ 강력분과 박력분은 어떤 차이가 있는가?

① 밀가루에 함유된 단백질의 양이 많고 적음에 따라 강력, 중력, 박력으로 나뉜다.

② 일반적으로 빵을 만들 때는 강력분을 많이 사용하고, 과자나 케이크를 만들 때는 박력분을 사용한다.

③ 박력분을 사용하면 고소한 맛이 강해진다. 강력분은 단백질 함량이 높아 빵

을 만드는 데 적당하다.

④ 중력분은 말 그대로 그 중간형태로 빵을 바삭하게 만들 때 강력분과 섞어서 사용한다.

✿ 스콘이 질기고 딱딱하다

① 비스킷이나 스콘에는 기름을 너무 많이 넣지 않는다.

② 지나치게 많이 넣으면 부서지기 쉽다.

③ 반죽을 많이 치대면 건조하고 딱딱해지므로 반죽을 부드럽게 잡고 10~12회 정도 압력을 가해 수분이 고루 퍼지도록 만든다.

④ 비스킷이나 스콘은 오븐에 구울 때 황금빛을 띠면 다 익은 것이다.

✿ 과일의 갈변현상에 대하여

① 바나나 껍질을 제거한 후 공기 중에 방치하면 갈변현상으로 검게 변하는 것을 볼 수 있는데 사과나 배 등도 마찬가지로 갈색으로 변하는 현상이 나타난다.

② 사과의 색깔이 변하는 것은 과일 속에 포함되어 있는 페놀(phenol)계의 화합물(냄새, 맛, 색 등에 관여하는 요소)이 산화효소와 공기의 영향으로 갈색의 물질로 변하는 것이다.

③ 소금물, 설탕물에 담그면 이 효소의 작용이 방해되어서 공기(산소)를 만나도 반응하지 않게 되므로 후식으로 이용할 때 껍질 깐 것을 소금물이나 설탕물에 담그는 것이다.

④ 사과, 살구, 바나나, 감자, 고구마 등은 갈변현상이 잘 일어나는 대표적인 식품이다.

✿ 바나나를 냉장고에 넣지 않는 이유

① 과일은 대부분 차게 해서 먹는 것이 원칙인데 과일의 단맛은 주로 포도당과 과당에 의한 것으로, 저온일수록 단맛이 강하게 느껴진다. 신맛은 온도가 낮을수록 약해지므로 과일을 차게 해서 먹는 것이 단연 맛있다. 그러나 차게 한다고 해도 10℃ 전후의 온도가 적절하다. 너무 차게 하면 향기가 없어지고 혀의 감각도 마비되어 단맛을 느낄 수 없다. 먹기 2~3시간 전에 냉장고에 넣어 두는 것이 적당하다.

② 과일은 차게 해서 먹는 것이 맛있다고는 하지만 0~10℃ 전후의 낮은 온도에서 맛이 떨어지는 과일도 있다. 바나나를 냉장고에 넣어두면 껍질에 검은 반점이 생기고, 과육이 검게 된다. 파인애플, 망고, 파파야 등 주로 아열대나 열대지방에서 수확되는 과일은 대개 이런 현상을 보인다. 즉 생장조건이 열대조건에 맞추어져 있으면 단맛이나 과일의 최적조건이 그 온도에 맞게 맞추어져 있으므로 차갑게 하면 오히려 역효과를 내게 되는 것이다. 이런 과일은 1시간 이상 냉장고에 넣어두지 않도록 한다.

⚙ 베이킹파우더와 이스트는 어떤 차이가 있는가?

① 이스트는 미생물의 효모균이고, 베이킹파우더는 화학물질이므로 많이 먹으면 좋지 않다.

② 인체에 무해한 이스트는 식물성 미생물로, 수분과 영양, 적당한 온도를 주면 발효된다. 발효는 빵을 만들 때 반죽에 포함된 탄수화물인 전분이 분해되면서 탄산가스와 알코올로 변하는 것을 말한다.

③ 이스트가 활동하기 가장 적합한 온도는 25~32℃이다.

⚙ 버터와 마가린, 쇼트닝의 차이는?

① 버터 등의 유지는 빵의 풍미를 좋게 하고, 영양가를 높이며 빵에 윤기를 흐르게 한다.

② 버터는 풍미가 가장 좋지만 마가린에 비해 가격이 비싸고 잘 풀어지지 않아 반죽이 어렵다.

③ 쇼트닝은 공기를 포집하여 크림을 만드는 크리밍성이 있어 기포를 균일하게 생기게 해 빵을 부드럽게 하며 다른 유지에 비해 안정성이 강하여 쿠키 등을 만들 때 유용하게 쓰인다.

⚙ 건조 이스트는 어떻게 사용하는가?

① 건조 이스트는 좁쌀알처럼 생긴 것으로 다른 이스트처럼 물에 녹여 사용하면 반죽이 잘 부풀지 않는다.

② 미지근한 물에 이스트와 설탕을 넣고 발효시키면 이스트는 거품이 돼 부글부글 떠오르는데 그때 사용해야 한다.

③ 생이스트에 비해 50% 정도를 사용한다.

❀ 식빵에서 시큼한 냄새가 나는 이유는?

① 식빵에서 시큼한 냄새가 나는 것은 1차 발효를 너무 오래했기 때문이다.

② 1차 발효를 시킬 때 온도가 너무 높거나 오래 두면 향긋한 빵 냄새를 만드는 효소분해가 일어나지 않는다.

❀ 반죽의 되기와 빵의 맛

① 반죽이 질면 글루텐의 형성이 늦어져 오랫동안 반죽해야 하므로 빵이 고소해진다.

② 단과자빵은 대부분 다른 반죽보다 진 반죽을 사용하여 만든다. 다소 진 반죽은 달지 않은 빵을 만들 때 사용하고 점도가 높아 뻣뻣한 반죽은 씹히는 맛이 있는 빵을 만드는 데 사용한다.

❀ 머핀(muffin)이 납작하고 거칠다

① 머핀은 베이킹파우더나 소다를 사용해 발효시키는데 반죽을 만들어 즉시 굽지 않으면 발효력을 상실하여 납작하게 구워진 머핀이 나오는 것이다.

② 머핀이나 즉석 빵을 맛있게 만들려면 밀가루 혼합물에 액체 혼합물을 섞어서 습기가 축축하게 먹을 정도로만 살짝 저어준다. 반죽이 묽게 될 때까지 저으면 표면이 거칠어진다.

❀ 빵을 신선하게 보관하려면?

① 빵 속의 전분은 갓 구웠을 때는 알파 전분상태이지만 시간이 지남에 따라 노화되어 베타 전분으로 변한다.

② 빵의 노화는 냉장온도에서는 더욱 빨라지며 영하 18℃ 이하나 영상 40℃ 이상에서는 일어나지 않는다.

③ 빵을 짧은 기간 보관할 경우 냉장고에 넣지 말고 실온에 두는 것이 좋으며, 오래 보관할 경우에는 비닐로 밀봉해서 냉동실에 두었다가 해동해서 먹는 것이 좋다.

❀ 스펀지 케이크(sponge cake)가 잘 부풀지 않고 부피도 작고 딱딱하다

① 스펀지 케이크를 구울 때 가장 중요한 것은 거품을 잘 내는 것이므로 거품기나 핸드믹서를 이용해서 충분히 거품을 내야 한다.

② 전란을 사용하는 공립법의 경우 달걀의 노란색이 거의 흰색이 되어 걸쭉해질 때까지 거품을 낸다.

③ 달걀의 노른자와 흰자를 분리하여 반죽하는 별립법의 경우 노른자는 거의 흰색이 될 때까지 거품을 올리고 흰자는 거품기를 들어올렸을 때 모양이 유지될 정도까지 거품을 낸다.

④ 마른 가루를 혼합할 때는 가볍게 해주며 중탕한 버터를 넣을 때는 주걱으로 거품이 줄어들지 않도록 가볍고 빠르게 고루 섞어주는 것이 요령이다.

⚜ 파운드 케이크(pound cake)의 결이 고르지 않고 반죽이 뭉치는 이유

① 버터를 충분히 젓지 않은 것이 원인으로 거품기나 핸드믹서로 버터를 잘 저어 크림상태로 만드는 것이 가장 중요하다.

② 버터와 설탕을 크림상태로 만든 후 달걀을 조금씩 넣으면서 혼합하는데 이때 유지와 달걀의 수분이 분리되지 않게 해야 하며 경우에 따라서는 반죽양의 1~2%의 유화제를 첨가하기도 한다.

③ 유화제는 파운드 케이크의 결이 고르게 되는 데 도움을 주며, 적정량을 사용하면 인체에도 무해하다.

⚜ 쿠키가 너무 많이 퍼지고 팬에서 잘 떨어지지 않는 이유

① 버터를 너무 많이 저으면 공기 포집이 많아져서 쿠키가 옆으로 퍼지기 쉽다.

② 설탕의 양이 많거나 반죽이 묽은 경우와 오븐의 온도가 너무 낮은 경우에도 쿠키가 옆으로 퍼지게 된다.

③ 팬에 기름을 많이 칠해도 반죽이 퍼지게 되므로 팬에는 아주 얇게 기름을 바르거나 기름종이(유산지)를 깔고 굽도록 한다.

⚜ 슈(choux) 반죽이 잘 부풀지 않는 이유

① 물과 버터를 끓인 것에 박력분을 넣고 익힐 때는 충분히 익히는 것이 중요하다.

② 반죽에 달걀을 넣을 때에는 농도를 잘 살펴야 하는데 주걱으로 반죽을 들어올려 반죽이 'V'자로 부드럽게 떨어지는 정도가 적당하다.

⊛ **빵이 잘 부풀지 않고 딱딱한 이유**

　① 반죽할 때에는 정확한 양의 재료를 넣는 것이 가장 중요하다. 이스트의 양이 적거나 보존기간이 지난 경우 또는 소금이 많은 경우에는 빵이 잘 부풀지 않는다.

　② 빵을 만들 때는 반죽을 적절하게 발효시켜야 잘 부풀게 되므로 발효의 온도와 습도, 시간을 잘 맞추도록 한다.

　③ 가정용 오븐으로 구울 때는 건조하기 쉬우므로 오븐 속 밑바닥에 물을 담은 팬을 넣어두면 좋다.

7-2. 알아두면 편리한 계량단위

1. 외국에서 많이 쓰는 계량단위

재 료	1 Tea spoon(g)	1 Tablespoon(g)	1cup(200ml) (ml)
버터	4	13	170
쇼트닝	4	12	160
설탕	3	10	160
밀가루	4	8	120
소금	4	12	160
우유	5	15	180
물	5.5	16.5	200
전분	2	7.5	120
베이킹파우더	3.5	12	150

2. 온도(섭씨와 화씨 사이)

화씨 구하는 공식 : $F = 1.8C + 32$

섭씨 구하는 공식 : $C = (5/9)(F - 32)$

3. 법정 계량단위 환산표

구분	사용금지 단위	사용단위	환산단위	결과값
길이	자(尺)	미터(m)	0.303030303	0.303030303m
	마		−	−
	리(里)		400	400m
	피트	센티미터(cm)	30.479999	30.479999cm
	인치		2.54	2.54cm
	마일	킬로미터(km)	1.609344	1.609344km
	야드		0.000914	0.000914km
넓이	평(坪)	제곱미터(㎡)	3.3058	3.3058㎡
	마지기		−	−
	정보	제곱센티미터(㎠)	9.9174	9.9174㎠
	단보		99174	99174㎠
	에이커	헥타르(ha)	0.404693	0.404693ha

부피	홉	세제곱미터(m³)	0.0001803908	0.000180391m³
	되		0.001803908	0.001803908m³
	말		0.01803908	0.01803908m³
	석(섬)	세제곱센티미터(cm³)	−	−
	가마		−	−
	갤런	리터(L 또는 l)	3.785298	3.785298 ℓ
무게	근(斤)	그램(g)	600.024001	600.024001g
	관(貫)		3750.093752	3750.093752g
	파운드	킬로그램(kg)	0.453599	0.453599kg
	온스		0.02835	0.02835kg
	돈	톤(t)	0.000004	0.000004t
	냥		0.000038	0.000038t

* 사용금지 단위를 1로 하였을 때의 결과값

4. 미국식 계량단위의 비교

구분	계량단위(미국식)(1단위)	계량 비교(우리 사용 단위)
부피	ts(teaspoon)	5ml
	Ts(Tablespoon)	15ml
	C(cup)	240ml
	Pt(pint)	480ml
	qt(quart)	960ml
	gal(gallon)	3,800ml
	ml(milliliter)	
	l(liter)	
	fl oz(fluid ounce)	30ml
무게	oz(ounce)	28g
	lb(pound)	450g
	kg(kilogram)	
	g(gram)	

* 환산표의 수치는 계략적인 것

부록 기출문제

- 제과기능사 기출문제
- 제빵기능사 기출문제

● 제과기능사 기출문제

001. 반죽형 케이크의 결점과 원인의 연결이 잘못된 것은?

가. 고율배합 케이크의 부피가 작음 : 설탕과 액체재료의 사용량이 적었다.

나. 굽는 동안 부풀어올랐다가 가라앉음 : 설탕과 팽창제 사용량이 많았다.

다. 케이크 껍질에 반점이 생김 : 입자가 굵고 크기가 서로 다르나 설탕을 사용했다.

라. 케이크가 단단하고 질김 : 고율배합 케이크에 맞지 않은 밀가루를 사용했다.

　✿ 고율배합에서 설탕과 액체재료의 사용량이 많으면 공기의 포집이 작아져서 완제품의 부피가 작아진다.

002. 반죽형 케이크의 반죽 믹싱법에 대한 설명으로 틀린 것은?

가. 크림법은 유지, 설탕, 달걀로 크림을 만든다.

나. 블렌딩법은 유지와 밀가루를 먼저 혼합한다.

다. 단단계법은 모든 재료를 한번에 넣고 혼합한다.

라. 설탕물법은 설탕 1을 물 2의 비율로 용해하여 액당을 만든다.

　✿ 설탕물법은 설탕이 2라고 하면 물을 1이 비율로 섞어 설탕용액을 만든 후에 건조재료를 넣고 기포를 올린 후 재료를 투입하는 방법이다.

003. 다음 중 비교적 스크래핑을 가장 많이 해야 하는 제법은?

가. 공립법　　　　나. 별립법

다. 설탕/물법　　　라. 크림법

　✿ 크림법은 유지가 믹싱볼에 묻어 있으므로 자주 스크래핑을 하면서 반죽한다.

004. 공립법으로 제조한 케이크의 최종제품이 열린 기공과 거친 조직감을 갖게 되는 원인은?

가. 적정 온도보다 높은 온도에서 굽기

나. 오버 믹싱된 낮은 비중의 반죽으로 제조

다. 달걀 이외의 액체재료 함량이 높은 배합

라. 품질이 낮은(오래된) 달걀을 배합에 사용

　✿ 비중이 낮다는 것은 반죽이나 속에 기공이 적정량보다 많이 들어 있다는 것이며 이때 기공이 커서 열려 있다고 표현한다.

005. 공립법, 더운 방법으로 제조하는 스펀지 케이크의 배합방법 중 틀린 것은?

가. 버터는 배합 전 중탕으로 녹인다.

나. 밀가루, 베이킹파우더는 체질하여 준비한다.

다. 달걀은 흰자와 노른자로 분리한다.

라. 거품 올리기의 마지막은 중속으로 믹싱한다.

　✿ 공립법이란 달걀 노른자와 흰자를 분리하지 않고 같이 쓴다는 의미이며 분리하여 쓰면 별립법이라고 한다.

　　　　　　1. 가　2. 라　3. 라　4. 나　5. 다 정답

006. 블렌딩법으로 제조할 경우 해당하는 사항은?

　가. 달걀과 설탕을 넣고 거품 올리기 전 온도를 43℃로 중탕한다.

　나. 21℃ 정도의 품온을 갖는 유지를 사용하여 배합을 한다.

　다. 젖은 상태(wet peak) 머랭을 사용하여 밀가루와 혼합한다.

　라. 반죽기의 반죽속도는 고속 - 중속 - 고속의 순서로 진행한다.

　　◈블렌딩법은 유지와 밀가루를 먼저 결합하여 다른 재료를 혼합하여 글루텐의 발달을 최소화하는 과자 반죽법으로 유지가 적당하게 밀가루와 섞일 수 있는 온도가 되어야 한다(21~23℃).

007. 과자 반죽의 믹싱완료 정도를 파악할 때 사용되는 항목으로 적합하지 않은 것은?

　가. 반죽의 비중　　나. 글루텐의 발전정도

　다. 반죽의 점도　　라. 반죽의 색

　　◈빵 반죽에서 글루텐의 발전정도를 파악한다.

008. 케이크 반죽을 혼합할 때 반죽의 온도가 최적범위 이상이나 이하로 설정될 경우에 나타나는 현상이 아닌 것은?

　가. 쇼트닝의 크리밍성이 감소한다.

　나. 공기의 혼합능력이 떨어진다.

　다. 팽창속도가 변화한다.

　라. 케이크의 체적이 증가한다.

　　◈반죽의 온도가 낮아지면 기공이 작아 부피가 작아지고 식감이 나빠지며 표면은 거칠어진다.

009. 다음 중 화학적 팽창제품이 아닌 것은?

　가. 과일 케이크　　나. 팬 케이크

　다. 파운드 케이크　　라. 시퐁 케이크

　　◈시퐁 케이크는 달걀 흰자의 거품성을 최대로 살린 케이크이다.

010. 다음 제품 중 거품형 케이크는?

　가. 스펀지 케이크

　나. 파운드 케이크

　다. 데블스푸드 케이크

　라. 화이트레이어 케이크

　　◈스펀지 케이크는 달걀의 거품성을 이용한 케이크이며 나머지는 유지의 크림화를 이용한 반죽형 케이크이다.

011. 거품형 케이크를 만들 때 녹인 버터는 언제 넣어야 하는가?

　가. 처음부터 다른 재료와 함께 넣는다.

　나. 밀가루 와 섞어 넣는다.

　다. 설탕과 섞어 넣는다.

　라. 반죽의 최종단계에 넣는다.

　　◈유지를 먼저 넣게 되면 달걀의 거품성을 좋지 않게 하거나 꺼뜨릴 수 있다.

012. 시퐁 케이크 제조 시 냉각 전에 팬에서 분리되는 결점이 나타났을 때의 원인과 거리가 먼 것은?

　가. 굽기 시간이 짧다.

　나. 밀가루 양이 많다.

　다. 반죽에 수분이 많다.

　라. 오븐 온도가 낮다.

　　◈시퐁 케이크는 반죽에 밀가루 양이 많으면 제품의 구조력이 강해져 냉각 시 수축이 잘 일어나지 않아 팬에서 빨리 분리되지 않는다.

013. 스펀지 케이크를 부풀리는 주요 방법은?

　가. 달걀의 기포성에 의한 법

　나. 이스트에 의한 법

　다. 화학팽창제에 의한 법

　라. 수증기 팽창에 의한 법

　　◈스펀지 케이크는 물리적 팽창방법으로 달걀의 기포성을 이용해 부풀린다.

014. 데블스푸드 케이크에서 전체 액체량을 구하는 식은?

　가. 설탕 + 30 + (코코아 × 1.5)

나. 설탕 - 30 - (코코아 × 1.5)

다. 설탕 + 30 - (코코아 × 1.5)

라. 설탕 - 30 + (코코아 × 1.5)

> ❀ 배합률 조정공식에서 우유 = 설탕 + 30 + (코코
> 아 × 1.5) − 달걀
> 전체 액체량은 우유와 달걀의 합이므로 우유 +
> 달걀 = 설탕 + 30 + (코코아 × 1.5)

015. 데블스푸드 케이크(devils food cake)에서 설탕 120%, 유화쇼트닝 54%, 천연코코아 20%를 사용하였다면 물과 분유 사용량은?

가. 분유 12.6%, 물 113.4%

나. 분유 113.4%, 물 12.6%

다. 분유 108.54%, 물 12.06%

라. 분유 12.06%, 물 108.54%

> ❀ 전란 = 쇼트닝 × 1.1이므로 50 × 1.1 = 55
> 우유 = 설탕 + 30 + (코코아 × 1.5) − 전란
> 120 + 30 + (20 × 1.5) − 55 = 125

016. 데블스푸드 케이크 제조 시 중조를 8g 사용했을 경우 가스발생량으로 비교했을 때 베이킹파우더 몇 g과 효과가 같은가?

가. 8g 　　　　　나. 16g

다. 24g 　　　　　라. 32g

> ❀ 탄산수소나트륨(중조)에 산성제(산성물질)와 전
> 분을 넣어서 베이킹파우더가 만들어진다. 베이
> 킹파우더는 소다량의 1/3의 팽창력밖에 가지고
> 있지 않다. 그래서 제품을 만들 때 소다보다 베
> 이킹파우더의 양이 많이 들어간다.

017. 옐로레이어 케이크를 제조할 때 달걀을 50% 사용했다면 같은 배합비율로 화이트레이어 케이크를 제조할 경우 달걀 흰자는 몇 %를 사용해야 하는가?

가. 45% 　　　　　나. 55%

다. 65% 　　　　　라. 75%

> ❀ 흰자 = 달걀 × 1.3 = 쇼트닝 × 1.43 = 50% ×
> 1.3 = 65%

018. 옐로레이어 케이크에서 쇼트닝과 달걀의 사용량 관계를 바르게 나타낸 것은?

가. 쇼트닝 × 0.7 = 달걀

나. 쇼트닝 × 0.9 = 달걀

다. 쇼트닝 × 1.1 = 달걀

라. 쇼트닝 × 1.3 = 달걀

> ❀ 달걀은 쇼트닝의 1.1배이다.

019. 화이트레이어 케이크를 만들 때 밀가루를 기준으로 가장 적합한 설탕의 양은?

가. 60~80% 　　　　나. 80~100%

다. 110~160% 　　　라. 180~230%

> ❀ 레이어 케이크의 설탕량은 110~160%이다.

020. 소다 1.5%를 사용하는 배합비율에서 팽창제를 베이킹파우더로 대체하고자 할 때 사용량은?

가. 4% 　　　　　나. 4.5%

다. 5% 　　　　　라. 5.5%

> ❀ 소다는 탄산수소나트륨이 95%, 베이킹파우더는
> 탄산수소나트륨이 40%, 소암모늄 명반이 40%
> 정도 들어 있으며 보통은 소다의 3배가량을 더
> 사용한다.

021. 밀 단백질 1% 증가에 대한 흡수율 증가는?

가. 0~1% 　　　　　나. 1~2%

다. 3~4% 　　　　　라. 5~6%

> ❀ 단백질의 양이 많고 질이 좋으며 숙성이 잘되었
> 을수록 물 흡수량이 늘어난다. 물을 많이 흡수
> 하는 밀가루일수록 제빵용으로 좋다. 단백질 1%
> 에 1.5%의 흡수율이 증가된다.

022. 고율배합에 대한 설명으로 틀린 것은?

가. 화학팽창제를 적게 쓴다.

나. 굽는 온도를 낮춘다.

다. 반죽 시 공기 혼입이 많다.

라. 비중이 높다.

> ❀ 고율배합 반죽에는 공기 혼합량이 많기 때문에
> 비중이 낮다.

고율배합	저율배합
• 설탕 ≥ 밀가루	• 밀가루 ≤ 설탕
• 전체 액체(달걀+우유) 〉밀가루	• 전체 액체(달걀+우유) ≤ 밀가루
• 전체 액체 〉설탕	• 전체 액체=설탕
• 달걀 ≥ 쇼트닝	• 달걀 ≥ 쇼트닝

❀ • 마찰계수 = (실제 반죽온도 × 6) − (실내온도 + 밀가루 온도 + 설탕 온도 + 쇼트닝 온도 + 달걀 온도 + 수돗물 온도)
• 물 온도 = (희망온도 × 6) − (실내온도 + 밀가루 온도 + 설탕 온도 + 쇼트닝 온도 + 달걀 온도 + 마찰계수)
(23 × 6) − (25 + 25 + 20 + 20 + 20) = 3

023. 케이크 반죽에 있어 고율배합 반죽의 특성을 잘못 설명한 것은?

　가. 화학팽창제의 사용은 적다.

　나. 구울 때 굽는 온도를 낮춘다.

　다. 반죽하는 동안 공기와의 혼합은 양호하다.

　라. 비중이 높다.

　　❀ 설탕 사용량이 밀가루 사용량보다 많은 고율배합은 화학팽창제를 적게 사용해야 한다. 고율배합의 공기 혼입이 좋다는 의미는 반죽 속에 공기를 많이 함유할 수 있어 비중이 낮다는 것이다.

024. 스펀지 케이크 제조 시 더운 믹싱방법(hot method)을 사용할 때 달걀과 설탕의 중탕 온도로 가장 적합한 것은?

　가. 23℃　　　　　나. 43℃

　다. 63℃　　　　　라. 83℃

　　❀ 23℃는 찬 믹싱방법의 반죽온도이다. 달걀과 설탕의 중탕온도가 63℃ 이상이 되면 흰자의 단백질이 열변성을 일으키기 시작하면서 기포력이 떨어진다.

025. 아래의 조건에서 물 온도를 계산하면?

　- 반죽 희망온도 : 23℃
　- 실내온도 : 25℃
　- 쇼트닝 온도 : 20℃
　- 수돗물 온도 : 23℃
　- 밀가루 온도 : 25℃
　- 설탕 온도 : 25℃
　- 달걀 온도 : 20℃
　- 마찰계수 : 20℃

　가. 0℃　　　　　나. 3℃

　다. 8℃　　　　　라. 12℃

026. 일반적인 과자 반죽의 결과 온도로 가장 알맞은 것은?

　가. 10~13℃　　　나. 22~24℃

　다. 26~28℃　　　라. 32~34℃

　　❀ 과자 반죽은 유지의 수분흡수량, 기포함유량이 가장 많이 일어날 수 있는 온도인 23℃ 내외이다.

027. 스펀지 케이크 제조 시 덥게 하는 방법으로 사용할 때 달걀과 설탕은 몇 도로 중탕하고 혼합하는 것이 가장 적당한가?

　가. 30℃　　　　　나. 43℃

　다. 10℃　　　　　라. 25℃

　　❀ 달걀이 익지 않으면서 적당하게 따뜻해야 한다. 중탕의 온도는 43℃가 적당하다.

028. 케이크 반죽의 pH가 적정범위를 벗어나 알칼리일 경우 제품에서 나타나는 현상은?

　가. 부피가 작다.　　나. 향이 약하다.

　다. 껍질색이 여리다.　라. 기공이 거칠다.

　　❀ • 산이 강할수록, 기공이 약하고, 껍질색이 약하고, 향이 연하고, 부피가 작다.
　　• 알칼리가 강할수록 기공이 거칠고, 껍질색이 진하고, 향이 강하고, 부피가 크다.
　　• 산이 강하면 글루텐을 응고시켜 부피팽창을 방해하고 알칼리가 강하면 글루텐을 용해시켜 부피팽창을 유도한다.

029. 다음 중 반죽의 pH가 가장 낮아야 좋은 제품은?

　가. 화이트레이어 케이크

　나. 스펀지 케이크

　다. 엔젤푸드 케이크

　라. 파운드 케이크

 정답　**23.** 라　**24.** 나　**25.** 나　**26.** 나　**27.** 나　**28.** 라　**29.** 다

⚙ ① pH란? : pH 7을 중성으로 수치가 작아지면 산성, 높아지면 알칼리성, pH 수치가 1 상승할 때마다 10배의 희석을 필요로 함
② 제품의 적정 pH : 스펀지 케이크 7.3~7.6, 옐로레이어 케이크 7.2~7.6, 화이트레이어 케이크 7.4~7.8, 데블스푸드 케이크 8.5~9.2, 초콜릿 케이크 7.8~8.8, 엔젤푸드 케이크 5.2~6.0

030. [H_3O^+]의 농도가 다음과 같을 때 가장 강산인 것은?

가. 10^{-2}M/l 　나. 10^{-3}M/l
다. 10^{-4}M/l 　라. 10^{-5}M/l

⚙ pH 계산식 : $H^+ = 10^{-pH}$. [H^+]는 H^+ 이온의 활동도(보다 정확하게 [H_3O^+]로 표시. 하이드로늄 이온 당량). 강물이나 수돗물같이 묽은 용액에서는 활동도와 H^+ 농도는 거의 같기 때문에 리터당 몰(mole)수(몰농도(molarity))로 측정된다.
예를 들어 pH = 8.2인 용액은 [H^+]의 활동도(농도)가 $10^{-8.2}$M[4] = 약 6.31×10^{-9}M[4]이다; [H^+]의 활동도가 4.5×10^{-4}M[4]인 용액은 $-log10(4.5 \times 10^{-4})$ M[4]은 pH가 약 3.35이다.

031. 화이트레이어 케이크 제조 시 주석산 크림을 사용하는 목적과 거리가 먼 것은?

가. 흰자를 강하게 하기 위하여
나. 껍질색을 밝게 하기 위하여
다. 속색을 하얗게 하기 위하여
라. 제품의 색깔을 진하게 하기 위하여

⚙ 주석산(cream of tartar)은 달걀 흰자의 pH농도(산도)에 관여하여 기포성을 증대시켜 딱딱하고 단단한 머랭을 만들도록 도와준다.

032. 40g의 계량컵에 물을 가득 채웠더니 240g이었다. 과자 반죽을 넣고 달아보니 220g이 되었다면 이 반죽의 비중은 얼마인가?

가. 0.85 　나. 0.9
다. 0.92 　라. 0.95

⚙ 컵의 무게를 제외한 내용물만의 무게로 비중을 계산해야 한다.
같은 부피의 반죽무게 ÷ 같은 부피의 물무게 =

비중
180 ÷ 200 = 0.9.

033. 반죽의 비중과 관계가 가장 적은 것은?

가. 제품의 부피 　나. 제품의 기공
다. 제품의 조직 　라. 제품의 점도

⚙ 점도는 제품의 끈적거림으로 수분과 관계가 있다.

034. 비중이 높은 제품의 특징이 아닌 것은?

가. 기공이 조밀하다. 나. 부피가 작다.
다. 껍질색이 진하다. 라. 제품이 단단하다.

⚙ 비중이란 부피가 같은 물의 무게에 대해 반죽의 무게를 숫자로 나타낸 값으로 반죽의 비중이 높은 제품은 공기의 혼입이 작아 기공이 조밀하고 부피가 작아 단단한 제품이 된다.

035. 반죽의 비중에 대한 설명으로 맞는 것은?

가. 같은 무게의 반죽을 구울 때 비중이 높을수록 부피가 증가한다.
나. 비중이 너무 낮으면 조직이 거칠고 큰 기포를 형성한다.
다. 비중의 측정은 비중컵의 중량을 반죽의 중량으로 나눈 값으로 한다.
라. 비중이 높으면 기공이 열리고 가벼운 반죽이 얻어진다.

⚙ 비중이 높을수록 기공이 조밀하며 부피가 적고, 비중이 낮을수록 열린 기공을 가지며, 거칠고, 부피가 크다.

036. 비중이 1.04인 우유에 비중이 1.00인 물을 1 : 1 부피로 혼합하였을 때 물을 섞은 우유의 비중은?

가. 2.04 　나. 1.02
다. 1.04 　라. 0.04

⚙ 같은 부피의 혼합이므로 비중을 더하여 2로 나누면 된다.

037. 어떤 한 종류의 케이크를 만들기 위하여 믹싱을 끝내고 비중을 측정한 결과가 다음과 같을 때, 구운 후 기공이 조밀하고 부피가 가장 작아지는 비중의 수치는?

가. 0.45　　　　나. 0.55

다. 0.66　　　　라. 0.75

❀비중이 낮을수록 기공이 열리고 부피가 커진다.

038. 비중이 0.75인 과자 반죽 1ℓ의 무게는?

가. 75g　　　　나. 750g

다. 375g　　　　라. 1750g

❀비중은 물무게 대비이므로 비중만큼의 무게를 나타낸다.

039. 다른 조건이 모두 동일할 때 케이크 반죽의 비중에 관한 설명으로 맞는 것은?

가. 비중이 높으면 제품의 부피가 크다.

나. 비중이 낮으면 공기가 적게 포함되어 있음을 의미한다.

다. 비중이 낮을수록 제품의 기공이 조밀하고 조직이 묵직하다.

라. 일정한 온도에서 반죽의 무게를 같은 부피의 물의 무게로 나눈 값이다.

❀비중은 일정한 부피의 반죽무게를 같은 부피의 물의 무게로 나눈 값이다.

040. 옐로레이어 케이크의 비중이 낮을 경우에 나타나는 현상은?

가. 부피가 작아진다.

나. 상품적 가치가 높다.

다. 조직이 무겁게 된다.

라. 구조력이 약화되어 중앙 부분이 함몰한다.

❀비중이 낮다는 것은 가볍다는 것으로 부피가 커진다. 비중이 지나치게 낮으면 반죽에 혼입된 공기량이 많아 구조력이 약해져 중앙부분이 함몰된다.

041. 같은 용적의 팬에 같은 무게의 반죽을 패닝하였을 경우 부피가 가장 작은 제품은?

가. 시폰 케이크　　　나. 레이어 케이크

다. 파운드 케이크　　라. 스펀지 케이크

❀비중이 높을수록 같은 부피일 때 작게 부푼다.

042. 다음 중 비용적이 가장 큰 제품은?

가. 파운드 케이크　　나. 레이어 케이크

다. 스펀지 케이크　　라. 식빵

❀파운드 케이크 : 2.4cm³/1g
레이어 케이크 : 2.96cm³/1g
스펀지 케이크 : 5.08cm³/1g
식빵 : 3.3~4.0cm³/1g
엔젤푸드 케이크는 흰자의 머랭을 이용하여 만드는 케이크이며 4.71cm³/1g, 산형 식빵 = 반죽 1g당 팬 용적 3.36cm³

043. 반죽무게를 구하는 식은?

가. 틀부피 × 비용적　나. 틀부피 + 비용적

다. 틀부피 ÷ 비용적　라. 틀부피 - 비용적

❀비용적이란 반죽 1g을 굽는 데 필요한 부피를 cm³로 나타낸 값이다.

044. 케이크 팬용적 410cm³에 100g의 스펀지 케이크 반죽을 넣어 좋은 결과를 얻었다면, 팬용적 1230cm³에 넣어야 할 스펀지 케이크의 반죽무게(g)는?

가. 123　　　　나. 200

다. 300　　　　라. 410

❀410 : 100 = 1230 : X

045. 파운드 케이크 반죽을 가로 5cm, 세로 12cm, 높이 5cm의 소형 파운드 팬에 100개 패닝하려고 한다. 총 반죽의 무게로 알맞은 것은? (단, 파운드 케이크의 비용적은 2.40cm³/g이다)

가. 11kg　　　　나. 11.5kg

다. 12kg　　　　라. 12.5kg

❀5 × 12 × 5 = 300, 300 ÷ 2.40 = 125g
125 × 100 = 12500g = 12.5kg

046. 용적 2050㎤인 팬에 스펀지 케이크 반죽을 400g으로 분할할 때 좋은 제품이 되었다면 용적 2870㎤인 팬에 적당한 분할 무게는?

 가. 440g   나. 480g

 다. 560g   라. 600g

  ✿ 2050 : 400 = 2870 : X

047. 완제품 500g짜리 파운드 케이크 1,000개를 주문받았다. 믹싱손실이 1.5%, 굽기손실이 19%, 총 배합률이 400%인 경우 20kg짜리 밀가루는 몇 포대를 준비해야 하는가?

 가. 7   나. 8

 다. 9   라. 10

  ✿ 500 × 1000 ÷ (1 − 0.19) = 617283, 617283 ÷ (1 − 0.015) = 626684, 626684 ÷ 4 × 1 = 156671,
  156671g의 밀가루가 필요함 즉 7.8 = 8포대

048. 다음 중 스펀지 케이크 반죽을 팬에 담을 때 팬 용적의 어느 정도가 가장 적당한가?

 가. 약 10~20%   나. 약 30~40%

 다. 약 70~80%   라. 약 50~60%

  ✿ 공립법은 전란에 거품을 내는 것을 말하며, 별립법은 흰자와 노른자를 따로 분리하여 만드는 방법을 말한다. 두 가지 제조법에서 중요한 포인트는 충분한 기포를 머금고 있는 거품이면서 동시에 잘 가라앉지 않아 탄력 있는 거품을 만드는 것이다. 패닝양은 틀의 60% 정도이다.

049. 파운드 케이크의 패닝은 틀 높이의 몇 % 정도까지 반죽을 채우는 것이 가장 적당한가?

 가. 50%   나. 70%

 다. 90%   라. 100%

  ✿ 반죽형 반죽은 거품형 반죽에 비하여 비중이 높아 기공이 크지 않고 덜 부푸는 제품이므로 패닝 시 반죽을 더 담아야 한다.

050. 다음 중 파운드 케이크의 윗면이 자연적으로 터지는 원인이 아닌 것은?

 가. 반죽 내에 수분이 불충분한 경우

 나. 설탕입자가 용해되지 않고 남아 있는 경우

 다. 패닝 후 장시간 방치하여 표피가 말랐을 경우

 라. 오븐 온도가 낮아 껍질 형성이 늦은 경우

  ✿ 오븐 온도가 지나치게 낮으면 윗면의 터짐이 일어나지 않는다.

051. 롤 케이크를 말 때 표면이 터지는 결점을 방지하기 위한 조치방법이 아닌 것은?

 가. 덱스트린을 적당량 첨가한다.

 나. 노른자를 줄이고 전란을 증가시킨다.

 다. 오버 베이킹이 되도록 한다.

 라. 설탕의 일부를 물엿으로 대체한다.

  ✿ 제품 속에 수분의 양을 늘려주면 터짐을 방지할 수 있으며 오버 베이킹은 낮은 온도에서 오래 굽는다는 의미이므로 수분의 증발을 가져와 터짐이 심해진다. 또한 반죽 속의 수분을 충분히 하여야 하며 반죽의 비중을 증가시키면 단단한 반죽이 되어 말 때 터질 우려가 있다.

052. 젤리롤 케이크 반죽을 만들어 패닝하는 방법으로 틀린 것은?

 가. 넘치는 것을 방지하기 위하여 팬 종이는 팬 높이보다 2cm 정도 높게 한다.

 나. 평평하게 패닝하기 위해 고무주걱 등으로 윗부분을 마무리한다.

 다. 기포가 꺼지므로 패닝은 가능한 빨리 한다.

 라. 철판에 패닝하고 볼에 남은 반죽으로 무늬반죽을 만든다.

  ✿ 팬 높이보다 지나치게 종이를 높게 하면 굽는 도중 종이가 안으로 말려 들어가서 제품의 윗면을 고르게 하지 못한다.

053. 일반적인 케이크 반죽의 패닝 시 주의점이 아닌 것은?

 가. 종이 깔개를 사용한다.

 나. 철판에 넣은 반죽은 두께가 일정하게 되도록 펴준다.

다. 팬기름을 많이 바른다.

라. 패닝 후 즉시 굽는다.

    ❀ 팬기름을 많이 바르면 기름이 열을 받아 끓어서 제품에 영향을 미쳐 좋지 않다.

---

054. 케이크 반죽의 패닝에 대한 설명으로 틀린 것은?

가. 케이크의 종류에 따라 반죽양을 다르게 패닝한다.

나. 새로운 팬은 비용적을 구하여 패닝한다.

다. 팬용적을 구하기 힘든 경우는 유채씨를 사용하여 측정할 수 있다.

라. 비중이 무거운 반죽은 분할량을 작게 한다.

    ❀ 비중이 무거운 반죽일수록 부피가 작아지므로 반죽의 분할량은 많아진다.

---

055. 다음 중 케이크 제품의 부피 변화에 대한 설명이 틀린 것은?

가. 달걀은 혼합 중 공기를 보유하는 능력을 가지고 있으므로 달걀이 부족한 반죽은 부피가 줄어든다.

나. 크림법으로 만드는 반죽에 사용하는 유지의 크림성이 나쁘면 부피가 작아진다.

다. 오븐 온도가 높으면 껍질 형성이 빨라 팽창에 제한을 받아 부피가 작아진다.

라. 오븐 온도가 높으면 지나친 수분의 손실로 최종 부피가 커진다.

    ❀ 수분 손실이 많으면 제품의 부피는 줄어든다.

---

056. 다음 중 쿠키의 퍼짐성이 작은 이유가 아닌 것은?

가. 믹싱이 지나침

나. 높은 온도의 오븐

다. 너무 진 반죽

라. 너무 고운 입자의 설탕 사용

    ❀ 반죽이 질거나 굵은 입자의 설탕은 쿠키의 퍼짐성을 좋게 한다. 반죽을 오래하면 글루텐이 생겨 단단해져서 퍼지지 않으며 오븐의 온도를 높

이면 빠르게 반죽을 익혀 퍼질 시간적 여유를 주지 않는다. 굵은 설탕은 녹으면서 공간을 주어 쿠키의 퍼짐성을 좋게 한다. 반죽의 산도는 퍼짐에 큰 영향이 없다.

---

057. 쿠키의 제조방법에 따른 분류 중 달걀 흰자와 설탕으로 만든 머랭 쿠키는?

가. 짜서 성형하는 쿠키

나. 밀어 펴서 성형하는 쿠키

다. 프랑스식 쿠키

라. 마카롱 쿠키

    ❀ 마카롱 쿠키는 머랭 쿠키의 일종으로 밀가루 대신 머랭에 아몬드 파우더를 사용하는 고급 쿠키류이다.

---

058. 다음 중 거품형 쿠키로 전란을 사용하는 제품은?

가. 스펀지 쿠키   나. 머랭 쿠키

다. 스냅 쿠키   라. 드롭 쿠키

    ❀ 머랭 쿠키는 흰자를 이용하는 거품형 쿠키이며 스냅 쿠키는 전란이지만 반죽을 밀어 펴기 쿠키이다. 드롭 쿠키는 반죽형 쿠키로 초코칩 쿠키처럼 조금씩 떼어 놓아 만드는 쿠키를 말한다.

---

059. 핑거 쿠키 성형방법으로 옳지 않은 것은?

가. 원형 깍지를 이용하여 일정한 간격으로 짠다.

나. 철판에 기름을 바르고 짠다.

다. 5~6cm 정도의 길이로 짠다.

라. 짠 뒤에 윗면에 고르게 설탕을 뿌려준다.

    ❀ 철판에 기름을 바르고 짜면 미끄러져 짜기가 어렵다.

---

060. 반죽형 쿠키 중 수분을 가장 많이 함유하는 쿠키는?

가. 쇼트브레드 쿠키   나. 드롭 쿠키

다. 스냅 쿠키   라. 스펀지 쿠키

    ❀ 반죽형 쿠키에는 드롭 쿠키(drop cookies) : 짜는 형태의 쿠키로 반죽형 쿠키 중 가장 많은 수

정답 **54.** 라   **55.** 라   **56.** 다   **57.** 라   **58.** 가   **59.** 나   **60.** 나

분 함유. 스냅 쿠키(snap cookies) : 슈거 쿠키로 밀어 펴는 형태의 쿠키. 제품이 바삭바삭하다.
쇼트브레드 쿠키(shortbread cookies) : 밀어 펴는 형태의 쿠키로 반죽형 쿠키 중 가장 많은 양의 유지를 사용한다.

061. 쿠키에 팽창제를 사용하는 주된 목적은?
  가. 제품의 부피를 감소시키기 위해
  나. 딱딱한 제품을 만들기 위해
  다. 퍼짐과 크기의 조절을 위해
  라. 설탕입자의 조절을 위해
  ◉쿠키에서 팽창제는 적당한 크기와 퍼짐성을 가지게 하기 위함이다.

062. 쿠키 포장지의 특성으로 적합하지 않은 것은?
  가. 내용물의 색, 향이 변하지 않아야 한다.
  나. 독성 물질이 생성되지 않아야 한다.
  다. 통기성이 있어야 한다.
  라. 방습성이 있어야 한다.
  ◉통기성이란 공기가 통한다는 이야기이므로 공기가 통하게 되면 습기를 제어할 수 없어 쿠키 포장에는 적당하지 않다.

063. 비스킷을 제조할 때 유지보다 설탕을 많이 사용하면 어떤 결과가 나타나는가?
  가. 제품의 촉감이 단단해진다.
  나. 제품이 부드러워진다.
  다. 제품의 퍼짐이 작아진다.
  라. 제품의 색깔이 엷어진다.
  ◉유지를 많이 사용하면 부드러워지고 설탕을 많이 사용하면 딱딱한 제품이 된다.

064. 핑거 쿠키 성형 시 가장 적정한 길이(cm)는?
  가. 3   나. 5
  다. 9   라. 12
  ◉핑거 쿠키의 사용용도에 따라 길이는 달리 할 수 있지만 보통 쿠키의 크기와 어울리는 5cm 정도가 적당하다.

065. 과자 반죽의 모양을 만드는 방법이 아닌 것은?
  가. 짤주머니로 짜기
  나. 밀대로 밀어 펴기
  다. 성형 틀로 찍어내기
  라. 발효 후 가스 빼기
  ◉발효한다는 의미는 효모 즉 이스트를 사용하는 것이므로 제빵이다.

066. 쇼트도우 쿠키의 제조상 유의사항으로 틀린 것은?
  가. 밀어 펼 때 많은 양의 덧가루를 사용한다.
  나. 덧가루를 뿌린 면포 위에서 밀어 편다.
  다. 전면의 두께가 균일하도록 밀어 편다.
  라. 성형하기 위하여 밀어 펴기 전에 휴지를 통해 냉각시킨다.
  ◉덧가루를 많이 사용하면 제품에 생밀가루 냄새가 나고 착색이 균일하지 않게 된다.

067. 쇼트브레드 쿠키 제조 시 휴지시킬 때 성형을 용이하게 하기 위한 조치는?
  가. 반죽을 뜨겁게 한다.
  나. 반죽을 차게 한다.
  다. 휴지 전 단계에서 오랫동안 믹싱한다.
  라. 휴지 전 단계에서 짧게 믹싱한다.
  ◉반죽을 냉동고에 넣고 차게 하여 유지가 굳게 되면 작업하기 좋아진다.

068. 찜류 또는 찜만주 등에 사용하는 팽창제인 이스트파우더의 특성이 아닌 것은?
  가. 팽창력이 강하다.
  나. 제품의 색을 희게 한다.
  다. 암모니아 냄새가 날 수 있다.
  라. 중조와 산제를 이용한 팽창제이다.
  ◉중조와 산제를 이용한 팽창제는 베이킹파우더이다. 이스트파우더란 암모니아계의 합성팽창제로 이스파타(espata)는 약칭이다. 일본식의 팽창제로 염화암모늄에 탄산수소나트륨을 25% 혼합한 팽창제이다.

069. 찜을 이용한 제품에 사용되는 팽창제의 특성으로 알맞은 것은?

　가. 지속성　　　　나. 속효성
　다. 지효성　　　　라. 이중팽창

　❀속효성 베이킹파우더는 핫 케이크나 찜 케이크에 주로 쓰이며 반죽이 만들어짐과 동시에 수분과의 접촉에 의해 반응한다. 주석산, 제일인산칼륨이 여기에 속한다.

070. 열원으로 찜(수증기)을 이용했을 때의 주 열 전달방식은?

　가. 대류　　　　나. 전도
　다. 초음파　　　라. 복사

　❀찜은 수증기의 대류 즉 수증기를 일정공간에서 돌게 하여 익히는 방식이다.

071. 슈 제조 시 반죽 표면을 분무 또는 침지시키는 이유가 아닌 것은?

　가. 껍질을 얇게 한다.
　나. 팽창을 크게 한다.
　다. 기형을 방지한다.
　라. 제품의 구조를 강하게 한다.

　❀슈 반죽을 굽기 전에 분무하여 굽는 것은 윗면의 반죽이 보다 늦게 익어 속에 수증기를 가득 머금을 수 있도록 부풀려주는 기능이 있다. 제품의 구조를 강하게 하는 이유는 아니다.

072. 슈(choux)의 제조공정상 구울 때 주의할 사항 중 잘못된 것은?

　가. 220℃ 정도의 오븐에서 바삭한 상태로 굽는다.
　나. 너무 빠른 껍질 형성을 막기 위해 처음에 윗불을 약하게 한다.
　다. 굽는 중간에 오븐 문을 자주 여닫아 수증기를 제거한다.
　라. 너무 빨리 오븐에서 꺼내면 찌그러지거나 주저앉기 쉽다.

　❀슈는 버터물에 밀가루를 호화시켜 달걀로 되기를 조절하여 수분의 증기압으로 속에 공간이 생

기게 하는 제과제품이다. 슈는 수증기의 증기압으로 부풀어오르는 것이므로 오븐 속에서 반죽이 충분히 부풀어 굳을 때까지 오븐 문을 열어 찬 공기가 들어가지 않게 하여야 한다.

073. 슈 제조 시 굽기 중간에 오븐 문을 자주 열어주면 완제품은 어떻게 되는가?

　가. 껍질색이 유백색이 된다.
　나. 부피 팽창이 적게 된다.
　다. 제품 내부에 공간이 크게 된다.
　라. 울퉁불퉁하고 벌어진다.

　❀오븐이 뜨거워지면 반죽 속의 공기가 팽창하여 반죽을 부풀게 하는데 오븐의 문을 열어 찬 공기가 들어가면 공기의 팽창이 멈추게 되어 완제품의 부피를 적게 만든다.

074. 다음 중 튀김용 반죽으로 적합한 것은?

　가. 퍼프 페이스트리 반죽
　나. 스펀지 케이크 반죽
　다. 슈 반죽
　라. 쇼트브레드 쿠키 반죽

　❀추로스는 슈 반죽을 튀겨서 만든다.

075. 제조공정 시 표면 건조를 하지 않는 제품은?

　가. 슈　　　　　나. 마카롱
　다. 밤과자　　　라. 핑거 쿠키

　❀마카롱이나 핑거 쿠키는 머랭의 표면을 약간 말려 겉껍질이 형성되게 한 후 굽기를 하며 밤과자는 캐러멜을 발라주기 위해 표면을 약간 건조시킨다. 슈는 오븐에서 오븐 스프링이 보다 오랜 시간 될 수 있게 윗면에 수분을 충분히 주어 굽기를 한다.

076. 에클레어는 어떤 종류의 반죽으로 만드는가?

　가. 스펀지 반죽　　나. 슈 반죽
　다. 비스킷 반죽　　라. 파이 반죽

　❀에클레어는 반짝거린다는 의미이며 슈를 길게 짜서 윗면에 퐁당 글레이징한 것을 말한다.

정답　69. 나　70. 가　71. 라　72. 다　73. 나　74. 다　75. 가　76. 나

077. 당분이 있는 슈 껍질을 구울 때의 현상이 아닌 것은?

가. 껍질의 팽창이 좋아진다.

나. 상부가 둥글게 된다.

다. 내부에 구멍형성이 좋지 않다.

라. 표면에 균열이 생기지 않는다.

※ 슈 반죽에 설탕이 들어가면 단백질의 구조가 약화되어 껍질의 팽창이 나빠진다.

078. 다음 중 일반적으로 초콜릿에 사용되는 원료가 아닌 것은?

가. 카카오버터　　나. 전지분유

다. 이스트　　　　라. 레시틴

※ 카카오버터는 초콜릿에 반드시 있어야 하며 밀크초콜릿에는 전지분유가 들어가고 레시틴은 카카오버터의 융합을 위하여 제품에 넣기도 한다.

079. 코코아(cocoa)에 대한 설명 중 옳은 것은?

가. 초콜릿 리큐르(chocolate liquor)를 압착 건조한 것이다.

나. 코코아버터(cocoa butter)를 만들고 남은 압착박(press cake)을 분쇄한 것이다.

다. 카카오닙스(cacao nibs)를 건조한 것이다.

라. 비터 초콜릿(butter chocolate)을 건조 분쇄한 것이다.

※ 코코아는 코코아파우더를 말하는 것으로 코코아버터를 뺀 가루를 말한다. 카카오버터는 코코아매스를 압착해서 얻어지는 유지성분으로 고유의 풍미와 독특한 물성을 가진다.

080. 비터 초콜릿(bitter chocolate) 32% 중에는 코코아가 약 얼마 정도 함유되어 있는가?

가. 8%　　　　나. 16%

다. 20%　　　　라. 24%

※ 일반 초콜릿에 비해, 맛이 쓴 카카오매스의 양을 많게 하고, 분유와 코코아지방을 적게 한 초콜릿. 설탕의 양은 오히려 좀 많아진다. 블랙초콜릿(black chocolate)이라고도 한다. 버터 초콜릿(bitter chocolate) 원액 속에 포함된 코코아버

터의 함량은 경우에 따라 다르나 보통은 3/8 이상을 함유해야 한다.

081. 초콜릿 템퍼링의 방법으로 올바르지 않은 것은?

가. 중탕 그릇이 초콜릿 그릇보다 넓어야 한다.

나. 중탕 시 물의 온도는 60℃로 맞춘다.

다. 용해된 초콜릿의 온도는 40~45℃로 맞춘다.

라. 용해된 초콜릿에 물이 들어가지 않도록 주의한다.

※ 초콜릿 그릇을 중탕 그릇 위에 놓았을 때 틈이 벌어지지 않아야 물이 초콜릿에 들어가는 것을 방지할 수 있으므로 중탕 그릇이 초콜릿 그릇보다 좁아야 한다.

082. 초콜릿을 템퍼링한 효과에 대한 설명 중 틀린 것은?

가. 입안에서의 용해성이 나쁘다.

나. 광택이 좋고 내부조직이 조밀하다.

다. 팻블룸(fat bloom)이 일어나지 않는다.

라. 안정한 결정이 많고 결정형이 일정하다.

※ 초콜릿의 템퍼링은 초콜릿 작업의 중요한 과정이다. 템퍼링이 잘 된 초콜릿은 카카오버터와 파우더가 안정적으로 결합되어 있으므로 식감이 좋고 입안에서 잘 녹는다.

083. 다크초콜릿을 템퍼링(tempering)할 때 맨 처음 녹이는 공정의 온도범위로 가장 적합한 것은?

가. 10~20℃　　　나. 20~30℃

다. 30~40℃　　　라. 20~50℃

※ 카카오버터의 융점은 27℃이나 처음 빠르게 녹이기 위해서는 약간 더 높은 온도가 좋고 지나치게 높은 온도는 카카오버터와 카카오파우더가 분리되어 좋지 않다.

084. 다음과 같은 조건에서 나타나는 현상과 그와 관련한 물질을 바르게 연결한 것은?

> 초콜릿의 보관방법이 적절치 않아 공기 중의 수분이 표면에 부착된 뒤 그 수분이 증발해 버려 어떤 물질이 결정형태로 남아 흰색이 나타났다.

　가. 팻블룸(fat bloom) - 카카오매스

　나. 팻블룸(fat bloom) - 글리세린

　다. 슈거블룸(sugar bloom) - 카카오버터

　라. 슈거블룸(sugar bloom) - 설탕

　　❀팻블룸은 온도가 높아 초콜릿 속의 카카오버터가 녹아나와 다시 굳은 것이며 슈거블룸은 수분이 흡착되어 설탕이 녹았다가 재결정된 것이다.

085. 초콜릿의 블룸(bloom)현상에 대한 설명 중 틀린 것은?

　가. 초콜릿 표면에 나타난 흰 반점이나 무늬 같은 것을 블룸(bloom)현상이라고 한다.

　나. 설탕이 재결정화된 것을 슈거블룸(sugar bloom)이라고 한다.

　다. 지방이 유출된 것을 팻블룸(fat bloom)이라고 한다.

　라. 템퍼링이 부족하면 설탕의 재결정화가 일어난다.

　　❀블룸현상이란 초콜릿이 하얗게 보이는 현상으로 보관온도 등에 의해 설탕이 녹았다가 재결정되는 슈거블룸과 템퍼링의 부족 등에 의한 지방의 유출로 일어나는 팻블룸이 있다. 템퍼링이 부족하면 팻블룸현상이 생긴다.

086. 카카오버터의 결정이 거칠어지고 설탕의 결정이 석출되어 초콜릿의 조직이 노화하는 현상은?

　가. 템퍼링(tempering)

　나. 블룸(bloom)

　다. 콘칭(conching)

　라. 페이스트(paste)

　　❀석출(precipitation, 析出)이란 고용체로부터 조직 성분이 분리 출현하는 것. 이와 반대로 융체로부터 분리 출현하는 것을 정출(晶出, crystalization)이라 한다. 초콜릿에는 팻블룸과 슈거블룸이 있다.

087. 초콜릿 케이크에서 우유 사용량을 구하는 공식은?

　가. 설탕 + 30 - (코코아 × 1.5) + 전란

　나. 설탕 - 30 - (코코아 × 1.5) - 전란

　다. 설탕 + 30 + (코코아 × 1.5) - 전란

　라. 설탕 - 30 + (코코아 × 1.5) + 전란

　　❀달걀 = 쇼트닝 × 1.1
　　　우유 = 설탕 + 30 + (코코아 × 1.5) − 달걀
　　　초콜릿 = 코코아 5/8(62.5%), 카카오버터 3/8(37.5%)
　　　∴ 코코아 = 초콜릿양 × 62.5%, 카카오버터 = 초콜릿양 × 37.5%
　　　쇼트닝 = 초콜릿 속의 유지(코코아버터)의 1/2만큼 줄임
　　　※ 조절한 유화쇼트닝 = 원래 유화쇼트닝 − (카카오버터 × 1/2)

088. 코코아 20%에 해당하는 초콜릿을 사용하여 케이크를 만들려고 할 때 초콜릿 사용량은?

　가. 16% 　　　　나. 20%

　다. 28% 　　　　라. 32%

　　❀일반적인 초콜릿에는 보통 60~65% 정도의 코코아파우더가 함유되어 있다.

089. 가나슈 크림에 대한 설명으로 옳은 것은?

　가. 생크림은 절대 끓여서 사용하지 않는다.

　나. 초콜릿과 생크림의 배합비율은 10 : 1이 원칙이다.

　다. 초콜릿 종류는 달라도 카카오 성분은 같다.

　라. 끓인 생크림에 초콜릿을 더한 크림이다.

　　❀가나슈는 초콜릿을 끓인 생크림과 혼합하여 녹인 크림으로 생크림의 양에 따라 가나슈의 되기와 부드러움이 정해지는 크림이다. 기본은 초콜

정답 84. 라　85. 라　86. 나　87. 다　88. 라　89. 라

릿 : 생크림 = 1 : 10이지만 4 : 6의 부드러운 크림도 많이 사용한다.

090. 냉동제품의 해동 및 재가열 목적으로 주로 사용하는 오븐은?

가. 적외선 오븐 　　나. 릴 오븐

다. 데크 오븐 　　라. 대류식 오븐

　※ 전자레인지는 적외선 오븐이다.

091. 다음 중 코팅용 초콜릿이 갖추어야 하는 성질은?

가. 융점이 항상 낮은 것

나. 융점이 항상 높은 것

다. 융점이 겨울에는 높고, 여름에는 낮은 것

라. 융점이 겨울에는 낮고, 여름에는 높은 것

　※ 겨울에는 약간 낮은 온도에서 녹게 하고 여름에는 외기의 온도가 높으므로 녹지 않게 융점이 약간 높아야 한다.

092. 퍼프 페이스트리(puff pastry)의 접기 공정에 관한 설명으로 옳은 것은?

가. 접는 모서리는 직각이 되어야 한다.

나. 접기 수와 밀어 펴 놓은 결의 수는 동일하다.

다. 접히는 부위가 동일하게 포개어지지 않아도 된다.

라. 구워낸 제품이 한쪽으로 터지는 경우 접기와는 무관하다.

　※ 접히는 부위가 동일하게 직각이 되도록 하여 반죽 속 유지가 일정하게 들어가게 해야 한다.

093. 퍼프 페이스트리 굽기 후 결점과 원인으로 틀린 것은?

가. 수축 : 밀어 펴기 과다, 너무 높은 오븐 온도

나. 수포 생성 : 단백질 함량이 높은 밀가루로 반죽을 함

다. 충전물 흘러나옴 : 충전물량 과다, 봉합 부적절

라. 작은 부피 : 수분이 없는 경화 쇼트닝을 충전용 유지로 사용

　※ 파이 껍질에 물집(공기구멍)이 생기는 이유는 껍질을 피케 처리하지 않거나 달걀물칠을 너무 많이 했기 때문이다.

094. 퍼프 페이스트리에서 불규칙한 팽창이 발생하는 원인이 아닌 것은?

가. 덧가루를 과량으로 사용했다.

나. 밀어 펴기 사이에 휴지시간이 불충분했다.

다. 예리하지 못한 칼을 사용했다.

라. 쇼트닝이 너무 부드러웠다.

　※ 퍼프 페이스트리의 부풀림은 유지부분이 열에 녹아 반죽에 스며들고 반죽 속의 수분이 증기가 되면서 유지의 빈 공간을 들어 올리는 수증기의 증기압에 의한 것이다.

095. 퍼프 페이스트리의 팽창은 주로 무엇에 기인하는가?

가. 공기 팽창 　　나. 화학 팽창

다. 증기압 팽창 　　라. 이스트 팽창

　※ 퍼프 페이스트리는 반죽층과 유지층에 있는 수분이 온도에 의해 증기로 변하고 그 증기압에 의한 팽창이 일어나게 된다.

096. 퍼프 페이스트리의 휴지가 종료되었을 때 손으로 살짝 누르게 되면 다음 중 어떤 현상이 나타나는가?

가. 누른 자국이 남아 있다.

나. 누른 자국이 원상태로 올라온다.

다. 누른 자국이 유동성 있게 움직인다.

라. 내부의 유지가 흘러나온다.

　※ 발효확인법과 마찬가지로 누른 자국이 그대로 남아 있다.

097. 퍼프 페이스트리 제조 시 휴지의 목적이 아닌 것은?

가. 밀가루가 수화를 완전히 하여 글루텐을 안정시킨다.

나. 밀어 펴기를 쉽게 한다.

---

90. 라　91. 라　92. 가　93. 나　94. 라　95. 다　96. 가　97. 다　정답

다. 저온처리를 하여 향이 좋아진다.

라. 반죽과 유지의 되기를 같게 한다.

　✿ 휴지를 하면 생밀가루의 냄새는 줄일 수 있으나 향을 증진시키지 못한다.

098. 퍼프 페이스트리 제조 시 팽창이 부족하여 부피가 빈약해지는 결점의 원인에 해당되지 않는 것은?

가. 반죽의 휴지가 길었다.

나. 밀어 펴기가 부적절하였다.

다. 부적합한 유지를 사용하였다.

라. 오븐의 온도가 너무 높았다.

　✿ 퍼프 페이스트리 제조 시 휴지가 짧으면 팽창이 부족하여 부피가 빈약해진다.

099. 퍼프 페이스트리 제조 시 과도한 덧가루를 사용할 때의 영향이 아닌 것은?

가. 산패취가 난다.

나. 결을 단단하게 한다.

다. 제품이 부서지기 쉽다.

라. 생밀가루 냄새가 나기 쉽다.

　✿ 산패취란 지방이 상하여 이상한 냄새가 나는 것을 의미하며 덧가루가 지나치면 유지와 유지 사이의 밀가루 함량을 늘려주는 결과를 가져와 단단한 결이 된다.

100. 퍼프 페이스트리를 정형하는 방법으로 바람직하지 않은 것은?

가. 정형 후 제품의 표면을 건조시킨다.

나. 유지를 배합한 반죽을 30분 이상 냉장고에서 휴지시킨다.

다. 전체적으로 균일한 두께로 밀어 편다.

라. 굽기 전에 30~60분 동안 휴지시킨다.

　✿ 어떠한 경우든 반죽의 표면을 건조시키면 제품 껍질의 색은 물론이고 터짐 등 좋지 않은 결과를 가져온다.

101. 직접배합에 사용하는 물의 온도로 반죽온도 조절이 편리한 제품은?

가. 젤리롤 케이크　　나. 과일 케이크

다. 퍼프 페이스트리　라. 버터스펀지 케이크

　✿ 제과는 반죽의 온도를 재료 즉 달걀, 유지 등의 온도가 반죽온도에 영향을 미치지만 퍼프 페이스트리는 밀가루 반죽을 해서 유지를 싸서 완성하는 제품으로 밀가루 반죽을 할 때 물의 온도가 반죽의 온도를 결정한다.

102. 파이나 퍼프 페이스트리는 무엇에 의하여 팽창되는가?

가. 화학적인 팽창　　나. 중조에 의한 팽창

다. 유지에 의한 팽창　라. 이스트에 의한 팽창

　✿ 파이 도우나 퍼프 페이스트리는 이스트가 들어가지 않는다. 유지에 의해 팽창된다.

103. 파이 반죽을 냉장고에서 휴지시키는 효과가 아닌 것은?

가. 밀가루의 수분 흡수를 돕는다.

나. 유지의 결 형성을 돕는다.

다. 반점 형성을 방지한다.

라. 유지가 흘러나오는 것을 촉진시킨다.

　✿ 파이 반죽을 냉장고에 휴지시키는 이유는 올라간 온도를 낮추어 반죽을 밀 때 유지가 흘러나오는 것을 방지하기 위해서이다.

104. 파이를 만들 때 충전물이 흘러 나왔을 경우 그 원인이 아닌 것은?

가. 충전물 양이 너무 많다.

나. 충전물에 설탕이 부족하다.

다. 껍질에 구멍을 뚫어 놓지 않았다.

라. 오븐 온도가 낮다.

　✿ 필링의 온도가 높다. 틀에 비해 필링의 양이 너무 많다. 오븐의 온도가 낮다. 껍질에 수분이 너무 많다. 껍질에 공기 구멍을 내지 않았다. 아래 위의 껍질을 잘 봉하지 않았다.

정답　98. 가　　99. 가　　100. 가　　101. 다　　102. 다　　103. 라　　104. 나

105. 여름철(실온 30℃)에 사과파이 껍질을 제조할 때 적당한 물의 온도는?

　가. 4℃　　　　　나. 19℃

　다. 28℃　　　　라. 35℃

　　✿ 사과파이 껍질은 짧은 결 퍼프 페이스트리 반죽이라 할 수 있는데 유지가 녹아 반죽 속에 스며들지 않아야 구워져 나왔을 때 바삭한 식감의 껍질 반죽이 된다. 따라서 아주 차가운 반죽이 되어야 한다.

106. 사과파이 껍질의 결의 크기는 어떻게 조절하는가?

　가. 쇼트닝의 입자크기로 조절한다.

　나. 쇼트닝의 양으로 조절한다.

　다. 접기 수로 조절한다.

　라. 밀가루 양으로 조절한다.

　　✿ 파이 껍질은 쇼트닝을 콩알크기로 잘라 밀가루와 혼합하여 쇼트닝이 뭉개져서 반죽 속에 스며들지 않고 반죽과 반죽 사이에 자연스럽게 들어가게 한다. 퍼프 페이스트리가 긴 결이라면 파이 껍질은 짧은 결 퍼프 페이스트리이다.

107. 다음 중 파이 껍질의 결점이 원인이 아닌 것은?

　가. 강한 밀가루를 사용하거나 과도한 밀어펴기를 하는 경우

　나. 많은 파지를 사용하거나 불충분한 휴지를 하는 경우

　다. 적절한 밀가루와 유지를 혼합하여 파지를 사용하지 않은 경우

　라. 껍질에 구멍을 뚫지 않거나 달걀물칠을 너무 많이 한 경우

　　✿ 파이 껍질은 퍼프 페이스트리처럼 유지의 공간에 수증기의 증기압에 의한 부풀림이 되어야 바삭거리는 좋은 파이도우가 된다.

108. 과일 파이의 충전물이 끓어 넘치는 이유가 아닌 것은?

　가. 충전물의 온도가 낮다.

　나. 껍질에 구멍을 뚫지 않았다.

　다. 충전물에 설탕량이 너무 많다.

　라. 오븐 온도가 낮다.

　　✿ 파이 제조 시 충전물이 흘러나온 원인
　　　1. 충전물 양이 너무 많았다.
　　　2. 충전물에 설탕이 너무 많았다.
　　　3. 껍질에 구멍을 뚫어놓지 않았다.
　　　4. 오븐 온도가 낮았다.

109. 글리세롤 1분자에 지방산, 인산, 콜린이 결합한 지질은?

　가. 레시틴　　　　나. 에르고스테롤

　다. 콜레스테롤　　라. 세파

　　✿ 레시틴은 글리세린 인산을 포함하고 있는 인지질의 하나이다. 생체막을 구성하는 주요 성분으로, 난황 · 콩기름 · 간 · 뇌 등에 많이 있다.

110. 도넛의 흡유량이 높았을 때 그 원인은?

　가. 고율배합 제품이다.

　나. 튀김시간이 짧다.

　다. 튀김온도가 높다.

　라. 휴지시간이 짧다.

　　✿ 고율배합일 때와 튀김온도가 낮으면 유지가 반죽에 많이 스며든다.

111. 도넛에 기름이 많이 흡수되는 이유에 대한 설명으로 틀린 것은?

　가. 믹싱이 부족하다.

　나. 반죽에 수분이 많다.

　다. 배합에 설탕과 팽창제가 많다.

　라. 튀김온도가 높다.

　　✿ 튀김온도가 높으면 겉은 타고 속은 익지 않는다.

112. 도넛 제조 시 수분이 적을 때 나타나는 결점이 아닌 것은?

　가. 팽창이 부족하다.

　나. 혹이 튀어 나온다.

　다. 형태가 일정하지 않다.

　라. 표면이 갈라진다.

---

105. 가　　106. 가　　107. 다　　108. 가　　109. 가　　110. 가　　111. 라　　112. 나　　정답

◎수분이 적으면 표면이 갈라지고 형태가 일정하지 않으며 부풀림이 적다. 반죽이 질면 튀긴 후 혹이 생기기 쉽다. 도넛 완제품에 혹이 튀어나와 모양과 크기가 일정하지 않은 이유는 재료가 고루 섞이지 않았거나 두께가 고르지 못하게 밀어 폈기 때문이다.

113. 다음 중 케이크도넛의 튀김 온도로 가장 적합한 것은?

가. 140~160℃　　나. 180~190℃

다. 217~227℃　　라. 230℃ 이상

◎튀김기름의 온도가 낮으면 기름이 제품에 많이 흡수되며 지나치게 높으면 겉은 익고 속이 익지 않는다.

114. 좋은 튀김기름의 조건이 아닌 것은?

가. 천연의 항산화제가 있다.

나. 발연점이 높다.

다. 수분이 10% 정도이다.

라. 저장성과 안정성이 높다.

◎튀김기름의 수분함량은 0%이다.

115. 도넛을 글레이즈할 때 글레이즈의 적정한 품온은?

가. 24~27℃　　나. 28~32℃

다. 33~36℃　　라. 43~49℃

◎글레이즈란 과자류 표면에 광택을 내어 표면이 마르지 않도록 하기 위해 젤라틴, 젤리, 시럽, 퐁당, 초콜릿 등을 바르는 것과 재료의 토털 이름을 말하며 적정 사용 온도는 40~50℃이다. 글레이즈의 온도가 너무 높으면 흘러내려 얇게 씌워지게 된다.

116. 도넛을 튀길 때 사용하는 기름에 대한 설명으로 틀린 것은?

가. 기름이 적으면 뒤집기가 쉽다.

나. 발연점이 높은 기름이 좋다.

다. 기름이 너무 많으면 온도를 올리는 시간이 길어진다.

라. 튀김기름의 평균 깊이는 12~15cm 정도가 좋다.

◎기름이 적을 경우 도넛의 팽창으로 인해 바닥에 닿게 되고 뒤집기가 어려우며 과열되기 쉽다. 포도씨유, 해바라기씨유, 땅콩유가 튀김에 적당한 기름이다. 카놀라유도 괜찮은데 튀긴 후 기름 냄새가 약간 난다.

117. 도넛을 튀길 때의 설명으로 틀린 것은?

가. 튀김기름의 깊이는 12cm 정도가 알맞다.

나. 자주 뒤집어 타지 않도록 한다.

다. 튀김온도는 185℃ 정도로 맞춘다.

라. 튀김기름에 스테아린을 소량 첨가한다.

◎자주 뒤집으면서 튀기면 기름의 흡수율이 증가하여 좋지 않으며 가능하면 한번만 뒤집어서 튀긴다.

118. 튀김기름의 품질을 저하시키는 요인으로만 나열된 것은?

가. 수분, 탄소, 질소

나. 수분, 공기, 철

다. 공기, 금속, 토코페롤

라. 공기, 탄소, 세사몰

◎유기물, 수분, 공기에 의해서 튀김기름의 산화가 촉진된다. 유지의 산패는 유지 및 유지식품 중의 트리글리세라이드가 물리적, 화학적, 효소 등의 작용으로 지방산으로 분해되는 현상으로 품질에 맛, 냄새, 색 등이 변화하는 것이다.

119. 도넛의 튀김기름이 갖추어야 할 조건은?

가. 산패취가 없다.

나. 저장 중 안정성이 낮다.

다. 발연점이 낮다.

라. 산화와 가수분해가 쉽게 일어난다.

◎튀김기름의 발연점은 높아야 한다.

120. 가수분해나 산화에 의하여 튀김기름을 나쁘게 만드는 요인이 아닌 것은?

가. 온도

나. 물

다. 공기 또는 산소

라. 비타민 E(토코페롤)

❀식품 중의 산화를 가속시키는 요소로. 산소량. 이중결합 수. 온도, 자외선, 금속(구리)이 있으며 물은 가수분해하는 데 필요하다.

121. 도넛의 설탕이 수분을 흡수하여 녹는 현상을 방지하기 위한 방법으로 잘못된 것은?

가. 도넛에 묻는 설탕량을 증가시킨다.

나. 튀김시간을 증가시킨다.

다. 포장용 도넛의 수분은 38% 전후로 한다.

라. 냉각 중 환기를 더 많이 시키면서 충분히 냉각한다.

❀발한현상은 도넛의 온도가 높을 경우와 수분이 많을 경우에 일어나기 쉽다. 대처방법은 도넛을 충분히 식힌 뒤 설탕을 묻히고 설탕 사용량을 늘리며 튀김시간을 조금 길게 조정하여 수분의 함량을 최소로 줄인다.

122. 굳어진 설탕 아이싱 크림을 여리게 하는 방법으로 부적합한 것은?

가. 설탕시럽을 더 넣는다.

나. 중탕으로 가열한다.

다. 전분이나 밀가루를 넣는다.

라. 소량의 물을 넣고 중탕으로 가온한다.

❀아이싱에 전분이나 밀가루를 넣는 것은 적당하지 않다.

123. 도넛 반죽의 휴지 효과가 아닌 것은?

가. 밀어 펴기 작업이 쉬워진다.

나. 표피가 빠르게 마르지 않는다.

다. 각 재료에서 수분이 발산된다.

라. 이산화탄소가 발생하여 반죽이 부푼다.

❀표피가 마르는 것을 느리게 하고 반죽을 안정시켜 성형작업을 쉽게 해준다.

124. 도넛의 발한현상을 방지하는 방법으로 틀린 것은?

가. 튀김시간을 늘린다.

나. 점착력이 낮은 기름을 사용한다.

다. 충분히 식히고 나서 설탕을 묻힌다.

라. 도넛 위에 뿌리는 설탕 사용량을 늘린다.

❀도넛에 설탕을 묻히면 녹는 것을 발한현상이라 하는데 튀김시간을 늘려 도넛 안에 있는 수분함량을 줄이거나 충분히 식혀서 아이싱을 하거나 도넛 위에 뿌리는 설탕량을 늘려 녹는 것을 줄인다.

125. 유지에 유리지방산이 많을수록 어떠한 변화가 나타나는가?

가. 발연점이 높아진다.

나. 발연점이 낮아진다.

다. 융점이 높아진다.

라. 산가가 낮아진다.

❀유리지방산이 많다는 의미는 불순물이 많다는 뜻이므로 발연점이 낮아진다.

126. 마가린에 대한 설명 중 틀린 것은?

가. 지방함량이 80% 이상이다.

나. 유지원료는 동물성과 식물성이 있다.

다. 버터 대용품으로 사용된다.

라. 순수 유지방(乳脂肪)만을 사용했다.

❀순수 유지방이란 우유의 지방만을 말한다.

127. 지방에 대한 설명 중 잘못된 것은?

가. 지방은 글리세린과 지방산으로 되어 있다.

나. 지방 중 유리지방산 함량이 많으면 발연점이 높아진다.

다. 불포화지방산은 식물성유에 많다.

라. 지방산에 이중결합의 수가 많으면 융점이 낮아진다.

❀지방 중 유리지방산은 불순물이라 생각하면 된다.

128. 다음 중 유지를 구성하는 분자가 아닌 것은?

가. 질소　　　　　나. 수소

다. 탄소　　　　　라. 산소

　◎탄수화물과 지방은 C, H, O로 구성되어 있고 단
　　백질은 C, H, O, N이 주성분이다.

129. 제과/제빵에서 유지의 기능이 아닌 것은?

가. 흡수율 증가　　나. 연화작용

다. 공기포집　　　　라. 보존성 향상

　◎설탕은 흡수율을 증가시킨다.

130. 제과에서 유지의 기능이 아닌 것은?

가. 연화작용　　　　나. 공기포집기능

다. 보존성 개선기능　라. 노화촉진기능

　◎유지의 수분을 같이 함유할 수 있어 노화를 촉
　　진하지는 않는다.

131. 유지의 산화방지에 주로 사용되는 방법은?

가. 수분 첨가　　　　나. 비타민 E 첨가

다. 단백질 제거　　　라. 가열 후 냉각

　◎비타민 C, 비타민 E, β–카로틴 등은 항산화기능
　　을 갖고 있어 항산화성 비타민이라고 한다.

132. 유지의 크림성이 가장 중요한 제품은?

가. 케이크　　　　　나. 쿠키

다. 식빵　　　　　　라. 단과자빵

　◎케이크 중 레이어 케이크, 파운드 케이크 등 많
　　은 케이크 제품은 유지의 크림성에 의해 만들어
　　진다.

133. 식용유지의 산화방지제로 항산화제를 사용
하고 있는데 항산화제는 직접 산화를 방지하
는 물질과 항산화작용을 보조하는 물질 또는
앞의 두 작용을 가진 물질로 구분하는 데 항
산화작용을 보조하는 물질은?

가. 비타민 C　　　　나. BHA

다. 비타민 A　　　　라. BHT

　◎비타민 C, 비타민 E, β–카로틴 등은 항산화기능

을 갖고 있어 항산화성 비타민이라고 한다.

134. 유지의 기능 중 크림성의 기능은?

가. 제품을 부드럽게 한다.

나. 산패를 방지한다.

다. 밀어 퍼지는 성질을 부여한다.

라. 공기를 포집하여 부피를 좋게 한다.

　◎크림성이란 제품 속에 공기를 넣는 것을 말한다.

135. 일반적인 버터의 수분함량은?

가. 18% 이하　　　　나. 25% 이하

다. 30% 이하　　　　라. 45% 이하

　◎버터의 수분함량은 보통 12~15% 정도이다.

136. 마가린의 산화방지제로 주로 많이 이용되는
것은?

가. BHA　　　　　　나. PG

다. EP　　　　　　　라. EDGA

　◎산화방지제로는 아스코르브산 · 에리소르브산 ·
　　다이뷰틸하이드록시톨루엔(BHT) · 뷰틸하이드
　　록시아니솔(BHA) · 갈산프로필 등이 있다.

137. 지방의 기능이 아닌 것은?

가. 지용성 비타민의 흡수를 돕는다.

나. 외부의 충격으로부터 장기를 보호한다.

다. 높은 열량을 제공한다.

라. 변의 크기를 증대시켜 장관 내 체류시간
을 단축시킨다.

　◎지방은 장내에서 체류시간을 연장시킨다.

138. 다음 유지 중 성질이 다른 것은?

가. 버터　　　　　　나. 마가린

다. 샐러드유　　　　라. 쇼트닝

　◎버터, 마가린, 쇼트닝, 라드는 고체상태의 지방
　　으로 쇼트닝성, 가소성, 크리밍성과 같은 특징을
　　갖는다. 샐러드유는 샐러드 드레싱을 만드는 데
　　쓰이는 식물성 기름으로 정제과정을 거친 식용
　　유이다.

 정답　128. 가　129. 가　130. 라　131. 나　132. 가　133. 가　134. 라　135. 가　136. 가　137. 라　138. 다

139. 다음 중 유지의 경화공정과 관계가 없는 물질은?

가. 불포화지방산　　나. 수소

다. 콜레스테롤　　　라. 촉매제

◎ 유지의 경화란 경화촉매제인 수소를 첨가하여 불포화지방산을 만드는 것을 말한다.

140. 일반적으로 포화지방산의 탄소 수가 다음과 같을 때 융점이 가장 높아서 상온에서 가장 딱딱한 유지가 되는 것은?

가. 6개　　　　　　나. 10개

다. 14개　　　　　　라. 18개

◎ 포화지방산은 탄소 수가 많을수록 융점이 높아진다.

141. 유지의 기능 중 크림성의 기능은?

가. 제품을 부드럽게 한다.

나. 산패를 방지한다.

다. 밀어 펴지는 성질을 부여한다.

라. 공기를 포집하여 부피를 좋게 한다.

◎ 크림성은 유지의 공기 포집능력을 말한다.

142. 유지의 분해산물인 글리세린에 대한 설명으로 틀린 것은?

가. 자당보다 감미가 크다.

나. 향미제의 용매로 식품의 색택을 좋게 하는 독성이 없는 극소수 용매 중의 하나이다.

다. 보습성이 뛰어나 빵류, 케이크류, 소프트 쿠키류의 저장성을 연장시킨다.

라. 물-기름의 유탁액에 대한 안정기능이 있다.

◎ 무색무취의 시럽으로 물과 알코올에도 용해되며, 흡수성이 강하고, 케이크 믹스에 첨가하여 기포제로 이용하며, 노화를 지연시킨다.

143. 모노글리세라이드(monoglyceride)와 디글리세라이드(diglyceride)는 제과에 있어 주로 어떤 역할을 하는가?

가. 유화제　　　　　나. 항산화제

다. 감미제　　　　　라. 필수영양제

◎ 유화제는 수중 유적형과 유중 수적형에 맞는 유화제가 있다.

144. 유지의 산패 정도를 나타내는 값이 아닌 것은?

가. 과산화물값　　　나. 산값

다. 카보닝값　　　　라. 유화값

◎ 유화값은 물과 기름 같은 이질적인 재료를 균질화시킬 수 있는 능력을 수치화시킨 것이다.

145. 기본적인 유화쇼트닝은 모노-디글리세라이드 역가를 기준으로 유지에 대하여 얼마를 첨가하는 것이 가장 적당한가?

가. 1~2%　　　　　나. 3~4%

다. 6~8%　　　　　라. 10~12%

◎ 지방산 모노글리세라이드류를 쇼트닝에 1~2% 넣으면, 이것을 이용해 빵, 케이크류를 만들었을 때 수분을 많이 함유하고 부드럽고 부피 있는 것을 만들 수 있고, 마가린에 약 0.3% 사용하면 유화작용 외에 부드러운 상태로 유지할 수 있는 온도범위가 확대되며, 아이스크림에 0.3~1.0% 사용하면 좋은 조직을 얻을 수 있다.

146. 달걀의 특징적 성분으로 지방의 유화력이 강한 성분은?

가. 레시틴(lecithin)　　나. 스테롤(sterol)

다. 세팔린(cephalin)　라. 아비딘(avidin)

◎ 레시틴은 인지질의 하나로 생체막을 구성하는 중요성분으로 난황에 들어 있는 천연유화제이다.

147. 머랭(meringue)을 제조할 때 주석산 크림의 사용 목적이 아닌 것은?

가. 흰자를 강하게 한다.

나. 머랭의 pH를 낮춘다.

다. 맛을 좋게 한다.

라. 색을 희게 한다.

◎ 주석산 크림은 산도를 낮추고 흰자를 강하게 하

며 머랭의 색을 희게 한다.

148. 흰자를 사용하는 제품에 주석산 크림이나 식초를 첨가하는 이유로 적합하지 않은 것은?
가. 알칼리성의 흰자를 중화함.
나. pH를 낮춤으로써 흰자를 강력하게 함.
다. 풍미를 좋게 함.
라. 색깔을 희게 함.
　　❀ 산을 첨가하여 알칼리성인 흰자를 중화하여 흰자 단백질을 강하게 만든다.

149. 달걀 껍질을 제외한 전란의 고형질 함량은 일반적으로 약 몇 %인가?
가. 7%　　　　　나. 12%
다. 25%　　　　라. 50%
　　❀ 전란의 고형질은 25%이고, 노른자의 고형질은 50%이며 흰자의 고형질은 12%이다.

150. 어떤 케이크를 생산하는데 전란이 1000g 필요하다. 껍질 포함 60g짜리 달걀은 몇 개 있어야 하는가?
가. 17개　　　　나. 19개
다. 21개　　　　라. 23개
　　❀ 껍질은 10%이므로 1000 ÷ 54 = 18.5

151. 거품을 올린 흰자에 뜨거운 시럽을 첨가하면서 고속으로 믹싱하여 만드는 아이싱은?
가. 마시멜로 아이싱　나. 콤비네이션 아이싱
다. 초콜릿 아이싱　　라. 로얄 아이싱
　　❀ 원래 마시멜로 나무뿌리에서 뽑아낸 당으로 만들었지만 현재는 콘시럽, 젤라틴, 아라비아고무, 향료 등을 섞어서 만든다.

152. 제과, 제빵에서 달걀의 역할로만 묶인 것은?
가. 영양가치 증가, 유화역할, pH 강화
나. 영양가치 증가, 유화역할, 조직 강화
다. 영양가치 증가, 조직 강화, 방부효과
라. 유화역할, 조직 강화, 발효시간 단축

　　❀ 달걀의 단백질은 조직 강화의 역할도 한다.

153. 머랭(meringue)을 만드는데 1kg의 흰자가 필요하다면 껍질을 포함한 평균무게가 60g인 달걀은 약 몇 개가 필요한가?
가. 20개　　　　나. 24개
다. 28개　　　　라. 32개
　　❀ 60g짜리 달걀에서 흰자의 양은 36g이다.

154. 머랭 제조에 대한 설명으로 옳은 것은?
가. 기름기나 노른자가 없어야 튼튼한 거품이 나온다.
나. 일반적으로 흰자 100에 대하여 설탕 50의 비율로 만든다.
다. 고속으로 거품을 올린다.
라. 설탕을 믹싱 초기에 첨가하여야 부피가 커진다.
　　❀ 흰자에 기름기가 있으면 거품이 잘 오르지 않는다. 설탕을 처음부터 넣어 거품을 올리면 설탕의 입자가 거품에 부딪쳐 거품이 잘 오르지 않는다.

155. 머랭(meringue) 중에서 설탕을 끓여서 시럽으로 만들어 제조하는 것은?
가. 이탈리안 머랭　　나. 스위스 머랭
다. 냉제 머랭　　　　라. 온제 머랭
　　❀ 설탕에 일정량의 물을 부어 끓여서 시럽을 만든 후 달걀의 흰자를 거품내면서 서서히 투입하여 제조하는 머랭을 이탈리안 머랭이라 한다.

156. 케이크 제품에서 달걀의 기능이 아닌 것은?
가. 영양가 증대　　　나. 결합제 역할
다. 유화작용 저해　　라. 수분 증발 감소
　　❀ 기포성, 유화성, 열응고성 있으며 달걀 자체의 수분 보유에 의해 제품을 더 촉촉하게 만들어준다.

정답　148. 다　149. 다　150. 나　151. 가　152. 나　153. 다　154. 가　155. 가　156. 다

157. 달걀 흰자에 소금을 넣었을 때 기포성에 미치는 영향은?

　가. 거품 표면의 변성을 방지한다.

　나. 거품 표면의 변성을 촉진시킨다.

　다. 거품이 모두 제거된다.

　라. 거품의 부피 및 양이 많이 증가한다.

　❀소금은 달걀 단백질을 연화시켜 거품을 약하게 만든다.

158. 다음 중 신선한 달걀의 특징은?

　가. 8% 식염수에 뜬다.

　나. 흔들었을 때 소리가 난다.

　다. 난황계수가 0.1 이하이다.

　라. 껍질에 광택이 없고 거칠다.

　❀신선한 달걀의 특징은 껍질이 거칠고 윤기가 없다. 흔들어보았을 때 소리가 나지 않는다. 6%의 식염수에 가라앉으면 신선한 달걀이며 난황계수란 노른자의 높이를 지름으로 나눈 값으로 0.36~0.44 정도이면 신선한 달걀이며 난황계수가 0.3 이하이면 오래된 달걀로 본다.

159. 이탈리안 머랭에 대한 설명 중 틀린 것은?

　가. 흰자를 거품으로 치대어 30% 정도의 거품을 만들고 설탕을 넣으면서 50% 정도의 머랭을 만든다.

　나. 흰자가 신선해야 거품이 튼튼하게 나온다.

　다. 뜨거운 시럽에 머랭을 한꺼번에 넣고 거품을 올린다.

　라. 강한 불에 구워 착색하는 제품을 만드는데 알맞다.

　❀이탈리안 머랭은 굽지 않는 제품인 무스 등에 사용이 적합하다.

160. 다음 중 달걀 노른자를 사용하지 않는 케이크는?

　가 파운드 케이크　　나. 엔젤푸드 케이크

　다. 소프트롤 케이크　라. 엘로레이어 케이크

　❀엔젤푸드 케이크는 천사의 흰색을 나타낸다 하여 보통은 흰자의 머랭만을 이용하여 제조한다.

161. 다음 중 달걀 흰자의 조성에서 함유량이 가장 적은 것은?

　가. 오브알부민　　　나. 콘알부민

　다. 라이소자임　　　라. 카로틴

　❀흰자에는 오브알부민이 54~60%이 대부분을 차지하고 콘알부민과 오브 뮤코이드, 오브글로불린, 라이소자임이 소량 함유되어 있다. 카로틴은 노른자의 색소 단백질이다.

162. 난백이 교반에 의해 머랭으로 변하는 현상을 무엇이라고 하는가?

　가. 단백질 변성　　　나. 단백질 평형

　다. 단백질 강화　　　라. 단백질 변패

　❀단백질의 변성이란 천연단백질이 물리적인 요인(가열, 건조, 교반, 압력, X선, 초음파, 진동, 동결)이나 화학적인 요인(산, 염기, 요소, 유기용매, 중금속, 계면활성제) 혹은 효소의 작용 등으로 원래의 성질을 잃어버리는 현상을 말한다.

163. 흰자를 사용하는 제품에 주석산 크림과 같은 산을 넣는 이유가 아닌 것은?

　가. 흰자의 알칼리성을 중화한다.

　나. 흰자의 거품을 강하게 만든다.

　다. 머랭의 색상을 희게 한다.

　라. 전체 흡수율을 높여 노화를 지연시킨다.

　❀주석산 크림은 흰자의 거품을 강하게 해준다.

164. 다음 중 달걀에 대한 설명이 틀린 것은?

　가. 노른자의 수분함량은 약 50% 정도이다.

　나. 전란(흰자와 노른자)의 수분함량은 75% 정도이다.

　다. 노른자에는 유화기능을 갖는 레시틴이 함유되어 있다.

　라. 달걀은 -5~-10℃로 냉동 저장해야 품질을 보장할 수 있다.

　❀온도는 5℃에 보관하고 습도는 80% 정도가 최적의 조건이다.

165. 달걀이 오래되면 어떠한 현상이 나타나는가?
가. 비중이 무거워진다.
나. 점도가 감소한다.
다. pH가 떨어져 산패된다.
라. 기실이 없어진다.

　❂달걀은 완전식품으로 수분 74.57%, 단백질 12.14%, 지방 11.15%, 탄수화물 1.20%, 회분 0.94%를 차지하고 있어 미생물이 이용하기에 매우 좋은 영양성분으로도 작용하게 되므로 주변의 높은 온도에 의해 변패하기 쉽다.

166. 커스터드크림에서 달걀의 주요 역할은?
가. 영양가를 높이는 역할
나. 결합제의 역할
다. 팽창제의 역할
라. 저장성을 높이는 역할

　❂달걀찜과 같은 역할이다.

167. 설탕시럽 제조 시 주석산 크림을 사용하는 가장 주된 이유는?
가. 냉각 시 설탕의 재결정을 막아준다.
나. 시럽을 빨리 끓이기 위함이다.
다. 시럽을 하얗게 만들기 위함이다.
라. 설탕을 빨리 용해시키기 위함이다.

　❂주석산은 설탕을 분해하여 전화당을 만들고 전화당에는 과당이 있어 재결정을 막아준다.

168. 물엿의 포도당 당량 기준은?
가. 40.0 이상　　나. 30.0 이상
다. 20.0 이상　　라. 10.0 이상

　❂DE(포도당의 당량)는 최소 20.0 이상은 되어야 한다.

169. 물엿을 계량할 때 바람직하지 않은 방법은?
가. 설탕 계량 후 그 위에 계량한다.
나. 스테인리스 그릇 혹은 플라스틱 그릇을 사용하는 것이 좋다.
다. 살짝 데워서 계량하면 수월할 수 있다.
라. 일반 갱지를 잘 잘라서 그 위에 계량하는 것이 좋다.

　❂갱지 위에 직접 올려 놓으면 흐르거나 찢어지는 경우가 생긴다. 물엿, 꿀 등은 설탕 위에 재 그릇에 묻지 않게 하는 것이 가장 좋다.

170. 다음 중 감미도가 가장 높은 것은?
가. 포도당　　　나. 유당
다. 과당　　　　라. 맥아당

　❂당류의 감미도 강한 순서 과당 175 〉 설탕 100 〉 포도당 75 〉 맥아당 32 〉 유당 16

171. 감미도 100인 설탕 20kg과 감미도 70인 포도당 24kg을 섞었다면 이 혼합당의 감미도는? (단, 계산결과는 소수점 둘째 자리에서 반올림한다.)
가. 50.1　　　　나. 83.6
다. 105.8　　　라. 188.2

　❂100(감미도) × 20(설탕량) = 2000
　70(감미도) × 24(포도당량) = 1680
　2000 + 1680 = 3600(감미도 합)
　20 + 24 = 44(당량 합)
　3600 ÷ 44 = 83.64(혼합당의 감미도)

172. 다음 중 단당류는?
가. 포도당　　　나. 자당
다. 맥아당　　　라. 유당

　❂단단류에는 포도당(glucose), 과당(fructose), galactose 등이 있다.

173. 다음 중 이당류가 아닌 것은?
가. 포도당　　　나. 맥아당
다. 설탕　　　　라. 유당

　❂포도당, 과당, 갈락토오스는 단당류이며 다당류로는 덱스트린, 올리고당, 전분 등이 있다.

174. 다음 중 맥아당이 가장 많이 함유되어 있는 식품은?
가. 우유　　　　나. 꿀

다. 설탕   라. 식혜

◈식혜는 보리의 싹을 내어 엿기름(맥아당)을 만들어 재료로 사용한다.

175. 유당이 가수분해되어 생성되는 단당류는?
가. 갈락토오스 + 갈락토오스
나. 포도당 + 갈락토오스
다. 포도당 + 포도당
라. 맥아당 + 포도당

◈유당은 포도당과 갈락토오스로 결합된 이당류이다.

176. 다음 중 버터크림 당액 제조 시 설탕에 대한 물 사용량으로 가장 알맞은 것은?
가. 25%   나. 80%
다. 100%   라. 125%

◈적은 양의 물을 설탕에 넣고 시럽을 끓여 사용한다.

177. 다음 중 전화당에 대한 설명으로 틀린 것은?
가. 전화당의 상대적 감미도는 80 정도이다.
나. 수분 보유력이 높아 신선도를 유지한다.
다. 포도당과 과당이 동량으로 혼합되어 있는 혼합물이다.
라. 케이크와 쿠키의 저장성을 연장시킨다.

◈설탕은 이당류(올리고당)이므로 산이나 효소로 가수분해하면 포도당과 과당이 각각 1분자씩으로 된다. 이 현상을 전화라 하고, 이때 생기는 포도당과 과당의 혼합물을 전화당이라 한다. 전화당에 과당이 포함되므로 원래의 설탕보다 단맛이 강하다.

178. 전화당을 설명한 것 중 틀린 것은?
가. 설탕의 1.3배의 감미를 갖는다.
나. 설탕을 가수분해시켜 생긴 포도당과 과당의 혼합물이다.
다. 흡습성이 강해서 제품의 보존기간을 지속시킬 수 있다.
라. 상대적인 감미도는 맥아당보다 낮으나 쿠

키의 광택과 촉감을 위해 사용한다.

◈수크로스를 가수분해하여 얻은 포도당과 과당의 등량 혼합물이다. 천연으로는 과일과 꿀에서 발견되고 인공적으로는 식품산업에서의 용도를 위해 생산된다.

179. 다음 중 환원당이 아닌 당은?
가. 포도당   나. 과당
다. 자당   라. 맥아당

◈유리 알데히드기 또는 케톤기에 의해 환원제로 작용하는 당. 대부분의 단당류와 설탕을 제외한 대부분의 이당류가 환원당이며 수용액은 약산성이다.

180. 분당은 저장 중 응고되기 쉬운데 이를 방지하기 위하여 어떤 재료를 첨가하는가?
가. 소금   나. 설탕
다. 글리세린   라. 전분

◈분당, 베이킹파우더 등에는 전분을 일정량 넣어 응고를 방지한다.

181. 캐러멜화를 일으키는 것은?
가. 비타민   나. 지방
다. 단백질   라. 당류

◈탄수화물이 열을 받으면 캐러멜화가 된다.

182. 설탕의 전체 고형질을 100%로 볼 때 포도당과 물엿의 고형질 함량은?
가. 포도당은 91%, 물엿은 80%
나. 포도당은 80%, 물엿은 20%
다. 포도당은 80%, 물엿은 50%
라. 포도당은 80%, 물엿은 5%

◈일반 포도당의 발효성 탄수화물(고형분)은 91%이다.

183. 케이크에서 설탕의 역할과 거리가 먼 것은?
가. 감미를 준다.
나. 껍질색을 진하게 한다.
다. 수분 보유력이 있어 노화가 지연된다.

라. 제품의 형태를 유지시킨다.

⚛ 제품의 형태를 유지하는 것은 단백질과 전분이다.

184. 자당을 인베르타아제로 가수분해하여 10.52%의 전화당을 얻었다면 포도당과 과당의 비율은?

가. 포도당 5.26%, 과당 5.26%

나. 포도당 7.0%, 과당 3.52%

다. 포도당 3.52%, 과당 7.0%

라. 포도당 2.63%, 과당 7.89%

⚛ 전화당은 설탕을 가수분해하여 얻은 포도당과 과당의 양이 같은 혼합물이다. 천연으로는 과일과 꿀에서 발견되고 인공적으로는 식품산업에서의 용도를 위해 생산된다.

185. 파운드 케이크를 구운 직후 달걀 노른자에 설탕을 넣어 칠할 때 설탕의 역할이 아닌 것은?

가. 광택제 효과　　나. 보존기간 개선

다. 탈색 효과　　　라. 맛의 개선

⚛ 설탕은 빵이 상하는 것을 방지해 주며, 소금의 화학적 내용물을 안정시켜 주고, 신맛을 경감시켜 주며, 이스트의 먹이 역할을 하기도 한다.

186. 다음 설명 중 맛과 향이 떨어지는 원인이 아닌 것은?

가. 설탕을 넣지 않는 제품은 맛과 향이 제대로 나지 않는다.

나. 저장 중 산패된 유지, 오래된 달걀로 인한 냄새를 흡수한 재료는 품질이 떨어진다.

다. 탈향의 원인이 되는 불결한 팬의 사용과 탄화된 물질이 제품에 붙으면 맛과 외양을 악화시킨다.

라. 굽기상태가 부적절하면 생재료 맛이나 탄맛이 남는다.

⚛ 단맛이 가장 큰 맛이기는 하지만 설탕을 넣지 않은 많은 제품이 맛과 향에서 떨어지지 않는 것이 있다.

187. 퐁당 크림을 부드럽게 하고 수분 보유력을 높이기 위해 일반적으로 첨가하는 것은?

가. 한천, 젤라틴　　나. 물, 레몬

다. 소금, 크림　　　라. 물엿, 전화당 시럽

⚛ 퐁당은 설탕을 끓여서 기포를 넣은 것이다. 설탕을 끓일 때 물엿이나 전화당을 넣어 수분 보유력을 높인다.

188. 퐁당(fondant)에 대한 설명으로 가장 적합한 것은?

가. 시럽을 214℃까지 끓인다.

나. 40℃ 전후로 식혀서 휘젓는다.

다. 굳으면 설탕 1 : 물 1로 만든 시럽을 첨가한다.

라. 유화제를 사용하면 부드럽게 할 수 있다.

⚛ 퐁당은 114℃ 정도(불어서 부드러운 원을 만들수 있을 때까지)로 끓여서 40℃ 정도로 식힌 후 휘저어 공기를 삽입해야 한다.

189. 아이싱 크림에 많이 쓰이는 퐁당(fondand)을 만들 때 끓이는 온도로 다음 중 가장 적합한 것은?

가. 78~80℃　　　나. 98~100℃

다. 114~116℃　　라. 130~132℃

⚛ 퐁당을 만들 때 설탕을 끓이는 온도는 116~117℃이다. 112℃에는 너무 물러 뭉쳐지지 않고 120℃가 넘으면 너무 딱딱하게 된다.

190. 아이싱의 끈적거림 방지 방법으로 잘못된 것은?

가. 액체를 최소량으로 사용한다.

나. 40℃ 정도로 가온한 아이싱 크림을 사용한다.

다. 안정제를 사용한다.

라. 케이크 제품이 냉각되기 전에 아이싱한다.

⚛ 35~45℃ 정도로 가온하여 사용하면 끈적거림이 줄어들며 전분이나 밀가루 등의 흡수제를 사용한다.

191. 아이싱이나 토핑에 사용하는 재료의 설명으로 틀린 것은?

가. 중성 쇼트닝은 첨가하는 재료에 따라 향과 맛을 살릴 수 있다.

나. 분당은 아이싱 제조 시 끓이지 않고 사용할 수 있는 장점이 있다.

다. 생우유는 우유의 향을 살릴 수 있어 바람직하다.

라. 안정제는 수분을 흡수하여 끈적거림을 방지한다.

　⊛ 아이싱이나 토핑재료는 가열하지 않고 사용하는 것이므로 실온에서 상하기 쉬운 생우유는 사용하지 않는다.

192. 굳어진 설탕 아이싱 크림을 여리게 하는 방법으로 부적합한 것은?

가. 설탕시럽을 더 넣는다.

나. 중탕으로 가열한다.

다. 전분이나 밀가루를 넣는다.

라. 소량의 물을 넣고 중탕으로 가온한다.

　⊛전분, 밀가루 흡수제를 사용함으로써 아이싱의 끈적거림을 막을 수 있다.

193. 퐁당 아이싱이 끈적거리거나 포장지에 붙는 경향을 감소시키는 방법으로 옳지 않은 것은?

가. 아이싱을 다소 덥게(40℃) 하여 사용한다.

나. 아이싱에 최대의 액체를 사용한다.

다. 굳은 것은 설탕시럽을 첨가하거나 데워서 사용한다.

라. 젤라틴, 한천 등과 같은 안정제를 적절하게 사용한다.

　⊛끈적거림을 감소시키기 위해서는 아이싱에 최소의 액체를 사용한다.

194. 퐁딩 크림을 부드럽게 하고 수분 보유력을 높이기 위해 일반적으로 첨가하는 것은?

가. 한천, 젤라틴　　나. 물, 레몬

다. 소금, 크림　　라. 물엿, 전화당 시럽

⊛당은 크림을 부드럽게 하고 수분을 보유하는 능력이 있게 한다.

195. 모카 아이싱(Mocha icing)의 특징을 결정하는 재료는?

가. 커피　　나. 코코아

다. 초콜릿　　라. 분당

　⊛모카는 모카 지방에서 나는 커피를 뜻한다. 모카, 자바 등 커피이름에 쓰이는 모카는 옛날 예멘과 에티오피아(Ethiopia)산의 질 좋은 커피를 모카 항구로 수출했는데, 이렇게 모카 항에서 수출된 커피를 모카커피(Mocha coffee)라 불렀다. 오늘날에도 예멘과 에티오피아(Ethiopia)산의 최상급 아라비카(Arabica)를 여전히 모카라고 부른다.

196. 아이싱에 사용되는 재료 중 다른 세 가지와 조성이 다른 것은?

가. 이탈리안 머랭　　나. 퐁당

다. 버터크림　　라. 스위스 머랭

　⊛달걀의 흰자와 설탕으로 이루어진 것은 머랭과 퐁당이다.

197. 아이싱에 많이 쓰이는 퐁당(fondant)을 만들 때 끓이는 온도로 가장 적당한 것은?

가. 106~110℃　　나. 114~118℃

다. 120~124℃　　라. 130~134℃

　⊛불어서 원을 만들 수 있는 114℃의 온도가 적당하다. 퐁당은 설탕을 114℃ 정도까지 끓여서 40℃ 정도로 식힌 후 휘저어 만든다.

198. 아이스크림 제조에서 오버런(over-run)이란?

가. 교반에 의해 크림의 체적이 몇 % 증가하는가를 나타낸 수치

나. 생크림 안에 들어 있는 유지방이 응집해서 완전히 액체로부터 분리된 것

나. 살균 등의 기열조작에 의해 불안정하게 된 유지의 결정을 이용해서 안정화시킨 숙성 조작

191. 다　192. 다　193. 나　194. 라　195. 가　196. 다　197. 나　198. 가　정답

라. 생유 안에 들어 있는 큰 지방구를 미세하게 해서 안정화하는 공정

　⦿ 오버런이란 교반에 의해 크림의 체적이 몇 % 증가하는지를 나타낸 수치이다. 오버런이 100%라는 것은 처음 재료량의 두 배라는 뜻이다.

199. 젤라틴(gelatin)에 대한 설명 중 틀린 것은?

가. 동물성 단백질이다.

나. 응고제로 주로 이용된다.

다. 물과 섞으면 용해된다.

라. 콜로이드 용액의 젤 형성과정은 비가역적인 과정이다.

　⦿ 젤라틴은 동물의 껍질이나 연골을 사용하며, 끓는 물에서 용해되고, 산에 약하고, 무스, 바바루아, 젤리 등에 쓰인다.

200. 젤라틴에 대한 설명으로 틀린 것은?

가. 순수한 젤라틴은 무취, 무미, 무색이다.

나. 해조류인 우뭇가사리에서 추출된다.

다. 끓는 물에 용해되며, 냉각되면 단단한 젤(gel)상태가 된다.

라. 설탕량이 많으면 젤상태가 단단하고, 산성용액 중에서 가열하면 젤능력이 줄거나 없어진다.

　⦿ 젤라틴은 동물의 껍질과 연골 속에 있는 콜라겐을 정제하여 만든다. 우뭇가사리에서 만든 것은 한천이다.

201. 검류에 대한 설명으로 틀린 것은?

가. 유화제, 안정제, 점착제 등으로 사용된다.

나. 낮은 온도에서도 높은 점성을 나타낸다.

다. 무기질과 단백질로 구성되어 있다.

라. 친수성 물질이다.

　⦿ 검류는 포도당 외의 다른 단당류나 당 유도체로 연결된 거대 복합체이다. 친수성 콜로이드로 물에 녹거나 분산되어 점성을 가지며 겔을 형성하므로 식품산업에서 많이 이용하는 탄수화물 소재이다.

202. 안정제의 사용 목적이 아닌 것은?

가. 흡수제로 노화 지연 효과

나. 머랭의 수분 배출 유도

다. 아이싱이 부서지는 것 방지

라. 크림 토핑의 거품 안정

　⦿ 머랭의 안정제는 머랭에서 수분이 나오는 것을 막아주어야 오랫동안 작업성을 유지할 수 있다.

203. 과일잼 형성의 3가지 필수요건이 아닌 것은?

가. 설탕　　　　　나. 펙틴

다. 산(酸)　　　　라. 젤라틴

　⦿ 잼은 과즙 또는 과실에 설탕을 넣고 조린 농후한 당액으로 펙틴, 유기산과 작용하여 젤리화한 것이다. 조건으로 펙틴 0.1~1.5%, 당도 60~65%, pH 3.0~3.5이다.

204. 과실이 익어감에 따라 어떤 효소의 작용에 의해 수용성 펙틴이 생성되는가?

가. 펙틴리가아제

나. 아밀라아제

다. 프로토펙틴 가수분해효소

라. 브로멜린

　⦿ 프로토펙틴(protopectin, Protopektin)은 어린 식물 중에는 불용성 펙틴이 많으며, 성숙함에 따라 수용성 펙틴으로 변한다. 이때 효소 프로토펙티나아제가 작용한다고 한다. 또한 이 효소는 곰팡이에도 존재하고 있는데, 그 작용구조는 불명확하다.

205. 제과제빵에서 안정제의 기능이 아닌 것은?

가. 파이 충전물의 증점제 역할을 한다.

나. 제품의 수분흡수율을 감소시킨다.

다. 아이싱의 끈적거림을 방지한다.

라. 토핑물을 부드럽게 만든다.

　⦿ 증점제란 가공식품에 점성(粘性)을 주기 위하여 사용하는 식품 첨가물의 한 가지로 카세인 · 알긴산나트륨 따위를 말한다.

정답　199. 라　200. 나　201. 다　202. 나　203. 라　204. 다　205. 나

206. 유화제를 사용하는 목적이 아닌 것은?

가. 물과 기름이 잘 혼합되게 한다.

나. 빵이나 케이크를 부드럽게 한다.

다. 빵이나 케이크가 노화되는 것을 지연시킬
수 있다.

라. 달콤한 맛이 나게 하는 데 사용한다.

❀유화제의 목적은 물과 기름을 잘 혼합되게 하는
데 있다.

207. 다음 중 식물성 검류가 아닌 것은?

가. 젤라틴　　　　나. 펙틴

다. 구아검　　　　라. 아라비아검

❀젤라틴은 동물의 가죽, 힘줄, 연골 등을 구성하
는 단백질인 콜라겐을 이용해서 제조하며 녹는
온도는 25℃, 굳는 온도는 10℃로 굳히는 재료
의 3~5%를 사용한다.

208. 젤리화의 요소가 아닌 것은?

가. 유기산류　　　　나. 염류

다. 당분류　　　　라. 펙틴류

❀젤리화의 구성요소는 당, 산, 펙틴이다. 펙틴은
함유율이 많을수록 좋으나 보통 1% 정도만으로
된다.

209. 다음 중 동물성 단백질은?

가. 덱스트린　　　　나. 아밀로오스

다. 글루텐　　　　라. 젤라틴

❀동물의 가죽·힘줄·연골 등을 구성하는 천연
단백질인 콜라겐을 뜨거운 물로 처리하면 얻어
지는 유도 단백질이다.

210. 식물성 안정제가 아닌 것은?

가. 젤라틴　　　　나. 한천

다. 로커스트빈검　　　　라. 펙틴

❀젤라틴은 동물의 가죽·힘줄·연골 등을 구성
하는 천연 단백질인 콜라겐을 뜨거운 물로 처리
하면 얻어지는 유도 단백질의 일종이다.

211. 다음 중 주로 유화제로 사용되는 식품첨가물은?

가. 글리세린지방산에스테르

나. 탄산암모늄

다. 프로피온산칼슘

라. 탄산나트륨

❀유화제는 빵류에 사용하여 노화를 막고 초콜릿
에 첨가하여 작업능률을 향상시킨다. 또한 물에
녹지 않은 물질 즉, 비타민 A, D, 파라옥시벤조
산부탈 등을 녹일 수 있다.

212. 커스터드 푸딩은 틀에 몇 % 정도 채우는가?

가. 55%　　　　나. 75%

다. 95%　　　　라. 115%

❀푸딩은 구워지면서 부풀어오르지 않는 제품이다.

213. 푸딩에 대한 설명 중 맞는 것은?

가. 우유와 설탕은 120℃로 데운 후 달걀과
소금을 넣어 혼합한다.

나. 우유와 소금의 혼합비율은 100 : 10이다.

다. 달걀의 열변성에 의한 농후화 작용을 이
용한 제품이다.

라. 육류, 과일, 채소, 빵을 섞어 만들지는 않
는다.

❀달걀의 열변성을 이용한 제품이며 우유와 설탕
을 지나치게 데우면 달걀이 익을 수 있어 좋지
않다. 여러 식재료를 섞어 만든 제품도 있다.

214. 푸딩 포면에 기포 자국이 많이 생기는 경우는?

가. 가열이 지나친 경우

나. 달걀의 양이 많은 경우

다. 달걀이 오래된 경우

라. 오븐 온도가 낮은 경우

❀열이 세면 끓으면서 익게 되어 제품 속에 기공
이 생기게 된다.

215. 푸딩 제조공정에 관한 설명으로 틀린 것은?

가. 오븐 재료를 쉬어서 체에 거른다.

나. 푸딩컵에 반죽을 부어 중탕으로 굽는다.

다. 우유와 설탕을 섞어 설탕이 캐러멜화될

206. 라　207. 가　208. 나　209. 라　210. 가　211. 가　212. 다　213. 다　214. 가　215. 다　정답

때까지 끓인다.

라. 다른 그릇에 달걀, 소금 및 나머지 설탕을 넣고 혼합한 후 우유를 섞는다.

❂우유와 설탕을 섞어 끓기 직전인 80~90℃까지 데운다.

216. 무스 크림을 만들 때 가장 많이 이용되는 머랭의 종류는?

가. 이탈리안 머랭　　나. 스위스 머랭

다. 온제 머랭　　　　라. 냉제 머랭

❂무스란 프랑스어로 거품이라는 뜻이다. 커스터드, 초콜릿, 과일퓌레, 생크림, 머랭, 젤라틴 등을 넣고 굳혀서 만든 제품이다. 무스는 열을 가하지 않고 먹는 음식이므로 이탈리안 머랭을 사용해야 한다.

217. 베이킹파우더 성분 중 이산화탄소를 발생시키는 것은?

가. 전분　　　　　　나. 탄산수소나트륨

다. 주석산　　　　　라. 인산칼슘

❂탄산수소나트륨을 가열하면 탄산나트륨, 이산화탄소, 물로 분해된다.

218. 베이킹파우더(baking powder)에 대한 설명으로 틀린 것은?

가. 소다가 기본이 되고 여기에 산을 첨가하여 중화가를 맞추어 놓은 것이다.

나. 베이킹파우더의 팽창력은 이산화탄소에 의한 것이다.

다. 케이크나 쿠키를 만드는 데 많이 사용된다.

라. 과량의 산은 반죽의 pH를 높게, 과량의 중조는 pH를 낮게 만든다.

❂중조 = 탄산수소나트륨, 베이킹파우더 = 중조 + 조제(복수의 산성제)+분산제로 되어 있어 반죽의 pH를 조절한다.

219. 베이킹파우더 사용량이 과다할 때의 현상이 아닌 것은?

가. 기공과 조직이 조밀하다.

나. 주저앉는다.

다. 같은 조건일 때 건조가 빠르다.

라. 속결이 거칠다.

❂베이킹파우더가 과하게 되면 기공이 반죽 속에 많이 남아 조직이 기공으로 쌓여 조밀하지 않다.

220. 베이킹파우더를 많이 사용한 제품의 결과와 거리가 먼 것은?

가. 밀도가 크고 부피가 작다.

나. 속결이 거칠다.

다. 오븐 스프링이 커서 찌그러들기 쉽다.

라. 속 색이 어둡다.

❂베이킹파우더를 많이 넣으면 지나친 공기의 혼입으로 부피가 커지며 심하면 찌그러진다.

221. 베이킹파우더의 산–반응물질(acid–reacting material)이 아닌 것은?

가. 주석산과 주석산염

나. 인산과 인산염

다. 알루미늄 물질

라. 중탄산과 중탄산염

❂베이킹파우더는 가스발생제(중탄산나트륨), 산성제(가스발생촉진제), 완화제(주로 건조전분)로 구성되어 있으며, 반응을 통하여 이산화탄소를 발생시킨다. 종류로는 주석산염 베이킹파우더 · 인산염 베이킹파우더 · 황산염 베이킹파우더 등이 있다.

222. 베이킹파우더가 반응을 일으키면 주로 어떤 가스가 발생하는가?

가. 질소가스　　　　나. 암모니아가스

다. 탄산가스　　　　라. 산소가스

❂이산화탄소가 물에 녹아 있는 상태가 탄산가스이다.

223. 가장 광범위하게 사용되는 베이킹파우더(baking powder)의 주성분은?

가. $CaHpO_4$　　　　나. $NaHCO_3$

다. Na_2CO_3　　　　라. NH_4Cl

정답 216. 가　217. 나　218. 라　219. 가　220. 가　221. 다　222. 다　223. 나

❀탄산수소나트륨에 산염과 전분을 가미한 것이 베이킹파우더이다.

224. 베이킹파우더의 일반적인 구성물질이 아닌 것은?

가. 탄산수소나트륨　　나. 전분

다. 주석산크림　　　　라. 암모늄

❀베이킹파우더는 가스발생제(중탄산나트륨), 산성제(가스발생촉진제), 완화제(주로 건조전분)로 구성되어 있으며, 반응을 통하여 이산화탄소를 발생시킨다. 이때 동시에 생성된 주석산나트륨은 중성이므로 제품의 색을 황갈색으로 변하게 하지 않으며, 쓴맛과 비누냄새가 없다.

225. 정상 조건하의 베이킹파우더 100g에서 얼마 이상의 유효 이산화탄소 가스가 발생되어야 하는가?

가. 6%　　　　　　나. 12%

다. 18%　　　　　　라. 24%

❀베이킹파우더는 가스발생제(중탄산나트륨), 산성제(가스발생촉진제), 완화제(주로 건조전분)로 구성되어 있으며, 반응을 통하여 이산화탄소를 발생시킨다. 이때 동시에 생성된 주석산나트륨은 중성이므로 제품의 색을 황갈색으로 변하게 하지 않으며, 쓴맛과 비누냄새가 없다. 전분은 수분을 흡수하여 베이킹파우더가 덩어리지지 않도록 하고 수분에 의해 산과 알칼리가 반응하여 이산화탄소가 생성되는 것을 막아주며, 이산화탄소의 생성량이 12% 정도가 되도록 조절하는 역할을 한다.

226. 10kg의 베이킹파우더에 28%의 전분이 들어 있고 중화가가 80이라면 중조의 함량은?

가. 3.2kg　　　　　나. 4.0kg

다. 4.8kg　　　　　라. 7.2kg

❀중화가란 지방산 1그램을 중화하는 데 필요한 수산화칼륨의 밀리그램 수를 말한다. 베이킹파우더는 가스발생제(중탄산나트륨), 산성제(가스발생촉진제), 완화제(주로 건조전분)로 구성되어 있으며, 반응을 통하여 이산화탄소를 발생시킨다. 따라서 베이킹파우더는 중조, 산성제, 전분으로 구성되는데 전분이 28%이면 중조와 산

성제가 7.2kg이며 이 중 중화가가 80이므로 산성제는 100이고 중화가 1은 7200/1800이므로 40이다. 80이 중조이므로 80 × 40 = 3200g이므로 중조는 3.2kg이다.

227. 과자와 빵에 우유가 미치는 영향이 아닌 것은?

가. 영양을 강화시킨다.

나. 보수력이 없어서 노화를 촉진시킨다.

다. 겉껍질 색깔을 강하게 한다.

라. 이스트에 의해 생성된 향을 착향시킨다.

❀우유의 보수력은 제품의 노화를 느리게 만든다.

228. 우유 단백질 중 함량이 가장 많은 것은?

가. 락토알부민　　　나. 락토글로불린

다. 글루테닌　　　　라. 카세인

❀카세인의 함량이 가장 많다. 카세인에는 유화작용, 증점작용, 보습작용이 있는데 이러한 기능을 이용하여 식품가공에 사용한다.

229. 우유 중 제품의 껍질색을 개선시켜 주는 성분은?

가. 유당　　　　　　나. 칼슘

다. 유지방　　　　　라. 광물질

❀이스트에는 유당을 분해하는 효소인 락타아제는 존재하지 않아 유당이 잔당으로 남아 캐러멜화에 보탬이 된다.

230. 일반적으로 시유의 수분 함량은?

가. 58% 정도　　　　나. 65% 정도

다. 88% 정도　　　　라. 98% 정도

❀보통 우유의 고형분은 12% 정도이다.

231. 우유를 pH 4.6으로 유지하였을 때, 응고되는 단백질은?

가. 카세인(casein)

나. α-락토알부민(lactoalbumin)

다. β-락토글로불린(lactoglobulin)

라. 혈청알부민(serum albumin)

224. 라　225. 나　226. 가　227. 나　228. 라　229. 가　230. 다　231. 가 **정답**

⊛ 카세인은 우유 속에 약 3% 함유되어 있으면서, 우유에 함유된 전 단백질의 약 80%를 차지한다. 우유에 산을 가해서 pH 4.6으로 하면 등전점에 도달하여 침전하므로, 쉽게 조제할 수 있다.

232. 우유에 대한 설명으로 옳은 것은?

　가. 시유의 비중은 1.3 정도이다.
　나. 우유 단백질 중 가장 많은 것은 카세인이다.
　다. 우유의 유당은 이스트에 의해 쉽게 분해된다.
　라. 시유의 현탁액은 비타민 B_2에 의한 것이다.

⊛ 우유는 락토오스 및 무기질의 수용액에 단백질이 현탁 콜로이드가 되고 지방이 유탁질(乳濁質)로 되어 있는 콜로이드 용액이다. 백색을 띠는 것은 카세인칼슘의 존재에 의한다. 지방은 지방구(脂肪球)가 되어 유탁되어 있는 것은 리포 단백질의 존재에 의한다. 우유의 비중은 1.0320~1.0365(15℃), 결빙점은 평균 −0.550 ℃이다. 우유의 반응은 신선하고 정상적인 것은 pH 6.5~6.6, 적정 산도에서 락트산으로서 0.15~0.16%이다. 이것을 놓아두면 산성이 되는 것은 락트산균이 번식하여 락토오스에서 락트산을 만들기 때문이다.

233. 제과제빵에 사용하는 분유의 기능이 아닌 것은?

　가. 갈변 방지　　　　나. 영양소 공급
　다. 글루텐 강화　　　라. 맛과 향 개선

⊛ 분유의 단백질은 글루텐 강화작용도 한다.

234. 카세인이 산이나 효소에 의하여 응고되는 성질은 어떤 식품의 제조에 이용되는가?

　가. 아이스크림　　　나. 생크림
　다. 버터　　　　　　라. 치즈

⊛ 우유 단백질인 카세인이 효소나 산에 의하여 응고하는 것이 치즈이다.

235. 다음 중 우유에 관한 설명이 아닌 것은?

　가. 우유에 함유된 주 단백질은 카세인이다.
　나. 연유나 생크림은 농축우유의 일종이다.
　다. 전지분유는 우유 중의 수분을 증발시키고

고형질 함량을 높인 것이다.
　라. 우유 교반 시 비중의 차이로 지방입자가 뭉쳐 크림이 된다.

⊛ 전지분유는 우유를 그대로 수분만 증발시켜 건조시킨 것이다.

236. 바닐라에센스가 우유에 미치는 영향은?

　가. 생취를 감소시킨다.
　나. 마일드한 감을 감소시킨다.
　다. 단백질의 영양가를 증가시키는 강화제 역할을 한다.
　라. 색감을 좋게 하는 착색료 역할을 한다.

⊛ 바닐라 맛이 생우유의 맛을 감소시킨다.

237. 생크림 원료를 가열하거나 냉동시키지 않고 직접 사용할 수 있게 보존하는 적합한 온도는?

　가. -18℃ 이하　　　나. 3~5℃
　다. 15~18℃　　　　라. 21℃ 이상

⊛ 생크림을 휘핑하려면 3~7℃로 냉각시켜 휘핑하고 볼과 기구도 차갑게 만든 후에 사용한다.

238. 생크림 보존온도로 가장 적합한 것은?

　가. -18℃ 이하　　　나. -5~1℃
　다. 0~10℃　　　　라. 15~18℃

⊛ 생크림은 냉장온도에 보관한다.

239. 다음의 크림 중 단백질 함량이 가장 많은 것은?

　가. 식용크림　　　　나. 저지방포말크림
　다. 고지방포말크림　라. 포말크림

⊛ 포말(泡沫)크림은 whipped cream을 말하는 것으로 유지방이 30~36%인 저지방 포말크림(light whipping cream)과 유지방이 36% 이상인 진한 휘핑크림(heavy whipping cream)이 있으며, 5~10℃의 낮은 온도에서 강한 교반으로 미세한 기포를 생성시킨 크림. 휘핑크림 속의 기포는 세포모양이며, 지방구 주위에 흡착된 단백질은 고체화된 상태로 변성되어 있기 때문에 포말상태를 오래 유지하게 된다.

정답　232. 나　233. 가　234. 라　235. 다　236. 가　237. 나　238. 다　239. 라

240. 다음 중 케이크의 아이싱에 주로 사용되는 것은?

가. 마지팬　　　나. 프랄린

다. 글레이즈　　라. 휘핑크림

　※케이크의 아이싱이란 케이크 표면을 매끈하게 발라주는 것으로 보통 휘핑크림을 많이 사용한다.

241. 생크림 기포 시 품온으로 가장 알맞은 것은?

가. -10~-1℃　　나. 1~10℃

다. 15~25℃　　라. 27~37℃

　※생크림을 기포할 때는 냉장 온도에서 하는 것이 바람직하다.

242. 1,000㎖의 생크림 원료로 거품을 올려 2,000㎖의 생크림을 만들었다면 증량률 (over run)은 얼마인가?

가. 50%　　　나. 100%

다. 150%　　　라. 200%

　※증량률은 어떤 물질에 공기를 포함시켰을 때 일어나는 양적 팽창이다.

243. 다음 중 연질 치즈로 곰팡이와 세균으로 숙성시킨 치즈는?

가. 크림(cream) 치즈

나. 로마노(romano) 치즈

다. 파머산(Parmesan) 치즈

라. 카망베르(camembert) 치즈

　※카망베르 치즈는 나폴레옹이 먹어보니 치즈에서 나는 냄새가 자기가 사랑하는 부인 조세핀(Josephine)의 체취와 비슷하여 매우 좋아하고 맛있게 먹게 되어 그 이후부터 유명해지기 시작했다. 지금은 치즈의 여왕이라 불릴 정도로 호평이 나 있다.

244. 버터크림을 만들 때 흡수율이 가장 높은 유지는?

가. 라드

나. 경화 라드

다. 경화 식물성 쇼트닝

라. 유화 쇼트닝

　※유화란 물과 유지를 잘 결합하는 것을 말하므로 유화 쇼트닝의 흡수율이 가장 높다.

245. 버터크림을 만드는 데 사용하는 유지의 가장 중요한 기능은?

가. 완충제 기능　　나. 크림화 기능

다. 호화 기능　　　라. 젤화 기능

　※크림화란 반죽 속에 기공을 넣어 부드럽게 하는 것을 말한다.

246. 겨울철 굳어버린 버터크림의 농도를 조절하기 위한 첨가물은?

가. 분당　　　나. 초콜릿

다. 식용유　　라. 캐러멜색소

　※버터크림의 농도를 조절하기 위해 식용유를 넣는다.

247. 버터크림 제조 시 당액의 온도로 가장 알맞은 것은?

가. 80~90℃　　　나. 98~104℃

다. 114~118℃　　라. 150~155℃

　※물의 양을 설탕의 25% 정도를 넣어 114~118℃ 정도로 끓인 후 사용하며 120℃가 넘으면 설탕물이 너무 딱딱하게 되어 반죽 속에 넣으면 굳을 우려가 있다.

248. 자유수를 올바르게 설명한 것은?

가. 당류와 같은 용질에 작용하지 않는다.

나. 0℃ 이하에서도 얼지 않는다.

다. 정상적인 물보다 그 밀도가 크다.

라. 염류, 당류 등을 녹이고 용매로써 작용한다.

　※자유수는 효소나 미생물이 이용할 수 있고 또한 전해질의 이동을 가능하게 하는 물을 의미한다.

249. 체내에서 물의 역할을 설명한 것으로 틀린 것은?

---

240. 라　241. 나　242. 나　243. 라　244. 라　245. 나　246. 다　247. 다　248. 라　249. 라　**정답**

가. 물은 영양소와 대사산물을 운반한다.

나. 땀이나 소변으로 배설되며 체온 조절을 한다.

다. 영양소 흡수로 세포막에 농도차가 생기면 물이 바로 이동한다.

라. 변으로 배설될 때는 물의 영향을 받지 않는다.

　◎물은 체내 대사를 원활하게 하며 변의 배설에도 영향을 미친다.

250. 물의 기능이 아닌 것은?

가. 유화작용을 한다.

나. 반죽 농도를 조절한다.

다. 소금 등의 재료를 분산시킨다.

라. 효소의 활성을 제공한다.

　◎유화작용은 물이 기름과 혼합되는 것을 말하며 물은 기름과 잘 혼합되지 않는다.

251. 물에 대한 설명으로 틀린 것은?

가. 물은 경도에 따라 크게 연수와 경수로 나뉜다.

나. 경수는 물 100ml 중 칼슘, 마그네슘 등의 염이 10~20mg 정도 함유된 것이다.

다. 연수는 물 100ml 중 칼슘, 마그네슘 등의 염이 10mg 이하 함유된 것이다.

라. 일시적인 경수란 물을 끓이면 물속의 무기물이 불용성 탄산염으로 침전되는 것이다.

　◎경수는 물 1리터에 200mg 이상의 미네랄이 함유된 물이다.

252. 향신료(spices)를 사용하는 목적 중 틀린 것은?

가. 향기를 부여하여 식욕을 증진시킨다.

나. 육류나 생선의 냄새를 완화시킨다.

다. 매운맛과 향기로 혀, 코, 위장을 자극하여 식욕을 억제시킨다.

라. 제품에 식욕을 불러일으키는 색을 부여한다.

　◎향신료를 사용하는 목적 중 가장 기본적인 것이 식욕을 증진시키는 것이다.

253. 향신료(spice & herb)에 대한 설명으로 틀린 것은?

가. 향신료는 주로 전분질 식품의 맛을 내는 데 사용된다.

나. 향신료는 고대 이집트, 중동 등에서 방부제, 의약품의 목적으로 사용되던 것이 식품으로 이용된 것이다.

다. 스파이스는 주로 열대지방에서 생산되는 향신료로 뿌리, 열매, 꽃, 나무껍질 등 다양한 부위가 이용된다.

라. 허브는 주로 온대지방의 향신료로 식물의 잎이나 줄기가 주로 이용된다.

　◎향신료는 여러 음식에 두루두루 사용되어 재료 본래의 맛을 더함은 물론 재료의 보존 등에도 영향을 미친다.

254. 잎을 건조시켜 만든 향신료는?

가. 계피　　　　나. 너트메그

다. 메이스　　　라. 오레가노

　◎계피는 껍질, 너트메그와 메이스는 열매

255. 다음 중 향신료가 아닌 것은?

가. 카다멈　　　나. 올스파이스

다. 카라야검　　라. 시나몬

　◎인도의 카라야(Sterculia Urens Roxb.) 나무의 수지에서 얻은 검상 분비물을 말린 것. 인디안 트라가칸트라고도 한다. 갈락토오스, 람노오스와 갈락투론산으로 이루어진 다당류이다. 식품첨가물의 하나로 증점제, 안정제, 유화제 등으로 쓴다.

256. 무기질에 대한 설명으로 틀린 것은?

가. 황(S)은 당질대사에 중요하며 혈액을 알칼리성으로 유지시킨다.

나. 칼슘(Ca)은 주로 골격과 치아를 구성하고 혈액응고작용을 돕는다.

다. 나트륨(Na)은 주로 세포 외액에 들어 있고 삼투압 유지에 관여한다.

라. 요오드(I)는 갑상선호르몬의 주성분으로

결핍되면 갑상선종을 일으킨다.

❀ 당질대사란 음식물에서 섭취한 녹말 · 설탕 · 젖당 등이 소화관 내에서 여러 가지 효소에 의해 각기 포도당 · 과당(果糖) · 갈락토오스로 분해되어 소장에서 흡수되고 문맥(門脈)을 거쳐 간으로 들어가 대순환(大循環)을 따라 다른 조직으로 운반되는 대사를 말한다.

257. 밤과자 제조공정에 대한 설명으로 틀린 것은?

　가. 반죽을 한 덩어리로 만들어 즉시 분할한다.

　나. 반죽과 내용물의 되기를 동일하게 한다.

　다. 성형 후 물을 뿌려 덧가루를 제거한다.

　라. 껍질의 두께가 일정하도록 내용물을 싼다.

❀ 반죽 후 충분한 휴지시간을 거친 후 분할하고 성형한다.

258. 술에 대한 설명으로 틀린 것은?

　가. 제과, 제빵에서 술을 사용하면 바람직하지 못한 냄새를 없앨 수 없다.

　나. 양조주란 곡물이나 과실을 원료로 하여 효모를 발효시킨 것이다.

　다. 증류주란 발효시킨 양조주를 증류한 것이다.

　라. 혼성주란 증류주를 기본으로 정제당을 넣고 과실 등의 추출물로 향미를 낸 것으로 대부분 알코올 농도가 낮다.

❀ 혼성주는 다른 술과 달라서 비교적 강한 주정(酒酊)에 설탕이나 시럽(syrup)이 함유되어 있어야 하고 향기가 있어야 한다.

259. 일반 식염을 구성하는 대표적인 원소는?

　가. 나트륨, 염소　　　나. 칼슘, 탄소

　다. 마그네슘, 염소　　라. 칼륨, 탄소

❀ 소금은 NaCl, 염화나트륨이다.

260. 아밀로오스는 요오드용액에 의해 무슨 색으로 변하는가?

　가. 적자색　　　　　나. 청색

　다. 황색　　　　　　라. 갈색

❀ 요오드를 반응시키면 청자색을 나타내는 것은

요오드가 아밀로오스의 나사선 속에 들어가는 특수한 상태가 되기 때문이다.

261. 아밀로오스(amylose)의 특징이 아닌 것은?

　가. 일반 곡물 전분 속에 약 17~28% 존재한다.

　나. 비교적 적은 분자량을 가졌다.

　다. 퇴화의 경향이 적다.

　라. 요오드 용액에 청색 반응을 일으킨다.

❀ 아밀로펙틴에 비하여 퇴화, 노화의 경향이 많다.

262. 전분에 글루코아밀라제(glucoamylase)가 작용하면 어떻게 변화하는가?

　가. 포도당으로 가수분해된다.

　나. 맥아당으로 가수분해된다.

　다. 과당으로 가수분해된다.

　라. 덱스트린으로 가수분해된다.

❀ 알파 아밀라아제라고도 불리며 제빵개량제에 알파 아밀라아제(α–Amylase)가 있어 반죽의 신전성, 빵 용적의 증대, 구운 색 등의 역할을 하며 전분을 덱스트린(액화효소)과 포도당으로 가수분해한다.

263. 로–마지팬(raw mazipan)에서 '아몬드 : 설탕'의 적합한 혼합비율은?

　가. 1 : 0.5　　　　　나. 1 : 1.5

　다. 1 : 2.5　　　　　라. 1 : 3.5

❀ 설탕과 아몬드의 배합률에 따라 '공예용 마지팬'과 '부재료용 마지팬'(로마지팬)으로 구분된다. 설탕과 아몬드의 비율이 2 : 1인 것이 공예용 마지팬이고 반대로 그 비율이 1 : 2인 것이 부재료용 마지팬이다.

264. 다음 제품 중 건조방지를 목적으로 나무틀을 사용하여 굽기를 하는 제품은?

　가. 슈　　　　　　　나. 밀푀유

　다. 카스텔라　　　　라. 퍼프 페이스트리

❀ 카스텔라는 두껍고 오랫동안 굽는 제품으로 수분을 보유하면서 굽는 것이 중요한 제품이다.

265. 케이크의 부피가 작아지는 원인에 해당하는 것은?

가. 강력분을 사용한 경우

나. 오버 베이킹된 경우

다. 크림성이 좋은 유지를 사용한 경우

라. 신선한 달걀을 사용한 경우

 ❀강력분을 사용하면 박력분에 비하여 글루텐이 형성될 수 있어 케이크의 부피를 작게 할 수 있다.

266. 밀가루 100%, 달걀 166%, 설탕 166%, 소금 2%인 배합율은 어떤 케이크 제조에 적당한가?

가. 파운드 케이크

나. 옐로레이어 케이크

다. 스펀지 케이크

라. 엔젤푸드 케이크

 ❀쇼트 케이크(short cake)나 롤 케이크(roll cake)를 만들 때의 몸체가 되는 것으로 내용이 스펀지상 조직으로 되기 때문에 이 이름이 붙었다. 지방을 배합하는 버터 케이크(butter cake)와 구분하고 있다. 달걀의 기포성을 이용한 케이크로 거품낸 달걀이 공기를 포집하고 이 기포가 가열에 의해 팽창하여 스펀지 상태로 부푼다.

267. 다음 중 파이롤러를 사용하지 않는 제품은?

가. 데니시 페이스트리

나. 케이크도넛

다. 퍼프 페이스트리

라. 롤 케이크

 ❀파이롤러란 밀어 펴는 데 사용하는 기계이다.

268. 다음 재료들을 동일한 크기의 그릇에 측정하여 중량이 가장 높은 것은?

가. 우유   나. 분유

다. 쇼트닝   라. 분당

 ❀제품 속에 수분이 많은 것이 중량이 가장 많이 나간다. 우유는 수분이 90%이다.

269. 다음 중 호화(gelatinization)에 대한 설명 중 맞는 것은?

가. 호화는 주로 단백질과 관련된 현상이다.

나. 호화되면 소화되기 쉽고 맛이 좋아진다.

다. 호화는 냉장온도에서 잘 일어난다.

라. 유화제를 사용하면 호화를 지연시킬 수 있다.

 ❀호화는 전분이 물과 열이 작용하여 일어나는 현상이다.

270. 옥수수가루를 이용하여 스펀지 케이크를 만들 때 가장 좋은 제품의 부피를 얻을 수 있는 것은?

가. 메옥수수가루

나. 찰옥수수가루

다. 익힌 메옥수수가루

라. 익힌 찰옥수수가루

 ❀찰옥수수가루나 익힌 가루는 끈적임이 메옥수수가루보다 커지게 되므로 반죽할 때 뭉치게 되어 좋은 제품을 얻을 수 없다.

271. 스펀지 케이크 400g짜리 완제품을 만들 때 굽기 손실이 20%라면 분할 반죽의 무게는?

가. 600g   나. 500g

다. 400g   라. 300

 ❀분할 반죽무게 = 완제품무게 ÷ (1 − 굽기 손실)
    = 400 ÷ (1 − 0.2) = 500g

272. 파운드 케이크를 구울 때 윗면이 자연적으로 터지는 경우가 아닌 것은?

가. 굽기 시작 전에 증기를 분무할 때

나. 설탕입자가 용해되지 않고 남아 있을 때

다. 반죽 내 수분이 불충분할 때

라. 오븐 온도가 높아 껍질 형성이 너무 빠를 때

 ❀분무하여 수분을 더 주는 이유는 제품의 윗면이 터지지 않게 하기 위한 것이다.

---

273. 오버 베이킹에 대한 설명 중 옳은 것은?

가. 높은 온도에서 짧은 시간 동안 구운 것이다.

나. 노화가 빨리 진행된다.

다. 수분 함량이 많다.

라. 가라앉기 쉽다.

◎ 오버 베이킹은 굽기 시간을 오버했다는 뜻으로 낮은 온도에서 오랫동안 굽는 것을 말한다. 그 반대는 언더 베이킹이다. 오버 베이킹을 하면 제품 속의 수분이 달아나서 건조하므로 빠르게 노화가 진행된다.

274. 오버 베이킹(over baking)에 대한 설명으로 옳은 것은?

가. 낮은 온도의 오븐에서 굽는다.

나. 윗면 가운데가 올라오기 쉽다.

다. 제품에 남는 수분이 많아진다.

라. 중심 부분이 익지않을 경우 주저앉기 쉽다.

◎ 오버 베이킹은 낮은 온도에서 장시간 지나치게 구운 것이다. 윗부분이 평평하고 제품의 수분이 적으며 제품이 오그라든다. 언더 베이킹을 하면 높은 온도에서 겉면이 빠르게 익어 익지 않은 속이 부풀어서 가운데가 볼록 나오게 된다.

275. 파운드 케이크 제조 시 2중팬을 사용하는 목적이 아닌 것은?

가. 제품 바닥의 두꺼운 껍질형성을 방지하기 위하여

나. 제품 옆면의 두꺼운 껍질형성을 방지하기 위하여

다. 제품의 조직과 맛을 좋게 하기 위하여

라. 오븐에서의 열전도 효율을 높이기 위하여

◎ 팬을 하나 더 깔아 밑이 두꺼워지면 열의 전도율이 떨어져서 장시간 굽는 케이크의 밑면이 너무 두꺼워지지 않게 하기 위함이다.

276. 스펀지 케이크 400g짜리 완세품을 만들 때 굽기 손실이 20%라면 분할 반죽의 무게는?

가. 600g　　　나. 500g

다. 400g　　　라. 300g

◎ 반죽무게 = 완제품 무게/(1 − 굽기 손실)
= 400/(1 − 0.2) = 500

277. 파운드 케이크의 표피를 터지지 않게 하려고 할 때 오븐의 조작 중 가장 좋은 방법은?

가. 뚜껑은 처음부터 덮어 굽는다.

나. 10분간 굽기를 한 후 뚜껑을 덮는다.

다. 20분간 굽기를 한 후 뚜껑을 덮는다.

라. 뚜껑을 덮지 않고 굽는다.

◎ 뚜껑을 처음부터 덮어서 굽게 되면 굽는 도중 수분의 증발을 최대한 막을 수 있어 표피의 터짐을 줄일 수 있다.

278. 제품이 오븐에 갑자기 팽창하는 오븐 스프링의 요인이 아닌 것은?

가. 탄산가스　　　나. 알코올

다. 가스압　　　라. 단백질

◎ 오븐 스프링은 이스트의 활력이 살아 있는 온도(약 60℃ 이하)에서 탄산가스와 알코올의 생성으로 가스압에 의한 부풀림이다.

279. 캐러멜화를 일으키는 것은?

가. 비타민　　　나. 지방

다. 단백질　　　라. 당류

◎ 캐러멜화는 탄수화물이 열을 받아 일어나는 현상이다.

280. 과일 케이크를 구울 때 증기를 분사하는 목적과 거리가 먼 것은?

가. 향의 손실을 막는다.

나. 껍질을 두껍게 만든다.

다. 표피의 캐러멜화 반응을 연장한다.

라. 수분의 손실을 막는다.

◎ 표피를 천천히 익게 하여 충분한 부피감을 가지게 한다.

281. 언더 베이킹(under baking)에 대한 설명 중 틀린 것은?

가. 제품의 윗부분이 올라간다.

나. 제품의 중앙부분이 터지기 쉽다.

다. 케이크 속이 익지 않을 경우도 있다.

라. 제품의 윗부분이 평평하다.

❀ 언더 베이킹이란 높은 온도에서 빠르게 구워 속이 덜 익을 수도 있는 굽기 방법을 말한다.

282. 언더 베이킹(under baking)에 대한 설명으로 틀린 것은?

가. 높은 온도에서 짧은 시간 굽는 것이다.

나. 중앙부분이 익지 않는 경우가 많다.

다. 제품이 건조되어 바삭바삭하다.

라. 수분이 빠지지 않아 껍질이 쭈글쭈글하다.

❀ 높은 온도에서 빠르게 구워서 겉면은 타고 속은 익지 않은 것이 언더 베이킹이다.

283. 옐로에이어 케이크의 적당한 굽기 온도는?

가. 140℃　　　나. 150℃

다. 160℃　　　라. 180℃

❀ 지나치게 낮은 온도로 굽게 되면 시간이 오래 걸릴 뿐만 아니라 굽기 도중 수분이 빠져나가 좋은 제품을 얻을 수 없다.

284. 구워낸 케이크 제품이 너무 딱딱한 경우 그 원인으로 틀린 것은?

가. 배합비에서 설탕의 비율이 높을 때

나. 밀가루의 단백질 함량이 너무 많을 때

다. 높은 오븐 온도에서 구웠을 때

라. 장시간 굽기 했을 때

❀ 장시간 굽기를 하면 수분이 빠져서 건조한 케이크가 되며 밀가루의 단백질 함량이 높으면 글루텐이 형성되어 딱딱한 제품이 되기 쉽고 높은 온도에서 빠르게 구웠을 때도 지나친 수분의 이탈과 겉껍질이 딱딱해지기 쉽다.

285. 젤리롤 케이크 반죽 굽기에 대한 설명으로 틀린 것은?

가. 두껍게 편 반죽은 낮은 온도에서 굽는다.

나. 구운 후 철판에서 꺼내지 않고 냉각시킨다.

다. 양이 적은 반죽은 높은 온도에서 굽는다.

라. 열이 식으면 압력을 가해 수평을 맞춘다.

❀ 케이크가 식기 전에 철판에서 분리하여 말아주어야 윗면이 갈라지지 않는다.

286. 파운드 케이크 제조에 대한 설명으로 맞는 것은?

가. 오븐 온도가 너무 높으면 케이크의 표피가 갈라진다.

나. 너무 뜨거운 오븐에서는 표피에 비늘 모양이나 점이 형성된다.

다. 여름철에는 유지온도가 30℃ 이상이 되어야 크림성이 좋다

라. 윗면이 터지게 하려면 굽기 전후에 스팀을 분무한다.

❀ 온도가 높으면 겉면이 먼저 익어 속이 익으면서 부풀게 될 때 터지게 된다.

287. 나가사키 카스텔라 제조 시 굽기 과정에서 휘젓기를 하는 이유가 아닌 것은?

가. 반죽온도를 균일하게 한다.

나. 껍질표면을 매끄럽게 한다.

다. 내상을 균일하게 한다.

라. 팽창을 원활하게 한다.

❀ 굽기 도중에 반죽을 저어주는 것은 어느 한쪽이 먼저 익지 않고 고르게 열을 전달하여 같이 익어야 하기 때문이며 이러한 과정으로 속 내상이 균일한 기공이 되며 표면 또한 매끈하게 된다.

288. 커스터드 푸딩을 컵에 채워 몇 ℃의 오븐에서 중탕으로 굽는 것이 가장 적당한가?

가. 160~170℃　　　나. 190~200℃

다. 201~220℃　　　라. 230~240℃

❀ 너무 높은 온도는 반죽이 끓게 만들어 속기공이 큰 제품을 만들기 쉬우며 표면이 먼저 익어 색이 날 수 있으므로 주의한다.

정답　282. 다　283. 라　284. 가　285. 나　286. 가　287. 라　288. 가

289. 다음 제품 중 건조 방지를 목적으로 나무틀을 사용하여 굽기를 하는 제품은?

가. 슈　　　　　　　나. 밀푀유

다. 카스텔라　　　　라. 퍼프 페이스트리

　🌑 거품형 케이크이면서 두꺼워서 오랫동안 굽는 카스텔라는 굽기 도중의 수분증발을 최소화하기 위하여 가장자리의 틀은 보통 나무를 이용하여 만든다.

290. 다음 굽기 중 과일 충전물이 끓어 넘치는 원인으로 점검할 사항이 아닌 것은?

가. 배합의 부정확 여부를 확인한다.

나. 충전물 온도가 높은지 점검한다.

다. 바닥 껍질이 너무 얇지는 않은지를 점검한다.

라. 껍데기에 구멍이 없어야 하고, 껍질 사이가 잘 봉해져 있는지의 여부를 확인한다.

　🌑 제품에 외부적 결함이 있으면 넘치거나 흘러나오게 된다.

291. 기포를 안정되게 하기 위해 오븐에 들어가기 직전 충격을 가하는 제품은?

가. 카스텔라　　　　나. 슈

다. 마카롱　　　　　라. 쇼트브레드

　🌑 카스텔라는 거품형 케이크이며 두께를 두껍게 하여 굽는 제품이므로 전체적인 열이 고르게 들어가게 하고 또한 기공도 고르게 하기 위하여 저으면서 굽는 경우도 있다.

292. 반죽에 레몬즙이나 식초를 첨가하여 굽기를 하였을 때 나타나는 현상은?

가. 조직이 치밀하다.

나. 껍질색이 진하다.

다. 향이 짙어진다.

라. 부피가 증가하다.

　🌑 케이크 각 제품은 각기 고유의 pH 범위를 가지며 pH가 낮은 반죽(산성)으로 구운 제품은 신맛이 나며, 기공이 열리고 두껍다. pH가 높으면 소다나 비누맛이 나고, 조밀한 내상과 내부 기공

이 작아 부피가 작은 제품이 된다. 많이 사용하는 재료가 pH에 영향을 주며 밀가루, 시럽, 주스, 버터밀크, 특수한 유화제, 과일, 산염 등은 pH를 낮춘다. 코코아, 달걀, 중조 등은 pH를 높인다. 반죽의 pH는 팽창제에 의해 조절된다.

293. 파운드 케이크를 구울 때 윗면이 자연적으로 터지는 경우가 아닌 것은?

가. 반죽 내의 수분이 불충분한 경우

나. 반죽 내에 녹지않은 설탕입자가 많은 경우

다. 팬에 분할한 후 오븐에 넣을 때까지 장시간 방치하여 껍질이 마른 경우

라. 오븐 온도가 낮아 껍질이 서서히 마를 경우

　🌑 껍질이 서서히 마르게 되면 윗면이 보기 좋게 터지지 않는다.

294. 포장된 제과 제품의 품질 변화 현상이 아닌 것은?

가. 전분의 호화　　　나. 향의 변화

다. 촉감의 변화　　　라. 수분의 이동

　🌑 전분의 호화는 전분에 물과 열을 가했을 때 전분입자가 팽윤하고 점성이 증가하는 상태이다.

295. 제품을 평가하는 데 있어 외부 특성에 해당하지 않는 것은?

가. 부피　　　　　　나. 껍질색

다. 기공　　　　　　라. 균형

　🌑 기공은 내부 평가이다.

296. 빵 및 케이크류에 사용이 허가된 보존료는?

가. 탄산수소나트륨　나. 포름알데히드

다. 탄산암모늄　　　라. 프로피온산

　🌑 프로피온산(propionic acid)은 무색의 액체로 비점이 141℃이며 물과 잘 혼합된다. 미생물의 증식을 억제하지만 그 효과는 특이하다. 빵 부패의 원인이 되는 곰팡이나 부패균(bacillus subtilis)에 유효하고 빵의 발효에 필요한 효모에는 작용하지 않는다.

| 289. 다 | 290. 라 | 291. 가 | 292. 가 | 293. 라 | 294. 가 | 295. 다 | 296. 라 | 🌑 정답 |

297. 다음 중 제과용 믹서로 적합하지 않은 것은?

　　가. 에어믹서　　　나. 버티컬믹서

　　다. 연속식 믹서　　라. 스파이럴믹서

　　　　⊛ 보통 소규모에서는 버티컬(vertical) 즉 수직 믹
　　　　　서를 사용하고 대형 업장인 경우에는 스파이럴
　　　　　(spiral) 즉 나선형 믹서를 사용하며 연속식 믹서
　　　　　는 대형 공장형에서 사용한다.

298. 오븐의 생산능력은 무엇으로 계산하는가?

　　가. 소모되는 전력량

　　나. 오븐의 높이

　　다. 오븐의 단열 정도

　　라. 오븐 내 매입 철판 수

　　　　⊛ 오븐의 생산능력이란 한꺼번에 얼마나 많은 양
　　　　　의 제품을 구울 수 있느냐는 것이다.

299. 일반적인 제과작업장의 시설 설명으로 잘못된 것은?

　　가. 조명은 50Lux 이하가 좋다.

　　나. 방충 · 방서용 금속망은 30메시(mesh)가
　　　　적당하다.

　　다. 벽면은 매끄럽고 청소하기 편리해야 한다.

　　라. 창의 면적은 바닥면적을 기준하여 30%
　　　　정도가 좋다.

　　　　⊛ 주방의 조도는 25Lux 이상이 좋다.

300. 제과공장 설계 시 환경에 대한 조건으로 알
맞지 않은 것은?

　　가. 바다 가까운 곳에 위치하여야 한다.

　　나. 환경 및 주위가 깨끗한 곳이어야 한다.

　　다. 양질의 물을 충분히 얻을 수 있어야 한다.

　　라. 폐수 및 폐기물 처리에 편리한 곳이어야
　　　　한다.

　　　　⊛ 바다 가까운 곳은 습도가 높아 대체적으로 제과
　　　　　공장으로 부적합하다.

정답　297. 가　298. 라　299. 가　300. 가

● 제빵기능사 기출문제

001. 제빵배합표는 밀가루 총량을 100%로 하여 기타 재료를 나누어 표시하는데 이것을 무엇이라 하는가?

가. 베이커스 퍼센트　　나. 표준 퍼센트

다. 4등분 분할법　　　라. 스트레이트 배합법

❀밀가루를 100%로 보고 다른 재료의 양을 나타내는 것을 베이커스 퍼센트라 하고 제과재료 전체를 100%로 보는 것은 트루 퍼센트(True %)라고 한다.

002. 빵과자 배합표의 자료 활용법으로 적당하지 않은 것은?

가. 빵의 생산기준 자료

나. 재료 사용량 파악 자료

다. 원가 산출

라. 국가별 빵의 종류 파악 자료

❀배합표는 생산량, 재료, 원가를 알 수 있는 자료이다.

003. 제빵에서 밀가루, 이스트, 물과 함께 기본적인 필수재료는?

가. 분유　　　　　나. 유지

다. 소금　　　　　라. 설탕

❀소금은 글루텐을 강하게 하여주고 맛을 나게 하므로 빵에서 필수재료이다.

004. 제조공정상 비상반죽법에서 가장 많은 시간을 단축할 수 있는 공정은?

가. 재료 계량　　　나. 믹싱

다. 1차 발효　　　라. 굽기

❀비상반죽법은 빠른 시간에 완성된 제품을 얻기 위해 행하는 방법으로 제품의 질은 떨어지지만 사정에 의하여 어쩔 수 없을 때 시행하는 방법으로 과정 중 발효의 시간을 짧게 해주어 전체 시간을 줄여주는 방법이다.

005. 스펀지 반죽법에서 스펀지 반죽의 재료가 아닌 것은?

가. 설탕　　　　　나. 물

다. 이스트　　　　라. 밀가루

❀스펀지 반죽의 사용재료는 밀가루, 물, 이스트, 이스트푸드이며, 밀가루의 사용범위는 55~100%이다.

006. 스펀지법에서 스펀지 발효점으로 적합한 것은?

가. 처음 부피의 8배로 될 때

나. 발효된 생지가 최대로 팽창했을 때

다. 핀홀(pinhole)이 생길 때

라. 겉 표면의 탄성이 가장 클 때

❀스펀지 발효의 완료점은 반죽부피가 처음의 4~4.5배, 수축현상이 일어나 반죽 중앙이 오목하게 들어가는 드롭이 생길 때이다.

007. 스펀지법으로 만든 제품의 특징은?

가. 노화가 빠르다.　　나. 내상막이 얇다.

다. 발효향이 적다.　　라. 부피가 감소한다.

❀스펀지법의 장점은 작업에 융통성을 발휘할 수

있는 것이다. 이스트 사용량을 20% 줄여도 된다. 노화지연, 내상막이 얇다.

008. 스펀지 도법에 있어서 스펀지 반죽에 사용하는 일반적인 밀가루의 사용 범위는?

   가. 0~20%   나. 20~40%

   다. 40~60%   라. 60~100%

    ✿ 1차 반죽을 스펀지, 2차 반죽을 본 반죽이라 하며 스펀지 반죽은 보통 55~100%의 밀가루를 사용하여 설탕을 넣지 않은 상태에서 전분의 발효를 충분히 하고 난 후 설탕 등 다른 재료를 넣고 본 반죽을 한다. 스펀지 발효온도는 장시간 발효해야 하므로 정상보다 약간 낮은 23~27℃, 상대습도 75~80% 조건에서 3~5시간 발효해야 한다.

009. 다음 중 스트레이트법과 비교한 스펀지법에 대한 설명이 옳은 것은?

   가. 노화가 빠르다.

   나. 발효 내구성이 좋다.

   다. 속결이 거칠고 부피가 작다.

   라. 발효향과 맛이 나쁘다.

    ✿ 발효를 할 때 스트레이트법에 비하여 힘있게 발효되며 속결이 부드럽고 부피가 크며 노화도 스트레이트법에 비하여 빠르게 진행되지 않는다. 스펀지법은 스트레이트법에 비하여 손이 많이 가고 시간이 많이 필요하다.

010. 스펀지 도우법에 비하여 스트레이트법의 장점이 아닌 것은?

   가. 기계내성과 발효 내구성이 좋고, 볼륨이 크다.

   나. 향미나 식감이 좋지 않다.

   다. 제조 공정이 단순하고, 장비가 간단하다.

   라. 발효 손실이 적다.

    ✿ 스펀지 도우법은 시간이 많이 걸리는 제빵법이지만 발효의 시간을 충분히 가짐으로써 좋은 향을 가질 수 있다.

011. 스펀지 도우법에서 스펀지 밀가루 사용량을 증가시킬 때 나타나는 결과가 아닌 것은?

   가. 도우 제조 시 반죽시간이 길어짐

   나. 완제품의 부피가 커짐

   다. 도우 발효시간이 짧아짐

   라. 반죽의 신장성이 좋아짐

    ✿ 스펀지를 1차 반죽 도우를 2차 반죽이라 할 때 스펀지의 밀가루 비율이 높아지면 도우 반죽의 반죽시간은 짧아진다.

012. 반죽을 스펀지법으로 만들었다. 도우(dough) 반죽에서 이스트를 밀가루양의 0.5%를 추가하고자 한다. 이때 추가할 이스트의 양은? (단, 반죽 총량 160kg, 소맥분은 반죽 총량의 60%)

   가. 0.48kg   나. 0.52kg

   다. 0.60kg   라. 0.66kg

    ✿ 소맥분은 반죽 총량의 60%이므로 160kg × 0.6 = 96kg, 추가할 이스트의 양은 0.5%이므로 96kg × 0.005 = 0.48kg이다.

013. 액체발효법에서 액종 발효 시 완충제 역할을 하는 것은?

   가. 탈지분유   나. 설탕

   다. 이스트   라. 소금

    ✿ pH를 유지하기 위해서 탈지분유 또는 탄산칼륨을 완충제로 넣어 pH 4.2~5.0의 액종을 만들어 사용하면 좋은 발효를 얻을 수 있다.

014. 액체발효법에서 발효가 종료된 것을 알기 위한 방법으로 가장 적합한 것은?

   가. 시간의 경과 측정

   나. pH 측정

   다. 거품의 상태 관찰

   라. 색, 냄새 등 관능검사

    ✿ 반죽의 산도를 측정하면 발효된 정도를 알게 된다.

015. 냉동 반죽법에 대한 설명 중 틀린 것은?

   가. 저율배합 제품은 냉동 시 노화의 진행이 비교적 빠르다.

정답   8. 라   9. 나   10. 가   11. 가   12. 가   13. 가   14. 나   15. 라

나. 고율배합 제품은 비교적 완만한 냉동에 견딘다.

다. 저율배합 제품일수록 냉동 처리에 더욱 주의해야 한다.

라. 프랑스빵 반죽은 비교적 노화의 진행이 느리다.

❀프랑스빵류는 저율배합 제품이며 고율 제품에 비하여 노화가 빠르다. 냉동 반죽의 수분이 많으면 반죽을 급속냉동시킬 때 물이 얼음을 형성하게 되어 반죽을 좋지 않게 한다.

016. 냉동반죽법에서 혼합 후 반죽의 결과온도로 가장 적합한 것은?

가. 0℃　　　　　나. 10℃

다. 20℃　　　　　라. 30℃

❀냉동 반죽법은 1차 발효를 끝내고 영하 30도 내외에서 저장하는 방법이 있으므로 반죽온도는 18~22℃ 내외가 적당하다. 냉동과 해동은 수분의 결루를 막기 위하여 영하 40℃ 이하에서 급속냉동이 필요하고 해동은 냉장온도에서 서서히 해야 한다.

017. 냉동반죽의 장점이 아닌 것은?

가. 노동력 절약

나. 작업 효율의 극대화

다. 설비와 공간의 절약

라. 이스트푸드의 절감

❀생산인력 감소, 기계설비비 감소, 생산시간 감소, 보관용이, 매출에 따른 생산량 편리, 대량생산 및 빠른 생산에 적절한 반죽이다. 제품을 취급하기가 용이하고 특정한 날에 사용하기 좋아 생산능률을 최대화할 수 있다.

018. 냉동제품에 대한 설명 중 틀린 것은?

가. 저장기간이 길수록 품질저하가 일어난다.

나. 상대습도를 100%로 하여 해동한다.

다. 냉동반죽의 분할량이 크면 좋지 않다.

라. 수분이 결빙할 때 다량의 잠열을 요구한다.

❀냉동제품은 냉장 해동을 시키므로 냉장 해동 시 냉장고의 상대습도를 100%로 맞출 수 없다.

019. 냉동반죽의 사용 재료에 대한 설명 중 틀린 것은?

가. 유화제는 냉동반죽의 가스 보유력을 높이는 역할을 한다.

나. 물은 일반 제품보다 3~5% 줄인다.

다. 일반 제품보다 산화제 사용량을 증가시킨다.

라. 밀가루는 중력분을 10% 정도 혼합한다.

❀냉동반죽을 할 때는 반죽의 가스 보유력을 증가시키기 위해 단백질 함량이 11.7~13.5%로 비교적 높은 밀가루를 사용한다.

020. 냉동 반죽법에서 믹싱 후 1차 발효시간으로 가장 적합한 것은?

가. 0~20분　　　　　나. 50~60분

다. 80~90분　　　　　라. 110~120분

❀반죽을 만들어 1차 발효를 끝내놓고 온도가 낮은 냉동고에 저장해서 필요할 때 꺼내서 사용할 수 있도록 하는 반죽법이 냉동반죽법이다. 보통 빵 반죽을 만들 때보다 냉동반죽법으로 반죽을 만들게 되면 효모를 평소보다 2배 정도 사용한다. 냉동반죽법은 직접반죽법으로 반죽을 만들어서 1차 발효를 짧게 시키고 바로 냉동시키거나 분할 또는 성형까지만 하고 냉동고에 넣어 급속 냉동시켜 준다.

021. 냉동반죽법에서 1차 발효 시간이 길어질 경우 일어나는 현상은?

가. 냉동 저장성이 짧아진다.

나. 제품의 부피가 커진다.

다. 이스트의 손상이 작아진다.

라. 반죽온도가 낮아진다.

❀발효가 길어지면 이스트의 생존기간이 짧아진다.

022. 냉동반죽의 가스 보유력 저하요인이 아닌 것은?

가. 냉동반죽의 빙결정

나. 해동 시 탄산가스 확산에 기포 수의 감소

다. 냉동 시 탄산가스 용해도 증가에 의한 기포 수의 감소

라. 냉동과 해동 및 냉동저장에 따른 냉동반

---

16. 다　17. 라　18. 나　19. 라　20. 가　21. 가　22. 라 정답

죽 물성의 강화

❀ 반죽의 물성은 냉동저장이 오래될수록 약화된다.

023. 이스트의 사멸로 가스 발생력, 보유력이 떨어지며 환원성 물질이 나와 반죽이 끈적거리고 퍼지기 쉬운 단점을 지닌 제빵법은?

가. 냉동반죽법   나. 호프종법

다. 연속식 제빵법   라. 액체발효법

❀ 냉동반죽은 해동과정이 중요하다. 해동할 때 온도와 습도 등 조건에 맞추어 이루어져야 한다.

024. 냉동빵 혼합(mixing) 시 흔히 사용하고 있는 제법으로, 환원제로 시스테인(cysteine)들을 사용하는 제법은?

가. 스트레이트법   나. 스펀지법

다. 액체발효법   라. 노타임법

❀ 시스테인과 아스코브산으로 글루텐 구조를 형성하여 효모에 의한 1차 발효공정 없이 빵을 만드는 방법으로 직접반죽법에 속한다. 노타임법은 대형공장에서 공정시간을 줄이기 위하여 산화·환원제를 사용하여 만드는 제법이다.

025. 노타임법에 의한 빵 제조에 관한 설명으로 잘못된 것은?

가. 믹싱시간을 20~25% 길게 한다.

나. 산화제와 환원제를 사용한다.

다. 물의 양을 1% 정도 줄인다.

라. 설탕의 사용량을 다소 감소시킨다.

❀ 1차 발효과정을 생략하므로 제빵시간이 단축된다. 발효를 거치지 않아 풍미가 떨어진다. 숙성이 덜 된 반죽으로 만들었기 때문에 빵이 쉽게 마르고 노화한다.

026. 연속식 제빵법을 사용하는 장점과 가장 거리가 먼 것은?

가. 인력의 감소

나. 발효향의 증가

다. 공장 면적과 믹서 등 설비의 감소

라. 발효 손실의 감소

❀ 연속식 제빵 설비는 구입비용은 높지만 다른 설비가 필요 없어 시설, 설비 공간은 감소될 수 있다. 발효가 충분치 못하여 발효향이 증가하지는 않는다.

027. 다음 중 후염법의 가장 큰 장점은?

가. 반죽 시간이 단축된다.

나. 발효가 빨리 된다.

다. 밀가루의 수분흡수가 방지된다.

라. 빵이 더욱 부드럽게 된다.

❀ 후염법의 장점으로는 소금이 글루텐을 단단하게 하므로 물이 먼저 글루텐을 형성하게 하여 밀가루의 수분흡수가 좋고, 반죽시간이 감소된다.

028. 식염이 반죽의 물성 및 발효에 미치는 영향에 대한 설명으로 틀린 것은?

가. 흡수율이 감소한다.

나. 반죽시간이 길어진다.

다. 껍질 색상을 더 진하게 한다.

라. 프로테아제의 활성을 증가시킨다.

❀ 식염이 발효에 미치는 영향은 흡수율을 감소시키며 반죽시간이 길어지고 껍질 색상을 더 진하게 한다.

029. 500g의 완제품 식빵 200개를 제조하려 할 때, 발효 손실이 1%, 굽기 냉각 손실이 12%, 총 배합률이 180%라면 밀가루의 무게는 약 얼마인가?

가. 47kg   나. 55kg

다. 64kg   라. 71kg

❀ 총반죽중량 = 완제품 중량 ÷ (1 - 냉각손실률) ÷ (1 - 발효손실률)

밀가루 중량 = 총반죽중량 × 밀가루 배합률 ÷ 총배합률 = 63769g

030. 식빵배합률 합계가 180%, 밀가루 총 사용량이 3000g일 때 총반죽의 무게는? (단, 기타 손실은 없음)

가. 1620g   나. 3780g

정답 23. 가   24. 라   25. 가   26. 나   27. 가   28. 라   29. 다   30. 다

다. 5400g　　　　라. 5800g

☺ 100 : 3000 = 180 : X

031. 반죽을 믹싱(mixing)할 때 원료가 균일하게 혼합되고 글루텐의 구조가 형성되기 시작하는 단계는?

가. 픽업단계(pick up stage)

나. 발전단계(development stage)

다. 클린업단계(clean up stage)

라. 렛다운단계(let down stage)

☺ 픽업단계는 재료의 혼합이 이루어지고 글루텐의 구조가 생기기 시작하는 단계이며, 클린업단계는 반죽이 한 덩어리가 되고 믹싱볼이 깨끗해지는 단계로 글루텐이 형성되기 시작하는 단계이며 이때 유지를 넣는다.

032. 제빵 시 유지를 투입하는 반죽의 단계는?

가. 픽업단계　　　나. 클린업단계

다. 발전단계　　　라. 최종단계

☺ 제빵의 6단계 중 2단계인 클린업단계는 밀가루가 물과 결합하여 충분한 수화가 이루어진 상태이다.

033. 다음 중 반죽이 매끈해지고 글루텐이 가장 많이 형성되어 탄력성이 강한 것이 특징이며, 프랑스빵 반죽의 믹싱 완료시기인 단계는?

가. 클린업단계　　　나. 발전단계

다. 최종단계　　　라. 렛다운단계

☺ 발전단계는 탄력성은 최대이나 신장성은 최종단계가 되어야 최대가 된다.

034. 반죽제조 단계 중 렛다운(let down)상태까지 믹싱하는 제품으로 적당한 것은?

가. 옥수수식빵, 밤식빵

나. 크림빵, 앙금빵

다. 바게트, 프랑스빵

라. 잉글리시머핀, 햄버거빵

☺ 렛다운까지 반죽하는 빵은 납작한 빵으로 부풀림을 적게 하기 위함이다.

035. 직접반죽법으로 식빵을 제조하려고 한다. 실내온도 23℃, 밀가루 온도 23℃, 수돗물 온도 20℃, 마찰계수 20℃일 때 희망하는 반죽온도를 28℃로 만들려면 사용해야 될 물의 온도는?

가. 16℃　　　　나. 18℃

다. 20℃　　　　라. 23℃

☺ 사용 물 온도 = (희망반죽온도 × 3) − (밀가루 온도 + 실내온도 + 마찰계수) (28 × 3) − (23 + 23 + 20) = 18℃

036. 식빵 제조 시 결과 온도 33℃, 밀가루 온도 23℃, 실내온도 26℃, 수돗물 온도 22℃, 희망온도 27℃, 사용물량 5kg일 때 마찰계수는?

가. 19　　　　나. 22

다. 24　　　　라. 28

☺ 마찰계수 = 결과 반죽온도 × 3 − (실내온도 + 밀가루 온도 + 수돗물 온도) 33 × 3 − (23 + 26 + 22) = 28

037. 더운 여름에 얼음을 사용하여 반죽온도 조절 시 계산 순서로 적합한 것은?

가. 마찰계수 → 물 온도 계산 → 얼음 사용량

나. 물 온도 계산 → 얼음 사용량 → 마찰계수

다. 얼음 사용량 → 마찰계수 → 물 온도 계산

라. 물 온도 계산 → 마찰계수 → 얼음 사용량

☺ 기계의 마찰계수를 구하고 사용할 물 온도를 구해야 하며 필요시 얼음량을 구해야 한다.

038. 스트레이트법으로 식빵을 만들 때, 밀가루 온도 22℃, 실내온도 26℃, 수돗물 온도 17℃, 결과온도 30℃, 희망온도 27℃라면 계산된 물 온도는?

가. 2℃　　　　나. 4℃

다. 6℃　　　　라. 8℃

☺ 마찰계수 = 결과온도 × 3 − (밀가루 온도 + 실내온도 + 수돗물 온도)
= 30 × 3 − (22 + 26 + 17) = 25
계산된 물 온도 = 희망온도 × 3 − (밀가루 온

31. 가　32. 나　33. 나　34. 라　35. 나　36. 라　37. 가　38. 라　정답

도 + 실내온도 + 마찰계수)
= 27 × 3 - (22 + 26 + 25) = 8

039. 어떤 과자점에서 여름에 반죽온도를 24℃로 하여 빵을 만들려고 한다. 사용수 온도는 10℃, 수돗물의 온도는 18℃, 사용수 양은 3kg, 얼음 용량은 900g일 때 조치사항으로 옳은 것은?

가. 믹서에 얼음만 900g을 넣는다.

나. 믹서에 수돗물만 3kg을 넣는다.

다. 믹서에 수돗물 3kg과 얼음 900g을 넣는다.

라. 믹서에 수돗물 2.1kg과 얼음 900g을 넣는다.

❀사용수의 전체량이 3kg이다.

040. 반죽의 희망온도가 27℃이고, 물 사용량은 10kg, 밀가루의 온도가 20℃, 실내온도가 26℃, 수돗물 온도가 18℃, 결과온도가 30℃일 때 얼음의 양은 약 얼마인가?

가. 0.4kg   나. 0.6kg

다. 0.81kg   라. 0.92kg

❀계산된 물 온도(사용할 물 온도) = (희망온도 × 3) - (밀가루 온도 + 실내온도 + 마찰계수)

$$얼음사용량 = \frac{물\ 사용량 × (수돗물\ 온도 - 사용할\ 물\ 온도)}{80 + 수돗물\ 온도}$$

041. 반죽할 때 반죽의 온도가 높아지는 주된 이유는?

가. 마찰열이 발생하므로

나. 이스트가 번식하므로

다. 원료가 용해되므로

라. 글루텐이 발달되므로

❀반죽온도는 재료의 온도 및 반죽 시 반죽과 믹서볼의 마찰열로 인하여 높아진다.

042. 반죽의 온도가 정상보다 높을 때, 예상되는 결과는?

가. 기공이 밀착된다.   나. 노화가 촉진된다.

다. 표면이 터진다.   라. 부피가 작다.

❀반죽 온도가 높으면 기공이 열리고 부피가 커질 수 있으며 그런 제품이 나왔을 때 공기와의 접촉 면적이 넓어 노화가 촉진된다.

043. 제빵 생산 시 물 온도를 구할 때 필요한 인자와 가장 거리가 먼 것은?

가. 쇼트닝 온도   나. 실내온도

다. 마찰계수   라. 밀가루 온도

❀제빵에서 쇼트닝의 사용량은 미미하거나 사용하지 않기 때문이다.

044. 분할을 할 때 반죽의 손상을 줄일 수 있는 방법이 아닌 것은?

가. 스트레이트법보다 스펀지법으로 반죽한다.

나. 반죽온도를 높인다.

다. 단백질 양이 많은 질 좋은 밀가루로 만든다.

라. 가수량이 최적인 상태의 반죽을 만든다.

❀분할과정이 길어지면 나타날 수 있는 결과로는 반죽의 내구성이 나빠지고 불규칙한 무게측정의 원인이 되며, 최종제품에서 속질이 끈적해지고 껍질색이 나빠질 수 있다. 반죽온도가 높으면 발효 손실이 늘어난다.

045. 분할기에 의한 식빵 분할은 최대 몇 분 이내에 완료하는 것이 가장 적합한가?

가. 20분   나. 30분

다. 40분   라. 50분

❀분할을 너무 오래하면 먼저 분할한 반죽과 나중에 분할한 반죽의 차이가 많이 나므로 가장 짧은 20분 이내가 적당하다 하겠다.

046. 분할기에 의한 기계식 분할 시 분할의 기준이 되는 것은?

가. 무게   나. 모양

다. 배합률   라. 부피

❀같은 부피로 분할하는 것이므로 반죽을 고르게 펴서 분할기에 맞게 하여 분할해야 한다. 그렇지 않으면 분할의 크기가 다르게 나올 수 있다.

정답 39. 라   40. 라   41. 가   42. 나   43. 가   44. 나   45. 가   46. 라

047. 다음 중 분할에 대한 설명으로 옳은 것은?

가. 1배합당 식빵류는 30분 내에 하도록 한다.

나. 기계분할은 발효과정의 진행과는 무관하여 분할시간에 제한을 받지 않는다.

다. 기계분할은 손 분할에 비해 약한 밀가루로 만든 반죽분할에 유리하다.

라. 손 분할은 오븐 스프링이 좋아 부피가 양호한 제품을 만들 수 있다.

　❀기계분할은 글루텐의 힘이 있는 강한 밀가루로 반죽된 것이어야 기계에 붙지 않고 작업에 무리가 없으며 분할은 가능하면 빠르게 이루어져야 한다.

048. 둥글리기의 목적이 아닌 것은?

가. 글루텐의 구조와 방향정돈

나. 수분 흡수력 증가

다. 반죽의 기공을 고르게 유지

라. 반죽 표면에 얇은 막 형성

　❀분할로 일그러진 글루텐을 정돈하여 발효에 도움을 주기 위함이다. 둥글리기와 수분 흡수력과는 관계가 없다.

049. 둥글리기가 끝난 반죽을 성형하기 전에 짧은 시간 동안 발효시키는 목적으로 적합하지 않은 것은?

가. 가스 발생으로 반죽의 유연성을 회복시키기 위해

나. 가스 발생력을 키워 반죽을 부풀리기 위해

다. 반죽표면에 얇은 막을 만들어 성형할 때 끈적거리지 않도록 하기 위해

라. 분할, 둥글리기하는 과정에서 손상된 글루텐 구조를 재정돈하기 위해

　❀중간발효는 다음 공정인 성형을 용이하게 하기 위함이 큰 이유이다.

050. 제빵에서 중간발효의 목적이 아닌 것은?

가. 반죽을 하나의 표피로 만든다.

나. 분할공정으로 잃었던 가스의 일부를 다시 보완시킨다.

다. 반죽의 글루텐을 회복시킨다.

라. 정형과정 중 찢어지거나 터지는 현상을 방지한다.

　❀반죽을 하나의 표피로 만드는 공정은 분할 후 둥글리기 과정을 말한다. 반죽을 여러 모양으로 만들 수 있도록 유연성을 부여하는 것이 이유다.

051. 중간발효에 대한 설명으로 틀린 것은?

가. 글루텐 구조를 재정돈한다.

나. 가스발생으로 반죽의 유연성을 회복한다.

다. 오버 헤드 프루프(over head proof)라고 한다.

라. 탄력성과 신장성에는 나쁜 영향을 미친다.

　❀탄력성과 신장성에 좋은 영향을 갖게 한다. 1, 2차 발효 사이에 있는 중간발효는 보통 다른 공정 설비들의 위에 놓여 발효되기 때문에 오버 헤드 프루퍼라고 한다.

052. 중간발효를 시킬 때 가장 적합한 습도는?

가. 62~67%　　　나. 72~77%

다. 82~87%　　　라. 89~94%

　❀중간발효는 성형을 위해 지나친 습도는 좋지 않다.

053. 다음 중 중간발효에 대한 설명으로 옳은 것은?

가. 상대습도 85% 전후로 시행한다.

나. 중간발효 중 습도가 높으면 껍질이 형성되어 빵 속에 단단한 소용돌이가 생성된다.

다. 중간발효 온도는 27~29℃ 가 적당하다.

라. 중간발효가 잘되면 글루텐이 잘 발달된다.

　❀중간발효는 지나치지 않은 습도와 실온 정도에서 하는 것이 적당하며 글루텐을 발달시키기 위함이 아니라 분할 중 흐트러진 글루텐 구조를 재정돈하고 다음 공정인 성형공정의 작업을 원활하게 하기 위함이다.

054. 발효 중 펀치의 효과와 거리가 먼 것은?

가. 반죽의 온도를 균일하게 한다.

나. 이스트의 활성을 돕는다.

---

47. 라　48. 나　49. 나　50. 가　51. 라　52. 나　53. 다　54. 라 정답

다. 산소공급으로 반죽의 산화숙성을 진전시
킨다.

라. 성형을 용이하게 한다.

◎중간발효는 성형을 용이하게 한다.

055. 일반적인 1차 발효실의 가장 이상적인 습도는?

가. 45~50%　　　　나. 55~60%

다. 65~70%　　　　라. 75~80%

◎1차 발효실의 습도는 반죽 속의 수분량(반죽의
수분량은 보통 65~70% 정도)을 밀가루 기준으
로 하여 나타낸 백분율보다 약간 더 올려 설정
하므로 75~80%가 이상적이다. 1차 발효의 온
도는 27도, 습도는 75~80%, 2차 발효의 온도는
35~45도, 습도는 75~90%이며, 2차 발효 시 프
랑스 빵류는 조금 낮아 32도, 75~80%이다.

056. 2차 발효 시 3가지 기본적 요소가 아닌 것은?

가. 온도　　　　　나. pH

다. 습도　　　　　라. 시간

◎발효의 3대 요소는 온도, 시간, 습도이다.

057. 발효에 영향을 주는 요소로 볼 수 없는 것은?

가. 이스트의 양　　나. 쇼트닝의 양

다. 온도　　　　　라. pH

◎습도, 설탕, 소금의 양 등도 영향을 받는다.

058. 제빵 시 2차 발효의 목적이 아닌 것은?

가. 성형공정을 거치면서 가스가 빠진 반죽을
다시 부풀리기 위해

나. 발효산물 중 유기산과 알코올이 글루텐의
신장성과 탄력성을 높여 오븐 팽창이 잘
일어나도록 하기 위해

다. 온도와 습도를 조절하여 이스트의 활성을
촉진시키기 위해

라. 빵의 향에 관계하는 발효산물인 알코올
유기산 및 그 밖의 방향성 물질을 날려 보
내기 위해

◎발효산물을 날려 보내기 위하여 2차 발효를 하

는 것이 아니라 반죽 속에 잘 간직하기 위하여
2차 발효를 하는 것이다.

059. 2차 발효에 관련된 설명으로 틀린 것은?

가. 원하는 크기와 글루텐의 숙성을 위한 과
정이다.

나. 2차 발효는 온도, 습도, 시간의 세 가지 요
소에 의하여 조절된다.

다. 2차 발효실의 상대습도 75~90%가 적당하다.

라. 2차 발효실의 습도가 지나치게 높으면 껍
질이 과도하게 터진다.

◎2차 발효실의 습도가 높으면 껍질이 윤기가 없
고 딱딱한 빵이 된다. 지나치게 높은 습도는 제
품의 표면에 물집이 생기기도 한다. 2차 발효실
의 습도가 낮으면 용적이 크지 않고 표면이 갈
라진다. 껍질의 호화, 당화 부족으로 구운 색이
불량하고 얼룩이 생기기 쉬우며 광택이 부족하
다. 2차 발효실의 습도가 낮은 경우에 껍질이 두
껍게 형성되고 터짐 현상이 발생될 수 있다.

060. 제빵에 있어 2차 발효실이 습도가 너무 높을
때 일어날 수 있는 결점은?

가. 겉껍질 형성이 빠르다.

나. 오븐 팽창이 적어진다.

다. 껍질색이 불균일해진다.

라. 수포가 생성되고 질긴 껍질이 되기 쉽다.

◎오븐에 들어가기 전의 제품에 지나친 수분이 남
아 있어 수포가 형성되기 쉬우며 수분 때문에
익는 시간이 길어져 질긴 껍질이 형성되기 쉽다.

061. 2차 발효 시 발효실의 평균 온도와 습도는?

가. 28~30℃ , 60~65% 나. 30~35℃, 65~95%

다. 35~38℃ , 75~90% 라. 40~45℃, 80~95%

◎1차 발효보다는 온도와 습도를 약간 높게 한다.

062. 제빵과정에서 2차 발효가 덜 된 경우에 나타
나는 현상은?

가. 기공이 거칠다.

나. 부피가 작아진다.

다. 브레이크와 슈레드가 부족하다.

라. 빵 속 색깔이 회색같이 어둡다.

　　❂2차 발효가 덜 되면 부피가 작고 터짐이 심해질
　　수 있다.

063. 2차 발효의 상대습도를 가장 낮게 하는 제품은?

가. 옥수수식빵　　　나. 데니시 페이스트리

다. 우유식빵　　　　라. 팥앙금빵

　　❂유지의 함량이 높은 반죽은 2차 발효의 온도, 습
　　도를 상대적으로 낮게 해야 한다.

064. 제빵 시 적절한 2차 발효점은 완제품 용적의 몇 %가 가장 적당한가?

가. 40~45%　　　　나. 50~55%

다. 70~80%　　　　라. 90~95%

　　❂오븐 스프링을 남겨 놓은 2차 발효의 종점은 완
　　제품 대비 80% 정도가 적당하다.

065. 2차 발효에 대한 설명으로 틀린 것은?

가. 이산화탄소를 생성시켜 최대한의 부피를
　　얻고 글루텐을 신장시키는 과정이다.

나. 2차 발효실의 온도는 반죽의 온도보다 같
　　거나 높아야 한다.

다. 2차 발효실의 습도는 평균 75~90% 정도
　　이다.

라. 2차 발효실의 습도가 높을 경우 겉껍질이
　　형성되고 터짐 현상이 발생한다.

　　❂발효실의 습도가 아주 낮을 때 겉껍질이 형성되
　　고 터짐현상이 일어난다.

066. 반죽을 발효시키는 목적이 아닌 것은?

가. 향 생성　　　　　나. 반죽의 숙성작용

다. 반죽의 팽창작용　라. 글루텐 응고

　　❂성형에서 가스 빼기가 된 반죽을 다시 그물구조
　　로 팽창시키고 알코올, 유기산 및 그 외의 방향
　　물질을 생산하며 생성된 유기산과 알코올이 글
　　루텐에 작용하여 반죽의 신전성을 증가시켜 오
　　븐 스프링을 돕는다. 또한 반죽온도의 상승에
　　따른 이스트와 효소의 활성화로 완제품의 부피

에 가까운 반죽의 팽창을 위해서 발효시킨다.

067. 발효의 설명으로 잘못된 것은?

가. 발효 속도는 발효의 온도가 38℃일 때 최
　　대이다.

나. 이스트의 최적 pH는 4.7이다.

다. 알코올 농도가 최고에 달했을 때 즉 발효
　　의 마지막 단계에서 발효 속도는 증가한다.

라. 소금은 약 1% 이상에서 발효를 지연시킨다.

　　❂알코올 발효가 최상에 도달했다는 의미는 발효
　　의 종점이 되었다는 의미이다. 고배합의 재료에
　　는 수분의 함유량이 많아 발효손실을 줄일 수
　　있다.

068. 다음 발효과정 중 손실에 관계되는 사항과 가장 거리가 먼 것은?

가. 반죽온도　　　　나. 기압

다. 발효온도　　　　라. 소금

　　❂발효 손실은 발효과정 중 수분의 손실을 가져
　　오는 것을 말하며 소금은 반죽의 수분흡수량에
　　관계가 있다.

069. 빵 발효에서 다른 조건이 같을 때 발효 손실에 대한 설명으로 틀린 것은?

가. 반죽온도가 낮을수록 발효손실이 크다.

나. 발효시간이 길수록 발효손실이 크다.

다. 소금, 설탕 사용량이 많을수록 발효손실
　　이 적다.

라. 발효실 온도가 높을수록 발효손실이 크다.

　　❂발효손실은 발효 중 수분의 증발로 무게가 줄어
　　드는 것을 말하며 소금, 설탕 등은 흡수력이 있
　　으며 온도가 높으면 수분의 증발이 심하다.

070. 발효 전 무게는 1,600g, 발효 후 무게가 1,578g일 때 발효 손실은?

가. 0.98%　　　　　나. 1.375%

다. 1.98%　　　　　라. 2.375%

　　❂손실률(%) = (1 − 발효 후 무게 ÷ 발효 전 무게)
　　× 100 = (1 − 1578 ÷ 1600) × 100 = 1.375%

---

071. 식빵 반죽 표피에 수포가 생긴 이유로 적합한 것은?

가. 2차 발효실 상대습도가 높았다.
나. 2차 발효실 상대습도가 낮았다.
다. 1차 발효실 상대습도가 높았다.
라. 1차 발효실 상대습도가 낮았다.

❀2차 발효실의 습도가 높으면 반죽 표면에 수분이 많이 들어가 천천히 부풀면서 일부에 혹이 생기게 된다.

072. 제빵용 밀가루에서 빵 발효에 많은 영향을 주는 손상전분의 적정한 함량은?

가. 0%　　　　나. 1~3.5%
다. 4.5~8%　　라. 9~12.5%

❀손상전분이란 밀가루를 제분할 때 입자가 깨어진 것을 말하며 수분흡수율을 증가시킨다.

073. 2% 이스트로 4시간 발효했을 때 가장 좋은 결과를 얻는다고 가정할 때, 발효시간을 3시간으로 감소시키려면 이스트의 양은 얼마로 해야 하는가? (단, 소수 첫째 자리에서 반올림하시오)

가. 2.16%　　　나. 2.67%
다. 3.16%　　　라. 3.67%

❀한 시간 발효를 줄이려면 3분의 1의 이스트를 더해야 한다. 2 × 1.33 = 2.67

074. 빵 발효에 영향을 주는 요소에 대한 설명으로 틀린 것은?

가. 사용하는 이스트의 양이 많으면 발효시간은 감소된다.
나. 삼투압이 높으면 발효가 지연된다.
다. 제빵용 이스트는 약알칼리성에서 가장 잘 발효된다.
라. 적정량의 손상된 전분은 발효성 탄수화물을 공급한다.

❀이스트는 발효되면서 점점 산도가 낮아진다. pH가 6.5이면 발효가 부족한 상태이고 pH가 5.7이

면 정상반죽이다. 그리고 pH가 5.0이면 발효과다의 지친 반죽이다.

075. 빵 발효에 영향을 주는 요소에 대한 설명으로 틀린 것은?

가. 적정한 범위 내에서 이스트의 양을 증가시키면 발효시간이 짧아진다.
나. pH 4.7 근처일 때 발효가 활발해진다.
다. 적정한 범위 내에서 온도가 상승하면 발효시간은 짧아진다.
라. 삼투압이 높아지면 발효시간은 짧아진다.

❀발효성 당의 농도가 5% 이상이 되면 발효가 지연된다. 삼투압이 높아지면 발효가 이루어지지 않는다. 매실 효소를 담글 때 설탕을 100% 넣고 발효시키는 것은 발효가 아니라 설탕의 삼투압에 의한 엑기스의 추출이다.

076. 어린 생지로 만든 제품의 특성이 아닌 것은?

가. 부피가 적다.
나. 속결이 거칠다.
다. 빵 속 색깔이 희다.
라. 모서리가 예리하다.

❀어린 생지로 만들게 되면 빵 속이 어둡다. 제품의 향은 충분한 발효가 이루어져야 하며 어린 반죽은 발효가 잘 되지 않은 반죽이다.

077. 어린 반죽으로 만든 제품의 특징과 거리가 먼 것은?

가. 내상의 색상이 검다.
나. 쉰 냄새가 난다.
다. 부피가 작다.
라. 껍질의 색상이 진하다.

❀지친 반죽에서 발효가 빠르게 일어나고 쉰 냄새가 나게 된다.

078. 과발효된(over proof) 반죽으로 만들어진 제품의 결함이 아닌 것은?

가. 조직이 거칠다.
나. 식감이 건조하고 단단하다.

다. 내부에 구멍이나 터널현상이 나타난다.

라. 제품의 발효향이 약하다.

✪ 과발효되면 발효향이 달아나서 향이 약해진다.

079. 빵 발효에 관련되는 효소로서 포도당을 분해하는 효소는?

가. 아밀라아제　　　나. 말타아제

다. 치마아제　　　　라. 리파아제

✪ 아밀라아제는 녹말을 가수분해하는 효소의 총칭이며 말타아제는 녹말 분해효소로 아밀라아제를 도와 완전하게 녹말을 분해시켜 과당과 포도당을 만들며 리파아제는 지방을 분해하는 효소이고 치마아제는 포도당을 분해하여 알코올과 이산화탄소를 만든다.

치마아제 : 포도당, 과당, 만노오스

→ 알코올 + CO₂

080. 다음 발효 중 일어나는 생화학적 생성물질이 아닌 것은?

가. 덱스트린　　　나. 맥아당

다. 포도당　　　　라. 이성화당

✪ 글루코오스를 알칼리 또는 효소(글루코오스 이성질화효소)를 이용하여 프룩토오스로 이성화한 당액으로 대부분의 청량음료, 락트산음료, 빵 등에 사용된다.

081. 효소를 구성하는 주성분에 대한 설명으로 틀린 것은?

가. 탄소, 수소, 산소, 질소 등의 원소로 구성되어 있다.

나. 아미노산이 펩티드 결합을 하고 있는 구조이다.

다. 열에 안정하여 가열하여도 변성되지 않는다.

라. 섭취 시 4kcal의 열량을 내다

✪ 효소는 열에 약하며 단백질로 구성되어 열량은 단백질과 동일하다.

082. 다음 중 발효시간을 단축시키는 물은?

가. 연수　　　　　나. 경수

다. 염수　　　　　라. 알칼리수

✪ 유기물을 함유하지 않은 물이 많이 함유한 물에 비하여 발효시간이 단축된다.

083. 다음 중 빵 반죽의 발효에 속하는 것은?

가. 온도 27~29℃, 습도 90~100%

나. 온도 38~40℃, 습도 90~100%

다. 온도 38~40℃, 습도 80~90%

라. 온도 27~29℃, 습도 80~90%

✪ 발효온도는 35℃를 넘지 않고 습도가 90%를 넘지 않아야 한다.

084. 굽기 중 전분의 호화 개시 온도와 이스트의 사멸온도로 가장 적당한 것은?

가. 20℃　　　　　나. 30℃

다. 40℃　　　　　라. 60℃

✪ 이스트의 완전 사멸온도는 65℃이다.

085. 이스트에 함유되어 있는 효소 중에서 지방을 지방산과 글리세린으로 분해하는 효소는?

가. 프로테아제(protease)

나. 리파아제(lipase)

다. 인베르타아제(invertase)

라. 말타아제(maltase)

✪ 지방분해효소는 리파아제이다.

086. 효모가 포도당으로부터 에틸알코올을 생산할 때 발생되는 가스는?

가. 탄산가스　　　나. 황화가스

다. 수소가스　　　라. 질소가스

✪ 포도당은 치마아제라는 효소에 의해 분해되어 탄산가스와 알코올을 생산한다.

087. 압착효모(생이스트)의 고형분 함량은 보통 몇 %인가?

가. 10%　　　　　나. 30%

다. 50%　　　　　라. 60%

---

79. 다　80. 라　81. 다　82. 가　83. 라　84. 라　85. 나　86. 가　87. 나　**정답**

⊛고형분의 양은 30%이나 드라이 이스트와 대치하여 사용할 때에는 드라이 이스트양의 2배를 넣어 사용한다.

088. 이스트에 질소 등의 영양을 공급하는 제빵용 이스트푸드의 성분은?

　가. 칼슘염　　　　　나. 암모늄염

　다. 브롬염　　　　　라. 요오드염

　　⊛이스트는 다른 식물과 마찬가지로 질소, 인산, 칼륨의 3대 영양소가 필요한데, 이스트푸드는 이스트에 부족한 질소를 제공하고 이때 첨가하는 것이 암모늄염이다. 황산칼슘 25%, 염화암모늄 10%, 식염 0.3~0.5%, 전분으로 구성되어 있으며 질소영양을 공급하는 것은 암모늄염이다.

089. 다음에서 이스트의 영양원이 되는 물질은?

　가. 인산칼슘　　　　나. 소금

　다. 황산암모늄　　　라. 브롬산칼슘

　　⊛효모가 필요로 하는 영양원인 질소원은 염화암모늄, 황산암모늄, 인산암모늄이다.

090. 효소를 구성하는 주요 구성물질은?

　가. 탄수화물　　　　나. 지질

　다. 단백질　　　　　라. 비타민

　　⊛효소는 단백질로 구성된다.

091. 다음 당류 중 일반적인 제빵용 이스트에 의하여 분해되지 않는 것은?

　가. 설탕　　　　　　나. 맥아당

　다. 과당　　　　　　라. 유당

　　⊛이스트에는 유당을 분해하는 효소인 락타아제를 함유하지 않는다.

092. 이스트푸드의 구성성분이 아닌 것은?

　가. 암모늄염　　　　나. 질산염

　다. 칼슘염　　　　　라. 전분

　　⊛구성성분은 암모늄염, 칼슘염, 전분이며 역할은 물조절, 발효조절, 반죽조절, pH 조절이다.

093. 이스트의 3대 기능과 가장 거리가 먼 것은?

　가. 팽창작용　　　　나. 향 개발

　다. 반죽 발전　　　　라. 저장성 증가

　　⊛이스트의 중요한 기능으로는 발효 시에 생성되는 탄산가스에 있으며, 이와 더불어 알코올, 산, 열 등이 부산물로 생성되어 발효과정에서 원하는 반죽의 부피와 향을 얻을 수 있다.

094. 효모의 대표적인 증식방법은?

　가. 분열법　　　　　나. 출아법

　다. 유포자형성　　　라. 무성포자형성

　　⊛효모는 살아 있는 미생물로 출아법에 의해 번식한다.

095. 이스트에 함유되어 있지 않은 효소는?

　가. 인베르타아제　　나. 말타아제

　다. 치마아제　　　　라. 아밀라아제

　　⊛아밀라아제는 녹말을 엿당, 소량의 덱스트린, 포도당으로 가수분해하는 효소를 통틀어 이르는 말. 녹말분자의 결합을 분해하는 방식에 따라 α와 β의 두 종류가 있다. 고등동물의 침 속이나 미생물, 식물 따위에 널리 들어 있으나 이스트에는 들어 있지 않다.

096. 다음 중 제빵용 효모에 함유되어 있지 않은 효소는?

　가. 프로테아제　　　나. 말타아제

　다. 사카라아제　　　라. 인베르타아제

　　⊛수크라아제는 설탕분해효소로서 사카라아제라고도 불리며, 설탕에 작용하여 포도당과 과당으로 분해된다.

097. 이스트의 가스 생산과 보유를 고려할 때 제빵에 가장 좋은 물의 경도는?

　가. 0~60ppm

　나. 120~180ppm

　다. 180ppm 이상(일시)

　라. 180ppm 이상(영구)

　　⊛이스트의 활성을 좋게 하는 물은 아경수이다.

정답　88. 나　89. 다　90. 다　91. 라　92. 나　93. 라　94. 나　95. 라　96. 다　97. 나

098. 다음 중 빵 반죽의 발효에 속하는 것은?

가. 낙산발효　　　　나. 부패발효

다. 알코올발효　　　라. 초산발효

◉ 빵효모(이스트)는 당분이나 영양분을 가한 습기가 있는 밀가루에 섞으면 알코올발효를 일으키는 물질이다. 알코올발효가 일어날 때 다량의 이산화탄소를 발생시켜 빵을 부풀게 하는 작용을 한다.

099. 효모에 함유된 성분으로 특히 오래된 효모에 많고 환원제로 작용하여 반죽을 약화시키고 빵의 맛과 품질을 떨어뜨리는 것은?

가. 글루타티온　　　나. 글리세린

다. 글리아딘　　　　라. 글리코겐

◉ 오래된 효모가 수화될 때 나오는 환원성 물질인 글루타티온은 반죽을 약화시키고 끈적거리게 만들며 가스 보유력도 떨어뜨려 빵의 품질을 떨어지게 한다.

100. 효소에 대한 설명으로 맞는 것은?

가. 단백질로 구성되어 있다.

나. 화학적 촉매이다.

다. 화학반응속도와는 관련이 없다.

라. 일반적으로 10℃에서 활성이 가장 높다.

◉ 동물성 효소는 37℃, 식물성 효소는 60℃ 부근에서 활성이 높으며 단백질로 구성되어 있다. 화학반응을 촉진하는 촉매로 작용한다.

101. 성형하여 철판에 반죽을 놓을 때, 일반적으로 가장 적당한 철판의 온도는?

가. 약 10℃　　　　나. 약 25℃

다. 약 32℃　　　　라. 약 55℃

◉ 반죽 자체의 온도보다 약간 높은 정도의 온도가 적당하다. 빵 반죽의 온도는 굽기가 진행되는 동안 지속적으로 상승되어야 하므로 팬의 온도는 반죽온도보다 약간 높아야 한다.

102. 성형한 식빵 반죽을 팬에 넣을 때 이음매의 위치는 어느 쪽이 가장 좋은가?

가. 위　　　　　　　나. 아래

다. 좌측　　　　　　라. 우측

◉ 대부분의 빵의 이음매는 바닥으로 가게 하여 패닝을 한다.

103. 빵 반죽을 정형기(moulder)에 통과시켰을 때 아령 모양으로 되었다면 정형기의 압력상태는?

가. 압력이 강하다.　　나. 압력이 약하다.

다. 압력이 적당하다.　라. 압력과는 관계없다.

◉ 정형기의 압력이 강할 때 일어나는 현상이다.

104. 제빵공정 중 정형(형)공정에 속하지 않는 것은?

가. 둥글리기　　　　나. 가스 빼기

다. 말기　　　　　　라. 봉하기

◉ 정형공정은 반죽을 성형하는 과정을 거쳐 모양을 잡는다는 뜻으로 밀어서 가스를 빼고 말기 등으로 모양을 잡아 이음매를 봉하는 과정이며 분할, 둥글리기, 중간발효, 정형, 패닝의 모든 과정을 성형공정이라 한다.

105. 제빵 시 정형(make-up)의 범위에 들어가지 않는 것은?

가. 둥글리기　　　　나. 분할

다. 성형　　　　　　라. 2차 발효

◉ 정형공정은 분할, 둥글리기, 중간발효, 성형, 패닝을 말한다.

106. 성형과정을 거치는 동안에 반죽이 거친 취급을 받아 상처받은 상태이므로 이를 회복시키기 위해 글루텐숙성과 팽창을 도모하는 과정은?

가. 1차 발효　　　　나. 중간발효

다. 펀치　　　　　　라. 2차 발효

◉ 성형 다음 공정은 2차 발효이다.

107. 산형식빵의 비용적으로 가장 적합한 것은?

가. 1.5~1.8　　　　나. 1.7~2.6

다. 3.2~3.5　　　　라. 4.0~4.5

◉ 비용적(반죽 1g당 굽는 데 필요한 팬의 부피)을

알고 팬의 부피를 계산한 후 패닝을 해야 알맞은 제품을 얻을 수 있다. 산형식빵 반죽 1g을 굽는 데는 3.36㎤ 정도의 부피가 필요하다. 풀먼식빵은 3.9㎤ 정도 필요하다.

빵 팬용적(cc) ÷ 비용적 = 적정 반죽양

108. 안치수가 그림과 같은 식빵 철판의 용적은?

(단위 : mm)

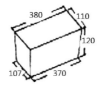

가. 4662㎤ 　　　　나. 4837.5㎤

다. 5018.5㎤ 　　　　라. 5218.5㎤

　　⊕ 식빵틀의 부피는 가로, 세로의 길이가 다르므로 평균을 내어서 가로, 세로, 높이를 곱하주면 된다.

109. 이형유에 관한 설명 중 틀린 것은?

가. 틀을 실리콘으로 코팅하면 이형유 사용을 줄일 수 있다.

나. 이형유는 발연점이 높은 기름을 사용한다.

다. 이형유 사용량은 반죽무게에 대하여 0.1~0.2% 정도이다.

라. 이형유 사용량이 많으면 밑껍질이 얇아지고 색상이 밝아진다.

　　⊕ 팬기름(이형유)을 과다하게 사용하면 바닥이 튀겨지므로 두껍게 되고 옆면이 약해져서 슬라이서에서 주저앉기 쉽다.

110. 제빵 시 팬기름의 조건으로 적합하지 않은 것은?

가. 발연점이 낮을 것 　나. 무취일 것

다. 무색일 것 　　　　라. 산패가 잘 안 될 것

　　⊕ 팬기름은 튀김기름과 마찬가지로 열에 강해야 한다.

111. 제빵용 팬기름에 대한 설명으로 틀린 것은?

가. 종류에 상관없이 발연점이 낮아야 한다.

나. 백색 광유(mineral oil)도 사용된다.

다. 정제라드, 식물유, 혼합유도 사용된다.

라. 과다하게 칠하면 밑껍질이 두껍고 어둡게 된다.

　　⊕ 발연점은 높아야 한다. 팬기름은 정해지는 것이 아니라 팬분리를 할 수 있는 최소량을 칠해야 한다.

112. 팬 오일의 조건이 아닌 것은?

가. 발연점이 130℃ 정도 되는 기름을 사용한다.

나. 산패되기 쉬운 지방산이 적어야 한다.

다. 보통 반죽무게의 0.1~0.2%를 사용한다.

라. 면실유, 대두유 등의 기름이 이용된다.

　　⊕ 발연점이란 연기가 나기 시작하는 온도로 팬오일의 발연점과 인화점은 높을수록 좋다. 발연점이 낮은 기름을 사용하면 지방이 지방산과 글리세롤로 분해되고 글리세린이 탈수되어 자극성 냄새를 가진 아크롤레인으로 변하여 빵에 스며들어 풍미를 저하시킨다.

113. 패닝방법 중 풀먼 브레드와 같이 뚜껑을 덮어 굽는 제품에 반죽을 길게 늘려 U자, N자, M자형으로 넣는 방법은?

가. 직접 패닝 　　　　나. 트위스트 패닝

다. 스파이럴 패닝 　　라. 교차 패닝

　　⊕ 반죽을 교차되게 넣는 방법이라 한다.

114. 다음 중 식빵의 껍질색이 너무 옅은 결점의 원인은?

가. 연수사용 　　　　나. 설탕사용 과다

다. 과도한 굽기 　　　라. 과도한 믹싱

　　⊕ 설탕과다, 과도한 굽기, 과도한 믹싱은 껍질을 짙게 한다. 무기질은 열반응을 촉진하여 껍질색을 짙게 한다. 무기질이 적게 함유된 연수를 쓰면 껍질색이 옅어진다.

115. 다음 중 파이롤러를 사용하기에 부적합한 제품은?

가. 스위트롤 　　　　나. 데니시 페이스트리

다. 크루아상 　　　라. 브리오슈

　　✪ 파이롤러는 롤러 간격을 조절하여 반죽의 두께를 조절하여 밀어 펴는 기계이다. 브리오슈는 밀어 펴는 반죽이 아니라 유지가 반죽에 많이 들어간 고유지 제품이다.

116. 다음 중 쇼트닝을 몇 % 정도 사용했을 때 빵 제품의 최대 부피를 얻을 수 있는가?

가. 2% 　　　　　　나. 4%

다. 8% 　　　　　　라. 12%

　　✪ 쇼트닝은 유지 함량이 100%로 빵에서 4% 정도를 사용할 때 부피가 가장 커진다고 한다.

117. 우유 2,000g을 사용하는 식빵 반죽에 전지분유를 사용할 때 분유와 물의 사용량은?

가. 분유 100g, 물 1,900g

나. 분유 200g, 물 1,800g

다. 분유 400g, 물 1,600g

라. 분유 600g, 물 1,400g

　　✪ 우유 = 분유(10%) + 물(90%)이므로 분유 200g, 물 1,800g

118. 냉동 페이스트리를 구운 후 옆면이 주저앉는 원인으로 틀린 것은?

가. 토핑물이 많은 경우

나. 잘 구워지지 않은 경우

다. 2차 발효가 과다한 경우

라. 해동온도가 2~5℃로 낮은 경우

　　✪ 냉동 페이스트리를 해동시킬 때 냉장이 아닌 고온에서 해동시키면 옆면이 주저앉는다.

119. 식빵의 밑이 움푹 패이는 원인이 아닌 것은?

가. 2차 발효실이 습도가 높을 때

나. 팬의 바닥에 수분이 있을 때

다. 오븐 바닥열이 약할 때

라. 팬에 기름칠을 하지 않을 때

　　✪ 오븐 바닥열이 높으면 일시에 가스가 많이 발생되어 바닥을 들어 올리게 된다.

120. 같은 조건의 반죽에 설탕, 포도당, 과당을 같은 농도로 첨가했다고 가정할 때 마이야르 반응속도를 촉진시키는 순서대로 나열된 것은?

가. 설탕 - 포도당 - 과당

나. 과당 - 설탕 - 포도당

다. 과당 - 포도당 - 설탕

라. 포도당 - 과당 - 설탕

　　✪ 단당류 중 포도당과 포도당이 결합된 과당이 먼저이며 다음이 포도당 그리고 분해되어 반응을 일으키는 설탕 순이다.

121. 제빵에서 설탕의 기능으로 틀린 것은?

가. 이스트의 영양분이 됨

나. 껍질색을 나게 함

다. 향을 향상시킴

라. 노화를 촉진시킴

　　✪ 설탕은 수분을 보유하여 노화를 느리게 한다.

122. 계면활성제의 친수성–친유성 균형(HLB)이 다음과 같을 때 친수성인 것은?

가. 5 　　　　　　나. 7

다. 9 　　　　　　라. 11

　　✪ HLB의 수치가 9 이하이면 친유성으로 기름에 용해되고 11 이상이면 친수성으로 물에 용해된다. HLB 값은 0~20의 범위에 있고, 그 값이 작을수록 분자 전체로서 친유성이 강하게 나타나고 커질수록 친수성이 강하다. 그 용도와의 관계는 HLB값 1~3은 소포제, 3~7은 W/O형 유화제, 7~9는 습윤제, 8~18은 O/W형 유화제, 11~15는 세정제, 15~20은 가용화제로 적합하다.

123. 다음 탄수화물 중 요오드 용액에 의하여 청색반응을 보이며 β-아밀라아제에 의해 맥아당으로 바뀌는 것은?

가. 아밀로오스 　　　나. 아밀로펙틴

다. 포도당 　　　　　라. 유당

　　✪ 아밀로펙틴은 요오드용액에 적자색 반응을 나타내며 아밀로오스는 요오드용액에 청색 반응을 나타낸다.

---

124. 글루텐을 형성하는 단백질 중 수용성 단백질은?

    가. 글리아딘　　　　나. 글루테닌

    다. 메소닌　　　　　라. 글로불린

    ❂글리아딘 : 70% 알코올에 용해
    글루테닌 : 묽은 산, 알칼리에 용해
    메소닌 : 묽은 초산에 용해
    알부민/글로불린 : 물에 용해

125. 유지의 산패 정도를 나타내는 값이 아닌 것은?

    가. 산가　　　　　나. 요오드가

    다. 아세틸가　　　라. 과산화물가

    ❂산패 : 지방이 산소와 결합하여 변질하는 현상.
    미생물의 분해작용으로 식품의 변질이 일어나
    는 현상은 아님. 유지의 산패 정도를 나타내는
    값 : 산가, 아세틸가, 과산화물가

126. 우유 성분으로 제품의 껍질색을 빨리 일어나게 하는 것은?

    가. 젖산　　　　　나. 카세인

    다. 무기질　　　　라. 유당

    ❂유당은 이스트의 효소에 분해되지 않고 잔당으로
    반죽 속에 남아 열을 받아 껍질색에 작용한다.

127. 수소이온농도(pH)가 5인 경우의 액성은?

    가. 산성　　　　　나. 중성

    다. 알칼리성　　　라. 무성

    ❂수소이온농도(독일어 : pH) 또는 산도(酸度)는
    화학에서 물질의 산성, 염기성의 정도를 나타내
    는 수치로 사용되며 수소이온의 해리농도를 로
    그의 역수를 취해 나타낸 값으로 수소이온(H^+)
    활동도의 척도이다. pH가 7보다 낮으면 산성, 7
    보다 높으면 염기성이라고 한다.

128. 식빵 제조 시 과도한 부피의 제품이 되는 원인은?

    가. 소금량의 부족　　나. 오븐 온도가 높음

    다. 배합수의 부족　　라. 미숙성 소맥분

    ❂소금의 부족은 반죽을 지나치게 부풀게 하여 과
    도한 부피가 되게 한다. 소금은 글루텐을 강하
    게 하고 발효를 억제한다.

129. 식빵 제조 시 부피를 가장 크게 하는 쇼트닝의 적정한 %는?

    가. 4~6%　　　　　나. 8~11%

    다. 13~16%　　　　라. 18~20%

    ❂식빵의 유연한 조직과 부피를 가지는 가장 적당
    한 쇼트닝의 첨가량은 4~6%이다.

130. 다음 중 주로 유화제로 사용되는 식품첨가물은?

    가. 글리세린지방산에스테르

    나. 탄산암모늄

    다. 프로피온산칼슘

    라. 탄산나트륨

    ❂탄산암모늄과 탄산나트륨은 팽창제이며 프로피
    온산칼슘은 보존제이다. 유화제의 자연 원료로
    는 레시틴, 합성화합물로는 글리세린지방산에스
    테르가 있다.

131. 다음 유지 중 가소성이 가장 좋은 것은?

    가. 버터　　　　　나. 식용유

    다. 쇼트닝　　　　라. 마가린

    ❂쇼트닝은 가소성이 큰 유지제품이며, 식물유를
    경화하여 원하는 정도에 맞도록 결정화시켜 가
    소성의 영역을 넓혀준 것이다. 가소성은 온도의
    변화에 따라 유지의 경도가 달라지는 정도를 말
    한다.

132. 빵 제품의 모서리가 예리하게 된 것은 다음 중 어떤 반죽에서 오는 결과인가?

    가. 발효가 지난친 반죽

    나. 과다하게 이형유를 사용한 반죽

    다. 어린 반죽

    라. 2차 발효가 지나친 반죽

    ❂어린 반죽은 발효와 숙성이 불충분한 반죽이다.
    어린 반죽은 발효의 힘이 강해서 틀의 모서리
    부분까지 부풀게 되어 모서리가 예리해진다.

133. 밀가루 중 밀기울 혼입률의 확정 기준이 되는 것은?

    가. 지방 함량　　　　나. 섬유질 함량

---

 124. 라　125. 나　126. 라　127. 가　128. 가　129. 가　130. 가　131. 다　132. 다　133. 다

다. 회분 함량　　　라. 비타민 함량

◉ 밀가루는 회분함량에 따라 등급이 달라진다. 즉, 상급 밀가루는 회분함량이 0.4%이고 저급 밀가루는 1.0%이다.

134. 빵에서 탈지분유의 역할이 아닌 것은?

　가. 흡수율 감소　　나. 조직 개선
　다. 완충제 역할　　라. 껍질색 개선

◉ 탈지분유는 빵 부피를 증가시키고 분유 속의 유당(50%)이 껍질색을 개선하며 기공과 결이 좋아지고 완충제 역할을 한다.

135. 빵의 원재료 중 밀가루의 글루텐 함량이 많을 때 나타나는 품질적 결함이 아닌 것은?

　가. 겉껍질이 두껍다.
　나. 기공이 불규칙하다.
　다. 비대칭성이다.
　라. 윗면이 검다.

◉ 글루텐이 강하면 막이 두꺼워지고 강한 글루텐의 막은 기공의 이동을 줄여 불규칙한 기공이 되고 기공이 불규칙하면 고르게 부풀지 않게 된다.

136. 밀가루 성분 중 함량이 많을수록 노화가 지연되지 않는 것은?

　가. 수분　　　　나. 단백질
　다. 비수용성 펜토산　라. 아밀로오스

◉ 아밀로펙틴은 노화를 지연시키며 아밀로오스가 많은 곡물일수록 노화가 빠르게 진척된다.

137. 다음 중 제품의 부피가 작아지는 결점을 일으키는 원인이 아닌 것은?

　가. 반죽 정도의 초과
　나. 소금 사용량 부족
　다. 설탕 사용량 과다
　라. 이스트푸드 사용량 부족

◉ 제빵에서 소금의 사용량 부족은 이스트의 활성을 촉진하여 제품의 부피가 크게 되는 원인이다.

138. 물에 칼슘염과 마그네슘염이 일반적인 양보다 많이 녹아 있을 때의 물의 상태는?

　가. 영구적 연수　　나. 일시적 연수
　다. 일시적 경수　　라. 영구적 경수

◉ 경수는 미네랄이 많이 함유된 물을 말한다.

139. 전분을 덱스트린(dextrin)으로 변화시키는 효소는?

　가. β-아밀라아제(amylase)
　나. α-아밀라아제(amylase)
　다. 말타아제(maltase)
　라. 치마아제(zymase)

◉ α-아밀라아제(amylase)는 전분을 덱스트린으로 분해하며 내부효소, 액화효소이다.

140. 유지의 가소성은 그 구성성분 중 주로 어떤 물질의 종류와 양에 의해 결정되는가?

　가. 스테롤　　　나. 트리글리세라이드
　다. 유리지방산　　라. 토코페롤

◉ 트리글리세라이드는 중성지방으로 가소성이 높은 유지성분이다.

141. 일반적으로 밀가루의 단백질이 1% 증가할 때 흡수율은 어떻게 변하는가?

　가. 1.5% 감소　　나. 1.5% 증가
　다. 2.5% 감소　　라. 2.5% 증가

◉ 단백질 1%의 증가는 흡수율 1.5%의 증가를 가져온다. 박력분의 흡수율이 강력분보다 낮은 이유이다.

142. 과자와 빵에 우유가 미치는 영향이 아닌 것은?

　가. 영양을 강화시킨다.
　나. 보수력이 없어서 노화를 촉진시킨다.
　다. 겉껍질 색깔을 강하게 한다.
　라. 이스트에 의해 생성된 향을 착향시킨다.

◉ 우유의 유당은 분해되지 않아 색을 내는 데 쓰이며 수분 보유력이 있어 노화를 늦춘다.

143. 제빵에서 물의 양이 적량보다 적을 경우 나타나는 결과와 거리가 먼 것은?

가. 수율이 낮다.　　나. 향이 강하다.

다. 부피가 크다.　　라. 노화가 빠르다.

⊕글루텐의 가스 보유력을 증진시키기 위해서는 적당한 양의 물이 공급되어야 한다. 만약에 물의 양이 적량보다 적으면 가스 보유력이 떨어져 완제품의 부피가 작아진다.

144. 식빵 밑바닥이 움푹 패이는 결점에 대한 원인이 아닌 것은?

가. 굽는 처음 단계에서 오븐 열이 너무 낮았을 경우

나. 바닥 양면에 구멍이 없는 팬을 사용한 경우

다. 반죽기의 회전속도가 느려 반죽이 언더믹스된 경우

라. 2차 발효를 너무 초과했을 경우

⊕굽는 처음 단계에서 오븐 열이 너무 낮았을 경우에는 밑면의 빵이 각이 지게 나온다.

145. ppm을 나타낸 것으로 옳은 것은?

가. g당 중량 백분율

나. g당 중량 만분율

다. g당 중량 십만분율

라. g당 중량 백만분율

⊕parts per million 미량 함유 물질의 농도를 표시할 때 사용하는데 1g의 시료 중에 100만 분의 1g, 물 1t 중의 1g, 공기 1㎥ 중의 1cc가 1ppm이다.

146. 밀가루 반죽에 관여하는 단백질은?

가. 라이소자임　　나. 글루텐

다. 알부민　　　　라. 글로불린

⊕글루테닌과 글리아딘이라는 단백질이 물과 결합하여 글루텐이 되는 과정이 반죽의 과정이다.

147. 글루텐의 구성물질 중 반죽을 질기고 탄력성 있게 하는 물질은?

가. 글리아딘　　　나. 글루테닌

다. 메소닌　　　　라. 알부민

⊕글리아딘은 점성을 가지게 한다.

148. 다음 중 캐러멜화가 가장 높은 온도에서 일어나는 일은?

가. 과당　　　　　나. 벌꿀

다. 설탕　　　　　라. 전화당

⊕단당보다는 다당이 캐러멜화의 온도가 높다.

149. 알파 아밀라아제(α-amlylase)에 대한 설명으로 틀린 것은?

가. 베타 아밀라아제(β-amlylase)에 비하여 열 안정성이 크다.

나. 당화효소라고도 한다.

다. 전분의 내부 결합을 가수분해할 수 있어 내부 아밀라아제라고도 한다.

라. 액화효소라고도 한다.

⊕전분의 α-1,4결합을 무작위(random)로 가수분해하여 소당류, 저분자량의 덱스트린(dextrin)과 엿당, 포도당 등을 형성하며, 전분 현탁액은 급속도로 맑은 용액으로 된다. 따라서 이 α-amylase를 액화효소(liquefying enzyme) 또는 dextrogenic amylase라고 한다.

150. 소금의 함량이 1.3%인 반죽 20kg과 1.5%인 반죽 40kg을 혼합할 때 혼합한 반죽의 소금 함량은?

가. 1.30%　　　　나. 1.38%

다. 1.43%　　　　라. 1.56%

⊕전체 소금 g = 20000 × 0.013 + 40000 × 0.015 = 860g / 860 ÷ 60000 × 100 = 1.43

151. 제빵에서 탈지분유를 1% 증가시킬 때 추가되는 물의 양으로 가장 적합한 것은?

가. 1%　　　　　나. 5.2%

다. 10%　　　　　라. 15.5%

⊕흡수율은 손상 전분 함량이 4~8%이 많아지면 증가하고, 소금 1% 증가 시 1% 감소, 설탕 1% 증가 시 1% 감소, 탈지분유 사용량 1% 증가 시 1%

증가한다.

152. 불란서빵 제조 시 굽기를 실시할 때 스팀을 너무 많이 주입했을 때의 대표적인 현상은?

가. 질긴 껍질　　　　나. 두꺼운 표피

다. 표피에 광택부족　라. 밑면이 터짐

　❀ 스팀을 많이 주면 반죽의 껍질 형성이 오래되어 질겨진다.

153. 글루테닌과 글리아딘이 혼합된 단백질은?

가. 알부민　　　　　나. 글루텐

다. 글로불린　　　　라. 프로테오스

　❀ 글루테닌과 글리아딘이 물과 결합하여 글루텐이 된다.

154. 일반적인 도넛의 가장 적당한 튀김온도 범위는?

가. 170~176℃　　　나. 180~195℃

다. 200~210℃　　　라. 220~230℃

　❀ 도넛 튀김온도는 너무 높으면 겉은 타고 속은 익지 않으며 너무 낮으면 반죽에 기름의 흡수가 많아져 좋지 않다.

155. 도넛의 설탕이 수분을 흡수하여 녹는 현상을 방지하기 위한 방법으로 잘못된 것은?

가. 도넛에 묻는 설탕의 양을 증가시킨다.

나. 튀김시간을 증가시킨다.

다. 포장용 도넛의 수분은 38% 전후로 한다.

라. 냉각 중 환기를 더 많이 시키면서 충분히 냉각한다.

　❀ 도넛의 수분 함량을 21~25%로 만든다.

156. 데니시 페이스트리 반죽의 적정 온도는?

가. 18~22℃　　　　나. 26~31℃

다. 35~39℃　　　　라. 45~49℃

　❀ 데니시 반죽은 유지와 반죽의 농도를 같이하여 밀어 펴야 하는 반죽이므로 반죽의 온도가 높으면 유지가 녹아서 반죽과 따로 밀리게 되어 좋지 않다.

157. 도넛을 글레이즈할 때 글레이즈의 적정한 품온은?

가. 24~27℃　　　　나. 28~32℃

다. 33~36℃　　　　라. 43~49℃

　❀ 과자류 표면에 광택을 내는 일 또는 표면이 마르지 않도록 젤라틴, 젤리, 시럽, 퐁당, 초콜릿 등을 바르는 일과 이런 모든 재료를 총칭한다. 도넛 글레이즈인 퐁당은 온도가 45~48℃ 정도는 되어야 한다.

158. 식빵의 옆면이 쑥 들어간 원인으로 옳은 것은?

가. 믹서의 속도가 너무 높았다.

나. 팬 용적에 비해 반죽양이 너무 많았다.

다. 믹싱시간이 너무 길었다.

라. 2차 발효가 부족했다.

　❀ 식빵의 옆면이 들어가는 가장 큰 원인은 글루텐의 탄성이 너무 높은 반죽일 때이다. 패닝양이 많으면 2차 발효를 덜 시키고 굽게 되어 빵빵하게 구워지거나 팬에 넘칠 뿐이다.

159. 최종제품의 부피가 정상보다 클 경우의 원인이 아닌 것은?

가. 2차 발효의 초과　나. 소금 사용량 과다

다. 분할량 과다　　　라. 낮은 오븐온도

　❀ 소금 사용량이 너무 많으면 발효가 억제된다.

160. 호밀에 관한 설명으로 틀린 것은?

가. 호밀 단백질은 밀가루 단백질에 비하여 글루텐을 형성하는 능력이 떨어진다.

나. 밀가루에 비하여 펜토산 함량이 낮아 반죽이 끈적거린다.

다. 제분율에 따라 백색, 중간색, 흑색 호밀가루로 분류한다.

라. 호밀분에 지방함량이 높으면 저장성이 나쁘다.

　❀ 호밀은 펜토산 함량이 많아 끈적거린다.

161. 물 중의 기름을 분산시키고 또 분산된 입자가 응집하지 않도록 안정화시키는 작용을 하는 것은?

　가. 팽창제　　　　나. 유화제

　다. 강화제　　　　라. 개량제

　　⊕유화제는 기름의 분자를 분리하여 기름입자가 다시 응집되지 않게 하여 물과 잘 결합하게 하는 달걀 속의 레시틴이 제과에서의 대표적인 자연 유화제이다.

162. 단순단백질인 알부민에 대한 설명으로 옳은 것은?

　가. 물이나 묽은 염류용액에 녹고 열에 의해 응고된다.

　나. 물에는 불용성이나 묽은 염류용액에 가용성이고 열에 의해 응고된다.

　다. 중성 용매에는 불용성이나 묽은 산, 염기에는 가용성이다.

　라. 곡식의 낱알에만 존재하며 밀의 글루테닌이 대표적이다.

　　⊕생체세포나 체액 중에 넓게 분포되어 있는 단순단백질로 글로불린과 함께 세포의 기초물질을 구성하며, 동식물의 조직 속에 널리 존재한다. 동물성 알부민에는 달걀의 오브알부민, 혈청알부민, 젖의 락토알부민, 간 및 근육 속의 알부민(미오겐) 등이 있으며, 식물성 알부민에는 류코신(보리 씨)·레구멜린(완두콩)·리신(피마자 씨) 등이 있다.

163. 제빵 시 소금 사용량이 적량보다 많을 때 나타나는 현상이 아닌 것은?

　가. 부피가 작다.

　나. 과발효가 일어난다.

　다. 껍질색이 검다.

　라. 발효 손실이 적다.

　　⊕소금의 사용량이 1%를 넘어서면 발효가 억제된다.

164. 탈지분유 구성 중 50% 정도를 차지하는 것은?

　가. 수분　　　　　나. 지방

　다. 유당　　　　　라. 회분

　　⊕탈지분유에는 당류 52%, 단백질 35%로 주류를 이룬다.

165. 건조 글루텐(dry gluten) 중에 가장 많은 성분은?

　가. 단백질　　　　나. 전분

　다. 지방　　　　　라. 회분

　　⊕건조 글루텐은 단백질이 거의 100%에 가깝다.

166. 제빵 제조 시 물의 기능이 아닌 것은?

　가. 글루텐 형성을 돕는다.

　나. 반죽온도를 조절한다.

　다. 이스트 먹이 역할을 한다.

　라. 효소활성화에 도움을 준다.

　　⊕이스트의 먹이는 탄수화물이다.

167. 최종 제품의 부피가 정상보다 클 경우의 원인이 아닌 것은?

　가. 2차 발효의 효과　　나. 소금 사용량 과다

　다. 분할량 과다　　　　라. 낮은 오븐 온도

　　⊕소금 사용량이 과다하면 부피가 줄어든다. 소금은 평균 2% 이하의 사용이 적당하다.

168. 다음 중 소프트 롤에 속하지 않는 것은?

　가. 디너 롤　　　　나. 프렌치 롤

　다. 브리오슈　　　　라. 치즈 롤

　　⊕프렌치 롤은 하드롤이라고도 하며 직접 구워 딱딱한 껍질의 빵을 의미한다. 딱딱하고 매끈한 겉모양과 섬세하고 윤이 나는 껍질, 기공이 많은 내부조직이 특징이다.

169. 빵제품의 제조공정에 대한 설명으로 올바르지 않은 것은?

　가. 반죽은 무게 또는 부피에 의하여 분할한다.

　나. 둥글리기에서 과다한 덧가루를 사용하면 제품에 줄무늬가 생성된다.

　다. 중간발효시간은 보통 10~20분이며,

정답　161. 나　162. 가　163. 나　164. 다　165. 가　166. 다　167. 나　168. 나　169. 라

27~29℃에서 실시한다.

라. 성형은 반죽을 일정한 형태로 만드는 1단계공정으로 이루어져 있다.

❀성형은 여러 단계의 과정을 거쳐 이루어지기도 한다.

170. 빵을 구워낸 직후의 수분함량과 냉각 후 포장 직전의 수분함량으로 가장 적합한 것은?

가. 35%, 27%　　나. 45%, 38%

다. 60%, 52%　　라. 68%, 60%

❀구워져 나온 제품에 있는 수분의 함량은 보통 45% 정도이다.

171. 우유에 함유되어 있는 당으로 제빵용 효모에 의하여 발효되지 않는 것은?

가. 포도당　　나. 유당

다. 설탕　　라. 과당

❀우유의 유당은 락타아제에 의해 분해될 수 있으나 제빵용 효모에는 락타아제가 없어 유당이 잔당으로 남아 빵의 껍질색에 관여한다.

172. 다음 중 pH가 중성인 것은?

가. 식초　　나. 수산화나트륨용액

다. 중조　　라. 증류수

❀식초는 산성이며 수산화나트륨 용액과 중조는 염기성(알칼리성)이다. 순수한 물. 즉 증류수는 pH 7로 중성이다.

173. 밀알에서 내배유가 차지하는 구성비와 가장 근접한 것은?

가. 14%　　나. 36%

다. 65%　　라. 83%

❀껍질 14%, 배아 2~3%, 내배유 83%이며 내배유의 단백질 함량은 73%이다.

174. 제빵에서의 수분 분포에 관한 설명으로 틀린 것은?

가. 물이 반죽에 균일하게 분산되는 시간은 보통 10분 정도이다.

나. 1차 발효와 2차 발효를 거치는 동안 반죽은 다소 건조하게 된다.

다. 발효를 거치는 동안 전분의 가수분해에 의해서 반죽 내 수분량이 변화한다.

라. 소금은 글루텐을 단단하게 하여 글루텐 흡수량의 약 8%를 감소시킨다.

❀발효하는 동안에는 반죽을 건조하게 만들지 않아야 한다.

175. 표준 식빵의 재료 사용범위로 부적합한 것은?

가. 설탕 0~8%　　나. 생이스트 1.5~5%

다. 소금 5~10%　　라. 유지 0~5%

❀소금은 대부분의 제품에서 2% 이하를 사용한다.

176. 이스트푸드에 대한 설명으로 틀린 것은?

가. 발효를 조절한다.

나. 밀가루 중량 대비 1~5%를 사용한다.

다. 이스트의 영양을 보급한다.

라. 반죽 조절제로 사용한다.

❀이스트푸드를 이루는 성분에는 암모늄염, pH 조절제, 효소제, 수질 개량제, 산화제, 환원제, 유화제 등이 알맞게 배합되어 있다. 사용량은 밀가루에 대하여 약 0.1%이다.

177. 다음의 빵 제품 중 일반적으로 반죽의 되기가 가장 된 것은?

가. 피자도우　　나. 잉글리시 머핀

다. 단과자빵　　라. 팥앙금빵

❀피자 반죽은 밀어 펴기 좋게 밀가루 대비 50% 정도의 물을 사용한다.

178. 데니시 페이스트리에서 롤인 유지함량 및 접기 횟수에 대한 내용 중 틀린 것은?

가. 롤인 유지함량이 증가할수록 제품 부피는 증가한다.

나. 롤인 유지함량이 적어지면 같은 접기 횟수에서 제품의 부피가 감소한다.

170. 나　171. 나　172. 라　173. 라　174. 나　175. 다　176. 나　177. 가　178. 라　**정답**

다. 같은 롤인 유지함량에서는 접기 횟수가 증가할수록 부피는 증가하다 최고점을 지나면 감소한다.

라. 롤인 유지함량이 많은 것이 롤인 유지함량이 적은 것보다 접기 횟수가 증가함에 따라 부피가 증가하다가 최고점을 지나면 감소하는 현상이 현저하다.

⊛적당한 유지함량과 접기가 필요하다.

179. 알파 아밀라아제(α-amylase)에 대한 설명으로 틀린 것은?

가. 베타 아밀라아제(β-amylase)에 비하여 열 안정성이 크다.

나. 당화효소라고도 한다.

다. 전분의 내부 결함을 가수분해할 수 있어 내부 아밀라아제라고도 한다.

라. 액화효소라고도 한다.

⊛한계(限界)덱스트린이라고 한다. 침이나 이자액의 아밀라아제는 α-아밀라아제의 전형적인 것이다. 또한, α-아밀라아제는 맥아·곰팡이·세균 등에도 존재한다. 당화효소는 다당을 가수분해하여 환원당을 생성하는 효소의 총칭을 뜻한다.

180. 다음 중 아밀로펙틴의 함량이 가장 많은 것은?

가. 옥수수전분　　나. 찹쌀전분
다. 멥쌀전분　　　라. 감자전분

⊛아밀로펙틴은 물에는 잘 녹지 않으나 뜨거운 물에는 녹아 풀처럼 된다.

181. 빵을 만들 때 설탕의 기능이 아닌 것은?

가. 이스트의 영양원　나. 빵 껍질의 색
다. 풍미 제공　　　　라. 기포성 부여

⊛글루텐이 빵의 기포를 잡아준다.

182. 기름 및 지방에 대한 설명 중 옳은 것은?

가. 모노글리세라이드는 글리세롤의 -OH 3개 중 하나에만 지방산이 결합된 것이다.

나. 기름의 가수분해는 온도와 별 상관이 없다.

다. 기름의 비누화는 가성소다에 의해 낮은 온도에서 진행속도가 빠르다.

라. 기름의 산패는 기름 자체의 이중결합과 무관하다.

⊛유지는 유지 또는 지방질 식품이 외부의 바람직하지 않은 냄새를 흡수하거나 유지 또는 지방질 성분의 가수분해 및 유지 또는 지방질 성분의 산화에 의해 산패된다.

183. 다음 중 밀가루에 대한 설명으로 틀린 것은?

가. 밀가루는 회분 함량에 따라 강력분, 중력분, 박력분으로 구분한다.

나. 전체 밀알에 대해 껍질은 13~14%, 배아는 2~3%, 내배유는 83~85% 정도 차지한다.

다. 제분 직후의 밀가루는 제빵 적성이 좋지 않다.

라. 숙성한 밀가루는 글루텐의 질이 개선되고 흡수성을 좋게 한다.

⊛밀가루의 단백질 함량에 따라 강력분, 중력분, 박력분으로 구분한다.

184. 제빵 시 완성된 빵의 부피가 비정상적으로 크다면 그 원인으로 가장 적합한 것은?

가. 소금을 많이 사용하였다.

나. 알칼리성 물을 사용하였다.

다. 오븐온도가 낮았다.

라. 믹싱이 고율배합이다.

⊛오븐 온도가 적정 수치보다 낮게 되면 이스트의 발효시간이 길어지고 오븐 스프링 타임이 길어져서 정상적인 제품의 부피보다 커질 수 있다.

185. 빵의 부피가 너무 작은 경우 어떻게 조치하면 좋은가?

가. 발효시간을 증가시킨다.

나. 1차 발효를 감소시킨다.

다. 분할무게를 감소시킨다.

라. 팬 기름칠을 넉넉하게 증가시킨다.

⊛부피와 관계있는 것은 발효라고 할 수 있다. 하

정답 179. 나　180. 나　181. 라　182. 가　183. 가　184. 다　185. 가

지만 무조건 오래 발효하는 것은 아니며 발효가 적당할 때 최상의 제품을 얻을 수 있다.

186. 냉동과 해동에 대한 설명 중 틀린 것은?

가. 전분은 -7~10℃ 범위에서 노화가 빠르게 진행된다.

나. 노화대(stale zone)를 빠르게 통과하면 노화속도가 지연된다.

다. 식품을 완만히 냉동하면 작은 얼음결정이 형성된다.

라. 전분이 해동될 때는 동결 때보다 노화의 영향이 적다.

❀식품을 천천히 냉동하면 제품 속의 수분이 한쪽으로 모이면서 냉동되어 급속냉동보다는 큰 결정의 얼음이 형성된다.

187. 식빵에서 설탕을 정량보다 많이 사용하였을 때 나타나는 현상은?

가. 껍질이 얇고 부드러워진다.

나. 발효가 느리고 팬의 흐름성이 많다.

다. 껍질색이 연하며 둥근 모서리를 보인다.

라. 향미가 적으며 속 색이 회색 또는 황갈색을 보인다.

❀발효성 당의 농도가 5% 이상이 되면 이스트의 활성이 저해된다. 적당한 설탕은 이스트의 양에 비례하여 가스가 충분히 발생한다.

188. 단과자빵의 껍질에 흰 반점이 생긴 경우 그 원인에 해당되지 않는 것은?

가. 반죽온도가 높았다.

나. 발효하는 동안 반죽이 식었다.

다. 숙성이 덜 된 반죽을 그대로 정형하였다.

라. 2차 발효 후 찬 공기를 오래 쐬었다.

❀반죽온도가 높으면 1차 발효의 시간이 짧아지고 지나치면 완전한 발효빵을 얻을 수 없다.

189. 바게트 배합률에서 비타민 C를 30ppm 사용하려고 할 때 이 용량을 %로 올바르게 나타낸 것은?

가. 0.3%　　　　나. 0.03%

다. 0.003%　　　라. 0.0003%

❀ppm은 10000분의 1을 나타낸다.

190. 다음 중 발효시간을 단축시키는 물은?

가. 연수　　　　나. 경수

다. 염수　　　　라. 알칼리수

❀유기물을 함유하지 않은 물이 많이 함유한 물에 비하여 발효시간이 단축된다.

191. 물에 대한 설명 중 옳은 것은?

가. 연수 사용 시 이스트푸드로 경도를 조정한다.

나. 경수 사용 시 발효시간이 감소한다.

다. 경도는 물의 염화나트륨(NaCl)양에 따라 변한다.

라. 일시적 경수는 화학적 처리에 의해서만 연수가 된다.

❀이스트푸드의 가장 큰 역할은 제빵 적성이 좋은 물인 아경수를 만들기 위함이다.

192. 다음 중 물의 경도를 잘못 나타낸 것은?

가. 10ppm - 연수　　나. 70ppm - 아연수

다. 100ppm - 아연수　라. 190ppm - 아경수

❀아경수는 121~180ppm이다. 아경수는 제빵에 가장 적합한 물이다.

193. 물의 경도를 높여주는 작용을 하는 재료는?

가. 이스트푸드　　　나. 이스트

다. 설탕　　　　　　라. 밀가루

❀제빵개량제 사용목적의 일부가 연수를 제빵적성에 가장 적합한 물인 아경수로 만들기 위함이다.

186. 다　187. 나　188. 가　189. 다　190. 가　191. 가　192. 라　193. 가　정답

194. 일시적 경수에 대한 설명으로 맞는 것은?

가. 가열 시 탄산염으로 되어 침전된다.

나. 끓여도 경도가 제거되지 않는다.

다. 황산염에 기인한다.

라. 제빵에 사용하기에 가장 좋다.

❂ 물에 들어 있는 마그네슘, 칼슘은 탄산염이나 황산염 형태로 존재하고 있다. 탄산염은 가열에 의하여 침전시켜 제거시킬 수 있으므로 탄산염만을 함유한 경수를 일시적 경수라고 한다. 즉 칼슘이온이나 마그네슘이온을 많이 함유한 센물 중에서 음이온으로 탄산수소이온을 함유하여 끓이면 열분해가 일어나 쉽게 단물이 되는 물을 일시적 경수라 한다.

195. 다음 중 제품의 특성을 고려하여 혼합 시 반죽을 가장 많이 발전시키는 것은?

가. 불란서빵   나. 햄버거빵

다. 과자빵   라. 식빵

❂ 햄버거빵은 약간 납작하게 부풀게 하기 위하여 오버 반죽을 한다.

196. 빵의 제품평가에서 브레이크와 슈레드 부족 현상의 이유가 아닌 것은?

가. 발효시간이 짧거나 길었다.

나. 오븐의 온도가 높았다.

다. 2차 발효실의 습도가 낮았다

라. 오븐의 증기가 너무 많았다.

❂ 오븐 속의 증기는 제품의 겉껍질을 천천히 익혀줌으로써 오븐 스프링을 극대화시킬 수 있다.

197. 진한 껍질색의 빵에 대한 대책으로 적합하지 못한 것은?

가. 설탕, 우유 사용량 감소

나. 1차 발효 감소

다. 오븐 온도 감소

라. 2차 발효 습도 조절

❂ 발효는 빵의 내상이나 향, 맛에 관계되는 것이며 껍질색과의 관계는 무관하다.

198. 다음 중 중화가를 구하는 식은?

가. m중조의 양 ÷ 산성제의 양 4 × =100=

나. m중조의 양 ÷ 산성제의 양

다. 산성제의 양 × 중화가 ÷ 100

라. 중조의 양 × 100 ÷ 중화가

❂ 중화란 지방산 1g을 중화하는 데 필요한 가성 칼리(수산화칼륨)의 mg 수

199. 빵의 부피와 가장 관련이 깊은 것은?

가. 소맥분의 단백질 함량

나. 소맥분의 전분함량

다. 소맥분의 수분함량

라. 소맥분의 회분함량

❂ 단백질의 질과 양에 따라 글루텐의 질이 결정되므로 가스를 잡아주는 역할을 잘하려면 글루텐이 좋아야 한다.

200. 다음의 재료 중 많이 사용할 때 반죽의 흡수량이 감소되는 것은?

가. 활성 글루텐   나. 손상전분

다. 유화제   라. 설탕

❂ 설탕 5%가 증가하면 반죽의 흡수율은 1% 감소한다.

201. 제빵에서 글루텐을 강하게 하는 것은?

가. 전분   나. 우유

다. 맥아   라. 산화제

❂ 산화제는 글루텐을 강화하고 발효시간을 단축한다. 제빵에서 산화제에는 아스코르브산 즉 비타민 C를 많이 사용한다.

202. 유황을 함유한 아미노산으로 –S–S–결합을 가진 것은?

가. 리신(lysine)

나. 류신(leucine)

다. 시스틴(cystine)

라. 글루타민산(glutamic acid)

❂ 시스틴은 $C_9H_{12}N_2O_4S_2$=240. 함유황아미노산의

일종으로 1810년 시스틴뇨(英 cystinuria)라고 칭하는 대사기능장해 환자의 요결석의 주성분으로 가장 먼저 발견된 아미노산이다.

203. 밀가루 단백질 중 알코올에 녹고 주로 점성이 높아지는 성질을 가진 것은?

　가. 글루테닌　　　나. 글로불린
　다. 알부민　　　　라. 글리아딘

　　◎글루테닌과 함께 소맥 단백질의 주성분인 글루텐을 구성한다. 밀 속에 약 3.9% 존재하며, 밀 단백질의 약 40%에 해당한다. 조성 아미노산에는 프롤린·글루탐산·류신이 많다. 중성인 염(鹽)수용액이나 물에는 녹지 않으며, 산 또는 알칼리를 적당량 가하면 염을 만들고 녹는다.

204. 밀가루 속의 단백질 함량은 반죽(dough)의 흡수율에 밀접한 관련이 있다고 한다. 일반적으로 단백질 1%에 대하여 반죽 흡수율은 얼마나 증가되는가?

　가. 약 1.5%　　　나. 약 2.5%
　다. 약 3.5%　　　라. 약 5%

　　◎단백질 1%의 증가에 따라 흡수율이 1.5% 증가한다.

205. 식빵 껍질 표면에 물집이 생긴 이유가 아닌 것은?

　가. 반죽이 질었다.
　나. 2차 발효실의 습도가 높았다.
　다. 발효가 과하였다.
　라. 오븐의 윗열이 너무 높았다.

　　◎2차 발효의 과다는 당분 부족으로 색이 나쁘고 결이 거칠며 향기, 보존성도 나쁘고 움푹 들어간다. 팬에 넘치거나 완제품이 찌그러진다.

206. 다음 당류 중 일반적인 제빵용 이스트에 의하여 분해되지 않는 것은?

　가. 설탕　　　　나. 맥아당
　다. 과당　　　　라. 유당

　　◎이스트에는 유당분해효소인 락타아제가 없다.

207. 빵 반죽의 특성인 글루텐을 형성하는 밀가루의 단백질 중 탄력성과 가장 관계가 깊은 것은?

　가. 알부민(albumin)
　나. 글로불린(globulin)
　다. 글루테닌(glutenin)
　라. 글리아딘(gliadin)

　　◎글루테닌은 탄력성, 글리아딘은 신장성에 관여한다.

208. 아밀로펙틴이 요오드 정색 반응에서 나타나는 색은?

　가. 적자색　　　나. 청색
　다. 황색　　　　라. 흑색

　　◎아밀로펙틴은 적자색, 아밀로오스는 청색

209. 설탕을 포도당과 과당으로 분해하는 효소는?

　가. 인베르타아제(invertase)
　나. 치마아제(zymase)
　다. 말타아제(maltase)
　라. 알파 아밀라아제(α-amylase)

　　◎말타아제는 맥아당을 간단한 포도당으로 가수분해시키는 효소이다.

210. 다음 유제품 중 일반적으로 100g당 열량을 가장 많이 내는 것은?

　가. 요구르트　　　나. 탈지분유
　다. 가공치즈　　　라. 시유

　　◎제품 속에 지방성분이 많을수록 열량은 높다.

211. 유지가 층상구조를 이루는 파이, 크루아상, 데니시 페이스트리 등의 제품은 유지의 어떤 성질을 이용한 것인가?

　가. 쇼트닝성　　　나. 가소성
　다. 안정성　　　　라. 크림성

　　◎가소성이란 외력에 의해 형태가 변한 물체가 외력이 없어져도 원래의 형태로 돌아오지 않는 물질의 성질을 말하며 탄성한계를 넘는 힘이 작용할 때 나타난다.

---

212. 튀김기름의 질을 저하시키는 요인이 아닌 것은?

　가. 가열　　　　나. 공기

　다. 물　　　　　라. 토코페롤

　　✿ 열, 공기, 수분은 튀김기름의 적이다.

213. 제분 직후의 숙성하지 않은 밀가루에 대한 설명으로 틀린 것은?

　가. 밀가루의 pH는 6.1~6.2 정도이다.

　나. 효소작용이 활발하다.

　다. 밀가루 내의 지용성 색소인 크산토필 때 문에 노란색을 띤다.

　라. 효소류의 작용으로 환원성 물질이 산화되 어 반죽 글루텐의 파괴를 막아준다.

　　✿ 갓 제분한 밀가루는 글루텐이 약하다. 밀가루를 2, 3주 공기에 노출시키면 글루텐이 강화된다. 바로 산화과정이다.

214. 호밀빵 제조 시 호밀을 사용하는 이유 및 기능과 거리가 먼 것은?

　가. 독특한 맛 부여　　나. 조직의 특성 부여

　다. 색상 향상　　　　라. 구조력 향상

　　✿ 단백질의 부족으로 구조력은 밀가루보다 떨어 진다.

215. 글루텐 형성의 주요 성분으로 탄력성을 갖는 단백질은 다음 중 어느 것인가?

　가. 알부민　　　　나. 글로불린

　다. 글루테닌　　　라. 글리아딘

　　✿ 글리아딘은 신장성, 글루테닌은 탄력성을 갖는다.

216. 제빵 냉각법 중 적합하지 않은 것은?

　가. 급속냉각　　　　나. 자연냉각

　다. 터널식 냉각　　　라. 에어컨디셔너식 냉각

　　✿ 제품을 급속도로 냉각시키면 표면이 갈라지고 호화전분에 있는 수분이 증발되어 바르게 굳어 지므로 충분한 시간을 두고 냉각하여야 한다. 냉각조건은 35~40℃, 습도 38%가 적당하다.

217. 물과 반죽의 관계에 대한 설명 중 옳은 것은?

　가. 경수로 배합할 경우 발효속도가 빠르다.

　나. 연수로 배합할 경우 글루텐을 더욱 단단 하게 한다.

　다. 연수 배합 시 이스트푸드를 약간 늘리는 게 좋다.

　라. 경수로 배합하면 글루텐이 부드럽게 되고 기계에 잘 붙는 반죽이 된다.

　　✿ 이스트푸드는 미네랄이 들어 있어 연수가 아경 수가 되려면 보다 많은 미네랄이 필요하다. 아 경수는 제빵 적성에 가장 이상적인 물이다.

218. 다음 중 반죽에 산화제를 사용하였을 때의 결과에 대한 설명으로 잘못된 것은?

　가. 반죽강도가 증가된다.

　나. 가스 포집력이 증가한다.

　다. 기계성이 개선된다.

　라. 믹싱시간이 짧아진다.

　　✿ 브롬산칼륨, 요오드칼륨 등 산화제는 가스 보유 력을 증진시키고 제품의 부피를 크게 한다.

219. 다음 중 제빵에 맥아를 사용하는 목적이 아닌 것은?

　가. 이산화탄소 생산을 증가시킨다.

　나. 제품에 독특한 향미를 부여한다.

　다. 노화지연 효과가 있다.

　라. 구조형성에 도움을 준다.

　　✿ 맥아는 보리를 싹 틔운 것으로 발효를 빠르게 한다.

220. 반죽의 온도가 25℃일 때 반죽의 흡수율이 61%인 조건에서 반죽의 온도를 30℃로 조 정하면 흡수율은 얼마가 되는가?

　가. 55%　　　　나. 58%

　다. 62%　　　　라. 65%

　　✿ 반죽온도와 흡수율의 관계는 반죽온도가 5℃ 상 승하면 흡수율은 3% 감소하고 반죽온도가 5℃ 낮아지면 흡수율은 3% 증가하지만 발효시간이

정답 212. 라　213. 라　214. 라　215. 다　216. 가　217. 다　218. 라　219. 라　220. 나

길어진다.

221. 빵제품의 제조공정에 대한 설명으로 올바르지 않은 것은?

가. 반죽은 무게 또는 부피에 의하여 분할한다.

나. 둥글리기에서 과다한 덧가루를 사용하면 제품에 줄무늬가 생성된다.

다. 중간발효시간은 보통 10~20분이며, 27~29℃에서 실시한다.

라. 성형은 반죽을 일정한 형태로 만드는 1단계 공정으로 이루어져 있다.

❀ 성형은 다단계 공정으로 이루어진다.

222. 강력분의 특징과 거리가 먼 것은?

가. 초자질이 많은 경질소맥으로 제분한다.

나. 제분율을 높여 고급 밀가루를 만든다.

다. 상대적으로 단백질 함량이 높다.

라. 믹싱과 발효 내구성이 크다.

❀ 제분율을 높여 회분율을 낮추어 고급 밀가루를 만든다.

223. 식빵의 표피에 작은 물방울(물집)이 생기는 원인과 거리 가 먼 것은?

가. 수분 과다 보유

나. 발효부족(under proofing)

다. 오븐의 윗불 온도가 높음

라. 지나친 믹싱

❀ 반죽이 질거나 2차 발효실의 수분이 과하거나 윗불의 온도가 높거나 정형기를 잘못 취급하여도 생길 수 있다.

224. 탈지분유를 빵에 넣으면 발효 시 pH 변화에 어떤 영향을 미치는가?

가. pH 저하를 촉진시킨다.

나. pH 상승을 촉진시킨다.

다. pH 변화에 대한 완충역할을 한다.

라. pH가 중성을 유지하게 된다.

❀ 분유에는 산도조절제가 있어 완충역할을 한다.

225. 제빵용 밀가루에 함유된 손상전분 함량은 얼마 정도가 적합한가?

가. 0%　　　　　나. 6%

다. 10%　　　　라. 11%

❀ 손상전분이란 발아 또는 기계적 원인으로 깨지거나 금이 간 전분입자. 정상 전분보다 수분흡수율이 크고, 효소에 의해 쉽게 분해된다.

226. 젖은 글루텐 중의 단백질 함량이 12%일 때 건조 글루텐의 단백질 함량은?

가. 12%　　　　나. 24%

다. 36%　　　　라. 48%

❀ 건조 글루텐 = 젖은 글루텐 ÷ 3이므로 같은 양의 건조 글루텐에서 단백질 함량은 3배가 높다.

227. 밀가루 50g에서 젖은 글루텐을 18g 얻었다. 이 밀가루의 조단백질 함량은?

가. 6%　　　　　나. 12%

다. 18%　　　　라. 24%

❀ 젖은 글루텐은 수분이 2/3이므로 조단백질의 양은 젖은 글루텐 대비 1/3이다.

18 ÷ 3 ÷ 50 × 100 = 12%

228. 전분의 호화현상에 대한 설명으로 틀린 것은?

가. 전분의 종류에 따라 호화 특성이 달라진다.

나. 전분현탁액에 적당량의 수산화나트륨(NaOH)을 가하면 가열하지 않아도 호화될 수 있다.

다. 수분이 적을수록 호화가 촉진된다.

라. 알칼리성일 때 호화가 촉진된다.

❀ 1. 종류 : 아밀로펙틴의 호화가 어려움. 전분입자가 작을수록 호화 온도가 높아짐

2. 입자 크기가 클수록 호화 쉬움

3. 수분 함량 : 물의 양이 많으면 호화가 쉬움 – 6배 이상적

4. pH : 전분분자 간 수소결합에 영향 – 알칼리에서 전분 호화 촉진, 산에서 억제

5. 염류 : 설탕은 호화 방해 소금 염류는 호화 촉진

6. 지방 : 전분의 수화 지연 및 점도 증가 방해

---

221. 라　222. 나　223. 라　224. 다　225. 나　226. 다　227. 나　228. 다　**정답**

229. 메성 옥수수(non-waxy corn)전분의 호화 온도는?

가. 45℃   나. 70℃

다. 80℃   라. 95℃

◉ 옥수수전분이 호화하는 데 필요한 온도는 87℃로 쌀과 감자녹말보다 높은 온도이다. 찹쌀은 70℃ 이상이고 멥쌀은 65℃이다.

230. 노화에 대한 설명으로 틀린 것은?

가. α화 전분이 β화 전분으로 변하는 것

나. 빵의 속이 딱딱해지는 것

다. 수분이 감소하는 것

라. 빵의 내부에 곰팡이가 피는 것

◉ 곰팡이가 피는 것은 부패이다. 노화는 냉장온도에서 가장 잘 일어나고 −18℃ 이하의 온도에서는 잘 일어나지 않는다. 노화된 전분은 향이 손실된다. 제품이 오븐에서 나온 후부터 서서히 진행된다. 내부조직이 단단해지고 소화가 잘 되지 않는다.

231. 다음 중 제품 특성상 일반적으로 노화가 가장 빠른 것은?

가. 단과자빵   나. 카스텔라

다. 식빵   라. 도넛

◉ 수분이 적을수록, 저배합의 빵일수록 노화의 속도는 빠르다.

232. 냉각 손실에 대한 설명 중 틀린 것은?

가. 식히는 동안 수분 증발로 무게가 감소한다.

나. 여름철보다 겨울철의 냉각 손실이 크다.

다. 상대습도가 높으면 냉각손실이 작다.

라. 냉각 손실은 5% 정도가 적당하다.

◉ 냉각손실은 2% 정도가 적당하다.

233. 하스브레드의 종류에 속하지 않는 것은?

가. 불란서빵   나. 베이글빵

다. 비엔나빵   라. 아이리시빵

◉ 아이리시빵은 아일랜드에서 아침빵으로 베이킹파우더를 사용하여 만들어 먹던 빵이다.

234. 가스 발생력에 영향을 주는 요소에 대한 설명으로 틀린 것은?

가. 포도당, 자당, 과당, 맥아당 등 당의 양과 가스 발생력 사이의 관계는 당량 3~5%까지 비례하다가 그 이상이 되면 가스발생력이 약해져 발효시간이 길어진다.

나. 반죽온도가 높을수록 가스 발생력은 커지고 발효시간은 짧아진다.

다. 반죽이 산성을 띨수록 가스 발생력이 커진다.

라. 이스트양과 가스 발생력은 반비례하고, 이스트양과 발효시간은 비례한다.

◉ 이스트양의 다소는 가스발생력은 비례하고 발효시간은 반비례한다.

235. 냉동제법에서 믹싱 다음 단계의 공정은?

가. 1차 발효   나. 분할

다. 해동   라. 2차 발효

◉ 냉동반죽은 1차 발효 없이 분할하고 모양을 만들어 냉동 보관하다가 필요에 따라서 해동하여 굽는데 이는 냉동과정 중에 발효를 계속하기 때문이다.

236. 다음 중 식물계에 존재하지 않는 당은?

가. 과당   나. 유당

다. 설탕   라. 맥아당

◉ 유당을 동물의 젖당을 말한다.

237. 다음 중 쇼트닝을 몇 % 정도 사용했을 때 빵 제품의 최대부피를 얻을 수 있는가?

가. 2%   나. 4%

다. 8%   라. 12%

◉ 쇼트닝은 윤활작용과 영양보충이 그 기능이며 빵의 부피는 0%에서 4%까지 증가할수록 커지며 5%를 넘으면 감소현상을 나타낸다. 같은 양의 유지를 사용할 경우 고체지방을 사용할 때가 액체지방을 사용할 때보다 부피가 크다.

정답   229. 다   230. 라   231. 다   232. 라   233. 라   234. 라   235. 나   236. 나   237. 나

238. 탈지분유 20g을 물 80g에 넣고 녹여 탈지분유액을 만들었을 때 탈지분유액 중 단백질의 함량은 몇 %인가? (단, 탈지분유 조성은 수분 4%, 유당 57%, 단백질 35%, 지방 4%이다.)

    가. 5.1%   나. 6%

    다. 7%   라. 8.75%

    ❀탈지분유 20g 중 단백질 함량이 35%이므로 7g이 단백질이다. 수용액의 총 무게는 100g이므로 단백질 7g은 7%이다.

239. 제빵에서 소금의 역할이 아닌 것은?

    가. 글루텐을 강화시킨다.

    나. 유해균의 번식을 억제시킨다.

    다. 빵의 내상을 희게 한다.

    라. 맛을 조절한다.

    ❀소금은 이외에도 발효능력을 억제하는 기능이 있고 반죽 속에서 수분의 흡수를 감소시키는 경향이 있으므로 흡수력을 좋게 하여 제품의 질을 높이기 위하여 소금의 양을 줄여서 사용한다.

240. 아미노산에 대한 설명으로 틀린 것은?

    가. 식품 단백질을 구성하는 아미노산은 20여 가지이다.

    나. 단백질을 구성하는 아미노산은 거의 L-형이다.

    다. 아미노산은 물에 녹아 양이온과 음이온의 양전하를 갖는다.

    라. 아미노기($-NH_2$)는 산성을, 카르복실기($-COOH$)는 염기성을 나타낸다.

    ❀아미노산은 염기성인 아미노기($-NH_2$)와 산성인 카르복시(실기($-COOH$))를 모두 가지고 있는 화합물이다. 대부분이 무색의 결정이며 물에 잘 녹는다. 아미노산은 대표적인 양성 전해질로서, 단백질을 구성하는 중요 성분이다.

241. α전분이 β전분으로 되돌아가는 현상은?

    가. 호화   나. 산화

    다. 노화   라. 오성화

    ❀전분의 알파화는 곧 전분의 호화를 말한다.

242. 밀가루의 단백질에 작용하는 효소는?

    가. 말타아제   나. 아밀라아제

    다. 리파아제   라. 프로테아제

    ❀단백질 가수분해 효소(protease)는 단백질을 분해하는 효소를 통틀어 이르는 말로, 아미노산 또는 펩티드 혼합물을 만드는 효소이다. 종류에는 펩신, 펩티데이스, 트립신 등이 있다.

243. 발효가 부패와 다른 점은?

    가. 미생물이 작용한다.

    나. 생산물을 식용으로 한다.

    다. 단백질의 변화반응이다.

    라. 성분의 변화가 일어난다.

    ❀다른 점은 식용 가능한가의 여부이며 같은 점은 균에 의하여 분해된다는 점이다.

244. 굽기 과정 중 당류의 캐러멜화가 개시되는 온도로 가장 적합한 것은?

    가. 100℃   나. 120℃

    다. 150℃   라. 185℃

    ❀엿이 되는 온도는 144℃ 정도이며 캐러멜이 되는 온도는 152℃ 내외부터로 이때부터 색이 변하기 시작한다.

245. 오븐에서 구운 빵을 냉각할 때 평균 몇 %의 수분 손실이 추가적으로 발생하는가?

    가. 2%   나. 4%

    다. 6%   라. 8%

    ❀식히는 동안 수분 증발로 인해 평균 2%의 무게 감소 현상이 일어난다.

246. 빵을 구웠을 때 갈변이 되는 것은 어떤 반응에 의한 것인가?

    가. 비타민 C의 산화에 의하여

    나. 효모에 의한 갈색반응에 의하여

    다. 마이야르(Maillard) 반응과 캐러멜화 반응이 동시에 일어나서

    라. 클로로필(chlorophyll)이 열에 의해 변성

되어서

❀당분을 고온에서 가열하면 분해. 중합하여 착색물질을 만드는데 이것을 캐러멜화라고 한다. 당의 종류에 따라 착색도가 달라지는데 설탕은 160℃에서 캐러멜화가 시작되고 포도당과 과당은 이보다 낮은 온도에서 착색된다.

가. 지방　　나. 탄수화물
다. 단백질　　라. 비타민

❀포도당이나 과당 등의 환원당은 식품 속에 공존하는 아미노산, 펩티드, 단백질 등과 반응하여 갈변한다. 이 반응을 마이야르(메일라드) 반응 또는 아미노카르닐반응이라 한다.

247. 굽기 중에 일어나는 변화로 가장 높은 온도에서 발생하는 것은?

　가. 이스트의 사멸

　나. 전분의 호화

　다. 탄산가스 용해도 감소

　라. 단백질 변성

　　❀단백질의 변성은 1차 구조의 변화 없이 2차, 3차, 4차 구조 등 입체구조에 변화를 일으켜서 성질이 변하는 현상으로 높은 온도의 가열에 의해 밀가루의 단백질 변성을 일으킨다.

248. 굽기를 할 때 일어나는 반죽의 변화가 아닌 것은?

　가. 오븐팽창　　나. 단백질 열변성

　다. 전분의 호화　　라. 전분의 노화

　　❀전분의 노화는 굽기 후 일어나는 변화이다.

249. 굽기공정에 대한 설명 중 틀린 것은?

　가. 전분의 호화가 일어난다.

　나. 빵의 옆면에 슈레드가 형성되는 것이 억제된다.

　다. 이스트는 사멸되기 전까지 부피팽창에 기여한다.

　라. 굽기과정 중 당류의 캐러멜화가 일어난다.

　　❀슈레드는 오븐 스프링에 의하여 일어나기 시작한다.

250. 아래의 갈색반응의 반응식에서 (　)에 알맞은 것은?

　환원당 + (　　) - (열) → 멜라노이드 색소(황갈색)

251. 빵을 구웠을 때 갈변이 되는 것은 어떤 반응에 의한 것인가?

　가. 비타민 C의 산화에 의하여

　나. 효모에 의한 갈색반응에 의하여

　다. 마이야르(Maillard) 반응과 캐러멜화 반응이 동시에 일어나서

　라. 클로로필(chlorophyll)이 열에 의해 변성되어서

　　❀탄수화물의 작용이 가장 크게 적용된다.

252. 식빵 굽기 시의 빵 내부의 최고온도에 대한 설명으로 맞는 것은?

　가. 100℃를 넘지 않는다.

　나. 150℃를 약간 넘는다.

　다. 200℃ 정도가 된다.

　라. 210℃가 넘는다.

　　❀빵의 내부온도가 60도에 도달되면 이스트의 사멸, 효소의 불활성이 된 후 가스압, 증기압 등으로 처음 크기의 1/3 정도로 급격히 팽창하는 현상을 오븐 스프링이라 하며 최초 5~10분간 발생한다. 식빵 내부 온도는 100℃가 되면 다 익은 빵이 되므로 그 이하이다.

253. 빵의 굽기에 대한 설명 중 옳은 것은?

　가. 고배합의 경우 낮은 온도에서 짧은 시간으로 굽기

　나. 고배합의 경우 높은 온도에서 긴 시간으로 굽기

　다. 저배합의 경우 낮은 온도에서 긴 시간으로 굽기

　라. 저배합의 경우 높은 온도에서 짧은 시간으로 굽기

 정답 247. 라　248. 라　249. 나　250. 다　251. 다　252. 가　253. 라

❀저배합빵인 하드계(hard)의 빵은 높은 온도에서 빨리 구워야 한다.

254. 다음 중 25분 동안 동일한 분할량의 식빵 반죽을 구웠을 때 수분함량이 가장 많은 굽기 온도는?

가. 190℃   나. 200℃
다. 210℃   라. 220℃

❀굽는 시간이 동일한 경우 굽는 온도가 낮을수록 식빵 완제품의 수분함량이 많다.

255. 빵을 구워낸 직후의 수분함량과 냉각 후 포장 직전의 수분함량으로 가장 적합한 것은?

가. 35%, 27%   나. 45%, 38%
다. 60%, 52%   라. 68%, 60%

❀구워져 나온 빵의 수분은 45% 정도이며 냉각은 빵 속의 온도를 35~40℃, 수분함량을 38%로 낮춘다. 낮은 수분함량은 곰팡이, 기타 균의 피해를 막는다. 제품의 절단, 포장을 용이하게 한다. 빵의 냉각으로 인한 수분 손실은 2.0~3.0%이다.

256. 오븐 스프링(oven spring)이 일어나는 원인이 아닌 것은?

가. 가스압   나. 용해 탄산가스
다. 전분호화   라. 알코올 기화

❀오븐 스프링은 오븐에서 이스트의 사멸 전에 발생하는 가스에 의하여 반죽이 부풀어오르는 것을 말한다.

257. 제품이 오븐에 갑자기 팽창하는 오븐 스프링의 요인이 아닌 것은?

가. 탄산가스   나. 알코올
다. 가스압   라. 단백질

❀오븐 스프링은 이스트의 활력이 살아 있는 온도(약 60℃ 이하)에서 탄산가스와 알코올의 생성으로 가스압에 의한 부풀림이다.

258. 오븐에서의 부피 팽창 시 나타나는 현상이 아닌 것은?

가. 탄산가스가 발생한다.
나. 발효에서 생긴 가스가 팽창한다.
다. 약 80℃에서 알코올이 증발한다.
라. 약 90℃까지 이스트의 활동이 활발하다.

❀이스트의 사멸 온도는 65℃이다.

259. 오븐에서 나온 빵을 냉각하여 포장하는 온도로 가장 적합한 것은?

가. 0~5℃   나. 15~20℃
다. 35~40℃   라. 55~60℃

❀빵의 포장온도는 38℃ 전후이다.

260. 굽기과정 중 일어나는 현상에 대한 설명 중 틀린 것은?

가. 오븐 팽창과 전분호화 발생
나. 단백질 변성과 효소의 불활성화
다. 빵 세포구조 형성과 향의 발달
라. 캐러멜화 갈변반응의 억제

❀캐러멜화 반응(caramelization) : 비효소적 갈색 반응인 캐러멜화 반응과 마이야르 반응은 주로 이스트의 소멸로 인해서 남아 있는 잔여 설탕에 의해서 일어나며 반응이 일어나기 위해서 120~150℃의 높은 열을 필요로 한다.

261. 굽기 손실이 가장 큰 제품은?

가. 식빵   나. 바게트
다. 단팥빵   라. 버터롤

❀유지, 설탕 등이 가장 적게 들어간 제품이 굽기 중 수분의 증발이 가장 많다.

262. 다음 중 빵 굽기의 반응이 아닌 것은?

가. 이산화탄소의 방출과 노화를 촉진시킨다.
나. 빵의 풍미 및 색깔을 좋게 한다.
다. 제빵 제조공정의 최종단계로 빵의 형태를 만든다.
라. 전분의 호화로 식품의 가치를 향상시킨다.

254. 가   255. 나   256. 다   257. 라   258. 라   259. 다   260. 라   261. 나   262. 가   정답

✺굽기는 호화를 촉진한다.

263. 굽기 손실에 영향을 주는 요인으로 관계가 가장 적은 것은?

가. 믹싱시간

나. 배합률

다. 제품의 크기와 모양

라. 굽기 온도

　　✺배합률에 수분이 많으면 굽기 손실이 크며 제품의 크기와 모양은 굽기 도중 빠른 손실을 가져올 수도 있다.

264. 건포도 식빵을 구울 때 건포도에 함유된 당의 영향을 고려하여 주의할 점은?

가. 윗불을 약간 약하게 한다.

나. 굽는 시간을 늘린다.

다. 굽는 시간을 줄인다.

라. 오븐 온도를 높게 한다.

　　✺당의 캐러멜화에 주의한다.

265. 굽기의 실패 원인 중 빵의 부피가 작고 껍질색이 짙으며, 껍질이 부스러지고 옆면이 약해지기 쉬운 결과가 생기는 원인은?

가. 높은 오븐열

나. 불충분한 오븐열

다. 너무 많은 증기

라. 불충분한 열의 분배

　　✺오븐의 온도가 지나치게 높으면 속이 익기 전에 껍질이 익어 오븐 스프링이 되지 못해 부피가 작고 색이 짙으며 수분이 달아나서 껍질이 부스러진다.

266. 굽기과정에서 일어나는 변화로 틀린 것은?

가. 당의 캐러멜화와 갈변반응으로 껍질색이 진해지며 특유의 향이 발생한다.

나. 굽기가 완료되면 모든 미생물이 사멸하고 대부분의 효소도 불활성화된다.

다. 전분입자는 팽윤과 호화의 변화를 일으켜

구조가 형성된다.

라. 빵의 외부층에 있는 전분이 내부층의 전분보다 호화가 덜 진행된다.

　　✺전분의 호화는 안과 밖이 구분 없이 호화된다.

267. 다음 중 빵 포장재의 특성으로 적합하지 않은 성질은?

가. 위생성　　　나. 보호성

다. 작업성　　　라. 단열성

　　✺빵 포장지는 위생적이며 제품을 보호할 수 있고 작업성이 좋아야 한다.

268. 포장에 대한 설명 중 틀린 것은?

가. 포장은 제품의 노화를 지연시킨다.

나. 뜨거울 때 포장하여 냉각손실을 줄인다.

다. 미생물에 오염되지않은 환경에서 포장한다.

라. 온도, 충격 등에 대한 품질변화에 주의한다.

　　✺뜨거울 때 포장하면 수분이 차서 부패하기 쉽다.

269. 제품을 포장하는 목적이 아닌 것은?

가. 미생물에 의한 오염방지

나. 빵의 노화 지연

다. 수분 증발 촉진

라. 상품 가치 향상

　　✺포장은 빵의 수분 증발을 억제하여 저장성을 증가시키기 위함이다.

270. 빵을 포장하는 프로필렌 포장지의 기능이 아닌 것은?

가. 수분증발의 억제로 노화 지연

나. 빵의 풍미 성분 손실 지연

다. 포장 후 미생물 오염 최소화

라. 빵의 로프균 오염방지

　　✺로프균은 빵 점조성의 원인이 된다.

271. 빵의 포장재료가 갖추어야 할 조건이 아닌 것은?

정답 263. 가　264. 가　265. 가　266. 라　267. 라　268. 나　269. 다　270. 라　271. 라

가. 방수성일 것

나. 위생적일 것

다. 상품가치를 높일 수 있을 것

라. 통기성일 것

✿ 포장지가 통기성이 좋으면 수분의 흡수도 이루어지고 세균의 번식도 빨라지게 된다.

272. 주로 독일빵, 불란서빵 등 유럽빵이나 토스트브레드(toast bread) 등 된 반죽을 치는 데 사용하는 믹서는?

가. 수평형 믹서　　　나. 수직형 믹서

다. 나선형 믹서　　　라. 혼합형 믹서

✿ 스파이럴 믹서(나선형 믹서)는 강한 힘을 가진 기계로 제빵 전용믹서로 된 반죽을 치는 데 많이 사용한다.

273. 식빵 반죽의 제조공정에서 사용하지 않는 기계는?

가. 분할기(divider)

나. 라운더(rounder)

다. 성형기(moulder)

라. 데포지터(depositor)

✿ 데포지터는 에클레르, 마카롱 등 일정량의 과자 반죽을 짜는 기계이다.

274. 믹서의 종류에 속하지 않는 것은?

가. 수직 믹서　　　나. 스파이럴 믹서

다. 수평 믹서　　　라. 원형 믹서

✿ 셰이크 컵을 원형 믹서라 부르기도 한다. 수직 믹서를 버티컬 믹서라고도 한다.

275. 분할된 반죽을 둥그렇게 말아 하나의 피막이 형성되도록 하는 기계는?

가. 믹서(mixer)

나. 오버 헤드 프루퍼(over head proofer)

다. 정형기(moulder)

라. 라운더(rounder)

✿ 오버 헤드 프루퍼는 둥글리기한 반죽을 중간발

효시킬 때 쓰는 기계이다.

276. 주로 소매점에서 자주 사용하는 믹서로써 거품형 케이크 및 빵 반죽이 모두 가능한 믹서는?

가. 수직 믹서(vertical mixer)

나. 스파이럴 믹서(spiral mixer)

다. 수평 믹서(horizontal mixer)

라. 핀 믹서(pin mixer)

✿ 일반적으로 많이 사용하는 믹서가 버티컬 믹서이다.

277. 믹서(mixer)의 구성에 해당되지 않는 것은?

가. 믹서볼(mixer bowl)

나. 휘퍼(whipper)

다. 비터(beater)

라. 배터(batter)

✿ 배터는 밀가루와 물을 혼합한 것에 팽창제, 쇼트닝, 설탕, 소금, 달걀, 여러 향미료 등을 넣고 묽게 반죽한 것. 도우(dough)와 같은 의미이다.

278. 수평형 믹서를 청소하는 방법으로 올바르지 않은 것은?

가. 청소하기 전에 전원을 차단한다.

나. 생산 직후 청소를 실시한다

다. 물을 가득 채워 회전시킨다.

라. 금속으로 된 스크레이퍼를 이용하여 반죽을 긁어낸다.

✿ 수평형 믹서를 스파이럴 믹서라고도 하는데 금속 스크레이퍼로 긁어내면 몸에 상처를 주어 이물질로 오염을 일으키기 쉽다.

279. 소규모 제과점용으로 가장 많이 사용되며 반죽을 넣는 입구와 제품을 꺼내는 출구가 같은 오븐은?

가. 컨벡션 오븐　　　나. 터널 오븐

다. 릴 오븐　　　라. 데크 오븐

✿ 릴 오븐은 통돌이가 오븐과 같은 오븐이며 컨벡션 오븐은 대류식 오븐을 말한다. 데크 오븐은

---

272. 다　273. 라　274. 라　275. 라　276. 가　277. 라　278. 라　279. 라　**정답**

가장 일반적인 오븐을 말한다.

280. 대량생산 공장에서 많이 사용되는 오븐으로 반죽이 들어가는 입구와 제품이 나오는 출구가 서로 다른 오븐은?

　가. 데크 오븐　　　나. 터널 오븐
　다. 로터리 래크 오븐　라. 컨벡션 오븐

　　❀대량생산 공장에서 한쪽으로 반죽이 들어가서 다른 쪽으로 완제품이 구워져 나오는 터널 오븐이 쓰이고 있다.

281. 빵의 품질평가 방법 중 내부특성에 대한 평가항목이 아닌 것은?

　가. 기공　　　　나. 속색
　다. 조직　　　　라. 껍질의 특성

　　❀껍질은 외부 특성에 대한 평가이다.

282. 빵의 품질평가에 있어서 외부평가 기준이 아닌 것은?

　가. 굽기의 균일함　　나. 조직의 평가
　다. 터짐과 광택부족　라. 껍질의 성질

　　❀조직은 빵의 내상 평가기준이다.

283. 패리노그래프(farinograph)의 기능이 아닌 것은?

　가. 산화제 첨가 필요한 측정
　나. 밀가루의 흡수율 측정
　다. 믹싱시간 측정
　라. 믹싱내구성 측정

　　❀믹서 내에 일어나는 물리적 기록을 파동곡선기록기로 기록하여 해석한다. 흡수율, 믹싱내구성, 믹싱시간 등을 판단한다. 곡선이 500B.U에 도달하는 시간, 떠나는 시간 등으로 밀가루의 특성을 알 수 있다. 산화제 첨가필요성은 익스텐소그래프로 알 수 있다.

284. 패리노그래프와 관계가 적은 것은?

　가. 흡수율 측정　　나. 믹싱시간 측정

　다. 믹싱 내구성 측정　라. 호화특성 측정

　　❀반죽의 흡수율을 측정하고 반죽시간에 따른 믹싱내구성을 측정하는 그래프이다.

285. 패리노그래프에 대한 설명으로 틀린 것은?

　가. 고속 믹서 내에서 일어나는 물리적 성질을 파동곡선 기록기로 가록하여 해석한다.
　나. 흡수율, 믹싱내구성, 믹싱시간 등을 판단할 수 있다.
　다. 곡선이 500B.U에 도달하는 시간 등으로 밀가루의 특성을 알 수 있다.
　라. 반죽의 신장도를 측정한다.

　　❀패리노그래프 : 고속 믹서 내에서 일어나는 물리적 성질을 기록하는 기계로 글루텐의 흡수율 측정, 소맥분의 질 측정, 믹싱 시간을 측정한다. 인스텐소 그래프는 반죽의 신장도를 측정한다.

286. 패리노그래프(farinograph)의 기능 및 특징이 아닌 것은?

　가. 흡수율 측정
　나. 믹싱시간 측정
　다. 500B.U를 중심으로 그래프 작성
　라. 전분 호화력 측정

　　❀믹서 내에 일어나는 물리적 기록을 파동곡선기록기로 기록하고 흡수율, 믹싱내구성, 믹싱시간 등을 판단하며 곡선이 500B.U에 도달하는 시간, 떠나는 시간 등으로 밀가루의 특성을 알 수 있다. 호화력은 아밀로그래프로 측정한다.

287. 밀가루 반죽이 일정한 점도에 도달하는 데 요하는 흡수율과 반죽특성을 측정하는 기계는?

　가. 패리노그래프(farinograph)
　나. 아밀로그래프(amylograph)
　다. 믹소그래프(mixograph)
　라. 익스텐소그래프(extensograph)

　　❀아밀로그래프 : α-아밀라아제, 점도 측정
　　패리노그래프 : 가소성, 유동성 측정 / 500B.U에 도달하기까지 필요한 수분량(흡수율) 측정

정답 **280.** 나　**281.** 라　**282.** 나　**283.** 가　**284.** 라　**285.** 라　**286.** 라　**287.** 가

288. 밀가루의 점도변화를 측정함으로써 알파-아밀라아제 효과를 판정할 수 있는 기기는?

　가. 아밀로그래프(amylograph)

　나. 믹소그래프(mixograph)

　다. 알베오그래프(alveograph)

　라. 믹서트론(mixertron)

　　❀온도 변화에 따라 점도에 미치는 밀가루의 알파 아밀라아제의 효과를 측정. 밀가루의 호화 정도를 알 수 있음. 곡선 : 400~600B.U

289. 밀가루의 아밀라아제 활성 정도를 측정하는 그래프는?

　가. 아밀로그래프　　나. 패리노그래프

　다. 익스텐소그래프　라. 익소그래프

　　❀아밀로그래프는 온도 변화에 따라 점도에 미치는 밀가루의 알파 아밀라아제의 활성 정도를 측정. 밀가루의 호화 정도(전분 점도)를 알 수 있음. 곡선 : 400~600B.U

290. 아밀로그래프의 기능이 아닌 것은?

　가. 전분의 점도 측정

　나. 아말라아제의 효소능력 측정

　다. 점도를 B.U단위로 측정

　라. 전분의 다소(多小) 측정

　　❀아밀로그래프는 밀가루를 호화시키면서 점도를 측정하는 점이 특징이다. 호화 밀가루(풀)의 점도변화에 영향을 주는 인자는 전분의 함량과 질 그리고 아밀라아제이며, 이들을 종합해서 그려내는 것이 아밀로그래프이다. 여기서 나온 결과로 그 밀가루의 제빵·제과·제면 적성을 알 수 있다.

291. 반죽의 물리적 성질을 시험하는 기기가 아닌 것은?

　가. 패리노그래프(farinograph)

　나. 수분활성도측정기(water activity analyzer)

　다. 익스텐소그래프(extensograph)

　라. 폴링넘버(falling number)

　　❀수분활성도(Aw : water activity)는 물질의 물리

적, 화학적, 미생물학적 성질, 즉 물질의 유동성, 응집성, 점착력과 정전기 현상 등에 영향을 미친다.

292. 간이시험법으로 밀가루의 색상을 알아보는 시험법은?

　가. 페카시험　　　　나. 킬달법

　다. 침강시험　　　　라. 압력계시험

　　❀밀가루 색상 : 페카시험(Pekar Test), 분광분석기, 여과지 이용법

293. 밀가루 반죽의 물성측정 실험기기가 아닌 것은?

　가. 믹소그래프

　나. 아밀로그래프

　다. 패리노그래프

　라. 가스크로마토그래프

　　❀가스크로마토그래프는 가스 측정기기이다.

294. 밀가루의 호화가 시작되는 온도를 측정하기에 가장 적합한 것은?

　가. 레오그래프　　　나. 아밀로그래프

　다. 믹서트론　　　　라. 패리노그래프

　　❀아밀로그래프는 전분 또는 밀가루의 현탁액을 자동적으로 일정속도로 가열(1.5℃/분) 또는 냉각할 때 이루어지는 풀의 점도의 변화를 기록하는 장치이다.

295. 반죽의 신장성과 신장에 대한 저항성을 측정하는 기기는?

　가. 패리노그래프　　나. 레오퍼멘토에터

　다. 믹서트론　　　　라. 익스텐소그래프

　　❀일정한 굳기의 바탕(英 dough, 소맥분에 물을 첨가하여 반죽한 것)의 신장률 및 인장응력을 기록하는 장치. 바탕의 내부 에너지의 시간적 변화를 측정하여 발효에 있어서 바탕의 성질을 판정하기 위해 사용되며 패리노그래프(farino-graph)와 관련하여 사용될 때가 많다. 익스텐소그래프는 반죽의 신장성에 대한 저항측정기계이다.

| 288. 가 | 289. 가 | 290. 라 | 291. 나 | 292. 가 | 293. 라 | 294. 나 | 295. 라 | 정답 |

296. 제빵 시 가수량, 믹싱 내구성, 믹싱시간, 믹싱의 최적시기를 판단하는 데 유용한 기계는?

    가. 레오미터(rheometer)

    나. 익스텐소그래프(extensograph)

    다. 패리노그래프(farinograph)

    라. 아밀로그래프(amylograph)

> ☺ 아밀로그래프 : α-아밀라아제, 점도 측정
> 패리노그래프 : 가소성, 유동성 측정 / 500B.U에 도달하기까지 필요한 수분량(흡수율) 측정

297. 다음 중 제품의 가치에 속하지 않는 것은?

    가. 교환가치   나. 귀중가치

    다. 사용가치   라. 재고가치

> ☺ 재고는 비용과 같다. 재고를 남기면 영업이익을 올릴 수 없어 제품의 가치에 포함되지 않는다.

298. 빵의 관능적 평가법에서 내부적 특성을 평가하는 항목이 아닌 것은?

    가. 기공(grain)

    나. 조직(texture)

    다. 속 색상(crumb color)

    라. 입안에서의 감촉(mouth feel)

> ☺ 외부평가 항목 : 부피, 껍질색상, 껍질특성, 외형의 균형, 굽기의 균일화, 터짐성
> 내부평가 항목 : 조직, 기공, 속색깔, 향, 맛

299. 제빵 제조공정의 4대 중요 관리항목에 속하지 않는 것은?

    가. 시간관리   나. 온도관리

    다. 공정관리   라. 영양관리

> ☺ 발효관리를 포함하면 4대 제조공정 관리가 되며 영양관리는 제조공정 관리와는 거리가 멀다.

300. 모닝빵을 1000개 만드는 데 한 사람이 3시간 걸렸다. 1500개 만드는 데 30분 내에 끝내려면 몇 사람이 작업해야 하는가?

    가. 2명   나. 3명

    다. 9명   라. 5명

> ☺ 한 사람이 30분에 만드는 양은 1000/6이므로
> $1500 \div 1000/6 = 9$

 정답 296. 다   297. 라   298. 라   299. 라   300. 다

슈거 페이스트 작품

참고문헌

NCS(국가직무능력표준) 인용 및 참고.

금종화 외(2010), 식품미생물학, 도서출판 효일.

김광옥 외(2002), 식품의 관능검사, 학연사.

김정 · 이웅규(1985), 제빵기술, 미국소맥협회 한국지부.

백남길(2013), 외식마케팅, 백산출판사.

월간 파티씨에(2010), 제과제빵이론 특강, 비앤씨월드.

윤대순 외(1998), 베이커리경영론, 백산출판사.

윤성준(2011), 제빵기술사실무, 백산출판사.

윤재홍 외(2001), 생산계획 및 재고관리, 형설출판사.

이명호 외(1999), 제과제빵경영론, 형설출판사.

이상희(2013), 외식산업경영론, 백산출판사.

이윤희 외(2014), 제과제빵 재료학, 지구문화사.

이정훈 외(2011), 제과제빵학원론, 지구문화사.

이형우(2012), 호텔베이커리실무론, 대왕사.

재단법인 과우학원(2011), 표준재료과학, 비앤씨월드.

정용주(2012), 외식마케팅, 백산출판사.

파티시에 편집부(2010), 빵과자백과사전, 비앤씨월드.

홍기운 외(2014), 식품위생학, 대왕사.

홍행홍 외(2011), 제과제빵사시험, 광문각.

홍행홍 외(2014), 제과제빵 이론&실기, 광문각.

그 외 국내 발간 제과, 제빵 관련 서적을 참고했음을 알립니다.

인터넷의 블로그, 카페, 네이버, 다음 지식을 참고했음을 알립니다.

■ 저자 소개

조병동
- 영산대학교 경영대학원 경영학 석사
- 2002년 부산아시안게임, 2002년 아·태장애인게임, 2003년 대구유니버시아드대회 선수촌 급식 제과 담당과장
- 국가기술자격 실기시험 감독
- 부산롯데호텔 제과장
- 전) 부산여자대학교 호텔제과제빵과 교수

김동균
- 세종대학교 관광대학원 외식경영전공(석사 졸업)
- (주)제주그랜드호텔 파티시에 근무
- 대한민국 국제요리경연대회 '디저트LIVE 단체전 금상', '마지팬 케이크단체전 은상' 외 다수 수상
- 대한민국 제과기능장, 제과제빵실기 기능사 감독위원
- 독일 뉘른베르크 소재 독일빵 연구소 IREKS사 연수 및 근무
- 한국호텔관광직업전문학교 호텔제과제빵계열 교수
- 현) 한국관광대학교 호텔제과제빵과 교수

김해룡
- 강릉원주대학교 대학원 관광학 박사
- (주)제주그랜드호텔 파티시에 근무
- 2018년 평창동계올림픽 강릉시 자문위원
- 2012~2015년 대한민국 국제요리대회 수석부회장, 자문위원
- 2010년 강원기능경기대회 제과심사장 및 심사위원
- 현) 강릉영동대학교 호텔조리과 교수
  제과제빵기능사 감독위원

이재진
- 경기대학교 일반대학원 외식조리관리 관광학 박사
- (주)쉐라톤워커힐호텔 제과부 근무
- 제과제빵기능사 실기시험 감독위원
- 제과제빵기능대회 심사장 및 심사위원
- 2009년, 2015년 교육부총리장관상 수상
- 현) 한국관광대학교 호텔제과제빵과 학과장
  학사학위 전공심화 학과장

이준열
- 경희대학교 대학원 박사
- 대한민국 제과명장 1호
- 대한민국 제과기능장
- 창신대학교 호텔조리과 교수
- 스위스그랜드 호텔 제과과장/서울교육문화회관 제과과장
- 노보텔 앰배서더 강남 제과과장/리츠칼튼 호텔 제과과장
- 메리어트 호텔 제과과장
- 지방기능경기대회 심사장
- 서울국제요리경연대회(단체 및 개인부문) 최우수상 수상
- 서울특별시장 표창장/창원시 국회의원 표창장 받음
- 현) 서정대학교 호텔조리과 교수

정양식
- 경기대학교 일반대학원 외식조리관리 박사 수료
- 대한민국 제과기능장
- 한국산업인력공단 실기 감독위원
- 홀리데이인 서울호텔 외 산업체 근무(12년)
- 장애인기능경기대회 제과제빵부문 대구지부 심사위원장
- 현) 계명문화대학교 식품영양조리학부 교수

정현철
- 세종대학교 일반대학원 조리외식경영학과 석사/박사
- Ritz-Carlton Seoul Hotel 조리부 근무
- 서울 가든호텔 근무
- 커피바리스타 심사위원
- 현) 동원대학교 호텔조리과 교수

최익준
- 세종대학교 조리외식경영학과 박사 수료
- Walkerhill Hotel Pastry&Bakery Chef 근무
- Banyantree Seoul Hotel 부제과장 근무
- Top Cloud Corporation Pastry 총괄팀장 근무
- 청강문화산업대학교, 배화여자대학교 외래교수
- 현) 경민대학교 카페베이커리과 교수

저자와의
합의하에
인지첩부
생략

알기 쉬운 제과제빵학

2021년 5월 20일 초판 1쇄 발행
2023년 7월 30일 초판 3쇄 발행

지은이 조병동 · 김동균 · 김해룡 · 이재진
　　　　이준열 · 정양식 · 정현철 · 최익준
펴낸이 진욱상
펴낸곳 (주)백산출판사
교 정 성인숙
본문디자인 신화정
표지디자인 오정은

등 록 2017년 5월 29일 제406-2017-000058호
주 소 경기도 파주시 회동길 370(백산빌딩 3층)
전 화 02-914-1621(代)
팩 스 031-955-9911
이메일 edit@ibaeksan.kr
홈페이지 www.ibaeksan.kr

ISBN 979-11-6567-335-2 93590
값 32,000원